从头开始学

机器人
操作臂

于靖军 王巍 蔡月日◎编著

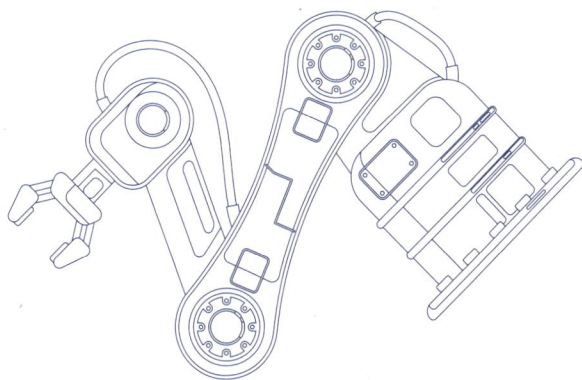

化学工业出版社

·北京·

内容简介　　本书围绕串联操作臂的运动与控制基本原理，着重介绍与机器人机构、运动学、动力学与规划、控制等相关的基础知识。全书共 10 章，包含初识操作臂、操作臂机构、单轴伺服系统、操作臂的位姿描述与变换、操作臂运动学基础、速度与静力雅可比、操作臂轨迹规划、操作臂多轴运动控制器、操作臂动力学建模和基于动力学的操作臂运动控制等内容。

　　本书遵从先总（体）后分（部）的编写架构，采用经典机器人教科书常用的"建模—规划—控制—交互"的逻辑体系，力求讲解思路清晰、语言通俗易懂、编排图文并茂、知识重点突出。

　　本书可作为机器人工程及相关专业本科高年级和研究生入门级教材，也可供企业和科研院所的工程技术人员学习参考。

图书在版编目（CIP）数据

从头开始学机器人操作臂 ／ 于靖军，王巍，蔡月日

编著. -- 北京：化学工业出版社，2024. 12. -- ISBN

978-7-122-46579-5

Ⅰ. TP242

中国国家版本馆 CIP 数据核字第 20249L738K 号

责任编辑：王　烨
文字编辑：蔡晓雅
责任校对：杜杏然
装帧设计：王晓宇

出版发行：化学工业出版社
　　　　　（北京市东城区青年湖南街13号　邮政编码100011）
印　　装：北京云浩印刷有限责任公司
787mm×1092mm　1/16　印张18¼　字数492千字
2025年7月北京第1版第1次印刷

购书咨询：010-64518888
售后服务：010-64518899
网　　址：http://www.cip.com.cn
凡购买本书，如有缺损质量问题，本社销售中心负责调换。

定　　价：89.00元

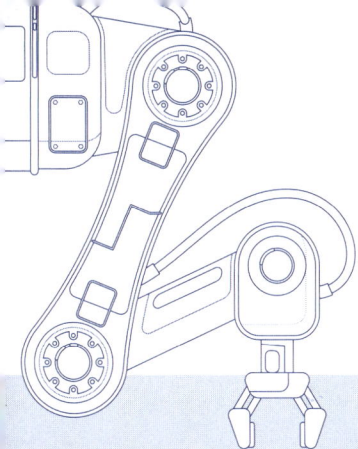

2015 年，随着国内首个机器人工程本科新工科专业获批，构建与机器人工程专业相关的课程资源变得越来越迫切。目前市面上机器人工程专业本科生适用的教材相对匮乏，配套教材建设成了重中之重。另外，随着越来越多的工业机器人进入产线，相关从业人员日渐增多，相当比重的人员来自非机器人专业或者尚未学过相关课程，因此对基础类特别是入门类的机器人教程有迫切需求。

北京航空航天大学机器人研究所长期从事机器人相关的教学和科研工作。作为研究所的教师，笔者一直工作在机器人科研与教学一线，长期主讲"机器人学基础""机器人技术基础""机器人控制学与感知技术基础"等课程。

在教学过程中，笔者注意到机器人方面本科入门级教科书最好具备以下特征：①只涉及高等数学、线性代数、理论力学、机械原理、自动控制原理等先修课程的基础知识，适用于机器人专业和机械工程等专业本科生层次，高职高专的高年级学生也可读懂；②侧重基本概念、经典理论和方法的阐述，辅以典型且简单的机器人（最好是 2～4 自由度的串联操作臂）作为案例。本书就是按照上述理念，以笔者主编的《机器人学基础》为蓝本，改编修订而成。

本书主要围绕串联操作臂的运动与控制基本原理展开论述，侧重介绍与机器人机构、运动学、动力学与规划、控制等相关的基础知识。全书共 10 章。第 1 章为绪论；第 2 章和第 3 章分别介绍操作臂机构与单轴伺服系统，为读者提供对机器人运动与控制原理的一个初步认知；第 4～6 章为串联操作臂运动学基础，包括数理基础（第 4 章）、位移分析（第 5 章）和一阶运动学与静力学（第 6 章）；第 7～10 章为串联操作臂控制基础，包括轨迹生成（第 7 章）、多轴运动控制器（第 8 章）、动力学建模（第 9 章）以及动力学控制（第 10 章）。

为夯实课程思政、丰富教学内容，本书开设有"小知识""例题"等模块。此外，各章后面都安排有习题，以供读者做更多的思考与练习。

本书由于靖军、王巍和蔡月日编著。其中，于靖军编写 1～2 章、第 4～6 章；王巍编写第 7～10 章；蔡月日编写第 3 章。

由于编者水平有限，书中难免有疏虞之处，敬请读者和专家批评指正。

编著者
2025.2

目录
CONTENTS

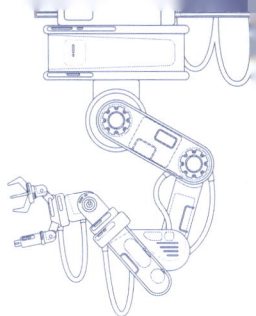

第 5 章

操作臂运动学基础
117 ——————

第 6 章

速度与静力雅可比
136 ——————

第 7 章

操作臂轨迹规划
169 ——————

第 8 章

操作臂多轴运动控制器
206 ——————

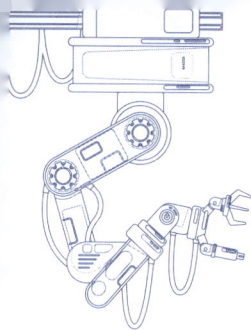

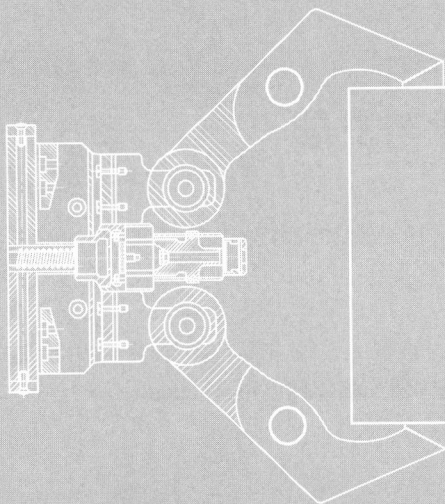

第 **1** 章
初识操作臂

　　机器人从诞生到现在刚刚 70 年，但发展迅猛。作为最早出现的一种机器人类型，工业机器人或操作臂方兴未艾，占据机器人应用的主战场。

　　本章为操作臂的启蒙篇。从操作臂的起源和发展讲起，让读者了解操作臂的组成，以及如何在高度产品化的工业机器人样本中根据所给性能指标来遴选合适的产品类型，最后以航空航天制造为例，简述工业机器人在其中的典型应用。

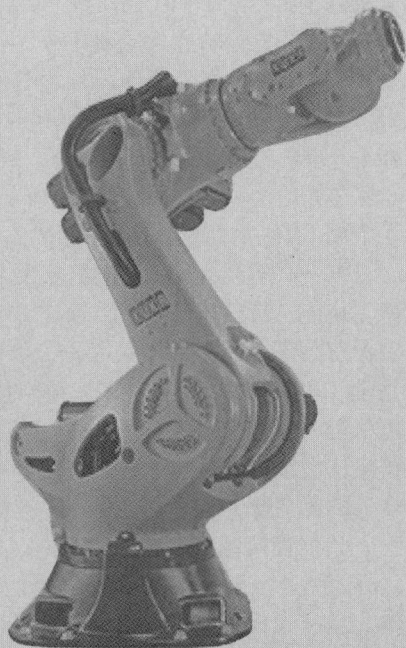

1.1 操作臂的起源与发展

机器人（robot）一词最早出现在 1920 年捷克作家卡佩克（Capek）创作的科幻剧《罗萨姆的万能机器人》中，剧中构思了一个名叫"Robot"的机器人，它能够不知疲劳地进行工作。从此以后，机器人这个词就被广泛应用到各种机械设备中，基本上任何具备自主操作能力的装置都可被称为机器人。本书中，机器人一词主要是指如图 1-1 所示的由计算机控制的**工业机器人**（industrial robot），俗称**操作臂**或**机械臂**（manipulator）。

图 1-1　操作臂

事实上，经历 18 ～ 19 世纪两次工业革命的洗礼，并伴随着自动化技术与控制理论的逐渐完善，直至计算机技术在 20 世纪中叶的出现，机器人才从想象、影像中的形象逐渐走到了真实世界中。1954 年，美国的德沃尔（Devol）提出了最早的**操作臂**概念雏形。该概念的要点是借助数控伺服技术控制机器人的关节，利用人手对机器人进行动作示教，使机器人实现动作的记录和再现。这就是所谓的**示教再现机器人**（teaching and playback robot），也就是**第一代机器人**的雏形。1978 年，PUMA 机器人［图 1-2（a）］的出现，标志着第一代机器人走向成熟。今天，数以百万计的机器人被应用到工业生产线中，大大提高了生产效率和产品质量。

从 20 世纪 60 年代中期开始，一些知名大学或研究机构开始研究开发**第二代机器人**——具有一定感知能力的机器人，使之具有类似人的某种感觉，如力觉、触觉、滑觉、视觉、听觉等。20 世纪 70 年代，包括太空机械臂、灵巧手、多传感器融合机器人，以及危险环境作业机器人等在内的诸多面向特殊场合的机器人，也开始出现并迅猛发展。例如，1982 年，斯坦福大学索尔兹伯里（Salisbury）教授开发出具有标志意义的 Stanford/JPL 多指灵巧手［图 1-2（b）］，手上集成了位置传感器和力 / 触觉传感器，可实现基于力控制和刚度控制的抓取操作。

第三代机器人又称**智能机器人**（intelligent robot），它不仅具有力觉、触觉、视觉、听觉等感觉机能，而且还具有逻辑思维、学习、判断及决策等高级功能，甚至可以根据要求自主地完成复杂任务。过去的 50 年间，智能机器人在众多从业人员的不断探索中，通过机构学、仿生学、智能材料、信息技术、传感技术、人工智能等多学科交叉融合，得到了迅猛发展。智能机器人的典型形态包括多臂机器人、协作机器人，等等。例如，2009 年，ABB 公司在德国汉诺威工业博览会上推出了世界上首款双臂型人机协作机器人 YuMi［图 1-2（c）］。该机器人的每条臂上有 7 个自由度，因此有很强的灵活操作能力，同时也具备了防碰撞功能。

机器人从诞生至今的短短 70 年，发展极其迅猛。其背后除了多学科交叉融合的内驱力之外，工业、服务业等外在需求的强劲推动力也助力了机器人技术的发展。以工业机器人为例，2014 年以来，工业机器人的市场规模正以年均 8.3% 的速度持续增长。国际机器人联合会（IFR）最新发布的《全球机器人 2023——工业机器人》报告显示，2022 年全球工厂安装的工业机器人数量为 55.3 万台，首次突破了 55 万大关（图 1-3）。

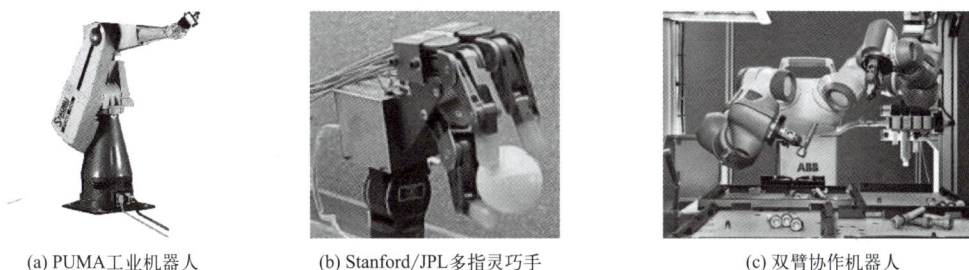

(a) PUMA工业机器人　　　　(b) Stanford/JPL多指灵巧手　　　　(c) 双臂协作机器人

图 1-2　三代机器人的代表

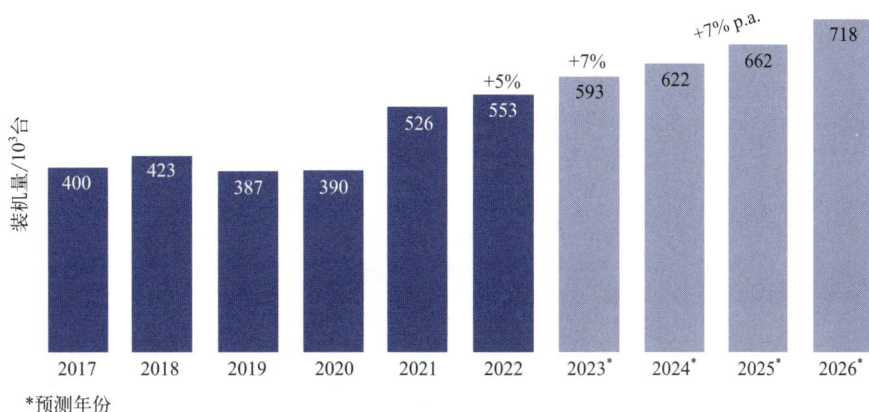

图 1-3　2017 ~ 2026 年全球工业机器人年装机量
（资料来源：国际机器人联盟）

鉴于机器人的工业起源背景及其在工业环境中所具有的巨大吸引力，美国机器人协会（RIA）、日本工业机器人协会以及国际标准化组织（ISO）对机器人的定义都有明显的操作臂标签。

例如，RIA 对机器人的定义是"机器人是用以搬运材料、零件和工具的可编程多功能操作臂"。

日本工业机器人协会对机器人的定义："机器人是装备有记忆装置和末端执行器的，能够自动完成各种运动来代替人类劳动的通用机器。"

国际标准化组织（ISO）对机器人的定义："机器人是一种自动的、位置可控的、具有编程能力的多功能操作臂，用来处理各种材料、零件、工具和专用装置，以执行种种任务。"

小知识　机器人学三原则

1942 年，美国科幻小说家阿西莫夫（Asimov）在其科幻小说《我，机器人》的第四部机器人短篇《转圈圈》中，提出了著名的"机器人学三原则"，这是机器人学（Robotics）这个名词在人类历史上的首度亮相，"机器人学三原则"也成为了机器人业界普遍遵循的伦理性纲领。机器人学三原则具体表述如下：

• 机器人不能伤害人类，也不能在人类受到伤害时袖手旁观；
• 机器人必须服从人类的命令，除非这些命令与第一条原则相抵触；
• 在不违背第一、二条原则的前提下，机器人必须保护自己免受伤害。

1.2 操作臂的组成

早期发明并得到广泛应用的操作臂如 PUMA 机器人、SCARA 机器人等都是串联结构，因此又称**串联机器人**（serial manipulator）。设计者的初衷是模仿人手臂（图1-4）的基本运动，可在空间三维范围内抓放物体或进行其他操作。

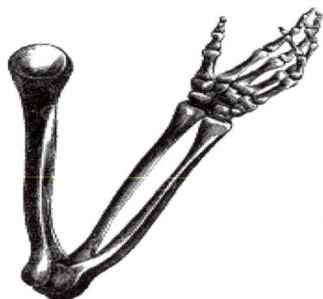

串联机器人是指由一系列的连杆和运动副依次连接组成的开链、多自由度受控系统。机器人的**驱动器**（actuator）安装在驱动副处，在机器人的末端安装有**末端执行器**（endeffector）。在末端执行器上选取一特殊点，称作**工具中心点**（tool center point，TCP），作为进行轨迹及运动规划的参考点。图1-5 给出了一种典型机器人的结构组成，包括驱动器、机构本体和末端执行器（手爪），一般从基座开始，到末端执行器结束。

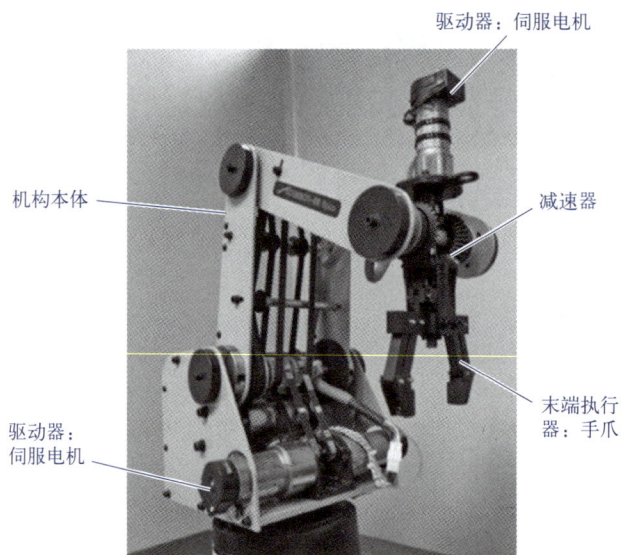

图1-4 工业机器人的仿生对象——人的手臂

图1-5 操作臂的组成

可以看出，串联机器人实质上是一个装在固定基座上的开式运动链。各杆之间用运动副连接，在机器人中习惯将这些运动副称为**关节**（joint）。为使串联机器人实现复杂、灵活的运动，也为了方便调整和控制机器人运动，串联机器人的各关节大多采用单自由度的运动副——转动副（或旋转关节）和移动副（或移动关节），这样只需在每个关节处输入各个独立运动即可，如电机的转动或液压缸、气缸输出的相对移动。图1-6 所示为一旋转关节型串联机器人中的各组成关节情况。

图1-7 给出了一种典型六自由度关节型机器人的内部结构示意图。6 个伺服电机直接通过谐波（或 RV）减速器、同步带等驱动 6 个关节轴的旋转。值得注意的是，关节 1～4 的驱动电机为空心结构，其优点是：机器人的各种控制管线均可以从电机中心直接穿过，能有效节省空间。此种结构较好地解决了工业机器人的管线布局问题（6 个电机的驱动线、编码器

线、刹车线、气管、电磁阀控制线、传感器线等）。

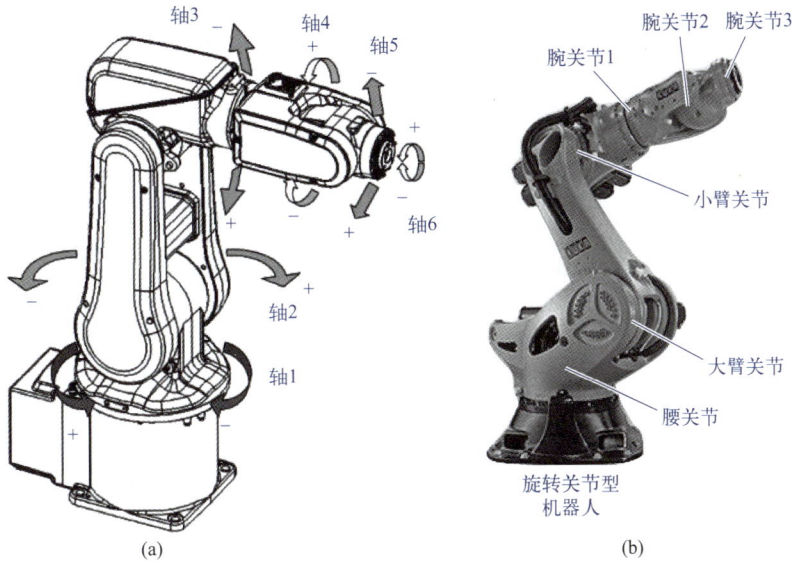

图 1-6　串联机器人中的组成关节

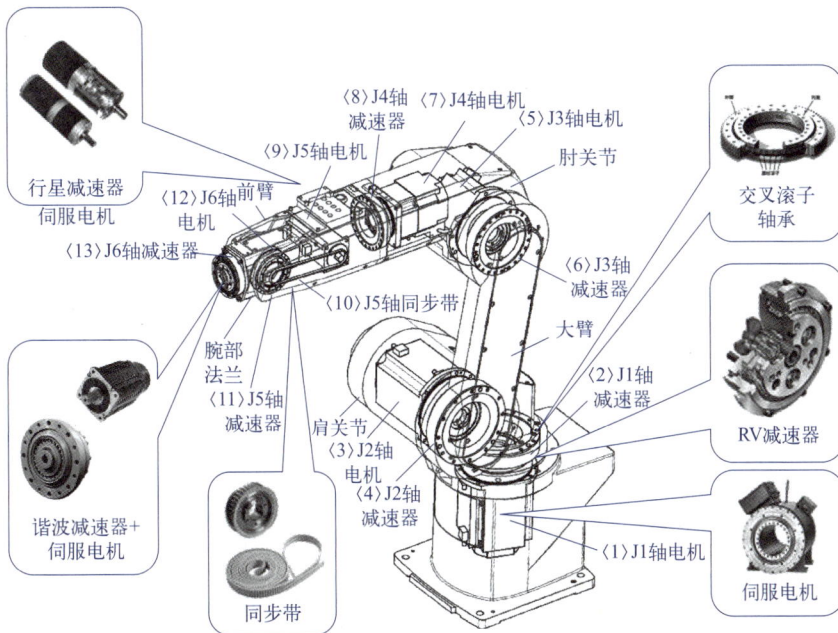

图 1-7　典型工业机器人的内部结构

末端执行器通常安装在**机器人臂**（robot arm）的腕部，用于完成特定作业。末端执行器形式多样，可根据作业需求选择或订制，包括：机械手、焊枪、切割头、喷枪、吸盘等（图 1-8）。

以上主要对机器人的机械结构进行了重点介绍。而典型的机器人系统是一类相对复杂的系统，就硬件而言，一般包含驱动器、传感器、控制器、执行器等四个核心要素，如图 1-9 所示。执行子系统包括机器人机构 / 结构本体和末端执行器，主要实现机器人运动及力的传递；驱动子系统包括电动、气动和液压等形式，是机器人的动力源；感知子系统包括内部和外部传感器，主要实现对机器人内部状态和外部环境的监测；控制子系统基于机器人模型、作业环境及控制算法，实现对机器人的精确控制及更好的人机交互。为实现对机器人机械本体的精确控制，由传感器提供本体及作业环境的信息，控制器依据程序产生指令，控制机器人各关节驱动器，使机器人末端按预定的轨迹、速度、加速度或力实施工作任务。

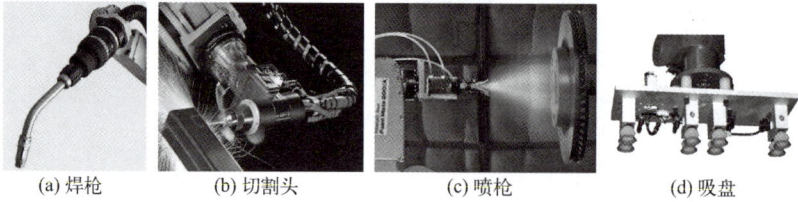

(a) 焊枪　　　　(b) 切割头　　　　(c) 喷枪　　　　(d) 吸盘

图 1-8　常见的机器人末端执行器

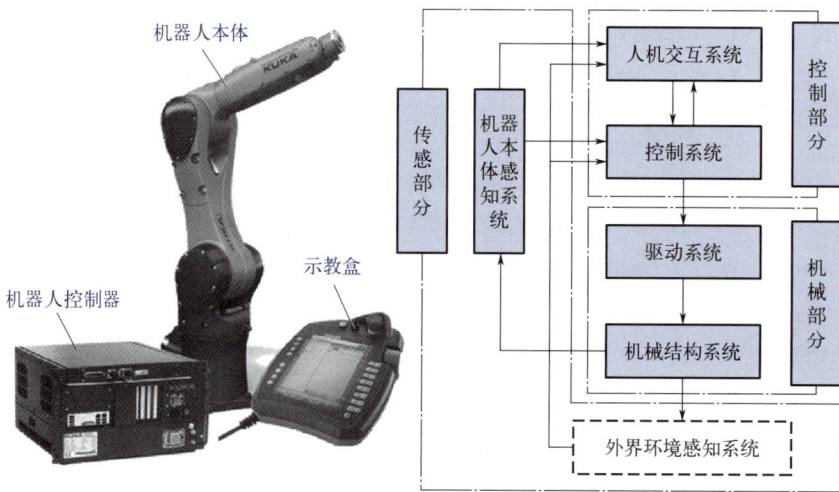

图 1-9　机器人系统的组成框图

一个实体机器人系统，除了必备硬件之外，软件也是不可或缺的。软件包含操作系统、算法、通信、交互等。硬件与软件的共同作用，使机器人实现"**感知→决策→行动**"的过程，具体如图 1-10 所示。

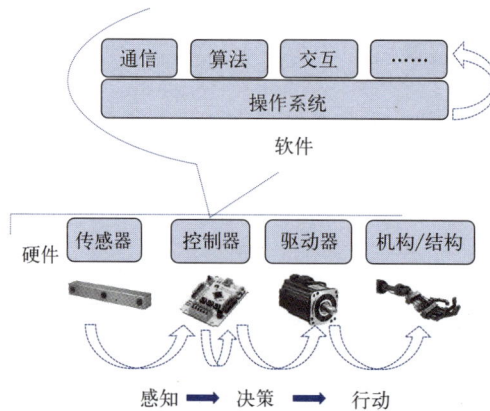

图 1-10　机器人的系统组成

1.3 操作臂的性能指标

当机器人作为一种产品出售时，一般要附带产品手册，其中一项最重要的内容是对机器人**性能指标**（performance specification）的描述。

以工业机器人为例，技术指标通常包括：①自由度；②驱动方式；③工作空间或工作范围；④工作速度（有时还包括加速度）；⑤工作负载；⑥绝对定位精度、重复（定位）精度与分辨率（多数情况下只给重复精度）；⑦控制方式。

例如，某一**直角坐标机器人**的主要技术指标如下：

① 自由度：共有 3 个基本关节和 2 个选用关节（作为腕关节）；

② 驱动方式：3 个基本关节由交流伺服电机驱动（采用增量式角位移传感器）；

③ 工作范围：400mm×400mm×400mm；

④ 关节移动范围及速度：A1 ～ A3[❶]，400mm，800mm/s；A4 ～ A5，300°，2rad/s；

⑤ 工作负载（最大伸长、最高速度下）：20kg；

⑥ 重复精度：±0.05mm；

⑦ 控制方式：五轴同时可控，点位控制。

再如，某一 **6 自由度串联操作臂**的主要技术指标如下：

① 自由度：6 个旋转关节；

② 驱动方式：交流伺服电机驱动（采用增量式光电编码器）；

③ 工作空间或工作范围：400mm×400mm×400mm；

④ 工作速度（加速度）：A1 ～ A3，100°，1rad/s；A4 ～ A6，300°，2rad/s；

⑤ 工作负载：10kg；

⑥ 重复精度：±0.2mm；

⑦ 控制方式：6 轴同步控制，支持点位模式和连续轨迹模式。

表 1-1 给出了一种商用机器人［ABB 公司的 IRB120 型机器人，CAD 模型如图 1-6（a）所示］的具体规格参数。

表 1-1　IRB120 型机器人的规格参数

关节轴的运动类型和工作范围		
关节轴	运动工作范围	最大速度
轴 1 旋转	-165°～ +165°	250（°）/s
轴 2 旋转	-110°～ +110°	250（°）/s
轴 3 旋转	-90°～ +70°	250（°）/s
轴 4 偏转	-160°～ +160°	320（°）/s
轴 5 俯仰	-120°～ +120°	320（°）/s
轴 6 翻滚	-400°～ +400°	420（°）/s
规格参数与性能		
电源电压	200 ～ 600V	额定功率	3kW

---

❶ 这里，A1（A3）表示第一个（第三个）关节轴。

续表

机器人底座尺寸	180mm×180mm	机器人质量	25kg
重复定位精度	0.01mm	防护等级	IP30
机器人安装	任意角度	控制器	IRC5
TCP 最大加速度	28m/s²	TCP 最大速度	6.2m/s

（1）自由度

机器人的**自由度**（degree of freedom，DOF）是表示机器人动作灵活的尺度，一般以输出端的独立直线移动、摆动或转动的数目来表示，手部的动作不包括在内。在工业机器人领域，往往用**关节轴数**表示自由度数。

第 2 章将对这个概念进行详细讨论。

（2）工作空间

工作空间（workspace）是对机器人运动范围或动作可达性的度量。它是指机器人末端所能达到的所有空间区域，其大小主要取决于机器人的几何形状和关节运动方式。图 1-11 示意了四种典型坐标型机器人（机械臂）的工作空间。其中，PPP（直角坐标）机器人的工作空间为一个规则的立方体；RPP（圆柱坐标）机器人的工作空间为一空心圆柱；RRP（球坐标）机器人的工作空间为球体一部分；RRR（垂直多关节）机器人的工作空间形状比较复杂，范围较大。各关节轴的运动范围会直接影响机器人工作空间的大小。有关工作空间的详细介绍见**第 5 章**。

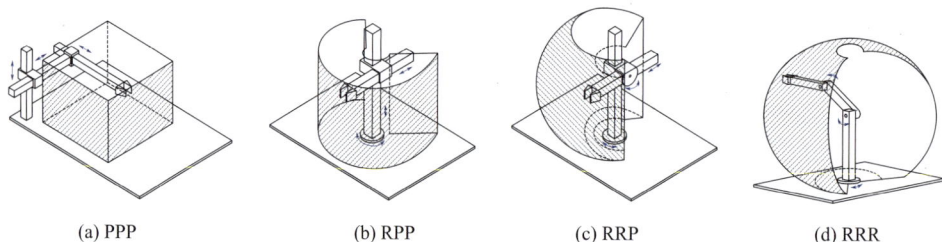

(a) PPP　　　　　　　(b) RPP　　　　　　　(c) RRP　　　　　　　(d) RRR

图 1-11　四种机器人的工作空间

（3）工作速度、加速度

机器人的性能往往体现在功能和效率两方面。例如，对于搬运机器人，这种评价标准往往依据每分钟完成的取放循环次数。机器人的峰值速度和加速度一般只是理论计算出来的结果，实际上，由于机器人移动过程中，随着位形的改变，各关节所受惯性力和重力也会变化，因此其峰值速度和加速度在工作过程中不是定值。

最大关节速度（角速度或线速度）并不是一个独立的值。对于长距离的运动，它往往受到伺服电机的总电压或最大允许转速的限制；对于高加速度机器人，即便是非常近的点对点运动也可能有速度限制，而低加速度机器人只对整体运动有速度限制。比如在大型或高速机器人中，典型的末端执行器峰值速度最高能到 20m/s。

目前大多数机器人的有效载荷质量相比其自身的质量都非常小，因此，可以说更多的动力是用来加速机器人本体而不是负载。另外，加速度越大的机器人往往要求刚性更好。对于高性能机器人，加速度和稳定时间相比速度或负载能力是更重要的设计参数，比如拾取机器人在小负载情况下其最大加速度可以超过 10g。

（4）工作负载

机器人的工作负载往往用额定负载来衡量。额定负载是指机器人在规定的性能范围内，末端所能承受的最大负载量（包括手部），通常用质量、力矩或惯性矩来表示。

负载大小同时包括外载荷及自重，以及由于运动速度变化产生的惯性力和惯性力矩。一般低速运行时，机器人的承载能力大一些；但为了安全考虑，规定以高速运行时所能抓取的最大工件质量作为工作负载的衡量指标。

（5）精度

通常用**绝对定位精度**（accuracy）、**重复定位精度**（repeatability）和**位置分辨率**（resolution）来定义机器人末端的定位能力。

绝对定位精度指机器人在空间中将其执行装置定位到程序设定位置处的能力。与重复精度不同，机器人的绝对精度主要用于非重复精度任务。绝对精度不仅体现了机器人运动学、动力学模型的精确程度和末端工具 / 夹具的精度，还包括机器人解算路径的完整性和准确性。虽然大多数高级机器人编程语言支持机器人路径算法，但通常只建立在简化的刚性模型基础上。因此，机器人绝对定位精度便成为了机器人几何学特性与控制算法相匹配的问题。典型的工业机器人绝对精度范围可以低至 ±10mm，也可以高至 ±0.01mm。利用**标定**（calibration）技术，对机器人的连杆长度、关节角度和安装位置进行精确测量和校准，是提高机器人绝对定位精度的有效手段。此外，精密的控制器、传感器和执行器，也是保证高定位精度的必要条件。

重复定位精度体现了机器人重复回到同一位置的能力，反映了控制精度和结构非线性（间隙、弹性）的大小。一般情况下，机器人由于存在摩擦、关节回差、传动时的空行程、伺服系统增益以及结构和机械装配过程中产生的空隙等，会产生一定的误差。对于从事装配、加工等重复动作的机器人而言，重复精度指标非常重要。典型的重复精度参数可以粗到大型电焊机器人的 $1 \sim 2$mm，也可以精到精微操作机器人的 $5\mu m$。

位置分辨率，或称**系统分辨率**，是指机器人能完成的最小位移增量，这对于基于外传感器的机器人定位和运动控制十分重要。尽管大多数制造商用关节位置编码器的分辨率，或伺服电机和驱动器的步长来计算系统分辨率，但这种方法本身存在问题。这是由于机器人结构本体中存在的摩擦、变形、间隙等都会影响系统分辨率，而后者的分辨率要比控制系统低 $2 \sim 3$ 个数量级。

图 1-12 对绝对精度、重复精度与分辨率之间的区别进行了示意。机器人的绝对精度、重复精度和分辨率指标是根据其使用要求确定的。机器人自身所能达到的精度取决于机器人结构及刚度、驱传动方式、运动速度控制水平等因素。

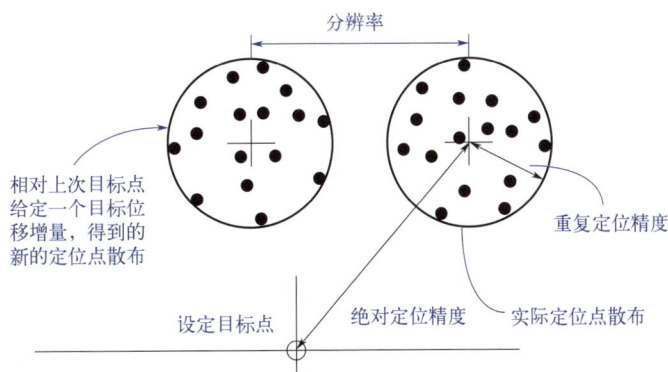

分辨率

相对上次目标点给定一个目标位移增量，得到的新的定位点散布

重复定位精度

设定目标点　　绝对定位精度　　实际定位点散布

图 1-12　绝对精度、重复精度与分辨率

1.4 操作臂的典型应用

操作臂应用非常广泛,本节仅以其在航空航天制造领域的应用为例来说明。

在航空航天制造领域,应用操作臂不仅可以完成典型的点胶、焊接、喷涂、热处理、搬运、装配以及检测等作业,还可以进行钻孔、铆接、密封、修整、复合材料铺敷、无损探伤、加工质量检测等特种作业任务。

(1) 机器人钻铆制孔

据统计,飞机疲劳失效事故中,80% 的疲劳裂纹产生于连接孔处,因此连接孔的质量极大地影响着飞机的安全和寿命。飞机装配中最主要的连接方式为铆接,普通飞机铆接所需制孔量在数万个。数量庞大的制孔,依靠人工很难保证质量。相比手工钻铆,机器人钻铆系统具有成本低、灵活性高、自动化程度高及安装空间需求小等优点,同时对工件的适应性好,且可以通过与导轨或移动机器人配合,实现长距离移动,可扩大作业范围,完成多个位置的钻铆,而无须移动工件。

典型飞机部件机器人钻铆制孔系统的组成及各部分之间的关系,如图 1-13 所示。飞机部件机器人钻铆制孔系统可划分为机器人系统、制孔执行器、控制系统、图像采集处理系统、工装模块等部分,不同部分之间或存在着机械连接关系或存在着电气连接关系。

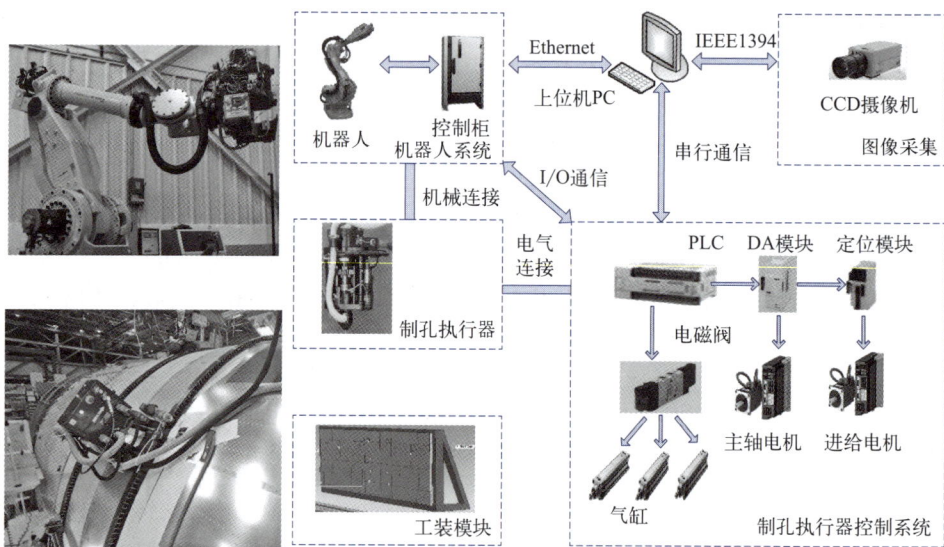

图 1-13 机器人自动钻铆系统

(2) 机器人焊接

现代飞机机身部件尺寸大,焊缝多且复杂,焊接工艺要求高。将机器人技术应用到飞机部件的焊接中,可以显著提高复杂形状焊缝的焊接速度和焊接质量,降低焊接结构的成本。焊接机器人整体结构组成简洁,即在工业机器人的末端法兰上连接焊钳、焊枪或者搅拌摩擦焊头,从而实现焊接功能。图 1-14 给出了一种典型工业机器人实例——**焊接机器人作业系统**。该系统由执行子系统(6 自由度串联操作臂和末端执行器)、驱动子系统(交流伺服电机及驱动器)、控制子系统(机器人控制器、机器人示教器、上位机、现场总线、PLC、I/O 通信、以太网等)、传感子系统(力传感器、视觉传感器等)和相关外围设备组成。其中,6 自由度串联操作臂是焊接机器人的执行机构,通常采用成熟的商用化工业机器人;控制系统是整个系统的神经中枢,包含控制器等硬件以及各类专业软件,负责处理焊接机器人工作过程中的全部信息和控制其全部动作,并维护机器人及作业对象的相对安全;传感器用于检测作业对象或环境的状态,包括位置、力等,为控制系统提供反馈信号;这里的外围设备主要包括生产线上的其他自动设备,它们与机器人通过现场总线协同工作,完成工件的传送、夹持和定位等。

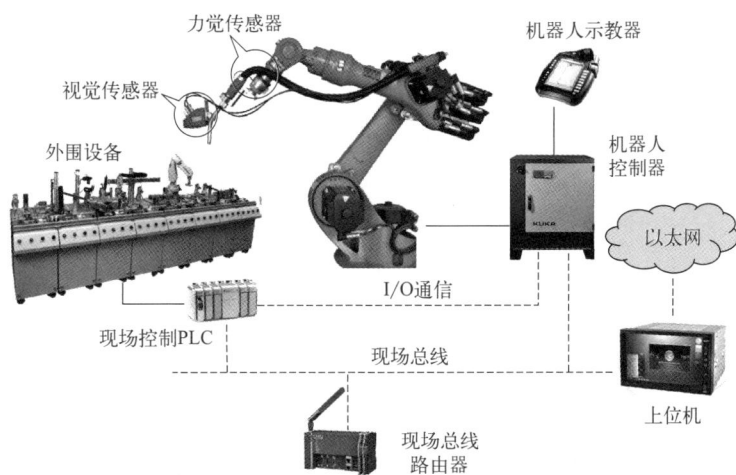

图 1-14 焊接机器人系统组成

(3)机器人磨抛

机械切削加工中,不可避免地会产生毛刺。毛刺不仅影响产品的质量,还会使零件的检测、装配、工作寿命和使用性能等受到影响。因此,去毛刺工作显得非常重要。零件去毛刺及表面清理技术是制造领域的关键技术之一,其中包括零件去毛刺不损伤工件尖边,并保持零件形状和尺寸精度;壳体类零件去毛刺及壳体内部孔毛刺的去除;液压件去毛刺;型腔内部交叉孔去毛刺;零件表面光整等。相比人工磨抛方式,机器人磨抛具有智能化、效率高、操作空间大等优势。例如,在高铁车身的涂层工序中,需要进行四次打磨,采用人工方式,4 个工人需要作业 16 小时,总工时超过 64 小时。而采用机器人打磨,效率可提高 10 倍以上,而且打磨更加平整、粉尘排放大大降低,且工序成本可降低 30%。图 1-15 所示的航空发动机叶片型面的机器人磨抛即属于此技术。

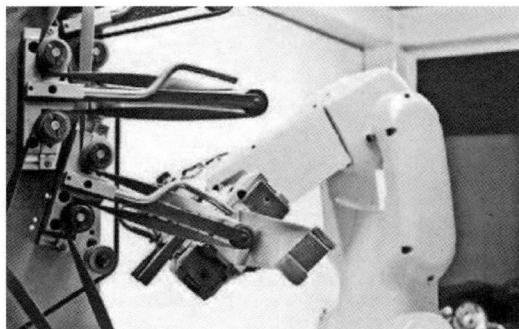

图 1-15 AV&R 发动机叶片的机器人磨抛系统

（4）机器人喷涂

自动化喷涂系统因其具有涂装质量好、效率高等众多优点，已广泛应用于汽车等工业领域。飞机表面的涂装则对涂层的厚度与均匀度提出了更为严格的要求。目前美国的军用飞机就采用了机器人自动化喷涂系统进行涂装（图1-16），如F-15、F-35等。由于手工喷涂依赖于工人的经验，难以对涂层厚度和均匀度进行精确控制，因此往往要进行额外地打磨或补喷，效率较低；且飞机涂料往往含大量有机溶剂及有毒性的低分子助剂，对喷涂工人的身体健康有危害。研制机器人喷涂系统，可实现喷涂作业的高柔性、大工作范围，且能够提高喷涂质量和材料使用率，特别是可以避免作业人员与有毒有害涂料直接接触。

图1-16　用于F-35的喷涂机器人系统

（5）机器人检测

随着航空工业的不断发展，飞机构件大型化、复杂化趋势越发明显。目前，对于航空大型复杂零件的自动化检测装备仍比较少，常用的检测方法仍为手工检测，但是手工检测费时、费力、效率低、检测结果主观性强、容易漏检。并且，在某些环境下，人员操作困难，可能出现威胁检测人员安全的情况。采用机器人检测系统，可以实现大型结构件的快速、高效和少人参与的自动化检测作业，可有效降低工作劳动强度和工作危险性。具体案例如图1-17和图1-18所示。

图1-17　NASA飞机机身结构自动检测机器人

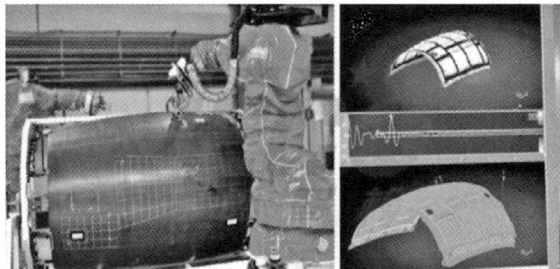

图1-18　Tecnatom TAURUS 航空部件超声检测系统

习题

1-1　查阅相关文献，做一个年表，记录在过去 70 年里工业机器人发展的重要事件。

1-2　查阅相关文献，绘制一个表格，展示当前我国工业机器人的主要应用（如焊接、装配等）及装备机器人台套数的使用百分比。

1-3　图 1-19 所示为一焊接机器人结构示意图。试简述该机器人系统的组成。

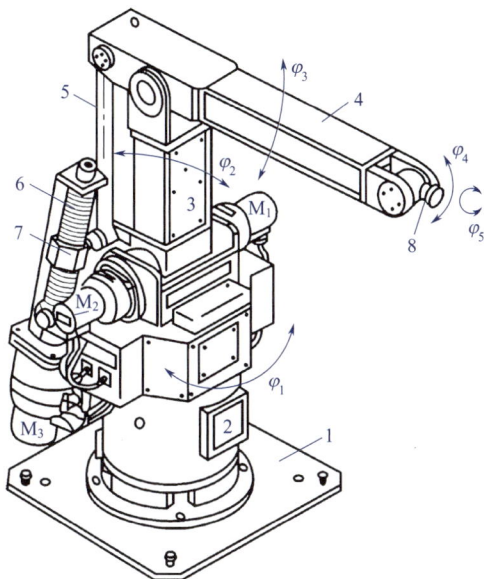

图 1-19　焊接机器人

1-4　若要你设计一个用于自动化生产线上高速拾取电池的机械手系统，该系统应由哪些部分组成？需关注的主要性能指标有哪些？

1-5　若要你设计一个用于卫生陶瓷洁具生产线上磨抛的机器人系统，该系统应由哪些部分组成？需关注的主要性能指标有哪些？

1-6　要求概念设计一款面向儿童写字教学的家庭版桌面机器人。试给出该机器人的系统总体配置方案，包括：技术指标，选择何种机器人本体机构类型并说明理由，绘制其机构简图，选择用何种电机并说明理由，用不超过 200 字说明总体控制方案简要构思（包括控制系统简要组成和可能的操作过程）。

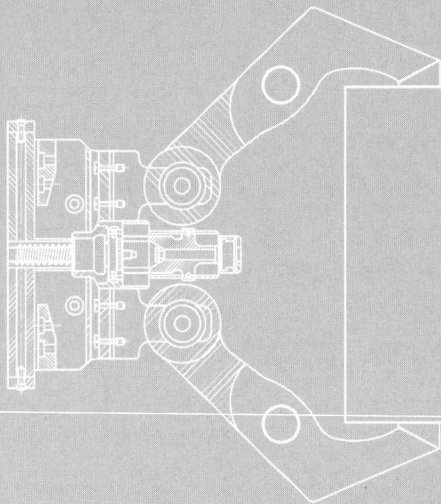

第 **2** 章

操作臂机构

机构是机器人的骨架。操作臂机构作为操作臂的结构本体，包括手臂、手腕、手爪等，它们都是机器人实现预期运动或执行所需作业不可或缺的要素。

因此，本章学习的重点包括：掌握操作臂机构的基本组成元素、类型及特点，学会利用自由度公式正确计算操作臂的自由度。

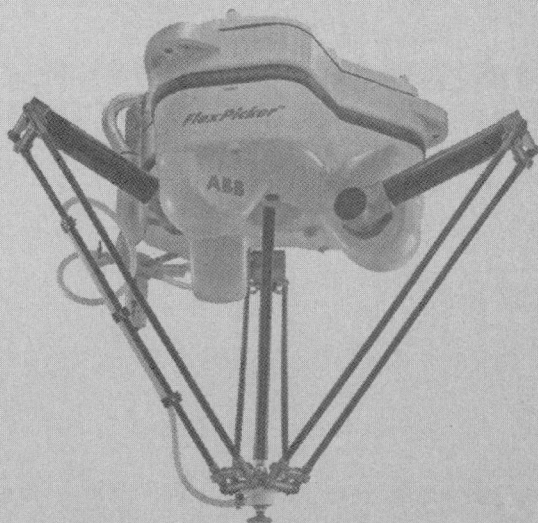

2.1 基本组成

和普通机构一样，操作臂机构也是由若干个**构件**（link）和**运动副**（kinematic pair）组合而成。只是在操作臂机构中，构件俗称为杆，运动副称为**关节**（joint）。

图 2-1 给出了操作臂机构的基本组成示意。图中的所有构件都可以看作是刚性杆，其中有一个固定不动的构件，称之为**机架**（frame）或**基座**（base）。

机器人中常用的关节（图 2-2）如下：

• **转动关节**（revolute joint）是一种使两构件间发生相对转动的连接形式，它具有 1 个转动自由度，约束了刚体的其他五类运动，可使得两个构件绕同一轴线相对转动。

• **移动关节**（prismatic joint）是一种使两构件间发生相对移动的连接形式，它具有 1 个移动自由度，约束了刚体的其他五类运动，并使得两个构件沿一条直线相对平动。

• **螺旋副**（screw joint）是一种使两构件间发生螺旋运动的连接形式，它同样只具有 1 个自由度，约束了刚体的其他五类运动，并使得两个构件做相对螺旋运动。

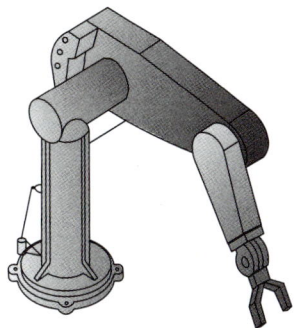

图 2-1　机器人机构的基本组成：
构件（杆）与运动副（关节）

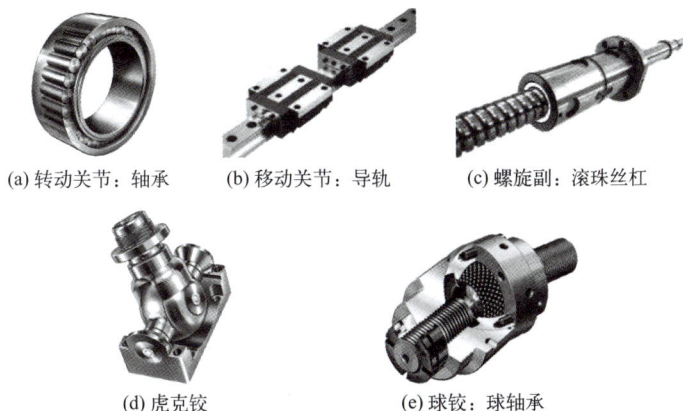

(a) 转动关节：轴承　　(b) 移动关节：导轨　　(c) 螺旋副：滚珠丝杠

(d) 虎克铰　　　　(e) 球铰：球轴承

图 2-2　机器人关节的实物表现形式

• **虎克铰**（universal joint）是一种使两构件间发生绕同一点二维转动的连接形式，通常采用轴线正交的连接形式，有时也称作万向铰。它具有 2 个相对转动的自由度，相当于轴线相交的两个转动副。它约束了刚体的其他四类运动，因此虎克铰是一种空间Ⅳ级低副。

• **球面关节**（或球铰，spherical joint），多数情况下简称为"球副"，是一种能使两个构件间在三维空间内绕同一点作任意相对转动的运动副，可以看作是由轴线汇交一点的 3 个转动副组成。它约束了刚体的三维移动，因此球面副是一种空间Ⅲ级低副。

一个典型的串联机器人通常由手臂、手腕和末端执行器等三个部分组成，如图 2-3 所示。

• **手臂机构**（arm mechanism）——机器人机构的主要部分，其作用是支撑腕部和末端执行器，并确定腕部中心点 P 在空间中的位置坐标。通常具有 3 个自由度，个别为 4 个自由度。

• **手腕机构**（wrist mechanism）——连接手臂和末端执行器的部件，其作用主要是改变和调整末端执行器在空间中的方位，即姿态。一般具有 3 个旋转自由度，个别为 2 个旋转自由度。

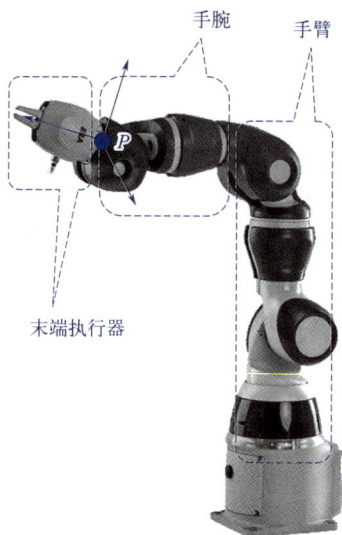

图 2-3　典型串联机器人机构的组成部分：手臂机构、手腕机构和末端执行器

● **末端执行器**（end-effector）——亦称**机器人手爪**，是指机器人作业时安装在腕部的工具，根据任务选装。

> **例 2-1** ◁ Stanford 操作臂

　　1970 年，美国通用电气公司与斯坦福大学人工智能实验室合作，成功开发出 Stanford 操作臂（图 2-4）。其臂部采用了球面坐标式结构，而腕部有俯仰、偏转、翻滚 3 个转动自由度。关节 1 和关节 2 是直流电机驱动，采用谐波减速并设有滑动离合器和电磁制动，移动关节 3 采用直流电机驱动，通过蜗轮蜗杆和齿轮齿条减速将旋转运动变成直线运动。手腕部分的关节 4、5 和关节 1、2 为同样驱动方式。而关节 6 因负荷轻而采用齿轮传动。

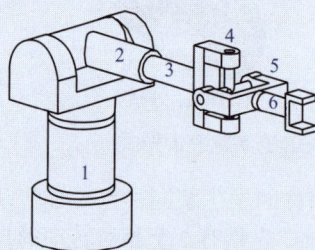

(a) 结构示意图

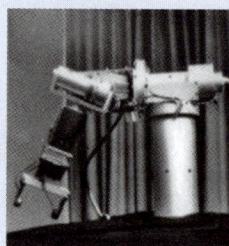

(b) 实物样机

图 2-4　Stanford 操作臂

2.2　手臂机构

就机器人结构而言，手臂机构（包括小臂和大臂）是操作臂机构的主要部分，其作用是支撑腕部和手部，并带动它们使手部中心点 P 按一定的运动轨迹，由某一位置运动到另一指定位置。手臂机构一般为三自由度机构，主要包括直角坐标式、圆柱坐标式、球面坐标式、关节式等四种基本结构形式。

① **直角坐标式**（cartesian coordinate type，PPP 链）：由 3 个相互垂直的移动副构成，每个关节独立分布在直角坐标的 3 个坐标轴上［图 2-5（a）］。其结构简单、控制简单、精度高。

② **圆柱坐标式**（cylindrical coordinate type，RPP 或 CP 链）：将直角坐标机器人中某一个移动副用转动副代替［图 2-5（b）］。该结构运动范围较大。

③ **球面坐标式**（polar coordinate type，RRP 或 UP 链）：前两个铰链为相互汇交的转动副，而第三个为移动副［图 2-5（c）］。该结构运动范围较大。

④ **关节式**（articulated type，RRR 或 UR 链）：其特征是所有 3 个铰链均为转动副。这种结构更接近人臂关节布局，对作业的适应性较高。具体而言，还可分为垂直关节式、水平（或平面）关节式等子类型。图 2-5（d）所示为一垂直关节式结构。

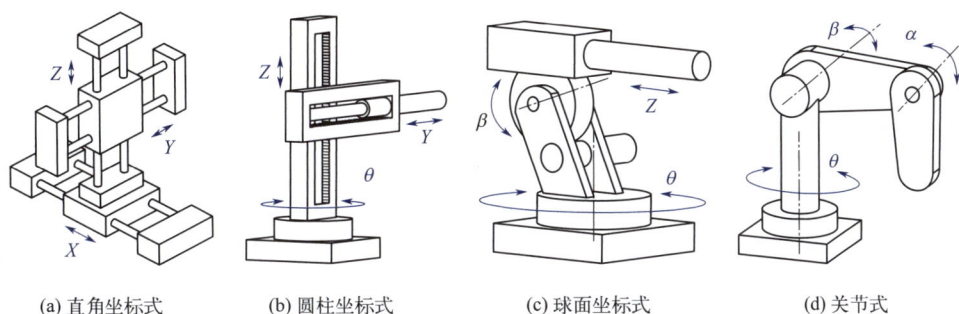

(a) 直角坐标式　　(b) 圆柱坐标式　　(c) 球面坐标式　　(d) 关节式

图 2-5　手臂机构的四种基本类型

◁ 例 2-2　Gantry 机器人

图 2-6 所示为 Gantry 机器人，它是一种典型的直角坐标式机器人（cartesian robot），一般为龙门结构，可由 3 个直线运动单元组合而成，应用十分广泛。

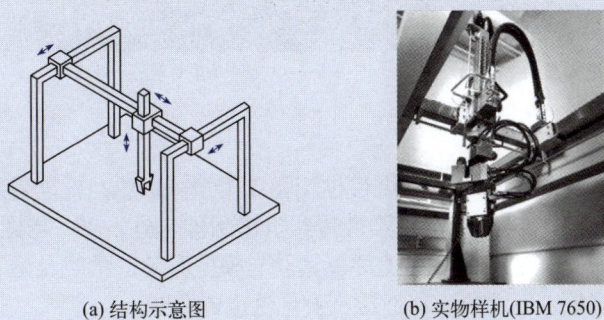

(a) 结构示意图　　　　(b) 实物样机(IBM 7650)

图 2-6　Gantry 机器人

例 2-3　SCARA 机器人的手臂机构

随着 20 世纪 60 年代半导体及轻工业的快速发展，工业界对一类可实现拾取作业的机器人有重要需求，SCARA 机器人应运而生。其结构示意图如图 2-7 所示，机器人由 3 个相互平行的转动轴和 1 个与转动轴线平行的移动轴组成。其中，前三个关节构成水平关节式手臂机构。由于该机器人可实现水平面内的任意移动，因此其突出特征反映在水平面内刚度低（柔顺性好），而在垂直方向上刚度高，非常适合用于装配作业。机器人由此得名。

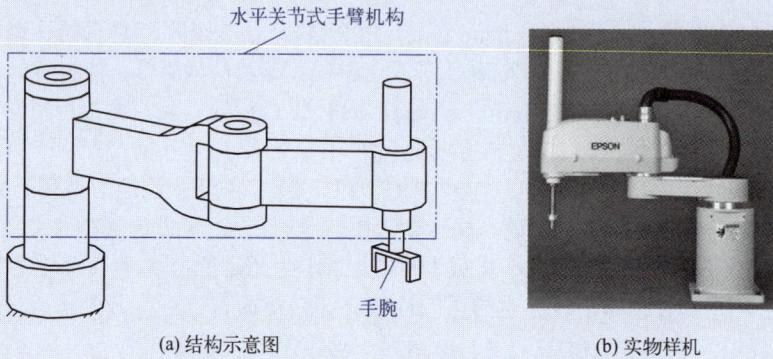

(a) 结构示意图　　　　　　　　(b) 实物样机

图 2-7　SCARA 机器人的结构示意图

小知识　连续体机器人

当前操作臂机构中，还有一类称为"连续体机器人（continuum robot）"的柔性手臂机构，它们的运动可通过结构的连续变形来实现，结构中通常不包含刚性连杆和离散的活动关节，其运动自由度呈现连续分布。最初的设计灵感源于自然生物系统，如蛇、象鼻、章鱼等（图 2-8），因此有时称连续体机器人为"蛇形臂"。因其在受限空间中特殊的灵巧运动功能，在医疗、康复、检测等领域中有重要的应用。

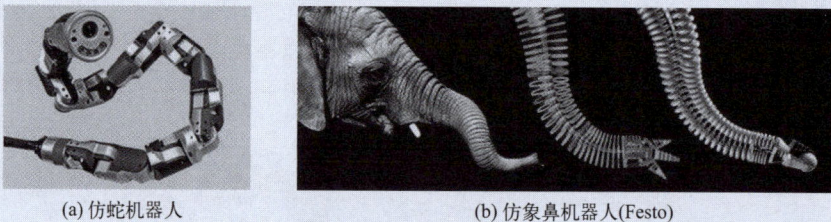

(a) 仿蛇机器人　　　　　　　　(b) 仿象鼻机器人(Festo)

图 2-8　仿生连续体机器人

典型的连续体机构通常由骨架、弹性柱和驱动柔索等组成。根据骨架的刚度特征，现有连续体机构可归于刚性骨架机构和柔性骨架机构两种（图 2-9）。与柔性骨架机构相比，刚性骨架机构一般具有灵活性好、刚度高、运动学模型简单、精度及稳定性高等优点。反之，柔性骨架机构对复杂环境更容易适应，安全性也更高些。

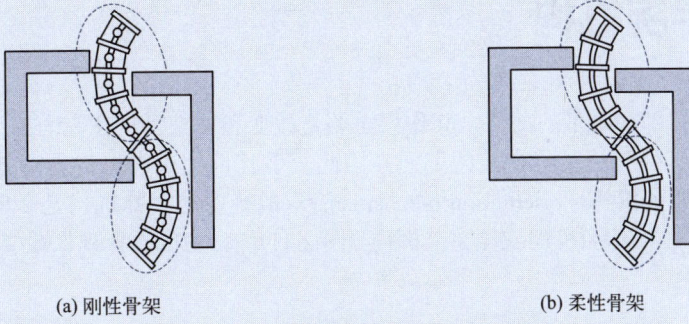

(a) 刚性骨架

(b) 柔性骨架

图 2-9　两类连续体机器人的骨架结构

2.3 手腕机构

腕部是连接臂部和手爪的部件，其作用主要是改变和调整手爪在空间的方位，从而使手爪握持的工具或工件到达某一指定的姿态。因此，手腕机构通常也称为**指向机构**（pointing mechanism），或**调姿机构**（orientation mechanism）。最普遍的手腕机构是 2 自由度球面机构（图 2-10）或 3 自由度球面机构或球关节机构（图 2-11），自由度选择视作业要求而定。

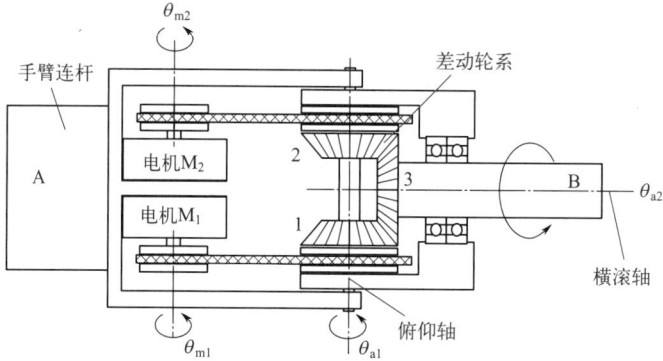

图 2-10　Pitch-Roll 球面手腕机构

图 2-10 所示的为 2 自由度球面手腕机构（Pitch-Roll 机构）。该机构由 3 个直齿锥齿轮组成差动轮系，其中齿轮 3 与工具轴 B 固接，而齿轮 1 和 2 分别通过链传动（或者同步带传动）与两个驱动电机 M_1、M_2 相连，形成 2 个自由度的差动机构。当 M_1 与 M_2 同向等速旋转，则俯仰轴（θ_{a1}）独立转动；当 M_1 与 M_2 反向等速旋转，则横滚轴（θ_{a2}）独立转动；当 M_1 与 M_2 不等速，则俯仰轴与横滚轴同时转动。

图 2-11 所示为 3 个转轴相互正交于一点的 3 自由度球面手腕机构。该机构可由远距离驱动器带动几组锥齿轮旋转，进而实现 3 个独立的转动。基本原理如图所示，三个远端驱动器分别为输入 φ_1，φ_2，φ_3；其中，由 φ_1 直接驱动 θ_1 轴（偏航角），输入 φ_2 通过一对锥齿轮驱动 θ_2 轴（俯仰角）；输入 φ_2 和输入 φ_3 通过锥齿轮差动轮系共同驱动 θ_3 轴（横滚角）。在理论上，该手腕可实现任意的姿态，但由于受到结构上的限制，实际上无法达到。

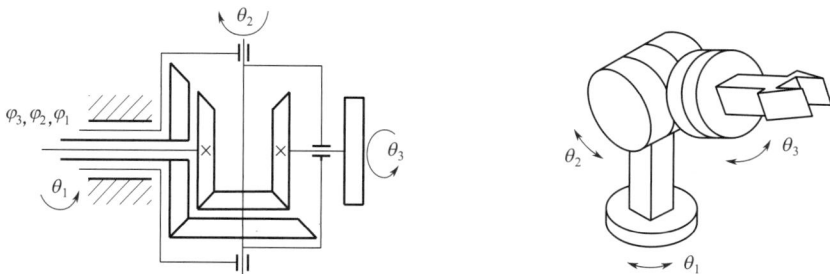

图 2-11　3 自由度球面手腕机构

通常，将上述机器人手臂机构与手腕机构作为功能模块组合在一起使用，前者用于**定位**，后者用于**定向**或**调姿**，共同组成 6 自由度的串联机器人本体。

◀ 例 2-4　PUMA 机器人

1979 年，美国 Unimation 公司推出了一款 PUMA（又称通用示教再现型，即 Programmable Universal Machine for Assembly 首字母的简写，图 2-12）机器人，并将其应用到通用电气公司的工业自动化装配线上，是工业机器人的旗帜性产品。与 Stanford 操作臂结构不同的是，PUMA 机器人中所有关节均为转动关节。其臂部（前 3 个关节）采用垂直关节式结构（RRR），而腕部为 3 自由度球关节机构。

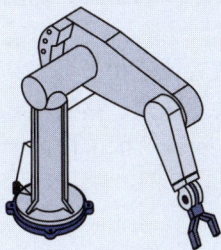 

(a) 结构示意图　　　　　　　　　　(b) 实物样机

图 2-12　PUMA 机器人

🤖 小知识　RCC 手腕

远程柔顺中心（remote center of compliance，RCC）装置用于辅助机器人完成装配作业，简称 RCC 手腕。它是一种多自由度弹性装置，在接触力作用下能自动调整装配零件相互位姿。它最初是针对轴插孔装配作业而设计，由美国麻省理工学院（MIT）的 DRAPER 实验室于 20 世纪 70 年代初研制。

RCC 装置的设计应用了远程柔顺中心的概念。在 RCC 装置的末端存在一个柔顺中心，作用于柔顺中心点处的力只产生与力方向相同的纯平动变形；同理，作用于该点外力矩只产生绕柔顺中心的转动变形，而不会使柔顺中心点发生平动。因此，RCC 装置具有轴向刚度大、侧向刚度小、轴向刚度与水平刚度及扭转刚度完全解耦等特点。因此，当将 RCC 装置安装于工业机器人末端执行自动装配作业时，待装配的零件通过夹具与 RCC 装置相连，并使柔顺中心点位于零件装配位置的末端。当由于微小的装配定位误差导致互配的零件相互接触产生装配阻力或阻力矩时，被装配零件可以自动进行位置和角度的调整，从而对位姿误差进行校正补偿，确保装配作业顺利进行。

图 2-13（a）所示即为一个具有水平和摆动浮动机构的 RCC 手腕。水平浮动机构由平面、钢球和弹簧组成，实现在两个方向上的浮动；摆动浮动机构由上、下球面和弹簧组成，实现两个方向的摆动。其动作过程如图 2-13（b）所示，在插入装配过程中，工件局部被卡住时，将受到阻力，促使 RCC 装置发挥作用，使手爪有一个微小的修正量，工件能顺利插入。

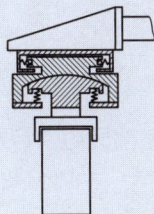 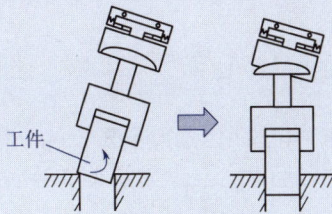

工件

(a) 结构简图　　　　　　　　　　(b) 工作原理图

图 2-13　RCC 手腕

2.4 机器人手爪

机器人手爪，学名为末端执行器，是指安装在机器人末端的执行装置，它直接与工件接触，用于实现对工件的处理、传输、夹持、放置和释放等作业。

末端执行器可以是一种单纯的机械装置，也可以是包含工具快速转换装置、传感器或柔顺装置等的集成执行装置。大多数末端执行器的功能、构型及结构尺寸都是根据具体的作业任务要求进行设计和集成的，其种类繁多、形式多样。结构紧凑、轻量化及模块化是末端执行器设计的主要目标。

根据作业任务的不同，末端执行器可以是夹持装置或专用工具，其中夹持装置包括**机械手爪、吸盘**等，专用工具有**气焊枪、电焊钳、研磨头、铣刀、钻头**等。夹持装置是应用最为广泛的一类末端执行器。图 2-14 给出一种**夹持器**（gripper）的工作过程。

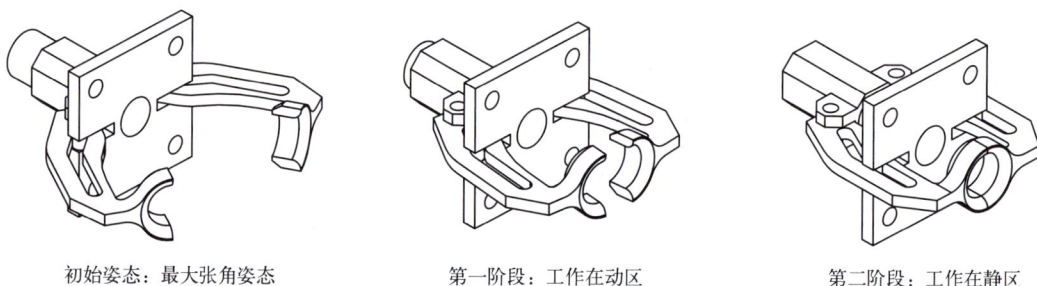

| 初始姿态：最大张角姿态 | 第一阶段：工作在动区 | 第二阶段：工作在静区 |

图 2-14　夹持器的工作过程简图

根据其设计原理不同，夹持装置一般可分为接触式、穿透式、吸取式以及粘附式等四种类型。接触式夹持装置直接将夹紧力作用于工件表面实现抓取；穿透式一般需要穿透物料进行抓取，例如用于纺织品、纤维材料等抓取的末端执行器；吸取式主要利用吸力作用于被抓取物体表面实现抓取，如真空吸盘、电磁装置等；粘附式一般利用抓取装置对被抓取对象的粘附力来实现，比如利用胶粘原理、表面张力或冰冻原理所产生的粘附力进行抓取。

还有一类机器人手爪，其功能更具通用性，一般由 2 ～ 5 根手指组成，这类手爪称为多指手。**多指灵巧手**（multi-finger dexterous hand）是一种典型的多自由度仿人型末端执行器，它通常具有 3 ～ 5 个多关节手指，具备人手的运动学结构和灵巧运动特性，具有位置、力和触觉感知能力。从 20 世纪 70 年代开始，出现模仿人手结构的多指灵巧手，最具代表性的多指灵巧手包括：美国研制的 Stanford/JPL 手、Utah/MIT 手和 Robonaut 手，德国研制的 DLR 系列手，日本研制的 GIFU 手，中国研制的 HIT/DLR 手和 BH 手等；英国的 Shadow 手则被认为是目前世界上最成功的商品化灵巧手。

◀ 例 2-5　Stanford/JPL 手

20 世纪 80 年代初，美国斯坦福大学 Salisbury 教授指出灵巧手若要能够稳定抓持物体，并对物体施加任意的力和运动，至少需要 3 个手指，且每个手指需要 3 个自由度。在此基础上，开发了 Stanford/JPL 手［图 1-2（b）］。

例 2-6 BH 手

20 世纪 80 年代后期，北京航空航天大学机器人研究所张启先教授带领团队持续开展了机器人仿生灵巧手的研究。于 90 年代初研制出具有 9 自由度的三指灵巧手 BH-1，填补了国内空白。之后又陆续研制出 BH-2、BH-3（图 2-15）、BH-4 和 BH-985 灵巧手。其中从BH-3 开始，以钢丝绳与齿轮相结合实现传动，各指端装有六维力传感器。

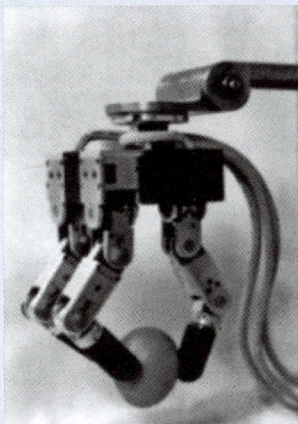

图 2-15　BH-3 手

小知识　并联操作臂

除了类似人手臂的串联操作臂机构之外，还有一类类似人手的多分支型操作臂机构，称为并联操作臂（parallel manipulator）、并联机构（parallel mechanism），或并联机器人（parallel robot）。

如图 2-16 所示，并联机构由动平台（moving platform）、定平台和连接两平台的多个支链（limb，或分支，或腿）组成。通常情况下，支链数与动平台的自由度数相同，每个支链由一个驱动器驱动，并且所有驱动器均安放在接近定平台的地方。

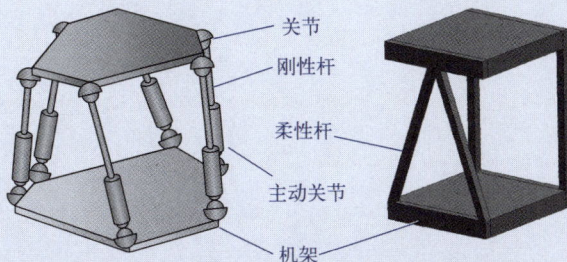

关节
刚性杆
柔性杆
主动关节
机架

图 2-16　并联机构的组成

相比串联操作臂机构，并联操作臂机构具有高刚度、高负载 / 惯性比等优点，但工作空间相对较小、结构较为复杂。这正好同串联机构形成互补，从而拓展了机器人的选择及应用范围。本书中，如无特殊说明，讨论对象均为串联操作臂机构。

　　并联操作臂最为成功的应用之一便是自动化生产线中的高速高加速拾取、分拣等操作，比如半导体芯片的制备，电池、巧克力等体小量大的规则物品分拣等，加速度高达 10g 以上。并联构型可实现运动部件的重量很轻（如电机放在基座上或采用复合铰链等轻质结构），正好可以满足此类要求。应用比较成功的并联机器人包括 Delta 机器人［图 2-17（a）］、Adept 机器人［图 2-17（b）］，以及 X4 操作手［图 2-17（c）］等。

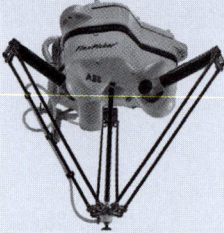

(a) Delta机器人　　　　　(b) Adept机器人　　　　　(c) X4操作手

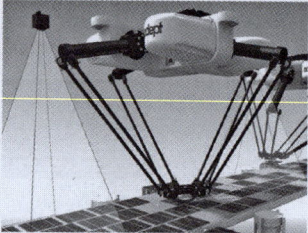

图 2-17　并联机器人

2.5　操作臂机构的构型设计

在对操作臂机构的组成原理有了深刻认识的基础上，与之相对的构型设计问题便成了值得关注的焦点之一。工程实践中，设计者除了根据其经验从熟知的构型中寻找合适的方案之外，有时还需要开展针对操作臂构型的创新设计，以满足特定的任务需求。

不过，操作臂机构的创新设计是一个难题，大多涉及数学层面的专深知识。本节只是从认知层面给出两种比较成熟的构型设计方法：模块法和演化法。

（1）模块法

无论是串联式操作臂还是并联式操作臂，无论机构的构型多么复杂，都可以看作是由基本模块组合而成。

下面以串联操作臂为例，从生长树的视角来讨论构型是如何实现从简单到复杂的过程。

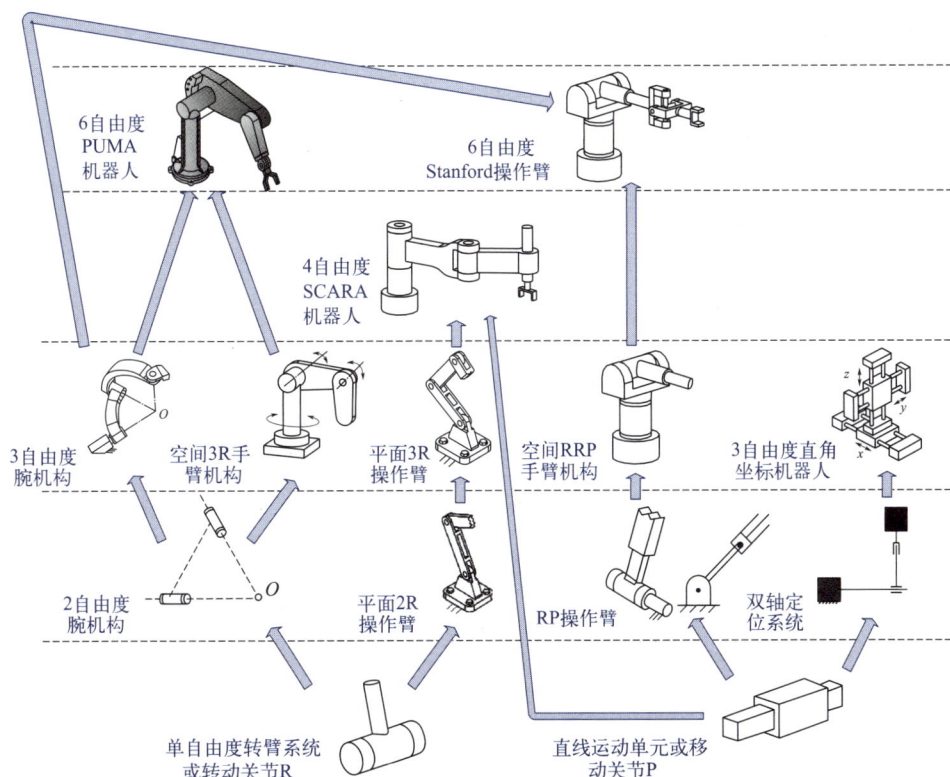

图 2-18　基于模块化思想的串联操作臂构型设计示意

如图 2-18 所示，以转动关节 R 和移动关节 P 作为基本模块，它们同时也可以作为单自由度转臂系统或者单自由度直线运动单元（简称为**单轴机构**）。它们是树根，由此成长出更多形式的多轴机构，如：

①2 个和 3 个共点的转动关节分别生成 2 自由度和 3 自由度手腕机构；

②2 个和 3 个相互平行的转动关节分别生成平面 2R 操作臂和平面 3R 操作臂；

③2 自由度手腕机构加上一个与第 2 个转动关节平行的转动关节组合成空间 3R 操作臂（垂直关节式）；

④ 1 个转动关节和 1 个移动关节生成 2 自由度 RP 操作臂机构，再与 1 个转动关节组合生成 3 自由度 RRP 手臂机构（球面坐标式）；

⑤ 2 个和 3 个相互正交的移动关节分别生成 2 自由度和 3 自由度直角坐标机器人；

⑥ 平面 3R 操作臂加上一个与 3 个转动关节平行的移动关节组合成 4 自由度 SCARA 机器人（水平关节式）；

⑦ 空间 3R 操作臂与 3 自由度手腕机构组合成 6 自由度 PUMA 机器人；

⑧ 3 自由度 RRP 手臂机构（球面坐标式）与 3 自由度手腕机构组合成 6 自由度 Stanford 操作臂。

以上涉及 10 余种经典机器人机构构型，这些机构也将作为本书中的主要研究对象。

（2）演化法

演化法是指以某种机构为初始机构，通过对初始机构中的构件和运动副进行各种形式的改变或变换，演变发展出新机构的设计方法。

演变法是人们最为熟悉的一种构型设计方法，也是目前工程上最为实用的方法之一。其原因在于，早期发明的且时至今日仍具生命力的机构无一例外地蕴涵着发明者对机构学基本原理的正确认识，特别是对其工程实用价值的认真考虑。事实上，如果说著名的瓦特直线机构、Stewart 平台、Delta 机器人等原始创新均与其发明者的直觉与灵感有关的话，那么这种直觉与灵感无一不是与具体的工程需求密切联系的。由演变法得到的新构型虽不属"原始创新"，但却符合人类对客观世界循序渐进的认识规律，且通常具有较强的工程实用价值。基于演变法的工程范例举不胜举。

这里以并联机构为例，说明演化法的应用。

并联机构与普通机构一样，主要由机架、主动副和运动链（含运动副）三部分组成，不同之处在于并联机构中还存在着支链。因此，机构的自由度及运动特性完全由这些因素来决定。由此得到了演化法来发明新并联机构的基本思路，以现有成功机构的原型为蓝本，利用各种不同的演化方法：①改变杆件的分布方式；②改变铰链形式，将其中一个球铰换成虎克铰（由球铰连接的二力杆中存在 1 个局部自由度）；③改变支链中铰链的分布顺序；④在运动学等效的前提下，拆解多自由度运动副为单自由度运动副或将单自由度运动副组合成多自由度运动副；⑤上述几种演变方法的组合。

最早出现的并联机构是著名的 Gough-Stewart 机构［如图 2-19（a）所示］，基于这种 6-SPS 平台型机构，利用不同的演化方法，可演变为各式各样的 6 自由度并联机构。

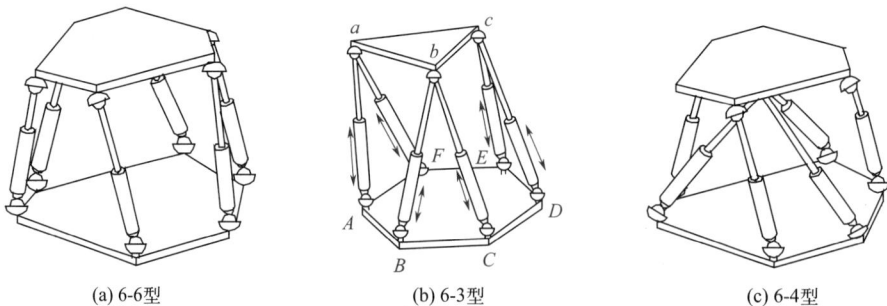

(a) 6-6型　　　　　(b) 6-3型　　　　　(c) 6-4型

图 2-19　Stewart 平台

理论上讲，连接动平台和定平台的 6 个支链可以任意布置，因此在原有 6-6 型 Stewart 平台基础上又出现了许多种不同结构形式的 6 自由度并联机构，如 3-3 型、6-3 型［图 2-19

（b）]、6-4 型［图 2-19（c）]等双层结构，以及 2-2-2、3-2-1 等正交结构（图 2-20）等。

通过改变铰链类型，如将其中 1 个球铰换成虎克铰，即演化成了如图 2-21 所示的 6-UPS 并联机构，该机构具有更大的承载能力。

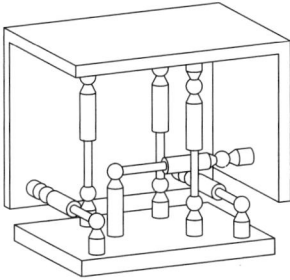

图 2-20　3-2-1 型正交结构

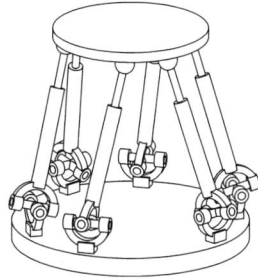

图 2-21　6-UPS Stewart 平台

通过改变支链中铰链的分布顺序，也可达到同样的目的。这里即将 SPS 支链改为 PSS 支链形式（图 2-22）。进一步把该种类型的 6 自由度并联机构的驱动改为滑块的水平滑动，就可以使 6 自由度并联机构在某个方向出现运动优势方向，这类机构在机床等行业有重要应用，如瑞士苏黎世联邦高等工业学院（ETH）研制的六平行滑轨型（Hexaglide）并联操作臂（图 2-23）就是其中一种。

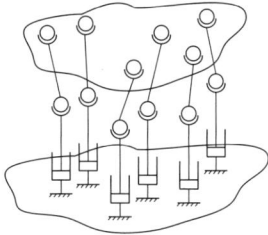

图 2-22　6-PSS Stewart 平台

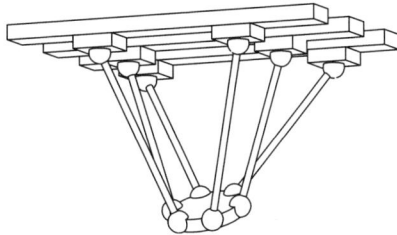

图 2-23　Hexaglide 并联操作臂

当然，演化的方法也可以是上述几种方法的组合，包括①和②的组合、①和③的组合、②和③的组合以及①、②和③的组合。其中，通过改变铰链类型，将 P 副换成 R 副，再改变支链中铰链的连接顺序，即可演变成 6-RSS 型的 Hexapod 机构（图 2-24）；将中间的 S 副换成 U 副，即可演变成 6-RUS 机构。还可以进一步演化，通过改变分支的分布方式，变成 6-3 型 6-RUS 机构（图 2-25）。

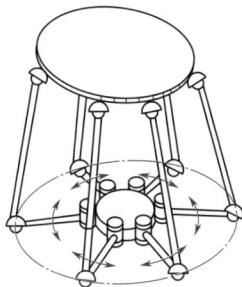

图 2-24　Hexapod（6-RSS）机构

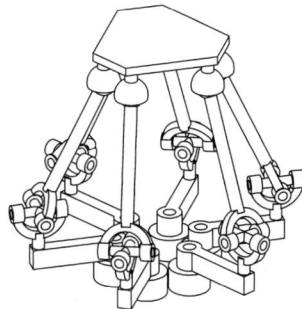

图 2-25　6-3 型 6-RUS 机构

　　通过将多自由度运动副拆解成运动学等效的单自由度运动副，可以达到同样机构构型创新的目的（图 2-26～图 2-28）。如将 U 副拆成两个相互垂直的 RR 副，而 R 副与同轴的 P 副可以组合成 C 副等。

　　Delta 机器人的结构轻盈且容易安装，在工业应用中取得了巨大成功。然而，其机构本身看起来却很复杂。针对该机构的一个难题就是 Delta 机构到底有多少个自由度，或者说一开始人们是如何推断出它具有 3 个移动自由度的。虽然由 Clavel 发明的 Delta 机器人，其设计思路可能并不源于 6 自由度并联机构，但如果假设 Delta 机构是由 6 自由度并联机构演变而来的，那么对 Delta 机构自由度的分析就会变得相对容易。如图 2-29 所示是法国学者 Pierrot 提出的具有 6 条 RUS 支链的 6 自由度并联机构。当该并联机构处于初始位形时，每对支链中的两条支链相互平行，若每时每刻各对支链中两支链的输入是相同的，则该机构动平台具有 3 个移动自由度。此时，不妨把各对支链中两平行的输入杆替换成单个杆，同时驱动关节就由 6 个变成了 3 个。经此修改后的机构即为 Delta 机构，该机构具有 3 个纯移动自由度就变得不难理解了。

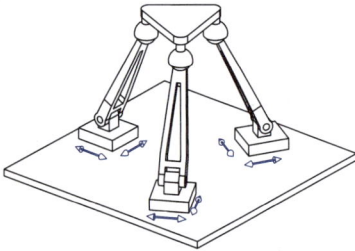

图 2-26　3-PPRS 机构

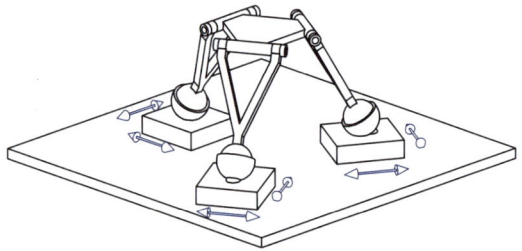

图 2-27　3-PPSR 机构

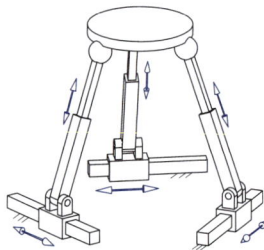

图 2-28　3-PRPS 机构

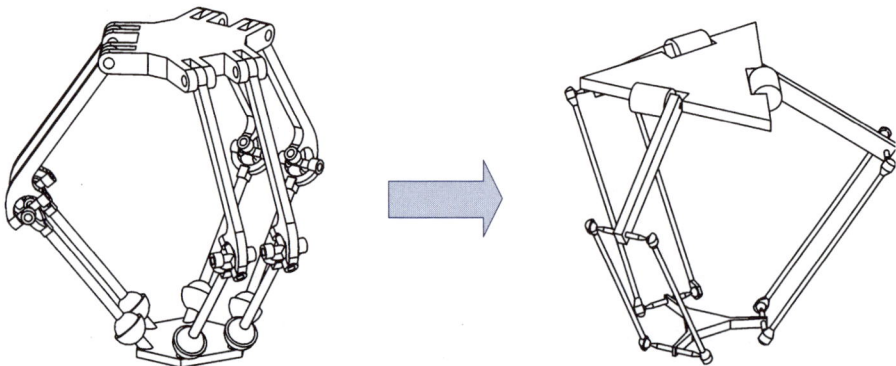

图 2-29　6 自由度 6-RUS 并联机构向 Delta 机器人的构型演变

2.6 操作臂的自由度

自由度是操作臂的重要指标之一，不仅事关操作臂的运动能力及灵活性，也影响电机选取的数量。

（1）自由度与约束

自由度：确定机械系统的位姿所需要的独立变量或广义坐标数。在空间中运动的构件最多具有 6 个自由度（这样的构件称为自由构件）：沿**笛卡儿坐标系**（Cartesian frame，即直角坐标系）三个坐标轴的 3 个移动和绕 3 个轴线的转动。而在平面中运动的构件最多具有 3 个自由度：平面内的 2 个移动和绕垂直该平面的轴线的转动。

约束（constraint）：当两构件通过运动副连接后，各自的运动都会受到一定程度的限制，这种限制就称为约束。

对于机器人的构件而言，只要受到某种约束的作用，其运动就会受到限制，其自由度相应变少，具体被约束的自由度数称为**约束度**（degree of constraint，DOC）。该构件如果在空间运动，其自由度 f 和约束度 c 满足如下的公式：

$$f + c = 6 \tag{2-1}$$

如果在平面运动，则满足

$$f + c = 3 \tag{2-2}$$

对刚性机构而言，约束在物理上通常表现为运动副的形式。同样，不同类型的运动副约束对机构的运动也会产生重要的影响。

（2）操作臂的自由度

操作臂的自由度是指完全确定操作臂末端的位置和姿态（简称**位姿**，pose）所需要的最小独立变量数目，它实质反映的是机器人末端执行器的**输出自由度**。显然，对于串联机器人而言，其各关节位置能唯一确定机器人的位姿。因此，串联机器人的自由度数往往就等于关节数。需要注意的是，机器人的自由度一般不少于 2。

此外，还有操作臂**活动度**（mobility）的概念，通常是指构件相对基座所具有的最大独立变量数，它实质反映的是机器人的**输入自由度**。例如，一个由 7 个单自由度关节组成的串联机器人，其活动度为 7，但自由度为 6。不过，由于多数情况下，机器人自由度与活动度相等，因此，两个概念不做严格区分，传统意义上的活动度计算公式也称为自由度计算公式。

（3）全自由度操作臂 / 冗余度操作臂 / 少自由度操作臂

通常情况下，操作臂的活动度与其末端执行器的输出自由度（不超过 6）相等。由此可定义**全自由度操作臂**的概念：即当操作臂的自由度与其运动空间的维数相等时，就称为全自由度操作臂。因此，PUMA 机器人、平面 3R 操作手等都为全自由度操作臂机构。

自由度小于 3 的平面操作臂或自由度小于 6 的空间操作臂称为**少自由度操作臂**，例如：平面 2R 操作手、SCARA 机器人等都是少自由度操作臂。当操作臂的活动度大于末端执行器的输出自由度时，该类操作臂称为**冗余度操作臂**，亦称**冗余度机器人**（redundant-DOF robot），比如北航研制的冗余度机器人［图 2-30（a）］、ABB Yumi［图 2-30（b）］、

KUKA Iiwa［图 2-30（c）］等都是 7 自由度机器人，因此它们都是冗余度机器人。

与普通机构类似，实用型操作臂的驱动器数目通常等于其自由度，即操作臂通常为全驱动的，而非欠驱动或冗余驱动。若操作臂的驱动数大于其自由度，该机器人为**冗余驱动操作臂**（redundant actuation manipulator）。注意冗余驱动 / 欠驱动与冗余自由度 / 少自由度等概念的区别。

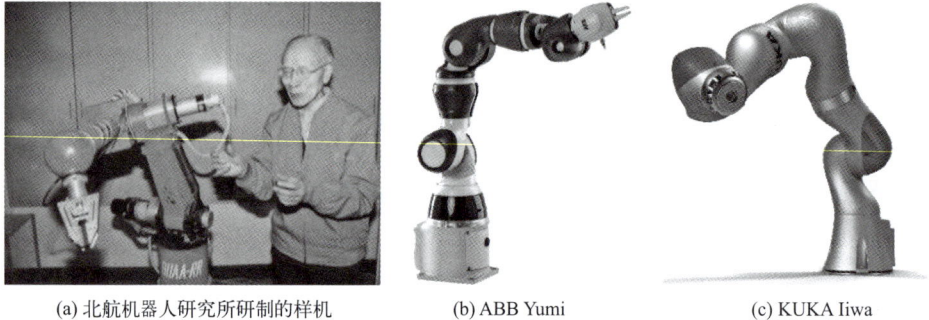

(a) 北航机器人研究所研制的样机　　　　(b) ABB Yumi　　　　(c) KUKA Iiwa

图 2-30　冗余度操作臂

（4）自由度计算公式

先以平面机构为例。平面机构中各构件只能做平面运动。因此，一个构件在尚未与其他构件组成运动副之前为自由构件，它与一个自由运动的平面刚体一样，有 3 个自由度。但是，当这个构件与另一构件之间用运动副连接后，由于彼此接触就变得不"自由"了，即受到了一定程度的约束作用。因此，假设一个构件系统由 N 个自由构件组成，该系统有 $3N$ 个自由度。选定其中一个构件为机架后，该构件由于与基座相连接将丧失掉全部自由度；而剩下的活动构件数变成了（$N-1$），系统的自由度相应变为 $3(N-1)$。再用自由度为 f_i 的运动副连接某两个构件。此时，这两个构件之间原来的相对运动自由度为 3，由于运动副引入了约束，使得系统的自由度减少了 $3-f_i$。继续增加运动副到 g 个，这时，由于全部运动副的引入而使系统总共损失的自由度就变为

$$(3-f_1)+(3-f_2)+\cdots+(3-f_i)+\cdots+(3-f_g)=\sum_{i=1}^{g}(3-f_i)=3g-\sum_{i=1}^{g}f_i \tag{2-3}$$

根据

系统的自由度 F = 所有活动构件的自由度之和 － 系统损失的所有自由度之和

因此，系统总的自由度变为

$$F = 3(N-1)-\left(3g-\sum_{i=1}^{g}f_i\right)=3(N-g-1)+\sum_{i=1}^{g}f_i \tag{2-4}$$

式（2-4）可以作为计算平面机构自由度的通用公式。

进一步将平面扩展到空间。若在三维空间中有 N 个完全不受约束的物体，并选中其中一个为固定参照物，这时，每个物体相对参照物都有 6 个自由度的运动。若将所有的物体之间用运动副连接起来，便构成了一个空间运动链。该运动链中含有 $n = N-1$ 个活动构件，连接构件的运动副限制了构件间的相对运动。采用类似于平面机构的自由度计算方法，得到两种形式的公式

$$F = 6(N-1)-(5p_5+4p_4+3p_3+2p_2+p_1)=6(N-1)-\sum_{i=1}^{5}ip_i=6n-\sum_{i=1}^{5}ip_i \tag{2-5}$$

式中，p_i 为 i 级运动副的数目。不过该公式更普遍的表达是 Grübler-Kutzbach（G-K）公式，即

$$F = d(N-1) - \sum_{i=1}^{g}(d-f_i) = d(N-g-1) + \sum_{i=1}^{g} f_i \qquad (2\text{-}6)$$

式中，F 为机构的自由度；g 为运动副数；f_i 为第 i 个运动副的自由度；d 为机构的阶数。一般情况下，当机构为空间机构时，$d=6$；为平面机构或球面机构时，$d=3$。

> **例 2-7** 平面 3R 串联机器人（图 2-31）的自由度计算。

解：对于平面 3R 串联机器人，由式（2-4）得

$$F = 3 \times (4-3-1) + 3 = 3$$

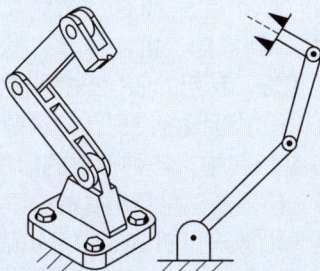

图 2-31　平面 3R 串联机器人

> **例 2-8** 计算图 2-32 所示两种串联机器人的自由度。

解：对于 SCARA 机器人，由式（2-6）得

$$N = 5, \quad g = 4, \quad \sum_{i=1}^{g} f_i = 4, \quad F = 6(N-g-1) + \sum_{i=1}^{g} f_i = 4$$

对于 Stanford 操作臂，由式（2-6）得

$$N = 7, \quad g = 6, \quad \sum_{i=1}^{g} f_i = 6, \quad F = 6(N-g-1) + \sum_{i=1}^{g} f_i = 6$$

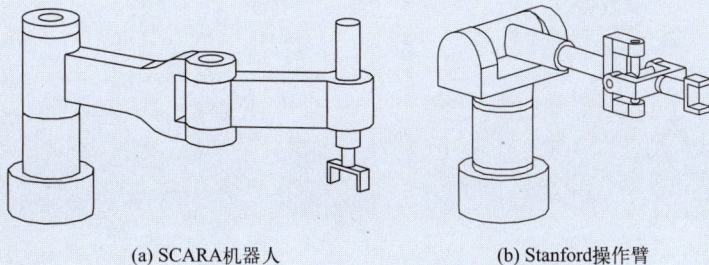

(a) SCARA机器人　　　　(b) Stanford操作臂

图 2-32　两种常用的工业机器人

＜ 例 2-9 计算图 2-30 所示冗余度机器人的自由度。

解：由式（2-6）得

$$N = 8, \quad g = 7, \quad \sum_{i=1}^{g} f_i = 7, \quad F = 6(N-g-1) + \sum_{i=1}^{g} f_i = 7$$

小知识 机构自由度计算公式研究简史

　　早在 19 世纪，俄国和德国的机构学家就对机构自由度问题开展了研究。根据运动副的约束度不同，勒洛将运动副分成了 I ～ V 级。切贝雪夫、格鲁伯、库兹巴赫等人提出了著名的自由度计算公式，后人称为 CGK 公式或 GK 公式。

　　随着越来越多的机构发明并得到应用，机构种类日益繁多、形态各异。相应的自由度分析与计算也变得更加复杂和困难，利用 CGK 公式常常得不到正确的结果。正因如此，自由度的分析与计算问题成为了机构学领域困惑已久的难题之一。20 世纪中叶以来，来自东欧、北美、中国等的多名学者参与其中，各种形式的自由度计算公式不下 30 种。其研究历程和发展沿革完全可以演绎一部哥德巴赫猜想式的故事。21 世纪以来，以黄真教授为代表的中国学者采用旋量理论圆满地解决了机构自由度正确计算与分析的问题，并得到了通用公式（图 2-33）。

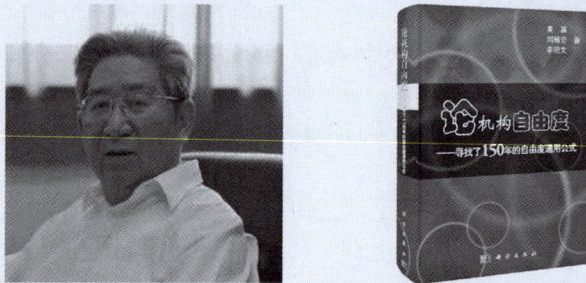

图 2-33　黄真教授与其在机构自由度方面的代表性著作

习题

2-1　全自由度、少自由度、冗余自由度操作臂之间有何区别？

2-2　在高速轻载型机器人中，需在构件与关节设计方面有何特殊考虑？

2-3　有一类机构中，构件在其转动中心处并没有实际的运动副存在，这种没有真实运动副的转动中心在此定义为**虚拟运动中心**（virtual center of motion，VCM）。如果机构的输出构件具有 VCM，则该机构称为虚拟运动中心机构（VCM 机构）。如果虚拟固定点在机构的远端，则该机构称为**远程运动中心机构**（remote center of motion，RCM）。图 2-34 所示为两种常用的 RCM 机构。

（1）查阅相关资料，了解 RCM 机构的主要用途；

（2）计算这两种 RCM 机构的自由度。

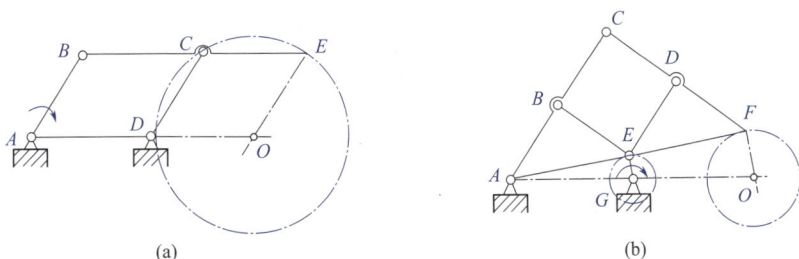

图 2-34　两种 RCM 机构

2-4　图 2-35 为传递两相交轴转动的**双万向联轴器**（又称双十字虎克铰或等速虎克铰，constant-velocity universal coupling），该机构由两个单十字虎克铰串联而成。试计算该机构的自由度，并调研该机构的主要特点。

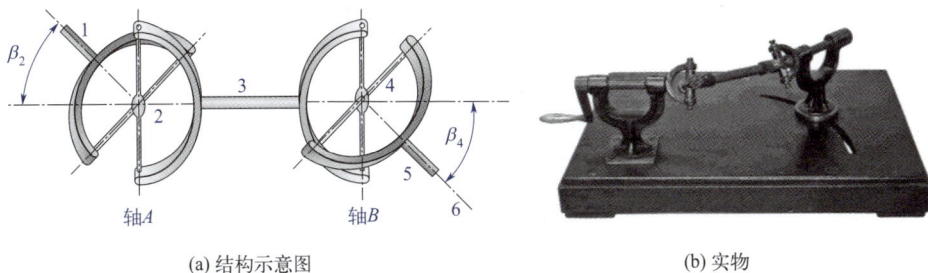

(a) 结构示意图　　　　　　　　(b) 实物

图 2-35　双十字虎克铰

2-5　查阅相关文献资料，计算图 2-36 所示机器人的自由度。

图 2-36　三菱的"double-SCARA"机器人

第 3 章

单轴伺服系统

从机构的视角看，转动关节和移动关节是构成操作臂的两种基本运动副类型；而从结构组成来看，单轴系统（包括单自由度转臂系统和直线运动单元）又可以作为操作臂本体的两类基本模块。

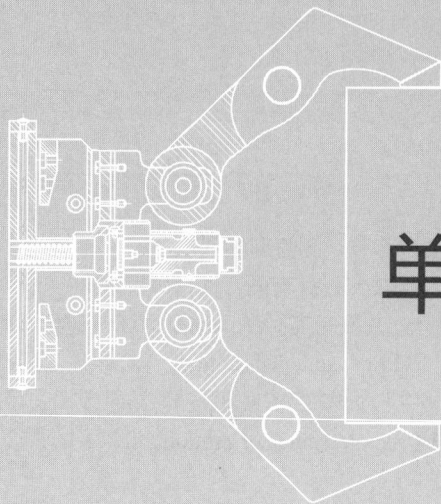

因此，本章重点剖析单轴伺服系统的结构组成及其基本运动控制原理，为多轴操作臂系统的设计与控制提供理论与技术基础。

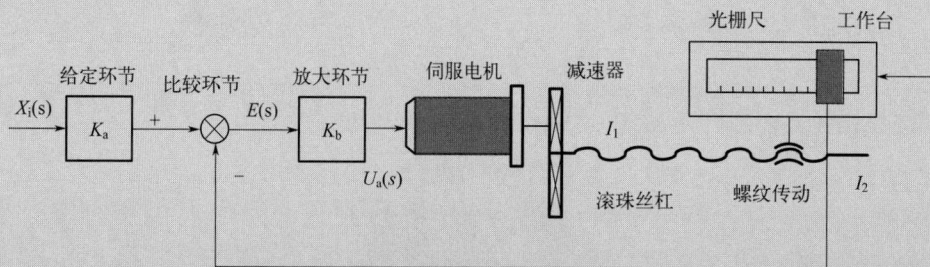

3.1　操作臂关节单元的结构组成

(1) 概述

图 3-1 示意了 MOTOMAN 公司研制的某一款 6 自由度操作臂及其经剖解后，各关节结构的三维布局设计图及实物照片。图中以细线绘制的各部分分别为各轴伺服电机、减速器等传动元部件，主要外观轮廓用粗实线表示。

可以看到，从腰部到腕部的 6 个关节中，每个关节的组成大抵相同：伺服电动机＋减速器（事实上还包括传感器，这里没有标出）。

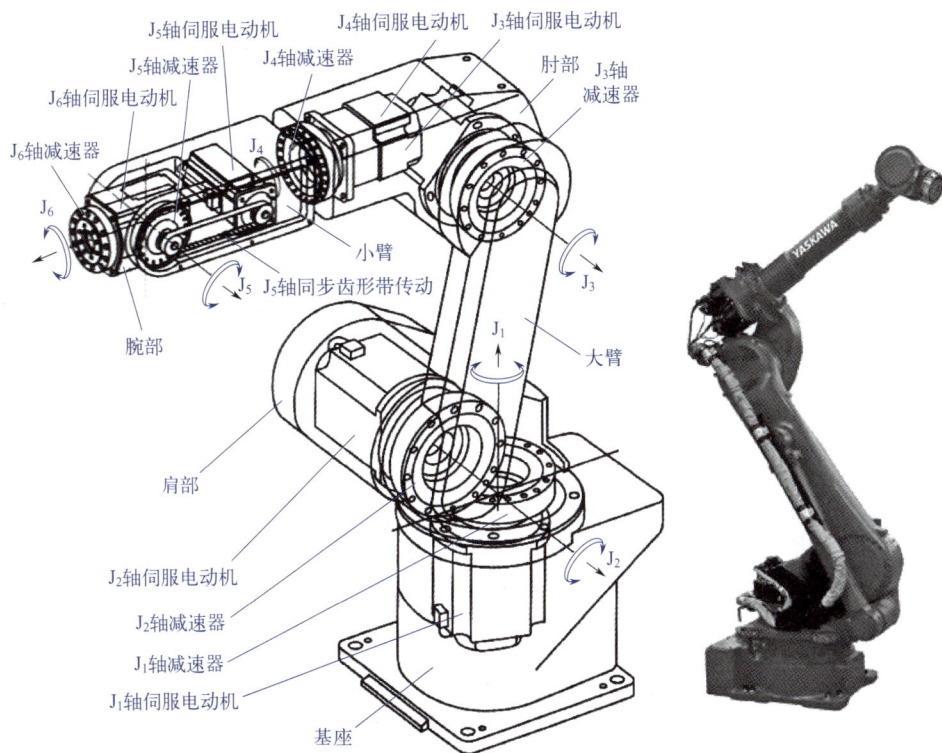

图 3-1　MOTOMAN 操作臂及其关节结构图

事实上不仅 MOTOMAN 操作臂如此组成，其他型号操作臂的关节组成也与此类似，图 3-2 给出了 Stanford 操作臂及其移动关节的组成示意图。

由此可以看出，对于工业机器人常用的两种关节（转动关节和移动关节）而言，它们一般都可以看作是驱动器＋传动装置＋传感器的组成架构。因此我们下面分别讨论常见的关节驱动器、关节传动装置以及传感器的类型。

(2) 关节驱动器

驱动器的主要功能在于为操作臂提供动力。目前大多数机器人的驱动器都采用商业化产品，其中最常见的驱动器为各类**电动机**（motor，简称电机）。

1）伺服电机

在驱动机器人的各种电机中，伺服电机又最常用。因为伺服电机获取能源方便，且可以实现位置、速度或者力矩的精确输出。常用于机器人的伺服电机包括：有刷直流伺服电机[图 3-3（a）]、无刷直流伺服电机[图 3-3（b）]和交流伺服电机[图 3-3（c）]。

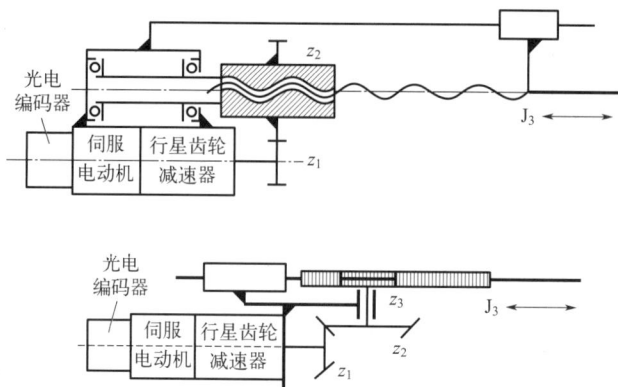

图 3-2　Stanford 操作臂及其移动关节结构图

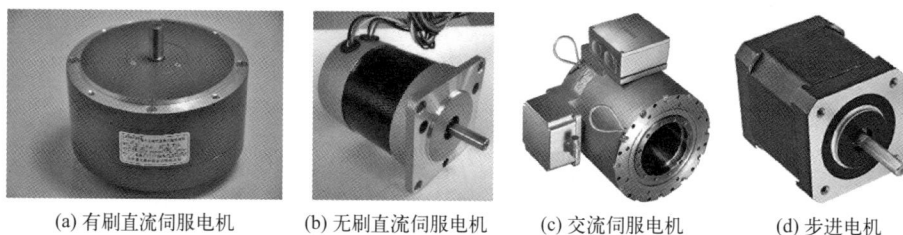

| (a) 有刷直流伺服电机 | (b) 无刷直流伺服电机 | (c) 交流伺服电机 | (d) 步进电机 |

图 3-3　各类电机

　　机器人用的直流电机通常采用空心杯转子，具有惯量小、堵转电流大、响应速度快的特点，特别适用于闭环控制系统，因此被称为伺服电机。有刷直流伺服电机启动转矩大、线性度好、加减速特性好，成本相对较低，多用于小功率、较低成本机器人；无刷直流伺服电机除了具有直流电机的优点外，还利用电子换相技术实现换向，取消了电刷，提高了电机寿命，其综合成本高于有刷直流电机，适用于需要长期免维护运行的小功率机器人。

　　交流伺服电机输出力矩大、速度控制范围宽、转矩 - 转速性能好、寿命长，可利用工业交流电驱动，广泛用于工业机器人。工业机器人用的交流伺服电机通常是永磁同步交流电机，这类采用定子线圈、磁性转子的方案，通过控制线圈磁场的旋转来驱动转子同步转动。交流伺服电机配备有专用驱动器，实现整流 - 逆变、转子位置检测、定子磁场控制和速度闭环等，成本相对较高。为进一步提高交流伺服电机的驱动能力，减少传动环节的精度损失，直接驱动型交流伺服电机，即直驱电机也获得了越来越多的应用。直驱电机的结构特点是转子半径大、输出力矩大，无须减速器即可直接与机器人关节连接，无回差、负载响应快。

　　2）步进电机

　　一些小型、低成本机器人会使用步进电机[图 3-3（d）]驱动。这类机器人的位置和速度通常采用开环控制，依靠步进电机自身的运动分辨率和精度保证控制精度。步进电机的驱动和控制电路简单、使用方便、成本低。机器人用步进电机的步距角通常为 $1.8°$、$0.72°$ 或 $0.36°$。更高精度的步进电机可以做到 $0.09°$，但是其价格相对于直流和交流伺服电机已没有竞争力。此外，步进电机的输出功率通常比其他类型的电机小。

　　步进电机具有易维护、寿命长，脉冲控制、电路接口简单，可不经减速器直接驱动负载等优点；但也存在大惯性负载能力差、加减速控制困难等缺点，因此，步进电机常用于以下场合，如 X/Y 直角坐标绘图仪、3D 打印机等对位置精度要求不高或低成本机器人。

（3）传动装置

驱动关节运动的电机的额定功率是一定的，一般在数十瓦至数千瓦之间，一般伺服电机转速都在每分钟几千转以上，而旋转关节型机器人操作臂的关节最高转速一般在每分钟十几转至几十转之间，因此，电机必须经过减速才能获得预期的关节转速。电机功率一定的情况下，电机转速与输出转矩之间成反比，转速越高，输出转矩越小，而伺服电机的额定输出转矩与关节负载转矩相比要小得多，其量级不过是关节负载转矩的数十分之一至数百分之一。因此，从电机输出转矩的视角来看，根本不能满足关节运动时平衡负载转矩的要求，需要对电机输出转矩进行放大。机器人传动机构或传动系统的主要功能就是满足上述要求，将机械动力从驱动器转移到受载荷处。传动装置的设计和选择需考虑运动、负载和电源的要求，其中首先考虑的就是传动机构的刚度、效率和成本。体积过大的传动装置会增加系统的重量、惯性和摩擦损失。对于那些刚度较低的传动装置，在持续的或是高负荷的工作循环下会快速磨损，或者在偶然过载下失效。

工业机器人中，其关节的驱动基本上都要通过传动装置来实现。其中，传动比决定了驱动器的转矩与速度。合理的传动系统布局、尺寸以及机构设计决定了机器人的刚度、质量和整体操作性能。目前大多数现代机器人都应用了高效的、抗过载破坏的，以及可反向的传动装置。

如图 3-4 所示的同步齿形带（简称同步带）传动，就是一类经常应用在小型工业机器人传动机构和某些大型工业机器人轴上的传动装置。它是将合金钢或钛材料制成的薄带固定在驱动轴和被驱动的连杆之间，用来产生有限位移的旋转或直线运动。带传动装置的传动比可以高达 10：1。这种薄带形式的带传动相比缆绳或皮带传动而言，是一种更柔顺并且刚性更好的传动系统。多级带传动可以实现大传动比（高达 100：1）。

在机械传动领域，**减速器**（reducer）是连接动力源和执行机构的中间装置。它通常将电机等高速运转的动力，通过输入轴上的小齿轮啮合输出轴上的大齿轮来达到减速的目的，同时输出更大的转矩。

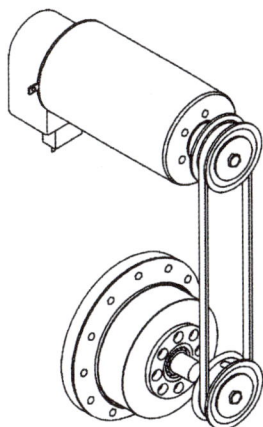

图 3-4　工业机器人关节处的传动系统（带传动机构 + 谐波减速器）

精密减速器可以使伺服电机工作在高效率速度区间，并精确地将转速降到工业机器人各部位需要的速度，在提高机械刚性的同时输出更大的力矩。与通用减速器相比，机器人关节专用精密减速器要求具有精度高、传动链短、体积小、功率大、重量轻和易于控制等特点。

1）谐波减速器

谐波减速器（harmonic drive）由刚轮 1（内齿轮）、柔轮 2（外齿轮）和波发生器 3 等三部分组成，如图 3-5（a）所示，这三个部分简称谐波减速器的三部件。图 3-5（b）为某公司产品实物照片及元部件展开后的实物照片。刚轮是一个带有内齿的圆环形零件，其端面圆周上分布有若干螺纹孔，用于装配定位用；柔轮为一个带有外齿的薄壁圆筒形圆柱齿轮。根据谐波齿轮传动结构形式的不同，柔轮还可细分为杯形柔轮、环形柔轮以及异形柔轮等形式；波发生器不是单一的零件，而是由柔性球轴承和凸轮（或滚轮、偏心圆盘等）组成且单独装配而成的部件。谐波减速器的主要工作原理是由波发生器使柔轮产生可控的弹性变形，靠柔轮与刚轮啮合来传递动力，并达到减速的目的。

从机械原理的角度来看，谐波齿轮传动又属于行星轮系范畴，也可以看作是从行星轮系演化而来的，其机构简图如图3-6所示。其中，构件3（波发生器）相当于行星轮系中的系杆H兼作中心轮，构件2（柔轮）相当于行星轮，其行星轮运动被隐含在柔轮变形与刚轮的啮合运动中。当构件1（刚轮）固定在壳体上时，作为运动输出的柔轮输出轴转向与作为运动输入的波发生器转向相反。

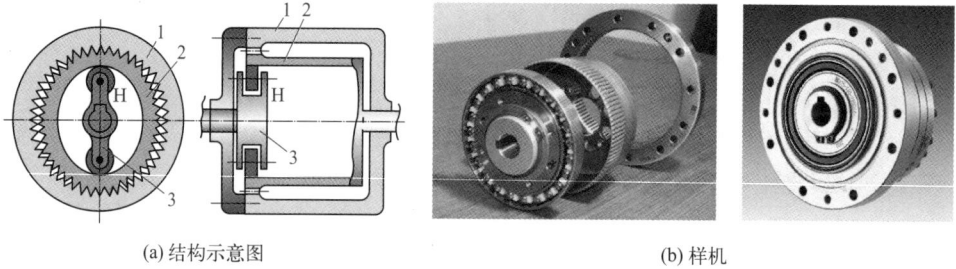

(a) 结构示意图　　　　　　　　　　　　　　　　(b) 样机

图 3-5　谐波减速器

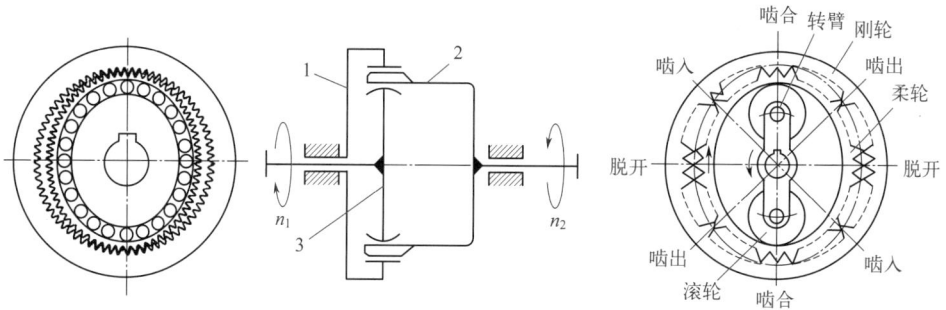

图 3-6　谐波减速器机构简图

谐波减速器早已成功商用化，制造商可为用户提供整机和三部件两种产品形式。图 3-7 所示为一种商用化的环形柔轮谐波减速器的机械结构示意图。

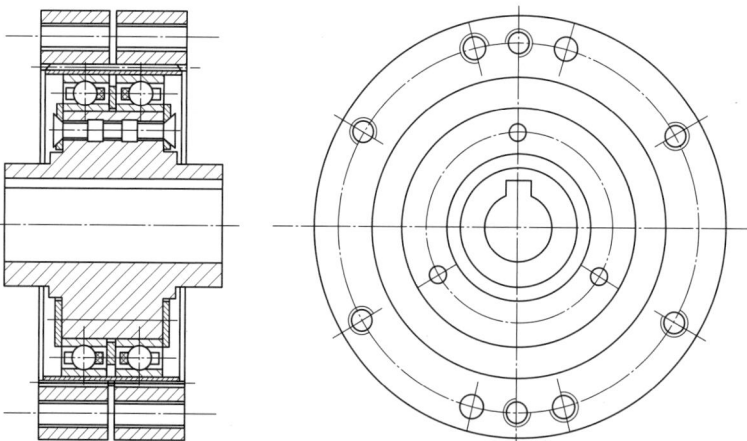

图 3-7　环形柔轮谐波减速器结构示意图

而整机形式的谐波减速器，除了包括三部件之外，还要有为这三个主要部件提供安装与支撑、运动和动力输入输出的减速器壳体、输入轴系、输出轴系等其他部件。图 3-8 给出了一种商用的谐波减速器整机装配结构图。

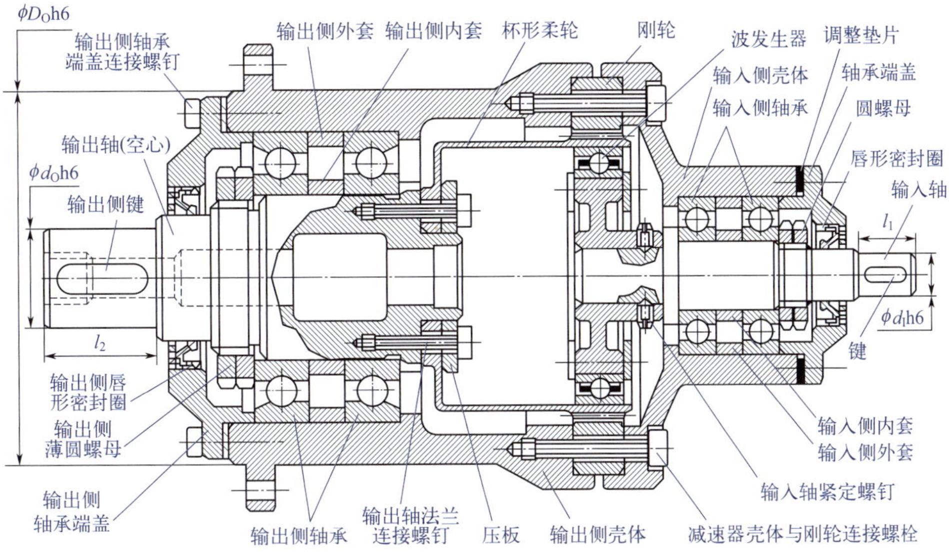

(a) 杯形柔轮谐波齿轮减速器整机装配结构图

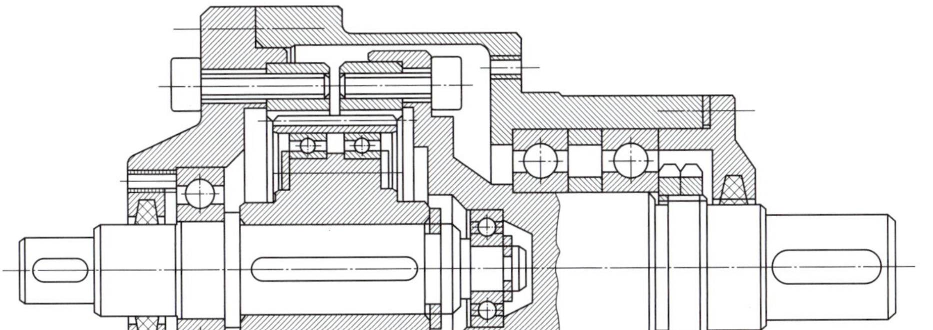

(b) 环形柔轮谐波齿轮减速器整机装配结构图

图 3-8　谐波减速器整机装配结构图

　　随着技术发展，一些制造商将伺服电机、谐波齿轮减速器、霍尔元件、光电编码器或磁编码器，甚至伺服驱动控制器单元集成在伺服电机上，从而形成了运动控制与驱动、传动、传感等技术高度集成化的机电一体化产品。图 3-9 给出了一种一体化伺服电机的结构示意图和实物照片。其特点是省去了各分立部件轴与轴之间的联轴器，减小了轴向尺寸，使得整体结构更加紧凑。

　　谐波减速器传动比大、外形轮廓小、零件数目少、传动效率高，同时齿隙较小、精度高，能满足机器人的精密传动要求。单级传动比可达到 50 ～ 4000，而传动效率高达 92% ～ 96%。但是柔轮的存在，也使得谐波减速器刚度较低，并且在大负载作用下反向运动时会产生弹性翘曲现象。因此,谐波减速器通常用于中、小负载关节。

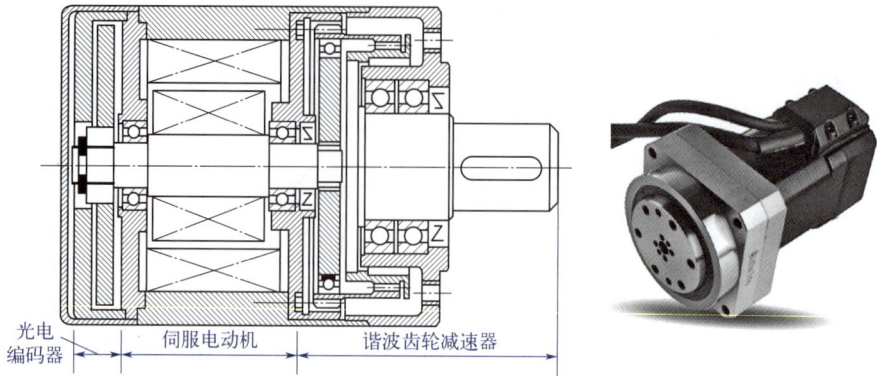

图 3-9　含伺服电机 + 谐波减速器 + 光电编码器的一体化伺服电机结构示意图与实物照片

谐波齿轮减速器的主要参数包括:传动比、额定输出转矩、瞬时最大输出转矩(峰值转矩)以及输入转速。

2) RV 减速器

RV 减速器(rotate vector drive)是一种在**摆线针轮机构**基础上发展起来的两级行星齿轮减速传动装置,其机构示意图和结构示意图分别如图 3-10 和图 3-11 所示。

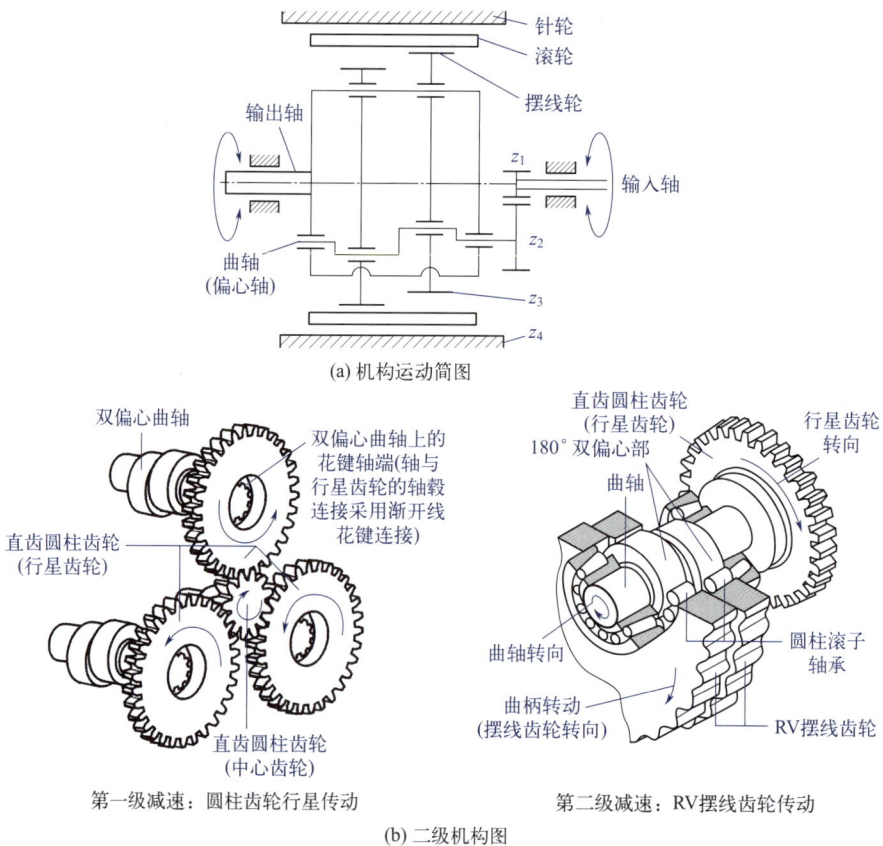

(a) 机构运动简图

第一级减速:圆柱齿轮行星传动　　　第二级减速:RV摆线齿轮传动

(b) 二级机构图

图 3-10　RV 减速传动机构示意图

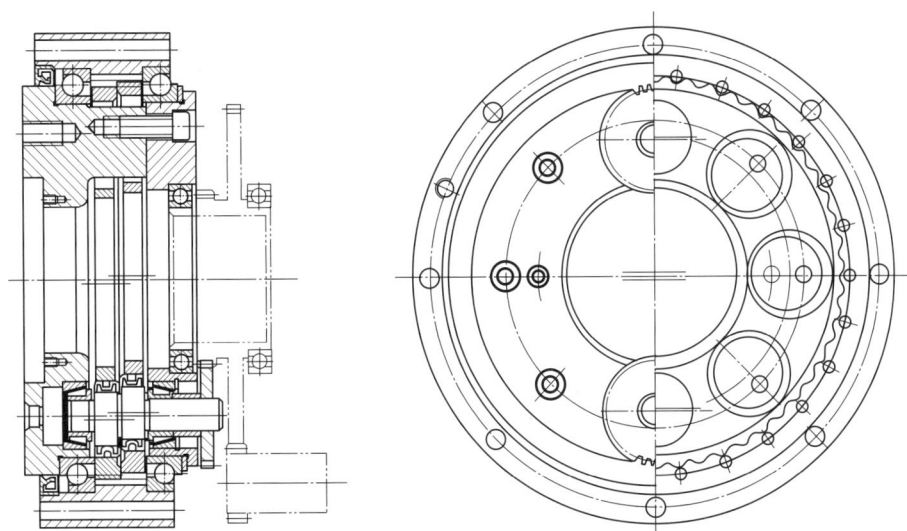

(a) 平面装配图

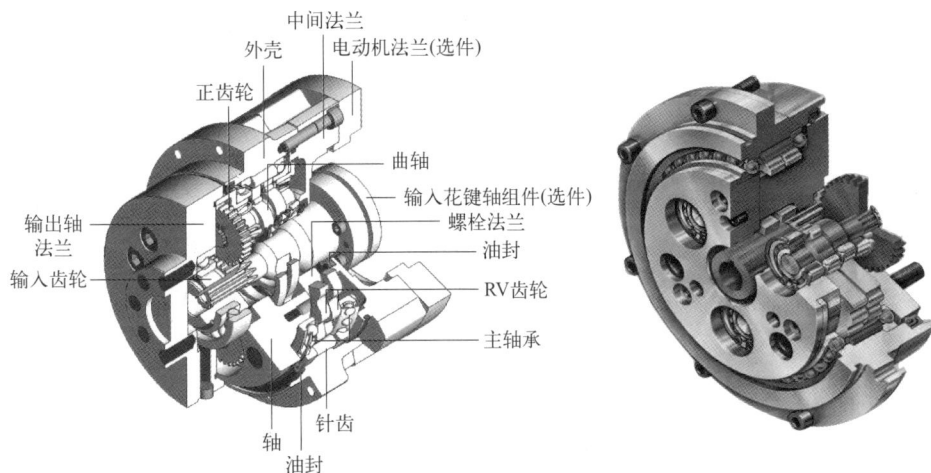

(b) 3D图

图 3-11 RV 减速器结构示意图

如图 3-10（a）所示，RV 摆线针轮减速器是一个二级减速器。其中，第一级减速：伺服电机的旋转经由输入齿轮传递运动和动力给输出齿轮，从而使速度减慢，而直接与输出齿轮以花键相连接的曲柄也以相同的速度进行旋转，如图 3-10（b）左图所示；第二级减速：两个 RV 齿轮固定在曲柄的偏心部位，当曲轴旋转时，两个 RV 齿轮也同时旋转，曲轴完整地旋转一周，使 RV 齿轮旋转一个针齿的间距，此时所有的 RV 齿轮轮齿会与所有的针齿进行啮合，所有针齿以等分布在相应的沟槽中，并且针齿的数量比 RV 轮齿的数量多一个，此时，旋转的减速比与针齿成比例，并经由曲柄被传动到减速器的输出端，如图 3-10（b）右图所示。总的减速比等于两级减速的乘积。

RV 减速器的构造如图 3-11（a）所示，由内圆周上均布的针齿孔内嵌入的外壳、针齿、两个摆线齿轮（RV 齿轮）、呈行星运动且为圆周方向均布的 n 个双偏心曲轴、摆线齿轮上圆周方向均布且分别套装在双偏心曲轴上的 n 个轴承孔内的滚动轴承、第一级减速的输入齿轮、第一级减速的输出直齿圆柱齿轮、左右两侧的主轴承、支撑法兰以及 RV 减速器输出轴等组成。RV 减速器整机的三维 CAD 图如图 3-11（b）所示。

对比 RV 减速器和谐波减速器，可以看到 RV 减速器具有更高的刚度和回转精度，而谐波减速器则具有体积小、重量轻的优势。因此，在关节型机器人中，一般将 RV 减速器用于机座、大臂、肩部等重载关节；而将谐波减速器放置在小臂、腕部、手部等轻载关节。

3）精密滚珠丝杠

滚动螺旋（ball screws）传动又称滚珠丝杠副传动，是在螺杆和螺母之间放入适量的滚珠（或滚子），使螺杆与螺母之间的摩擦由滑动摩擦变为滚动摩擦的一种传动装置。图 3-12 给出了滚珠丝杠副的结构示意图和实物图。滚珠丝杠副主要由丝杠、螺母、滚珠和滚珠循环器等组成。当丝杠（即螺杆）转动、螺母移动时，滚珠沿螺杆的螺纹滚道面滚动。为防止滚珠掉落，在螺母上设有滚珠循环返回装置，构成一个滚珠循环通道，滚珠从滚道的一端滚出后，沿着循环通道返回另一端，重新进入滚道。

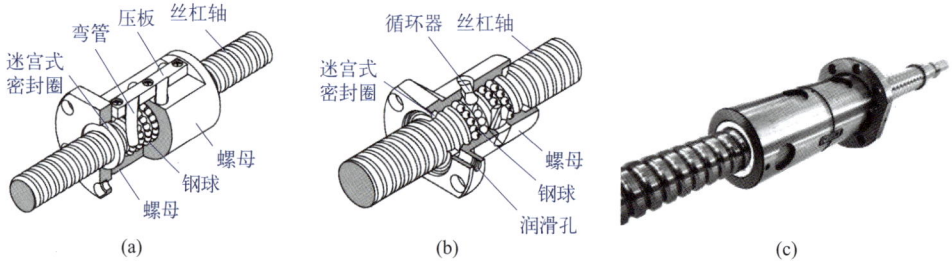

图 3-12　滚珠丝杠副（THK）

基于滚珠丝杠的直线传动装置，能平稳有效地将原动件的旋转运动变成直线运动。通常情况下，丝杠由电机驱动旋转，通过与丝杠配合的螺母将旋转运动转换成直线运动。目前已有高性能的商用滚珠丝杠传动系统，可以获得很低甚至接近零的传动间隙。

（4）关节传感器

传感器（sensor）能够给机器人提供必要的信息，用于运动控制，检测目标距离、环境特征等。根据传感器检测的信息位于机器人内部还是外部，可以将其分为两大类：内传感器和外传感器。内传感器提供机器人内部状态信息，例如：关节转角、关节极限位置、驱动器和控制器温度、倾角、姿态等。外传感器提供作业对象和环境信息，例如：与工件、人和障碍物相关的距离、图像、电磁等信号。图 3-13 给出了机器人系统与内、外传感器之间的信息交互示意图。

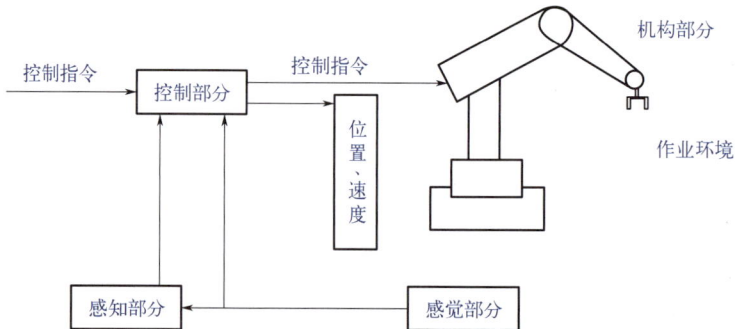

图 3-13　机器人系统与传感器信息交互示意图

机器人传感器种类繁多，功能和原理差异大，感兴趣的读者可以查阅相关文献。这里仅简要介绍几种关节传感器的基本原理及应用。

1）限位传感器

对于行程有限的机器人关节，当关节运行到两个极限位置时，需要检测出对应状态。检测机器人关节极限位置的传感器称为**限位传感器**（limit sensor）。常用的限位传感器有微动开关、光电开关和磁性开关，如图 3-14，它们输出 ON/OFF 两个状态。限位传感器通常固定安装在机器人关节的两个极限位置。设计者需要在关节转轴或滑块上设计触发结构，随关节运动触发开关。开关检测原理不同，需要的触发结构也不同。

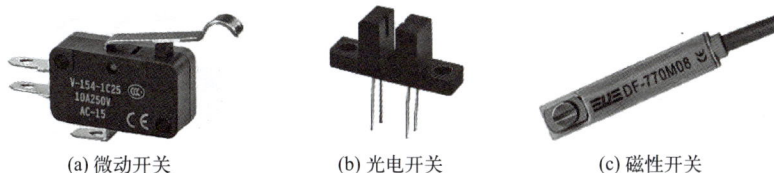

(a) 微动开关　　　　　　(b) 光电开关　　　　　　(c) 磁性开关

图 3-14　关节限位传感器

微动开关是利用弹簧复位的机械式开关，它的动作机构有多种形式，可根据具体需要选用。可以在机器人关节的运动构件上设计一个带斜面的压块，来拨动微动开关的动作机构。

光电开关利用发光二极管和光电三极管构成一个透光 / 遮断感应电路。关节运动部分安装一个薄挡片。当挡片运动到光电开关的凹槽中，就遮断光路，引起输出信号变化。

磁性开关内部有霍尔元件，关节运动部件上需要安装磁铁。当磁铁随关节运动接近磁性开关时，即可触发信号变化。

2）位置 / 速度传感器

对机器人而言，最重要和最基础的内传感器是关节位置（角度）和速度（角速度）测量传感器。这类传感器通常集成在驱动器上，例如在电机尾部与输出轴同轴安装，为运动控制器提供位置和速度反馈信号。出于结构紧凑的考虑，机器人很少安装独立的速度传感器，而是通过对位置信号进行数字微分来获取速度。因此，下面仅介绍两种常用的位置传感器，不过，它们也可以作为速度信号的来源。

编码器（encoder）。编码器是机器人操作臂中最常用的角度 / 角速度传感器。编码器通常由旋转码盘、感应元件和信号调理电路组成。根据感应原理的不同，编码器分为**光电编码器**（又称为光电码盘）和**磁编码器**两类。

光电编码器的旋转码盘圆周上刻蚀有透光栅格，码盘两侧安装由发光二极管和光电三极管构成的感应元件，如图 3-15（a）。与光电三极管相连的信号处理电路，根据是否接收到发光二极管发出的红外光，输出高或低电平。码盘的旋转会周期性地阻断光路，于是编码器输出脉冲信号。

磁编码器则利用间隔磁化的磁圆盘来进行角度分割，利用霍尔元件感应磁场变化，并输出脉冲信号，如图 3-15（b）。

商用光电编码器的分辨率可做到每圈 5000 个脉冲，精度和分辨率高，但是耐冲击性差，经常用于需要高精度测量转角且工作环境稳定的场合，例如各种操作臂。磁编码器的分辨率通常只有每周几十个脉冲。磁编码器对振动、油污等具有很好的适应性，适用于低精度和工况不好的场合。根据是否能够检测绝对角度，光电编码器分为增量式和绝对式两类；而磁编码器只有增量式一种。

增量式编码器的码盘上只有一圈栅格，有的会附加一组独立栅格，见图 3-16（a）。码盘每旋转一周，独立栅格对应的光电元件输出一个脉冲信号。在整圈栅格的圆周上布置两组相位相反的光电元件，它们输出相位差90°的A、B两组脉冲信号［图3-15（a）］。A/B相脉冲的个数与旋转角度成正比、频率与转速成正比、相位正负与旋转方向相关。通过对脉冲的计数和微分，即可实现对旋转角度和角速度的测量。利用两次异或运算电路，可以把A、B两组脉冲信号的频率提升至4倍，以提高分辨率。增量式编码器不能保留绝对转角位置，在系统上电后，关节必须旋转到极限位置，通过限位开关获取关节零点位置，然后才能计算关节绝对位置。

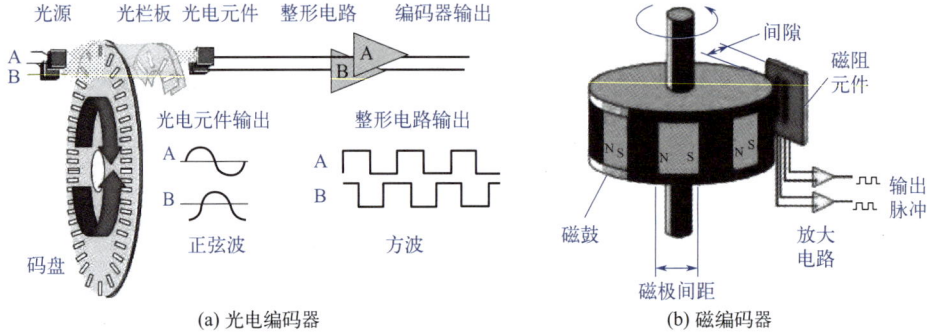

图3-15　编码器

在实际使用中，增量式编码器通常直接安装在电机尾部，用于电机的速度和位置控制。对于精度要求一般的机器人，可以根据增量式编码器的转角值和机械系统传动比，间接计算关节转角。

绝对式编码器的码盘采用多圈栅格，如图3-16（b）所示。码盘上的栅格从内而外数量依次增加并错位排列。每圈栅格对应一组光电感应电路，其输出信号构成一个多位二进制编码。这样，码盘旋转到任意角度，绝对式编码器都会输出一个对应的编码值。绝对式编码器解决了系统上电时位置判定的问题，但是需要付出更高的成本。

在实际使用中，绝对式编码器可以安装在旋转关节上，直接测量关节转角，以消除机械传动误差的影响。因此，绝对式编码器通常作为关节位置闭环传感器使用。它与电机末端安装的增量式编码器配合，可以获得所谓的位置全闭环控制系统。

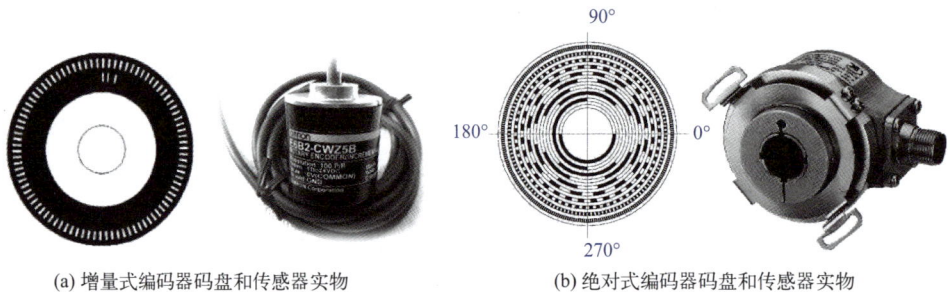

图3-16　两种编码器的码盘

在长条形的金属或磁性软带上加工出反射光栅或感应磁栅（图3-17），可用于测量直线位移。光栅的分辨率可达到1μm；磁栅分辨率略低，但是也可以达到亚微米级。利用光栅或磁栅，可以直接测量移动关节的位移，从而避免通过驱动电机上的编码器间接计算位移，能有效消除传动误差的影响，提高位置控制精度，其在控制系统中的作用与绝对式编码器类似。

(a) 光栅　　　　　　　　　　　　　　(b) 磁栅

图 3-17　光栅和磁栅

通常而言，无论编码器还是光栅／磁栅，分辨率越高精度就越高。但是，精度与分辨率并不是同一个概念。低分辨率的编码器也可以有很高的精度。在具体使用中要注意阅读产品样本中的性能指标，根据需要选用。

旋转变压器（resolver）。旋转变压器是工业机器人上大量采用的关节角度／速度测量元件。旋转变压器由铁芯、两个定子线圈和两个转子线圈组成，定子和转子的两个线圈各自相互垂直，如图 3-18（a）。旋转变压器可以检测 360° 以内的绝对角度。对转子输出的两路电压信号进行细分并变换成脉冲信号，可以获得很高的转角分辨率。

新型旋转变压器通常采用无刷结构实现转子电压的感应输出，如图 3-18（b）和图 3-18（c），具有良好的抗振性和免维护性。旋转变压器在绝对角度测量、精度、分辨率和环境适用性上均表现优异，这是它在工业机器人上获得广泛应用的原因。不过，由于需要配套的细分和脉冲变换电路，其成本较高。旋转变压器在控制系统中的作用与绝对编码器类似。

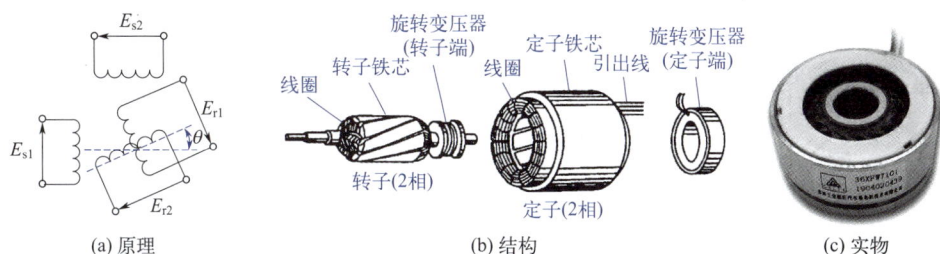

(a) 原理　　　　　　　　　(b) 结构　　　　　　　　(c) 实物

图 3-18　旋转变压器

3）力觉传感器

力觉传感器（简称力传感器，force sensor）通常安装在工业机器人的腕部或关节，用于测量机器人与环境／作业对象之间的相互作用力和力矩。在工业机器人的装配和研磨作业中，力传感器已获得广泛应用。

我们知道，可以在笛卡儿空间中定义三维力和三维力矩。有些力传感器仅测量三维力中的一个或全部；有些可以测量三维力矩中的一个或全部，称为力矩传感器；也有可以同时测量所有三维力和三维力矩的传感器，称为六维力传感器，如图 3-19 所示。

(a) 一维力传感器　　　　(b) 一维力矩传感器　　　　(c) 六维传感器

图 3-19　各种力觉传感器

在选用力传感器时，需要重点考察如下参数：额定载荷；精度，通常以**满量程**（full scale，简写 F.S.）的百分比表示（%F.S.）；分辨率；刚度等。

（5）案例分析：商用操作臂的关节结构

再回到图 3-1 所示的 MOTOMAN 操作臂上来。我们不妨详细分析一下该机器人各关节的结构组成，如图 3-20 所示：关节 J_1 为腰部回转轴，由伺服电动机通过 RV 减速器减速带动腰部及以上大臂一起绕垂直轴旋转［图 3-20（a）］；关节 J_2 为大臂俯仰轴，由伺服电动机通过 RV 减速器减速带动大臂俯仰运动［图 3-20（b）］；关节 J_3 为小臂俯仰轴，由伺服电动机通过 RV 减速器减速带动平行四杆机构的主动曲柄转动，曲柄牵引拉杆拉动小臂做俯仰运动［图 3-20（c）］；关节 J_4 为腕部回转轴，由伺服电动机通过谐波齿轮减速器减速带动小臂前端回转［图 3-20（d）］；关节 J_5 为腕部摆动轴，由伺服电动机先后通过一级圆锥齿轮传动、一级同步带传动、谐波齿轮减速器减速后，驱动腕部壳体做俯仰摆动运动；关节 J_6 为手部回转轴，由伺服电动机先后通过一级圆锥齿轮传动、一级同步带传动、又一级圆锥齿轮传动换向、谐波齿轮减速器减速后，驱动手部接口法兰做回转运动［图 3-20（e）］。

由上述可见，对于工业机器人操作臂而言，其本体结构最重要的组成部分就是带有位置/速度传感器的伺服电机、精密减速器（以 RV 减速器和谐波减速器为主）、同步齿形带及平行四杆等传动元部件，以及组成基座等构件的壳体零件。因此可以说，高性能直流/交流伺服电机、精密减速器是工业机器人最重要的基础元部件。目前，国内外已有专门厂家为这些基础元部件提供系列化产品，从而使工业机器人或操作臂的设计、制造周期大大缩短。

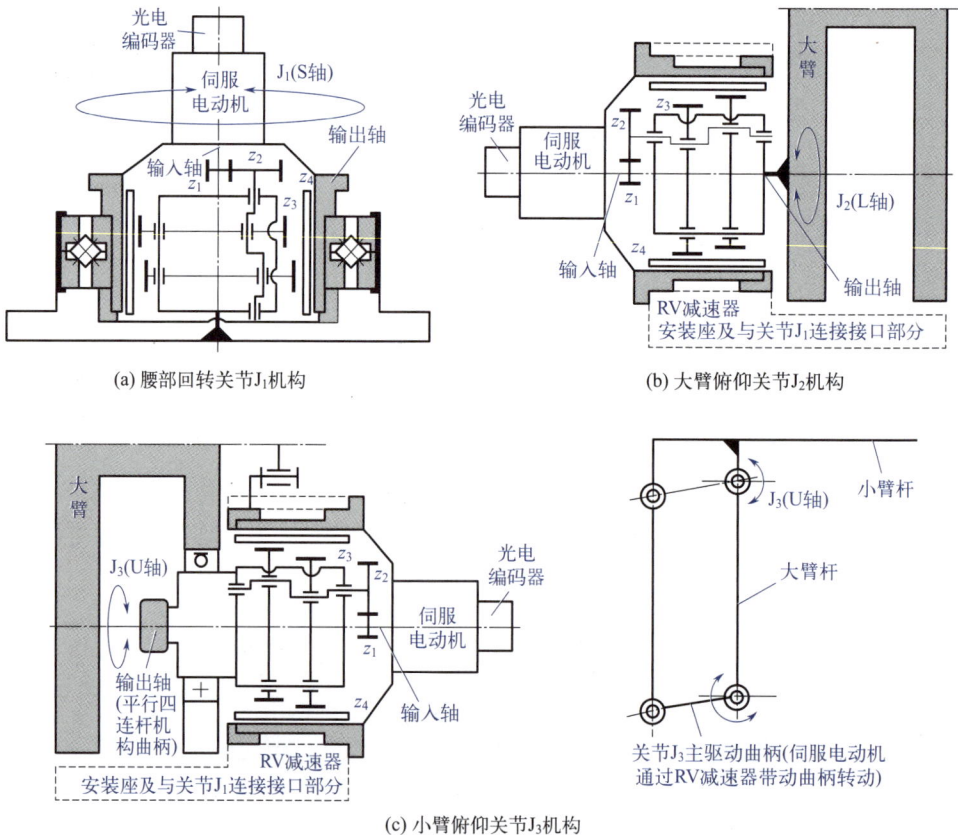

(a) 腰部回转关节 J_1 机构

(b) 大臂俯仰关节 J_2 机构

(c) 小臂俯仰关节 J_3 机构

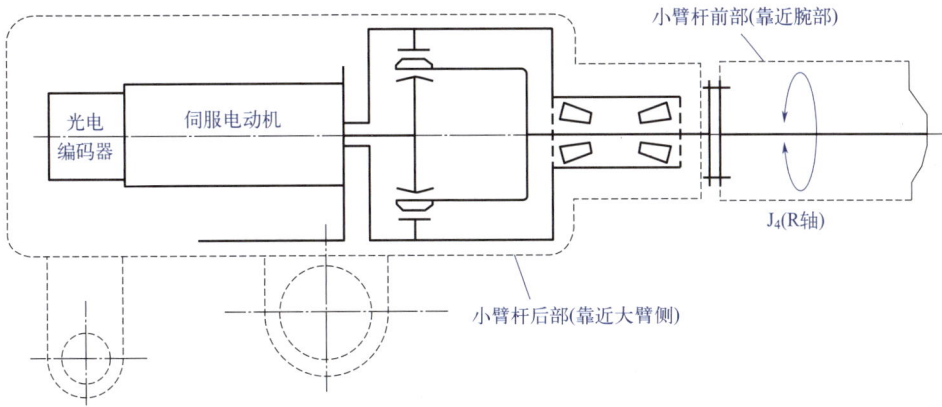

(d) 腕部回转关节 J_4 机构

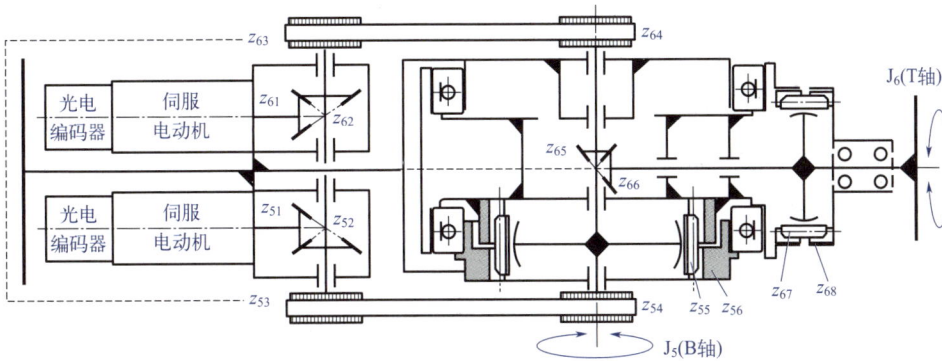

(e) 腕部关节 J_5、J_6 机构

图 3-20　MOTOMAN 操作臂各关节驱动机构运动简图

　　反过来，如果需要根据需求自行设计某一工业机器人或操作臂（本体结构），一种比较可行的方案是：首先完成机构设计，再根据制造商提供的电机、精密减速器产品样本完成选型，之后进行基座、肩部、腕部等壳体类机械零件及接口零件的设计。

3.2 直流电机及其驱动器

（1）直流电机的模型

鉴于有刷直流伺服电机的基础性和典型性，本书重点介绍有刷直流伺服电机（简便起见，以下简称直流电机）及其模型。

直流电机通常由铁芯与围绕其周围的数百圈线圈一起构成电枢绕组，放置于定子（通常由永磁铁和线圈组成）所产生的磁场中。其结构如图 3-21（a）所示。电枢绕组通电后产生电磁力，获得使转子旋转的旋转力矩；电刷和换向器实现电枢绕组的电流换向，换向原理如图 3-21（b）所示。

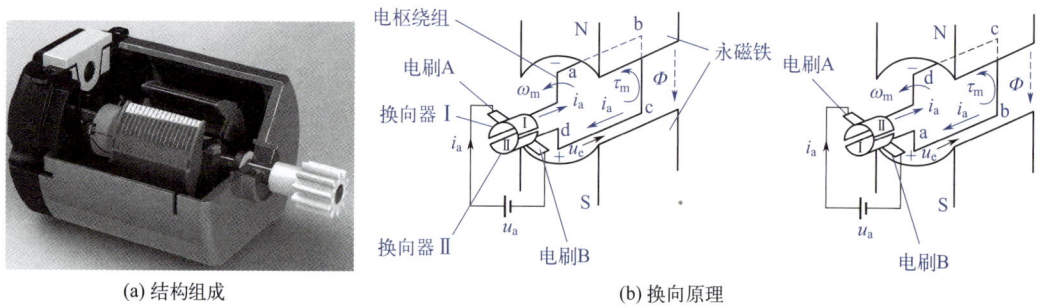

(a) 结构组成　　　　　　　　　　(b) 换向原理

图 3-21　有刷直流电机结构图及工作原理图

在直流电机中，对电枢绕组施加电压获得电流变化的电气回路部分属于**电气系统模型**，而由电流变化产生转矩驱动转子旋转的部分属于**机械系统模型**。因此，直流电机是一种典型的**机电一体化系统**（mechatronic system）。

直流电机的等效回路如图 3-22 所示。左边的电枢回路部分等效为 RL 回路，其中，R_a 为电枢电阻，L_a 为电枢电感，施加给回路的电枢电压为 u_a，回路中的电流为 i_a。根据基尔霍夫（第二）定律可知

$$L_a \dot{i}_a + R_a i_a = u_a - u_e \tag{3-1}$$

式中，右边的第二项 u_e 为感应电动势，根据弗莱明（Fleming）右手定则可知，与电枢电压方向相反（因此感应电动势又称为反电动势），且满足

$$u_e = K_e \omega_m = K_e \dot{\theta}_m \tag{3-2}$$

式中，K_e 为感应电动势系数；ω_m 为电枢绕组的旋转角速度；θ_m 为电枢线圈的旋转角度。由此可知，u_e 随电枢线圈的旋转角度的变化而变化。

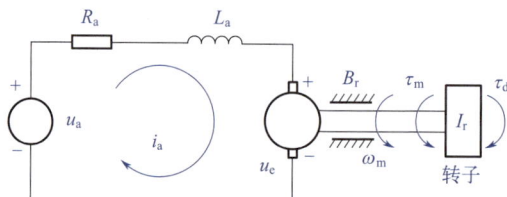

图 3-22　直流电机的机电模型（等效回路）

一般情况下，有刷直流电机的定子磁极通常采用永磁材料，定子产生的磁场的磁通量也相应为一定值。因此，作用于电枢线圈的转矩（简称电枢转矩）τ_m 可写成

$$\tau_m = K_a i_a \tag{3-3}$$

式中，K_a 为转矩系数。由上式可知，电枢转矩 τ_m 与电枢电流 i_a 成线性比例关系。

再考虑图 3-22 中的右边。由于电枢线圈的旋转运动取决于作用于线圈的转矩，根据刚体旋转运动基本方程 $\tau = I\dot{\omega}$ 可得，

$$I_r \dot{\omega}_m + B_r \omega_m = \tau_m \quad （忽略负载转矩） \tag{3-4}$$

$$I_r \dot{\omega}_m + B_r \omega_m = \tau_m - \tau_d \quad （考虑负载转矩） \tag{3-5}$$

式中，I_r 和 B_r 分别为电机折算到电机轴上的等效转动惯量和黏性阻尼系数。

综上所述，对直流电机施加电压 u_a 后，最终由电枢线圈产生的转矩 τ_m 使得电机轴进行角速度为 ω_m 的回转运动。如果电压 u_a 发生变化，由式（3-1），相应的电枢电流 i_a 就会发生变化；由式（3-3），转矩 τ_m 相应发生变化；再由式（3-4），角速度 ω_m 也会发生变化。而这种变化正好反映了直流电机的**动态**（dynamic）特性。显然，通过联立上式，得到输入 u_a 与输出 ω_m 之间的数学模型是一件比较复杂的事情，涉及复杂微分方程的求解。

反之，若角速度 ω_m 不变，根据前述公式，可导出电枢电流 i_a 不发生变化，即 $\dot{i}_a = 0$，这种情况下反映的是直流电机稳定运行时的状态，即电机的**静态**（static）特性。这时，式（3-1）、式（3-4）和式（3-5）简化为

$$R_a i_a = u_a - u_e \tag{3-6}$$

$$B_r \omega_m = \tau_m \quad （忽略负载转矩） \tag{3-7}$$

$$B_r \omega_m = \tau_m - \tau_d \quad （考虑负载转矩） \tag{3-8}$$

为反映直流电机的静态特性，通过联立式（3-1）～式（3-3），可绘制出不同电枢电压下直流电机的转矩 - 速度曲线图，见图 3-23。图中，各条直线与纵轴的交点表示电机的**堵转转矩**（通常用 τ_s 表示）；各条直线与横轴的交点表示该电机的**空载转速**（通常用 ω_0 表示）。由图中可以看出，随着电枢电压升高，空载转速和堵转转矩都变大；但在不同电枢电压下，斜率（转矩系数）不变。

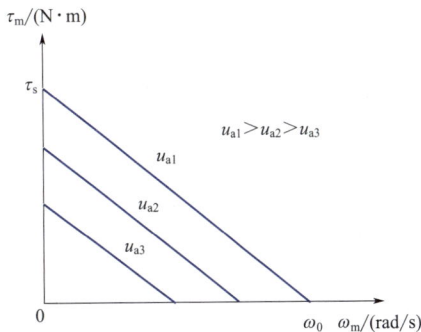

而直流电机动态系统的数学模型通常采用微分方程来描述，像上面介绍的直流电机数学模型那样。通过求解微分方程来分析系统特性一般非常困难，为此，可将相应的数学模型（微分方程）进行拉氏（拉普拉斯）变换，将数学模型的输入输出之间关系转变为代数方程，从而简化运算。控制领域，将这种通过拉氏变换得到的，反映输入输出之间关系的函数称为**传递函数**（transfer function）。

图 3-23 直流电机的转矩 - 速度曲线

以式（3-4）表示的直流电机动态特性为例，转矩 τ_m 作为系统输入，角速度 ω_m 作为系统输出。对该式进行拉氏变换得到

$$I_r s \Omega_m(s) + B_r \Omega_m(s) = \tau_m(s) \quad （忽略负载转矩） \tag{3-9}$$

即

$$\Omega_{\mathrm{m}}(s) = \frac{1}{I_{\mathrm{r}}s + B_{\mathrm{r}}}\tau_{\mathrm{m}}(s) \quad （忽略负载转矩） \tag{3-10}$$

因此，相应的传递函数即为 $\dfrac{1}{I_{\mathrm{r}}s + B_{\mathrm{r}}}$。

考虑一般情况，分别对式（3-3）、式（3-2）、式（3-1）和式（3-5）进行拉氏变换得

$$\tau_{\mathrm{m}}(s) = K_{\mathrm{a}}I_{\mathrm{a}}(s) \tag{3-11}$$

$$U_{\mathrm{e}}(s) = K_{\mathrm{e}}\Omega_{\mathrm{m}}(s) \tag{3-12}$$

$$I_{\mathrm{a}}(s) = \frac{1}{R_{\mathrm{a}} + L_{\mathrm{a}}s}[U_{\mathrm{a}}(s) - U_{\mathrm{e}}(s)] \tag{3-13}$$

$$\Omega_{\mathrm{m}}(s) = \frac{1}{B_{\mathrm{r}} + I_{\mathrm{r}}s}[\tau_{\mathrm{m}}(s) - \tau_{\mathrm{d}}(s)] \tag{3-14}$$

由式（3-11）～式（3-14），可得电枢电压与转速关系的传递函数图，如图3-24所示。

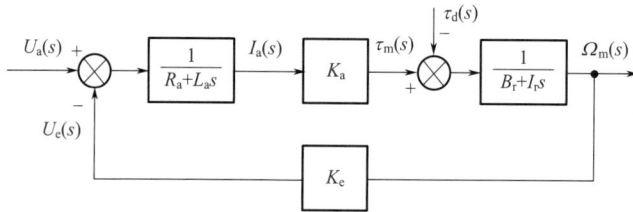

图3-24　直流伺服电机的电压-转速动态图

同时，也可得到转速与电枢电压和负载力矩之间的关系：

$$\Omega_{\mathrm{m}}(s) = \frac{1}{(R_{\mathrm{a}} + L_{\mathrm{a}}s)(B_{\mathrm{r}} + I_{\mathrm{r}}s) + K_{\mathrm{a}}K_{\mathrm{e}}}[K_{\mathrm{a}}U_{\mathrm{a}}(s) - (R_{\mathrm{a}} + L_{\mathrm{a}}s)\tau_{\mathrm{d}}(s)] \tag{3-15}$$

真实电机中，转子的阻尼 B_{r} 和电枢电感 L_{a} 都很小，可忽略掉，故上式可简化为

$$\Omega_{\mathrm{m}}(s) = \frac{1/K_{\mathrm{e}}}{T_{\mathrm{m}}s + 1}\left[U_{\mathrm{a}}(s) - \frac{R_{\mathrm{a}}}{K_{\mathrm{a}}}\tau_{\mathrm{d}}(s)\right] \tag{3-16}$$

式中，$T_{\mathrm{m}} = \dfrac{R_{\mathrm{a}}I_{\mathrm{r}}}{K_{\mathrm{a}}K_{\mathrm{e}}}$ 定义为电机的**机电时间常数**。

通过对式（3-16）求拉氏反变换，可得电枢电压阶跃变化的时域表达式：

$$\omega_{\mathrm{m}}(t) = \frac{1}{K_{\mathrm{e}}}\left(u_{\mathrm{a}1} - \frac{R_{\mathrm{a}}}{K_{\mathrm{a}}}\tau_{\mathrm{d}} - \Delta u_{\mathrm{a}}\mathrm{e}^{-\frac{t}{T_{\mathrm{m}}}}\right) \tag{3-17}$$

式中，$\Delta u_{\mathrm{a}} = u_{\mathrm{a}1} - u_{\mathrm{a}0}$ 为电压阶跃变化量；T_{m} 为上升时间。

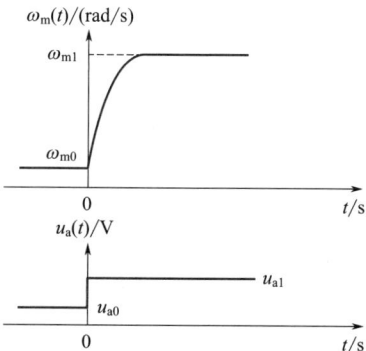

图3-25　电枢电压阶跃升高时的电
机速度响应曲线

由式（3-17）可得阶跃电压作用下的电机转速响应曲线，如图3-25所示。可见，电机转速以负指数规律上升，

最后稳定在新的转速上。

当负载力矩 $\tau_d=0$，电机在电枢电压 u_a 作用下从零速启动时，式（3-17）简化为

$$\omega_m(t) = \frac{u_a}{K_e}\left(1 - e^{-\frac{t}{T_m}}\right) \tag{3-18}$$

由式（3-18）可知，当时间 $t=\infty$ 时，$\omega_m = \omega_{max}$ 是电机在电压 u_a 作用下的空载稳定转速和最高转速。当 $t=T_m$ 时，电机转速 $\omega_m = 63\%\omega_{max}$，因此，$T_m$ 是空载时电机在阶跃信号作用下的上升时间。当 $t=3T_m$ 时，电机转速 $\omega_m = 95\%\omega_{max}$，可以认为电机已进入稳态运行，因此，$3T_m$ 是电机的空载稳定时间。

由此可见，机电时间常数反映的是直流电机转速对电枢电压变化的响应速度。在控制系统中，电枢电压由控制信号决定，所以，T_m 越小，直流电机对控制信号的响应越迅速。这是机器人这一类高精度、高动态运动控制系统对直流电机的基本要求。

◁ 例 3-1

表 3-1 给出了某一直流电机的性能参数，当电枢电压分别取 u_a=12V、24V 时，试利用 MATLAB 仿真，得到该电机空载状态下，从零速启动的速度响应曲线和电枢电流曲线。

表 3-1　某直流电机的主要性能参数

项目	符号	取值	单位
额定电压	u_r	24	V
额定转速	ω_r	258	rad/s
额定转矩	τ_r	8.82×10^{-2}	N·m
额定电流	i_r	1.09	A
电枢电阻	R_a	2.49	Ω
电枢电感	L_a	6.10×10^{-4}	H
转矩常数	K_a	8.22×10^{-2}	（N·m）/A
感应电动势常数	K_e	8.24×10^{-2}	V/（rad/s）
转子惯量	I_r	1.19×10^{-5}	kg·m²
转子阻尼	B_r	3.10×10^{-4}	（N·m）/（rad/s）

解：根据式（3-1）、式（3-2）、式（3-3）和式（3-18），在 MATLAB 中用 Simulink 或直接编程仿真计算，可获得电机空载零速启动时的速度响应曲线和电流曲线，如图 3-26 所示。

从图 3-26 可以看到，电机转速有一个明显的动态上升过程。在 0.01s 时，基本达到稳定运行速度。电枢电压越高，电机的稳定运行速度也越高，但是，稳定时间与电枢电压的阶跃值无关。此外，还可观察到，在启动瞬间电机电枢电流有一个明显的跃升，之后，随着电机速度的升高，迅速下降到一个很小值。由于直流电机的转矩与电流成正比，启动电流大也意味着启动转矩大，故该直流电机具有很好的快速启动能力。

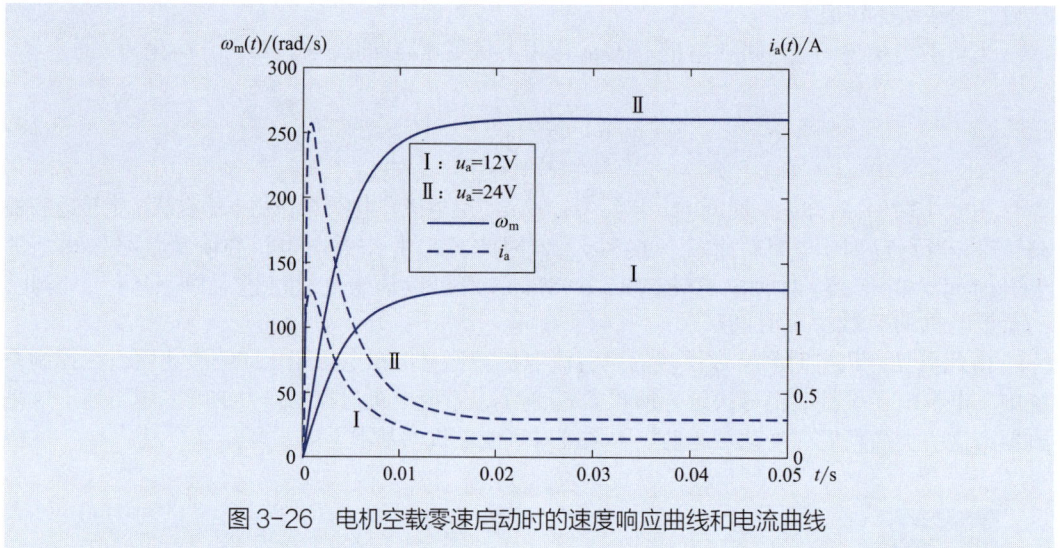

图 3-26 电机空载零速启动时的速度响应曲线和电流曲线

（2）直流电机驱动器的工作原理

机器人利用运动控制器执行控制算法、输出控制信号，实现对伺服电机的控制。这些控制信号通常是小功率信号，例如，控制器 D/A 端口输出的 ±10V 毫安级电压信号 u_c。这样的小功率信号必须经过功率放大，才能驱动伺服电机运转。完成功率放大和电机驱动的器件称为**电机驱动器**（motor driver）。如果电机驱动器内部仅有功率放大电路，单纯地对控制信号进行功率放大，则又被称为**放大器**（amplifier）。直流电机中常用的放大器有开关型放大器（switching amplifier）和线性放大器（linear amplifier）两类。其中，**脉宽调制**（pulse width modulation，PWM）放大器是应用最为广泛的开关型放大器。

本节以直流电机驱动器为例，简要介绍其工作原理。

最简单的电机驱动器仅仅实现功率放大，它把控制信号转变为功率信号，输出足以驱动电机运动的电流。如图 3-27 所示，该驱动器通常由 PWM 信号发生器和一组由场效应管（MOS 管）构成的 H 桥放大电路组成。PWM 信号为固定周期的方波信号，占空比是一个周期内方波的高电平时长与周期之比，在图 3-27 中用 T_H/T 表示。用于电机控制的 PWM 信号周期通常为 500Hz ～ 20kHz。

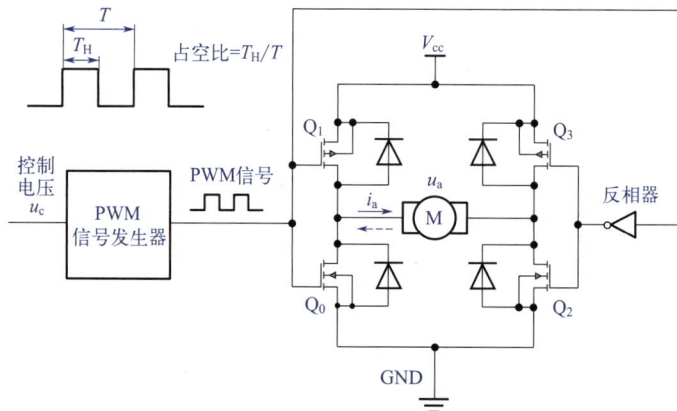

图 3-27 直流电机驱动器的工作原理示意图

多数驱动器可接收的控制电压为正负电压，即 $u_c \in (-U_A, +U_A)$，U_A 为驱动器可接收的最大绝对电压值。如果控制器输出的控制电压幅值大于 U_A，驱动器将把输入钳制为 U_A，这种情况称为**驱动器输入饱和**。在整定控制器参数时，应注意不要出现饱和现象。

PWM 信号发生器接收到控制电压信号 u_c 后，将其转换为占空比与 u_c 成正比的 PWM 信号，发送给 H 桥放大电路的各 MOS 管。例如，当 $u_c=+U_A$ 时，PWM 占空比为 1，输出高电平直流信号；当 $u_c=-U_A$ 时，PWM 占空比为 0，输出为 0；当 $u_c=0V$ 时，PWM 占空比为 0.5，输出等宽度的方波。

直流电机的全 H 桥放大电路如图 3-27 所示，它由四个 MOS 管构成，其中，连接功率电源 V_{cc} 的两个上桥臂 MOS 管 Q_1 和 Q_3 通常为 P 沟道型 MOS 管，连接功率 GND 的 Q_0 和 Q_2 为 N 沟道型 MOS 管。在一个反相器的作用下，左右桥臂接收的 PWM 电平相反。因此，在任一时刻，H 桥电路的斜对侧桥臂将同时接通和断开。

图 3-27 中，当 Q_1 和 Q_2 接通时，电机电枢左侧与 V_{cc} 连通、右侧与 GND 连通；当 Q_0 和 Q_3 接通时，电枢右侧与 V_{cc} 连通、左侧与 GND 连通。由于电枢电感对电流变化的抑制作用，电机电流并不会随着高频 PWM 信号的变化而快速改变方向，宏观上表现为电枢电压 u_a 与 PWM 占空比成正比。例如，当占空比等于 1 时，$u_a=+V_{cc}$，电机全速正转；当占空比等于 0 时，$u_a=-V_{cc}$，电机全速反转；当占空比等于 0.5 时，$u_a=0$，电机停止；当占空比等于 0.75 时，$u_a=+0.5V_{cc}$，电机以半速正转。

可见，该驱动器可将弱信号控制的电压 u_c 等比例地转换为功率信号电压 u_a，进而驱动电机旋转，此转换关系为

$$u_a = K_u u_c \tag{3-19}$$

式中，$K_u=V_{cc}/U_A$，称为驱动器**电压增益**或**放大系数**，无量纲。

从控制器的角度看，PWM 放大器的作用仅表现为一个电压增益环节，因此，可以用如图 3-28 所示的简化模型表示。

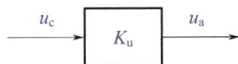

图 3-28　PWM 放大器的电压增益模型

而在电流型线性放大器中，线性放大器通常采用晶体管作为功率放大器件。线性放大器中的晶体管始终工作在线性放大区，把基极控制电压 u_c 等比例地变换为集电极输出的电枢电流 i_a。控制信号 u_c 与电枢电流 i_a 的关系为

$$i_a = K_g u_c \tag{3-20}$$

其中，K_g 称为跨导增益，A/V。

从控制系统的角度，可以把电流型线性放大器简化为一个跨导增益环节，如图 3-29 所示。

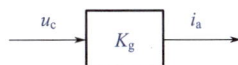

图 3-29　电流型线性放大器的跨导增益模型

3.3 机器人关节用直流电机控制的基本原理

当机器人关节仅由放大器和伺服电机驱动，而没有控制器进行闭环控制时，称其工作在开环状态。此时，放大器和电机作为一个整体，把控制电压 u_c 转换为电机速度 ω_m，描述这种变换关系的传递函数就是**关节电机的开环控制模型**。

如果电机由电压型放大器驱动，其工作在**速度模式**；而由电流型放大器驱动时，则工作在**力矩模式**。两种模式下，电机的工作特性不同，因此，模型也不同。

机器人关节电机及驱动器通过与运动控制器相连，即可实现对电机的闭环伺服控制。其中，驱动器的控制电压 u_c 由运动控制器给定。

以直流电机为例，由运动控制器、驱动器、电机和传感器组成的典型运动控制系统原理如图 3-30 所示。

对于负载变化不大或对动态性能要求不高的场合，例如直流电机驱动下低速运行的单个转动关节，可以在运动控制器中构造位置-速度双闭环控制系统，如图 3-30（a）所示。其中，**速度控制器**的功能是利用速度反馈进行速度闭环控制，动态调节驱动器的控制电压 u_c，使电机转速线性跟踪指令电压 u_v。指令电压 u_v 根据电机的电压转速系数，由指令转速计算得到。**位置控制器**的功能是利用位置反馈进行位置闭环控制，令电机跟踪轨迹生成器下发位置指令 $\theta_d(t)$。速度控制器和位置控制器在每一个伺服周期都会被调用执行。从位置-速度双闭环控制器的角度看，其最终输出的控制指令 u_c 用于调节电机速度。因此，这种位置跟随控制方案也被称为基于**速度模式**的位置伺服系统。

对于负载变化大或对动态性能要求高的场合，还可以在速度控制器后面增加一个**电流控制器**，构成所谓的位置-速度-电流三闭环运动控制系统，如图 3-30（b）所示。

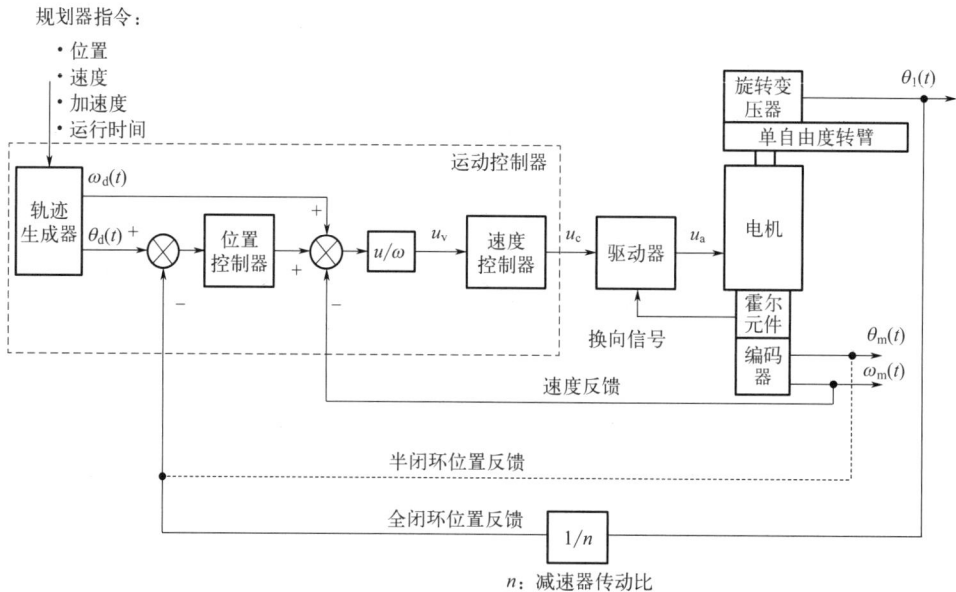

(a) 基于速度模式的位置-速度双闭环伺服控制原理

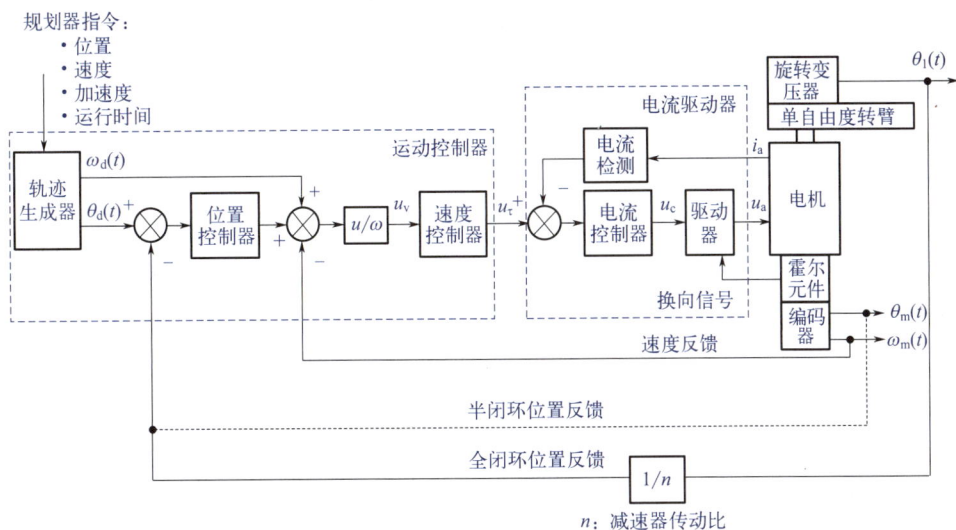

(b) 基于力矩模式的位置-速度-电流三闭环伺服控制原理

图 3-30　直流电机运动控制的基本原理示意

电流控制器接收上级控制器的指令电压 u_τ 并监测电枢电流 i_a，实现对电枢电流的闭环控制（通常为 PI 控制器）。它可以在一定程度上消除电机运行中反生电动势对电枢电流的影响，使电机输出电流与转速无关。在电流控制器的作用下，可以认为电枢电流 i_a 与指令电压 u_τ 近似成正比。电枢电流 i_a 与指令电压 u_τ 的比值称为**跨导**。电流控制器的性能越好，其跨导波动范围越小。电机输出力矩 τ_m 与其电枢电流 i_a 之比称为电机的**转矩常数**，是电机的一个重要技术参数，在正常工况下是一个定值。这样，在电流控制器的作用下，速度控制器输出的指令电压 u_τ 与电机输出力矩近似成正比。因此，电流控制器也被称为力矩控制器，在它的作用下，电机工作于**力矩模式**。

尽管部分运动控制器内部集成了电流控制器，但是，在工程实践中，常用内置了电流控制器的驱动器与运动控制器相配合，如图 3-30（b）所示。

在反馈信号检测方面，电机通常会在其尾部同轴安装编码器。根据编码器信号及其微分，可以得到电机的位置和速度反馈信号。

如果关节电机通过减速器（或丝杠螺母机构等传动装置）驱动关节运动，电机编码器反馈给位置控制器的是电机转角，而不是关节位移。这种根据电机位置而非关节位置实现位置闭环的控制系统被称为**半闭环位置控制系统**。另外，由于减速器固有的弹性和回差将导致传动误差出现。因此，为了获得更高的关节位置精度，有时会在机器人关节上安装关节位置传感器，例如旋转变压器，以直接测量关节位置值。当位置控制器利用关节位置传感器信号作为位置反馈信号时，就构成了精度更高的**全闭环位置控制系统**。

当电机及其驱动器由速度控制器控制时，它工作在**速度模式**；由电流控制器控制时，它工作在**力矩模式**。其中，速度模式尤其适于采用独立关节的 PID 控制器；力矩模式则适用于其他更复杂的控制器。

电机及驱动器是控制器的主要控制对象。为了设计控制器，有必要考察以上两种模式下电机与驱动器的（电气和机械）模型。

3.4 机器人关节用直流电机的开环控制

(1) 典型的单关节机器人系统及参数设置

图 3-31 所示为一单关节机器人开环控制系统。为了考察负载对关节电机速度的影响，假定单关节机器人的转臂工作在两种工况：①水平面内旋转，重力矩为零，电机不承受干扰力矩；②竖直面内旋转，重力矩不为零，电机受干扰力矩影响。

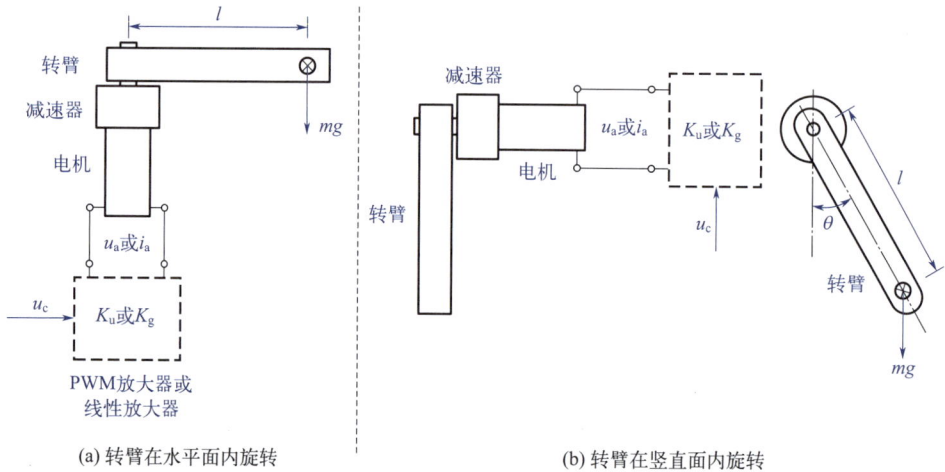

图 3-31　由放大器和伺服电机驱动的单关节机器人开环控制系统

在图 3-31 所示系统中，放大器将输入信号 u_c 转换为驱动信号。电压型放大器将控制信号 u_c 变换成电枢电压 u_a，电流型放大器将控制信号 u_c 变换成电枢电流 i_a。转臂质量包括电机和减速器质量，且简化为质心到转轴的距离为 l 的集中质量，转臂的转动惯量 $I_1 = ml$，电机和转臂的参数如表 3-2 所示。直流电机通过减速器驱动机器人关节旋转，传动比 n 待定。

表 3-2　直流电机驱动的单关节机器人主要参数

项目		符号	取值	单位
电机参数	额定电压	u_r	24	V
	额定转速	ω_r	258	rad/s
	额定转矩	τ_r	8.82×10^{-2}	N·m
	额定电流	i_r	1.09	A
	电枢电阻	R_a	2.49	Ω
	电枢电感	L_a	6.10×10^{-4}	H
	转矩常数	K_a	8.22×10^{-2}	（N·m）/A
	感应电动势常数	K_e	8.24×10^{-2}	V/（rad/s）
	转子惯量	I_r	1.19×10^{-5}	kg·m²
	转子阻尼	B_r	4.10×10^{-4}	（N·m）/（rad/s）

续表

	项目	符号	取值	单位
系统参数	转臂质量	m	0.5	kg
	转臂质心距转轴距离	l	0.1	m
	负载惯量	—	5.0×10^{-3}	kg·m^2
	关节阻尼	b_l	2.0×10^{-2}	（N·m）/（rad/s）
	电压增益	K_u	3	无
	跨导增益	K_g	1	A/V
	重力加速度	g	9.8	m/s^2

（2）速度模式下关节电机的开环控制

1）开环控制模型

图 3-32 所示为速度模式下电机驱动机器人关节的原理图，其中示意了将控制电压 u_c 变换为电机角速度 ω_m 的各中间环节，包括放大器电压增益环节、电机的电气模型，以及电机转子的等效动力学模型。

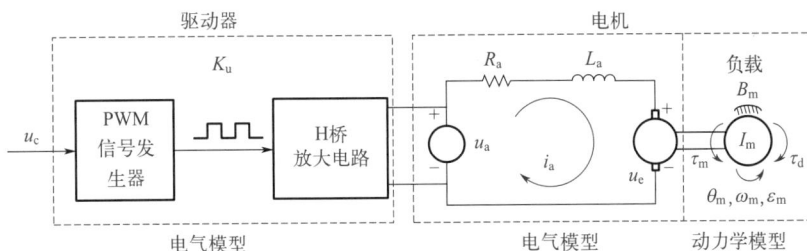

图 3-32　电机及驱动器的工作原理图示意

图 3-32 中各元件的固有参数包括：驱动器电压变换系数 K_u，是一个与驱动器供电电压 V_{cc} 相关的常数（见图 3-27 驱动器原理）；电枢阻值 R_a、电枢电感 L_a、感应电动势常数 K_e、转矩常数 K_a 等电机的电气特性参数；等效转动惯量 I_m、等效黏滞阻尼系数 B_m 等电机的动力学模型参数。

图 3-32 中的系统变量包括：控制电压 u_c、电枢电压 u_a、电枢电流 i_a、驱动转矩 τ_m、干扰力矩 τ_d、输出角加速度 ε_m、速度 ω_m 和位移 θ_m。在关节电机控制中，可以把库仑摩擦力、科氏力、离心力、重力和环境接触力的影响均视为干扰力矩 τ_d，是未知变量。

结合 **3.2 节**的知识，总结一下图 3-32 中各环节的数学模型。

① 驱动器模型：

$$u_a = K_u u_c \tag{3-21}$$

② 电机的电气模型：

$$R_a i_a + L_a \dot{i}_a + u_e = u_a \tag{3-22}$$

$$u_e = K_e \omega_m \tag{3-23}$$

③ 电机的机械模型：

$$\tau_\mathrm{m} = K_\mathrm{a} i_\mathrm{a} \tag{3-24}$$

$$I_\mathrm{m} \varepsilon_\mathrm{m} + B_\mathrm{m} \omega_\mathrm{m} = \tau_\mathrm{m} - \tau_\mathrm{d} \tag{3-25}$$

对上述方程进行拉氏变换，然后整理得到各环节的传递函数。按照惯例，用大写字母表示各系统变量的复变量，其中，力矩变量仍用字母 τ 表示，以区别于时间常数 T。

$$U_\mathrm{a}(s) = K_\mathrm{u} U_\mathrm{c}(s) \tag{3-26}$$

$$I_\mathrm{a}(s) = \frac{1}{R_\mathrm{a} + L_\mathrm{a} s}[U_\mathrm{a}(s) - U_\mathrm{e}(s)] \tag{3-27}$$

$$U_\mathrm{e}(s) = K_\mathrm{e} \Omega_\mathrm{m}(s) \tag{3-28}$$

$$\tau_\mathrm{m}(s) = K_\mathrm{a} I_\mathrm{a}(s) \tag{3-29}$$

$$\Omega_\mathrm{m}(s) = \frac{1}{B_\mathrm{m} + I_\mathrm{m} s}[\tau_\mathrm{m}(s) - \tau_\mathrm{d}(s)] \tag{3-30}$$

由此可得控制电压 u_c 到输出转速 ω_m 的系统框图，如图 3-33 所示。

由图 3-33 可知，电机速度模型的前向通道包含两个串联的惯性环节，把它们写成惯性环节的标准形式：

$$\frac{1}{R_\mathrm{a} + L_\mathrm{a} s} = \frac{1/R_\mathrm{a}}{1 + T_\mathrm{e} s} \tag{3-31}$$

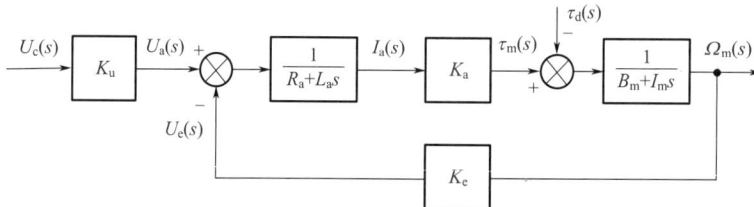

图 3-33　直流电机的速度模型

$$\frac{1}{B_\mathrm{m} + I_\mathrm{m} s} = \frac{1/B_\mathrm{m}}{1 + T_\mathrm{f} s} \tag{3-32}$$

式中，$T_\mathrm{e} = L_\mathrm{a}/R_\mathrm{a}$ 称为**电机的电气时间常数**；$T_\mathrm{f} = I_\mathrm{m}/B_\mathrm{m}$ 称为**电机的机械时间常数**。

对于直流电机，其电气时间常数 T_e 通常比机械时间常数 T_f 小一个数量级，即 $T_\mathrm{e} \ll T_\mathrm{f}$。因此，在工程实践中，可以令 $T_\mathrm{e} = 0$，使电机模型降阶，只包含一个惯性环节。工程化的直流电机速度模型如图 3-34 所示。

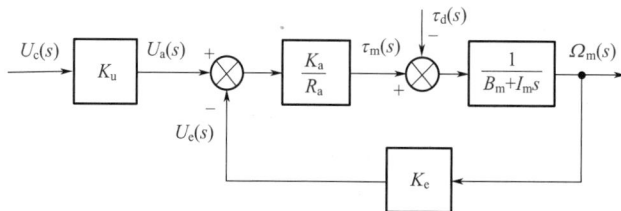

图 3-34　工程化的直流电机速度模型

根据简化的直流电机速度模型，可以得到控制电压 u_c、干扰力矩 τ_d 与电机转速 ω_m 之间的关系：

$$\Omega_m(s) = \frac{K_{mv}}{1+T_{mv}s}U_c(s) - \frac{K_{dv}}{1+T_{mv}s}\tau_d(s) \qquad (3\text{-}33)$$

式中，新定义的参数为

① 时间常数：$T_{mv} = \dfrac{R_a I_m}{K_e K_a + R_a B_m}$ ；

② 开环增益：$K_{mv} = \dfrac{K_a K_u}{K_e K_a + R_a B_m}$ ；

③ 干扰力矩增益：$K_{dv} = \dfrac{K_{mv}R_a}{K_a K_u} = \dfrac{1}{\dfrac{K_e K_a}{R_a} + B_m}$ 。

这样，直流电机速度模型可以进一步简化成图 3-35 所示的形式。

由图 3-35，控制电压 u_c、干扰力矩 τ_d 与电机转速 ω_m 之间的传递函数为

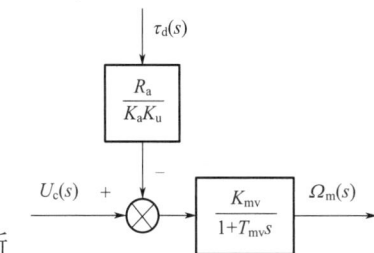

图 3-35　简化的直流
电机速度模型

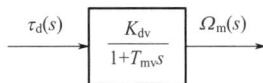

$$\frac{\Omega_m(s)}{U_c(s)} = \frac{K_{mv}}{1+T_{mv}s}, \quad \frac{\Omega_m(s)}{\tau_d(s)} = \frac{K_{dv}}{1+T_{mv}s} \qquad (3\text{-}34)$$

对应的系统框图如图 3-36 所示。

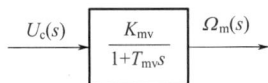

(a) 控制电压与电机转速之间的传递函数　　　　(b) 干扰力矩与电机转速之间的传递函数

图 3-36　速度模式下，直流电机输入与输出之间的传递函数框图

2）开环响应

仍以图 3-31 所示单关节机器人开环控制系统为例，利用上述模型来讨论速度模式下关节电机的开环响应。

当转臂在水平面内转动时，关节负载力矩 $\tau_l = 0$；转臂在垂直面转动时，$\tau_l = mgl\cos\theta$。据此，可以初步估算系统所需传动比 n。从表 3-2 可知，电机额定转矩 $\tau_r = 8.82 \times 10^{-2} \text{N·m}$，而关节负载转矩的静态最大值为 $\tau_{lmax} = 0.49\text{N·m}$。据此，估算传动比 $n = \tau_{lmax}/\tau_r = 5.5$，考虑加速特性和安全系数，初步取 $n=10$。

① 水平工况　对于水平工况，得到如图 3-37（a）所示的开环速度响应曲线。与电机空载情况下的速度响应曲线（图 3-26）对比，可以看到，两者的形状相似，但是单关节机器人的稳定时间变长，达到 0.05s。这是由于系统惯量变大，导致机电时间常数变大所致。同时，由于关节阻尼的作用，电压取额定值时的转速低于空载转速、电枢电流高于空载电流（图中点画线为电流曲线）。

② 竖直工况　对竖直工况，可得到如图 3-37（b）所示的开环速度响应曲线。由图可知，在两种控制电压作用下，电机速度经过约 0.05s 的时间后，均进入周期波动状态。这种速度波动是转臂受周期性干扰力矩的结果。

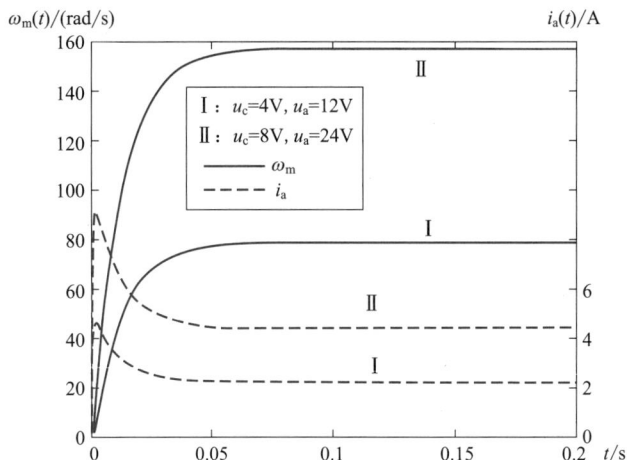

(a) 转臂在水平面内旋转

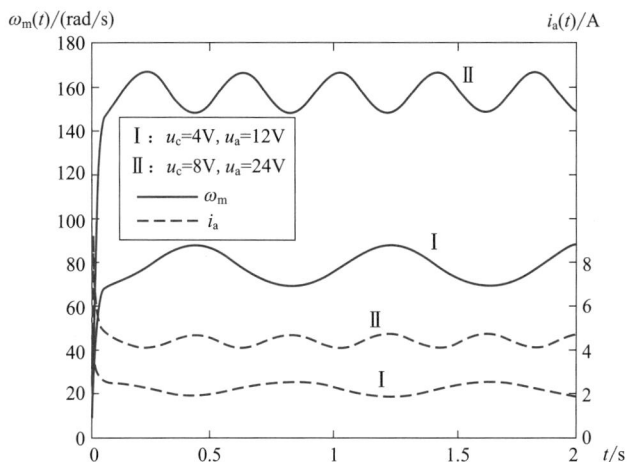

(b) 转臂在竖直面内旋转

图 3-37　速度模式下，电机驱动单关节机器人的开环速度响应（n=10）

（3）力矩模式下关节电机的开环控制

1）开环控制模型

如图 3-30（b）所示，在驱动器前增加一个电流型放大器，可以使电机工作于力矩模式。当电流型放大器内置于伺服驱动器时，伺服驱动器与电机的工作原理如图 3-38 所示。

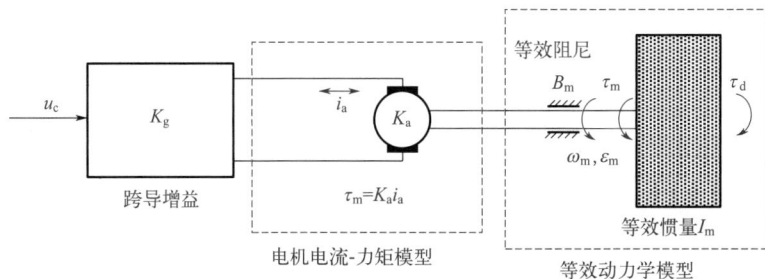

图 3-38　电流伺服驱动器与电机的工作原理

电流型放大器可以简化为一个跨导增益 K_g，而电机的电气模型则简化为电机转矩常数 K_a，且满足

① 电流型放大器模型

$$i_a = K_g u_c \qquad (3\text{-}35)$$

② 电机的电压 - 力矩模型

$$\tau_m = K_a i_a \qquad (3\text{-}36)$$

合并以上两式，可得

$$\tau_m = K_\tau u_c \qquad (3\text{-}37)$$

式中，$K_\tau = K_a K_g$ 定义为电机的**力矩增益**。

由式（3-37）可知，电流型放大器和电机的组合就是一个电压 - 力矩转换器，它将控制量 u_c 线性变换为电机驱动力矩 τ_m。

将上式进行拉氏变换，并结合电机的动力学模型式（3-32），得到图 3-39 所示的电机的力矩模型。

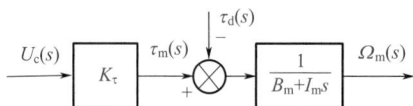

图 3-39　直流电机的力矩模型

根据图 3-39 所示电机的力矩模型，得到控制电压 u_c、干扰力矩 τ_d 与电机转速 ω_m 之间的关系：

$$\Omega_m(s) = \frac{K_{m\tau}}{1 + T_{m\tau} s} U_c(s) - \frac{K_{d\tau}}{1 + T_{m\tau} s} \tau_d(s) \qquad (3\text{-}38)$$

式中，新定义的参数为

① 时间常数：$T_{m\tau} = \dfrac{I_m}{B_m}$；

② 开环增益：$K_{m\tau} = \dfrac{K_\tau}{B_m}$；

③ 干扰力矩增益：$K_{d\tau} = \dfrac{K_{m\tau}}{K_\tau} = \dfrac{1}{B_m}$。

这样，直流电机的力矩模型可以进一步简化成图 3-40 所示的形式。

控制电压 u_c、干扰力矩 τ_d 与输出转速 ω_m 之间的传递函数为

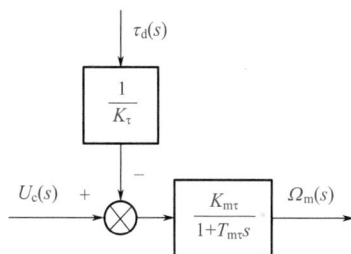

图 3-40　简化的直流电机力矩模型

$$\frac{\Omega_m(s)}{U_c(s)} = \frac{K_{m\tau}}{1 + T_{m\tau} s}, \quad \frac{\Omega_m(s)}{\tau_d(s)} = \frac{K_{d\tau}}{1 + T_{m\tau} s} \qquad (3\text{-}39)$$

对应的系统框图如图 3-41 所示。

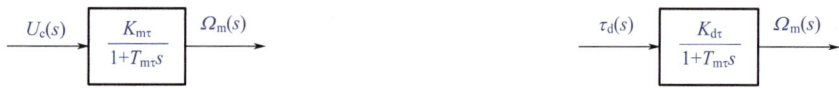

(a) 控制电压与电机转速之间的传递函数   (b) 干扰力矩与电机转速之间的传递函数

图 3-41 力矩模式下，直流电机输入与输出之间的传递函数框图

对比图 3-34 和图 3-39，可以发现，力矩模式下的电机模型比其速度模式下的电机模型要简洁，它在没有简化的情况下就已经是一个**一阶惯性系统**。

2）开环响应

仍以图 3-31 所示单关节机器人开环控制系统为例，利用上述模型来讨论一下力矩模式下关节电机的开环响应。

① 水平工况 水平工况的仿真结果如图 3-42（a）所示。与图 3-37（a）相比，可以看到在稳定运行时，两种模式的稳定运行速度接近，这是由于两者的负载相同、电枢电流也接近。这一点与直流电机的静态特性一致。而两者的区别在于：力矩模式电机启动阶段的速度曲线明显变缓，上升时间变长，约为 0.1s。这是由于力矩模式电机的电枢电流始终保持恒定，启动力矩也保持不变，没有速度模式下的开环启动力矩大。

② 竖直工况 竖直工况的仿真结果如图 3-42（b）所示。与图 3-37（b）相比，可以看到在两种模式下，稳定运行时的平均速度接近，但是力矩模式的波动大。这是由于在力矩模式下，感应电动势带来的速度负反馈被抑制，使得电流恒定，造成系统转速对负载波动更敏感。在闭环系统中，这种速度波动可由速度闭环控制器来调节。

（4）两种模式下关节电机开环控制的比较

从上述仿真验证与分析可知，无论直流电机工作于速度模式还是力矩模式，控制电压与转速之间的开环传递函数都表现为惯性环节，并且两者具有相同的形式。因此，可以把具有图 3-35 和图 3-40 形式的电机模型，称为**通用电机模型**。基于通用电机模型，可以设计直流电机的速度和位置控制器。

不妨再简单对上述两种模型进行分析和比较。对于工作在速度模式或力矩模式的直流电机，由于两者对应的时间常数和增益取决于不同的系统参数，从而导致系统特点有所不同：

① $T_{mv} < T_{m\tau}$。说明在速度开环状态下，工作于速度模式的电机，其输出速度对控制电压和干扰力矩的变化响应更快，能更快达到新的稳态。

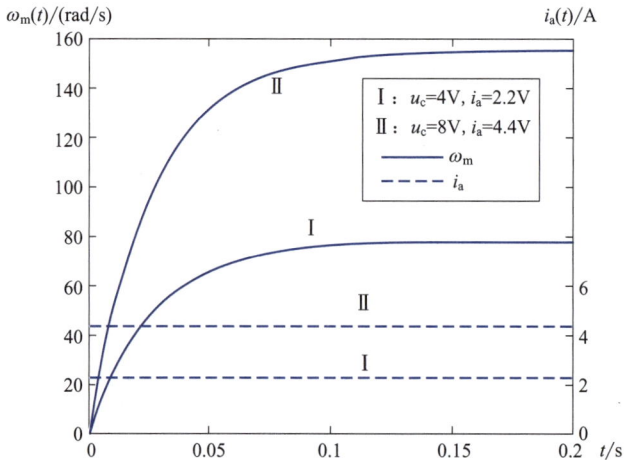

(a) 转臂在水平面内旋转

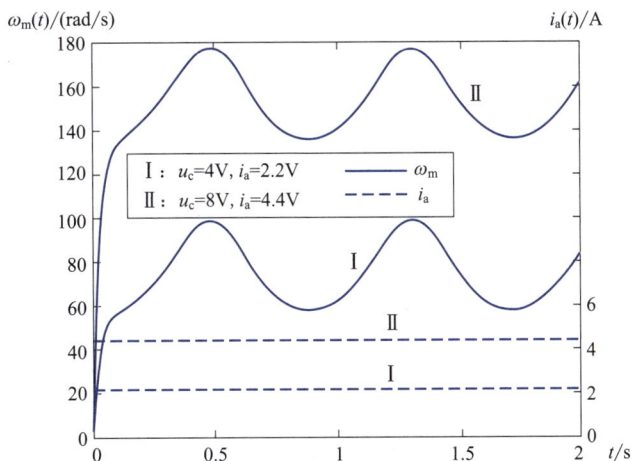

(b) 转臂在竖直面内旋转

图 3-42　力矩模式下，电机驱动单关节机器人竖直面旋转的开环速度响应（$n=10$）

② K_{mv} 仅由各元件固有特性参数决定，为定值；K_{mt} 可通过电流控制器增益来调节，但是它最终受限于驱动器输入电压上限。

③ $K_{dv} < K_{dt}$。说明在速度开环状态下，工作于速度模式的电机对干扰力矩更不敏感。

（5）惯量匹配

图 3-43 是单关节机器人传动系统的简化示意图，电机转子在电磁力作用下运转，通过传动比为 n 的减速器将运动和力矩输出到关节。对电机而言，关节为其负载，图中以负载端表示。假定关节不承受外载荷，此时，电机驱动力矩 τ_m 仅需克服系统惯量。

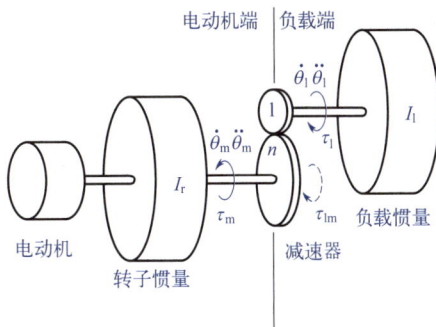

图 3-43　单关节传动示意

图 3-43 中，电机转子惯量为 I_r，负载惯量为 I_l，电机转子转速和加速度分别为 $\dot{\theta}_m$ 和 $\ddot{\theta}_m$，负载转速和加速度分别为 $\dot{\theta}_l$ 和 $\ddot{\theta}_l$，τ_l 为减速器输出力矩，τ_{lm} 为作用在电机转子轴上的反向力矩。显然，减速器两侧的速度、加速度和力矩之间满足如下关系：

$$\dot{\theta}_m = n\dot{\theta}_l, \quad \ddot{\theta}_m = n\ddot{\theta}_l, \quad \tau_{lm} = \frac{\tau_l}{n}, \quad \ddot{\theta}_l = \frac{\tau_l}{I_l} \tag{3-40}$$

以电机转子为考察对象，忽略掉摩擦和阻尼时，其动力学方程为

$$\tau_m - \tau_{lm} = I_r\ddot{\theta}_m \tag{3-41}$$

将式（3-40）代入式（3-41），可得

$$\tau_m = \left(I_r + \frac{1}{n^2}I_l\right)\ddot{\theta}_m = I_m\ddot{\theta}_m \tag{3-42}$$

由此可得

$$I_m = I_r + \frac{1}{n^2}I_l \tag{3-43}$$

式中，I_m 为电机转子侧的总等效转动惯量。

假设在关节处施加力矩，电机被动旋转，可以得到从减速器的输出端考察的关节空间总等效转动惯量 I，即

$$I = n^2 I_r + I_1 \tag{3-44}$$

由此可以得到

$$I = n^2 I_m \tag{3-45}$$

机器人常用伺服电机的转子转动惯量通常很小。引入了减速器后，负载惯量以原值的 $1/n^2$ 等效到电机转子上，极大地减小了电机总等效惯量的波动，提高了控制算法的适应性。

下面以速度模式下关节直流电机的开环控制为例，说明减速器的传动比对电机速度波动的影响。

图 3-44 是当传动比 $n=50$ 时，竖直工况下关节电机的速度响应曲线。对比图 3-37（b）和图 3-44，可见，电机速度的上升时间和波动幅度都明显减小，上升时间约为 0.02s，波动幅度为 6rad/s。不同控制电压下的速度波动率分别为 4.8%（$u_c=4V$）和 2.4%（$u_c=8V$）。

这说明传动比对电机的稳定运行具有显著影响，表现在两个方面：①负载侧的转动惯量以 $1/n^2$ 的关系等效到电机转子上，传动比的增加，意味着等效转动惯量以传动比的平方倍减小；②负载力矩以 $1/n$ 的关系等效到电机转子，传动比越大，意味着电机所受干扰力矩越小。

同时也看到，传动比越大，负载惯量和负载力矩波动对开环系统的影响越小，实现速度闭环控制的难度就越小。因此，在选择传动比时，除了确保电机的额定转矩和转速与负载力矩和转速匹配外，还要满足闭环控制稳定性的要求。

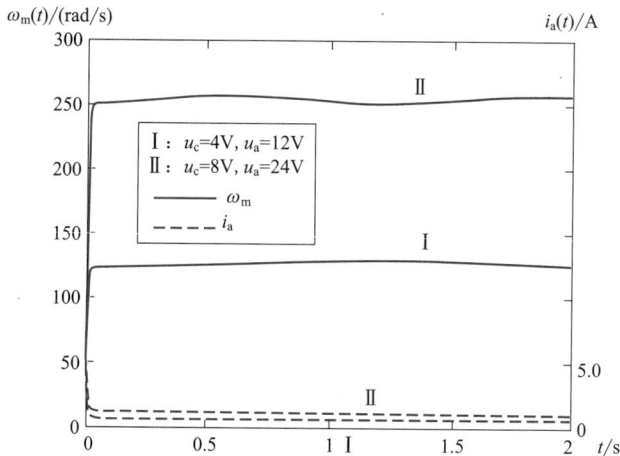

图 3-44　速度模式下，电机驱动单关节机器人竖直面旋转的开环速度响应（$n=50$）

此外，如果等效转动惯量过大，将导致电机响应严重滞后，降低控制系统的稳定性。从理论上可以证明，满足惯量匹配的最佳传动比是：$n = \sqrt{I_1 / I_r}$。但是，由于伺服电机的转动惯量很小，满足惯量匹配的最佳传动比往往很大，而减速器的传动比越大，其效率就越低，因此，为了兼顾高效传动，难以做到最佳传动比。在工程上通常要求负载在转子侧的等效惯量满足

$$\frac{1}{n^2} I_1 \leqslant 4 I_r \ \text{或} \ I_m \leqslant 5 I_r \tag{3-46}$$

式（3-46）应当作为减速器选型的一个重要条件，这一确定减速比的过程称为**惯量匹配** ❶。

---

❶ 如果选用直接驱动型的力矩电机，也需要根据式（3-46）校验电机惯量与负载惯量的关系，此时传动比 $n=1$。

3.5　单自由度转臂的闭环控制

(1) 单自由度转臂的逆动力学模型

以 PID 为代表的经典控制算法，其适用对象是**线性定常系统**，然而，机器人关节电机的工作状态并不满足这一条件。即便是单关节机器人，若要实现对其有效控制，也要用到其逆动力学模型，即需要根据已知的电机加速度、速度和位置，来计算所需电机施加的转矩。一般情况，该机器人的逆动力学模型并不是一个线性定常微分方程。

例如，对于图 3-45 所示工作于竖直平面的单关节机器人，逆动力学方程为

$$\tau_{\mathrm{m}} = I_{\mathrm{m}}\varepsilon_{\mathrm{m}} + B_{\mathrm{m}}\omega_{\mathrm{m}} + \tau_{\mathrm{d}} \tag{3-47}$$

式中，$I_{\mathrm{m}}\varepsilon_{\mathrm{m}}$ 为惯性力矩、$B_{\mathrm{m}}\omega_{\mathrm{m}}$ 为阻尼力矩，两者的系数均为常数，它们共同构成逆动力学方程的线性项；τ_{d} 为干扰力矩，在该种情况仅包含重力项 τ_{G}。

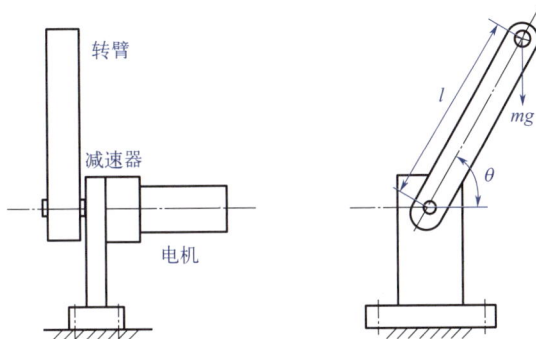

图 3-45　工作于竖直平面的单关节机器人

根据对转臂转角 θ 的定义，可知关节电机所受的重力矩 τ_{G} 为

$$\tau_{\mathrm{G}} = \frac{mgl\cos\theta}{n} \tag{3-48}$$

因此，单自由度转臂的逆动力学模型可写成

$$\tau_{\mathrm{m}} = I_{\mathrm{m}}\varepsilon_{\mathrm{m}} + B_{\mathrm{m}}\omega_{\mathrm{m}} + mgl\cos\theta / n \tag{3-49}$$

显然，尽管单关节机器人的电机模型 $I_{\mathrm{m}}\varepsilon_{\mathrm{m}} + B_{\mathrm{m}}\omega_{\mathrm{m}}$ 是线性的，但是，其干扰力矩 τ_{G} 随机器人关节转角变化呈非线性变化。因此，机器人的逆动力学方程也呈现非线性。

不过，从成本、可实现性和稳定性等角度考虑，工程实践中往往对机器人关节电机的逆动力学模型做线性化假设，然后，采用经典 PID 控制器实现闭环控制。

为机器人关节电机设计位置 PID 控制器时，如果干扰力矩 τ_{d} 较小，可以把它视为恒定小扰动，仅由 PID 控制器来抑制；否则，就需要在控制器中加以补偿，因此，总是希望系统的干扰力矩越小越好。当机器人机构和结构设计完成后，影响干扰力矩大小的因素主要是电机减速器的传动比和机器人工作状态。一般情况下，传动比越大，非线性干扰力矩的影响越小。这时，可以对关节电机动力学模型进行线性化假设。这时，对于仅包含惯性力矩和阻尼力矩的电机模型，无论电机工作在速度模式还是力矩模式，都可以被简化为一个由一阶惯性系统

表示的通用电机模型（图 3-46），其传递函数和动态图如下：

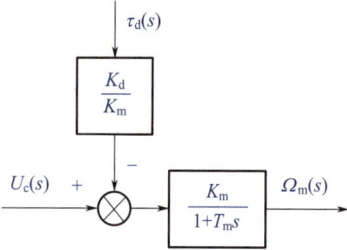

图 3-46　通用电机模型动态图

$$\Omega_{\text{m}}(s) = \frac{K_{\text{m}}}{1+T_{\text{m}}s} U_{\text{c}}(s) - \frac{K_{\text{d}}}{1+T_{\text{m}}s} \tau_{\text{d}}(s) \qquad （3-50）$$

式中，K_{m} 和 K_{d} 分别为电机的开环增益和扰动增益。

电机由电压型放大器驱动时，工作于速度模式；由电流型放大器驱动时，工作于力矩模式。

（2）速度模式下，单自由度转臂的 PID 控制

当电机通过大减速比的减速器驱动关节时，电机转子上负载波动相对较小。此时，可以采用位置和速度两级控制器对电机进行位置控制，原理图见图 3-30（a）。

为了便于控制器的分析和设计，采用图 3-35 所示的电机速度模型。为电机分别设计位置和速度控制器，构成图 3-47 所示的位置闭环控制系统。图中，θ_{d} 表示电机期望转角，θ_{m} 和 ω_{m} 分别对应着电机的实际转角和转速，假定传感器反馈增益均为 1。

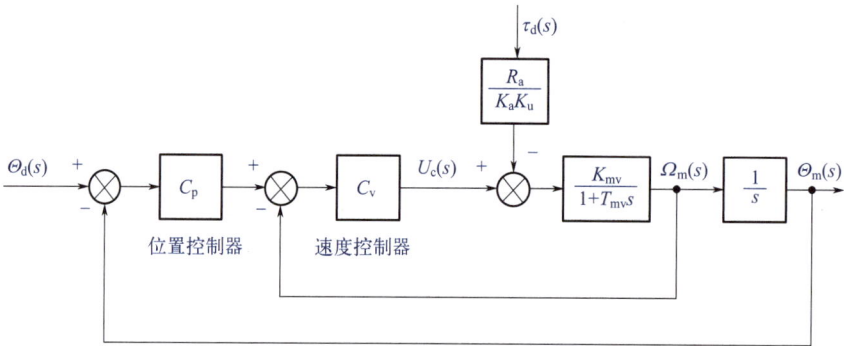

图 3-47　速度模式下电机的位置闭环控制系统

电机位置 θ_{m} 与控制量 u_{c} 之间的开环传递函数为

$$\frac{\Theta_{\text{m}}(s)}{U_{\text{c}}(s)} = \frac{K_{\text{mv}}}{s(1+T_{\text{mv}}s)} \qquad （3-51）$$

可以看到，这是一个由积分环节和惯性环节构成的二阶系统。

控制器设计就是确定位置控制器 C_{p} 和速度控制器 C_{v} 的形式。为了有效抑制干扰力矩 τ_{d}，该控制器应当做到：

① 在干扰项之前，放大器增益足够大；

② 为克服干扰力矩对稳态输出的影响，控制器中要有积分项。

一种简单的设计方案是：可以取消速度反馈而仅使用位置控制器，使其具有 PID 控制器的形式：

$$C_{\text{p}} = K_{\text{p}}\left(1 + \frac{1}{T_{\text{i}}s} + T_{\text{d}}s\right) \qquad （3-52）$$

但是，相比而言，图 3-47 所示的双闭环结构更具实用性，其优点如下：

① 速度与位置之间不存在真实的物理环节，从速度到位置是一种纯粹的积分变换，当存在速度闭环时，如果速度稳态误差为零，位置误差就一定等于零，这样就可以简化位置控制

器，有利于参数整定；

　　② 位于内环的速度闭环能够提高系统的动态响应；

　　③ 便于在速度控制器前引入速度前馈。

　　基于上述原因，可以把位置控制器和速度控制器分别设计为

$$\begin{cases} C_{\mathrm{p}} = K_{\mathrm{p}} \\ C_{\mathrm{v}} = K_{\mathrm{v}}\dfrac{1+T_{\mathrm{v}}s}{s} \end{cases} \tag{3-53}$$

式中，位置控制器为比例（P）控制器；速度控制器为比例 - 积分（PI）控制器。

　　这样，图 3-47 可具体细化为图 3-48 所示的系统模型。

　　图 3-48 所示的双回路反馈系统可进一步转换为图 3-49 所示的单反馈回路系统。

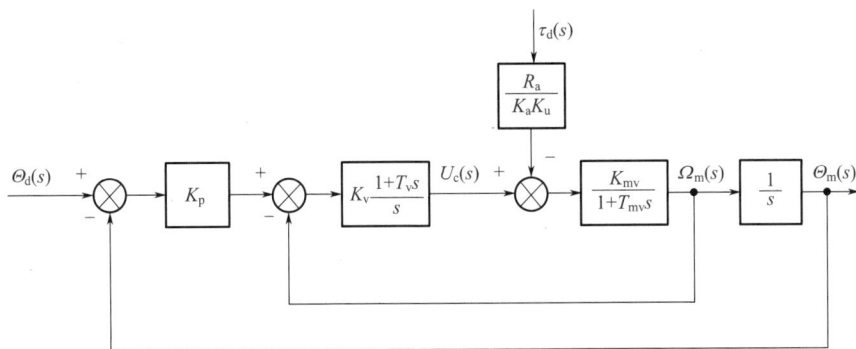

图 3-48　速度模式下的电机 PID 位置控制系统

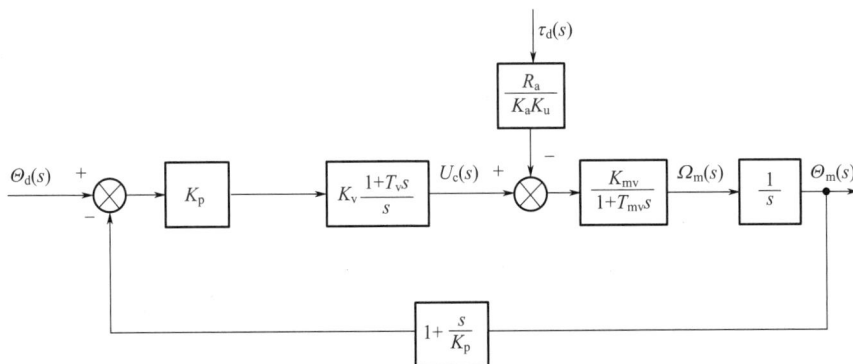

图 3-49　简化的速度模式 PID 控制系统

　　图 3-49 所示系统的前向通道传递函数为

$$G(s) = \frac{K_{\mathrm{mv}}K_{\mathrm{p}}K_{\mathrm{v}}(1+T_{\mathrm{v}}s)}{s^2(1+T_{\mathrm{mv}}s)} \tag{3-54}$$

反馈通道传递函数为

$$H(s) = 1 + \frac{s}{K_{\mathrm{p}}} \tag{3-55}$$

　　因此，该系统的开环传递函数为

$$G(s)H(s) = \frac{K_{mv}K_pK_v(1+T_vs)\left(1+\dfrac{1}{K_p}s\right)}{s^2(1+T_{mv}s)} \tag{3-56}$$

根据二阶系统 PID 校正的一般原则，选择 $T_v = T_{mv}$，以消除被控对象的实极点。这时，该系统的开环传递函数变为

$$G(s)H(s) = \frac{K_{mv}K_pK_v\left(1+\dfrac{1}{K_p}s\right)}{s^2} \tag{3-57}$$

该开环传递函数存在两个零值极点，一个负实数零点（$-K_p$），因此，闭环系统的根轨迹是一个绕开环零点的圆，如图 3-50 所示。通过选择合适的位置反馈增益 K_p 和速度反馈增益 K_v，可以获得最优控制效果。

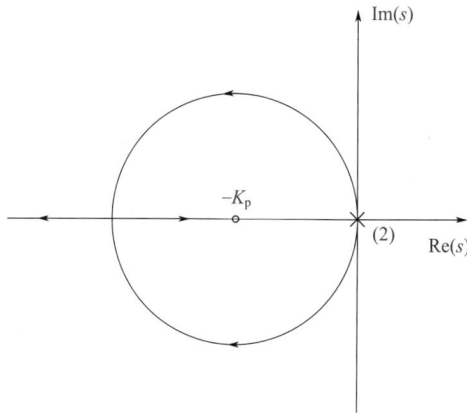

图 3-50　速度模式 PID 位置闭环控制系统的根轨迹

此时，该系统的闭环传递函数为

$$W(s) = \frac{\Theta_m(s)}{\Theta_d(s)} = \frac{K_{mv}K_pK_v}{s^2 + K_{mv}K_vs + K_{mv}K_pK_v} = \frac{1}{1+\dfrac{1}{K_p}s+\dfrac{1}{K_{mv}K_pK_v}s^2} \tag{3-58}$$

对照典型二阶系统的传递函数

$$W(s) = \frac{\omega_n^2}{s^2 + 2\xi\omega_n s + \omega_n^2} \tag{3-59}$$

可以发现，通过调整控制器增益可得到特定频率 ω_n 和阻尼比 ξ。

$$\omega_n = \sqrt{K_{mv}K_pK_v} \tag{3-60}$$

$$\xi = \frac{1}{2}\sqrt{\frac{K_{mv}K_v}{K_p}} \tag{3-61}$$

闭环系统的特征根，即极点为

$$s_{1,2} = -\xi\omega_n \pm \omega_n\sqrt{\xi^2-1} \tag{3-62}$$

只要 K_v 和 K_p 取正，闭环系统特征根就有负实部，系统稳定。

如果已知系统的期望动态特性，即 ω_n 和 ξ 已知，则可按下式计算增益：

$$K_v = \frac{2\xi\omega_n}{K_{mv}} \tag{3-63}$$

$$K_p = \frac{\omega_n^2}{K_{mv}K_v} \tag{3-64}$$

该闭环系统中，输出 θ_m 与扰动力矩 τ_d 之间的传递函数为

$$\frac{\Theta_m(s)}{\tau_d(s)} = \frac{\dfrac{R_a}{K_aK_u} \times \dfrac{K_{mv}s}{1+T_vs}}{s^2 + K_{mv}K_vs + K_{mv}K_pK_v} = \frac{\dfrac{R_a}{K_aK_uK_pK_v}s}{\left(1 + \dfrac{1}{K_p}s + \dfrac{1}{K_{mv}K_pK_v}s^2\right)(1+T_vs)} \tag{3-65}$$

一旦确定了控制器增益 K_p 和 K_v，闭环系统对扰动的增益 $K_d = \dfrac{R_a}{K_aK_uK_pK_v}$ 也就随之确定。

闭环系统对扰动的响应时间取决于与三个极点相关的时间常数。其中一个极点由速度 PI 控制器引入 $s_1 = -1/T_v$，其对应的时间常数为 T_v。另外两个复数极点为 $s_{2,3} = -\xi\omega_n \pm \omega_n\sqrt{\xi^2-1}$，对应的时间常数为 $1/\xi\omega_n$。由此可知，此闭环系统在常值扰动下的恢复时间为 $T_R = \max\{T_v, 1/\xi\omega_n\}$。

速度模式下的关节 PID 运动控制器设计，采用了典型二阶闭环系统的校正方法，其特点是要求准确估计被控对象的特征参数，但这一点在实践中往往难以实现。因此，在实际使用中，需要通过实验方法整定 PID 控制器参数，即通常先整定速度环参数，再整定位置环参数。

（3）力矩模式下，单自由度转臂的 PID 控制

当控制系统中有电流控制器进行闭环时，电机即工作于力矩模式。这里不讨论电流 PI 控制器的具体实现，而把电流环、驱动器和电机作为一个整体加以考虑。

图 3-40 表明，电机的力矩模型也可以表示为一个用时间常数表示的典型一阶惯性环节。理论上说，也可以采用与前一节相同的 PID 控制器设计方法得到最优控制参数。但是，为了对速度环和位置环的控制效果有更直观的认识，本节将先研究速度环，再研究位置环。

本节采用图 3-39 所示电机的力矩模型作为被控对象，由此可以得到力矩模式下的电机位置闭环运动控制系统，如图 3-51 所示。其中，θ_d 表示电机期望转角，θ_m 和 ω_m 分别对应电机实际转角和转速，假定传感器反馈增益均为 1。

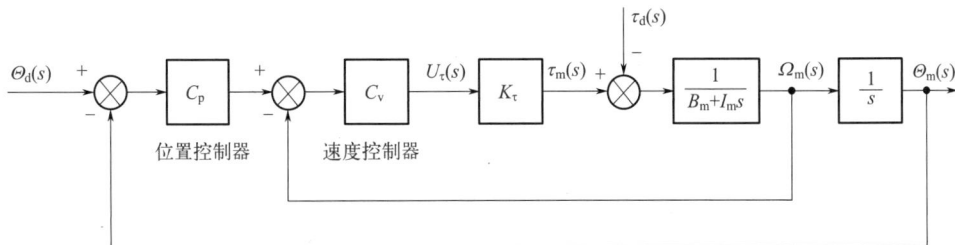

图 3-51　力矩模式下的电机位置闭环控制系统

1）速度控制器的效果

速度控制器的作用是，利用反馈控制使电机实际转速 ω_m 跟踪期望转速 ω_d。

电机的力矩模型也是一个惯性环节,这就要求速度控制器中至少应该有一个积分环节,才能保证系统对斜坡信号的跟踪误差有界。

具体而言,为电机的速度控制设计比例 - 积分控制器(PI 控制器)如下:

$$C_\mathrm{v} = K_\mathrm{v} + \frac{K_\mathrm{i}}{s} \tag{3-66}$$

该控制器本质上与式(3-53)中速度控制器完全一样。速度偏差 e_ω 与控制信号 u_τ 之间的关系为

$$U_\tau(s) = \left(K_\mathrm{v} + \frac{K_\mathrm{i}}{s} \right) E_\omega(s) \tag{3-67}$$

对应的控制系统传递函数框图如图 3-52 所示,其中假定反馈回路增益为 1,τ_d 为由重力及关节间耦合引起的干扰力矩。

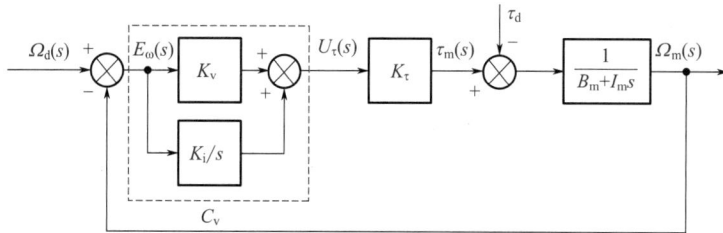

图 3-52　基于 PI 控制器的速度闭环控制系统

图 3-52 所示系统中,输入与输出之间的开环传递函数为

$$G_\mathrm{v}(s) = \frac{K_\mathrm{v} K_\tau}{I_\mathrm{m}} \times \frac{\left(s + \dfrac{K_\mathrm{i}}{K_\mathrm{v}} \right)}{s \left(s + \dfrac{B_\mathrm{m}}{I_\mathrm{m}} \right)} \tag{3-68}$$

闭环传递函数为

$$W_\mathrm{v}(s) = \frac{\Omega_\mathrm{m}(s)}{\Omega_\mathrm{d}(s)} = \frac{G_\mathrm{v}(s)}{1 + G_\mathrm{v}(s)} = \frac{K_\mathrm{v} K_\tau}{I_\mathrm{m}} \times \frac{s + \dfrac{K_\mathrm{i}}{K_\mathrm{v}}}{s^2 + \dfrac{B_\mathrm{m} + K_\mathrm{v} K_\tau}{I_\mathrm{m}} s + \dfrac{K_\tau K_\mathrm{i}}{I_\mathrm{m}}} \tag{3-69}$$

该闭环系统是包含一个零点的二阶系统,其特征方程的标准形式为

$$s^2 + 2\xi\omega_\mathrm{n}s + \omega_\mathrm{n}^2 = 0$$

特征根为

$$s_{1,2} = -\xi\omega_\mathrm{n} \pm \omega_\mathrm{n}\sqrt{\xi^2 - 1}$$

式中,阻尼比 $\xi = \dfrac{B_\mathrm{m} + K_\mathrm{v} K_\tau}{2\sqrt{I_\mathrm{m} K_\tau K_\mathrm{i}}}$,自然频率 $\omega_\mathrm{n} = \sqrt{\dfrac{K_\tau K_\mathrm{i}}{I_\mathrm{m}}}$。

只要增益 K_v 和 K_i 取正,其特征方程一定具有负实部,系统稳定。接下来,探讨增益 K_v

和 K_i 对稳态精度的影响。

系统对输入的跟踪误差为

$$E_\omega(s) = \frac{1}{1+G_v} \Omega_d(s) \tag{3-70}$$

闭环系统对输入响应的稳态误差可根据**终值定理**进行计算，即

$$\lim_{t\to\infty} e(t) = \lim_{s\to 0} sE_\omega(s)$$

当速度输入为单位阶跃信号，即

$$\Omega_d(s) = \frac{1}{s}$$

则系统稳态误差为

$$\lim_{s\to 0} sE_\omega(s) = \lim_{s\to 0}\left(s\times\frac{1}{s}\times\frac{1}{1+G_v}\right) = \lim_{s\to 0}\frac{1}{1+\dfrac{K_\tau K_v}{I_m}\times\dfrac{s+K_i/K_v}{s(s+B_m/I_m)}} = 0 \tag{3-71}$$

由上式可知，系统对阶跃输入信号的稳态误差为零。

当速度输入为单位斜坡信号，即

$$\Omega_d(s) = \frac{1}{s^2}$$

则系统稳态误差为

$$\lim_{s\to 0} sE_\omega(s) = \lim_{s\to 0}\left(s\times\frac{1}{s^2}\times\frac{1}{1+G_v}\right) = \lim_{s\to 0}\frac{1}{s+\dfrac{K_\tau K_v}{I_m}\times\dfrac{s+K_i/K_v}{s+B_m/I_m}} = \frac{B_m}{K_\tau K_i} \tag{3-72}$$

系统对斜坡输入信号的跟踪误差有界，通过增大积分增益 K_i，可以减小跟踪误差。

根据系统要求的稳态精度指标，可以确定积分增益 K_i。之后，通过调整比例增益 K_v，来改变系统的响应速度。

现在考察该系统对干扰力矩的响应情况。设输入为零，则输出为

$$\Omega_m(s) = -\frac{s}{s^2+\dfrac{B_m+K_v K_\tau}{I_m}s+\dfrac{K_\tau K_i}{I_m}}\tau_d(s) \tag{3-73}$$

如果干扰力矩是幅值为 A 的阶跃输入，即

$$\tau_d(s) = \frac{A}{s}$$

此时，系统输出的稳态响应为

$$\lim_{s\to 0} s\Omega_m(s) = \lim_{s\to 0}\left(-s\frac{A}{s}\times\frac{s}{s^2+\dfrac{B_m+K_v K_\tau}{I_m}s+\dfrac{K_\tau K_i}{I_m}}\right) = 0 \tag{3-74}$$

可见，PI 控制器对阶跃干扰的稳态响应为零。对于单自由度转臂系统而言，低速状态下的重力项就是一类典型的阶跃干扰。

尽管积分项对于静态干扰力矩的补偿作用较好，但是真实机器人上的干扰力矩不仅包括重力，还有摩擦力、离心力、科氏力和耦合惯性力。这些时变干扰的存在使得积分增益 K_i 的整定变得困难。若增大 K_i 会导致超调，这时就需要适当降低 K_v。如果由于动态干扰或者输入的快速变化，导致负载超出了电机的驱动能力，误差就会随着时间累积。这种累计误差可能引起积分饱和现象。为避免积分饱和，可以限制积分器输出阈值，或仅在电机接近指令点的时候才启用积分器。

例 3-2

以 PUMA 机器人肩关节直流电机和驱动器参数为例，对速度 PI 控制器进行仿真。PUMA560 肩关节电机的参数如表 3-3 所示。

表 3-3　PUMA560 机器人的肩关节电机和驱动器参数

参数	符号	参数值	单位
电机转矩常数	K_m	0.228	N·m/A
伺服驱动器跨导	K_g	1	A/V
电机惯量	I_m	200×10^{-6}	kg·m^2
黏滞阻尼	B_m	817×10^{-6}	N·mm/rad
减速器传动比	n	107.815	—
最大输出转矩	τ_{max}	0.900	N·m
最大速度	ω_{max}	165	rad/s

肩关节负载端惯量对应的第 2 关节广义质量 m_{22} 取其平均值 2kg·m^2，表中已把负载端惯量和黏滞阻尼等效到电机端。由电机转矩常数和伺服驱动器跨导，可得到转矩增益 K_τ 为 0.228N·m/V。

据此在 MATLAB 中建立系统的 Simulink 模型，如图 3-53 所示。其中用 1ms 的延迟来模拟速度控制算法的计算时间，用一个饱和器来模拟最大转矩，实现转矩限制，比例增益 $K_v=1$，积分增益 $K_i=10$。只考虑由重力引起的干扰力矩，取 PUMA560 机器人肩关节所受重力矩峰值的一半 20N·m，把它除以传动比，再施加到系统中，即 $\tau_d=0.19$N·m。

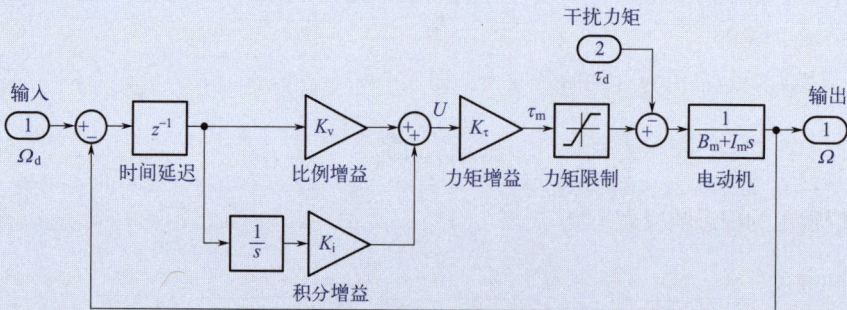

(a) 仿真模型

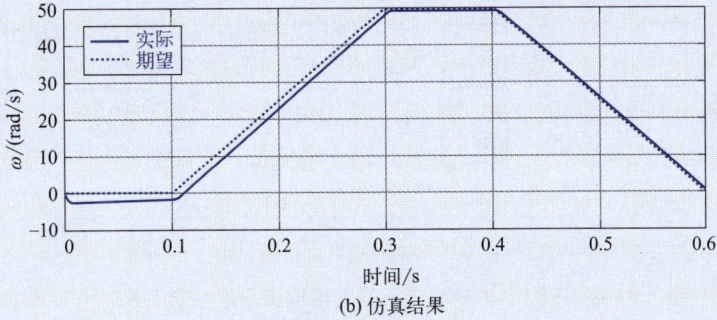

图 3-53 存在干扰力矩的速度 PI 控制器仿真

可以看到，即便存在干扰力矩，由于积分项的作用，系统跟踪误差也逐渐减小。

当设置积分增益 K_i=0 时，速度控制器退化成比例控制器，可以更清楚地认识到积分项的作用。再次仿真可以看到，简单的比例控制难以消除重力等未建模干扰的影响，跟踪误差超过 1rad/s，如图 3-54 所示。

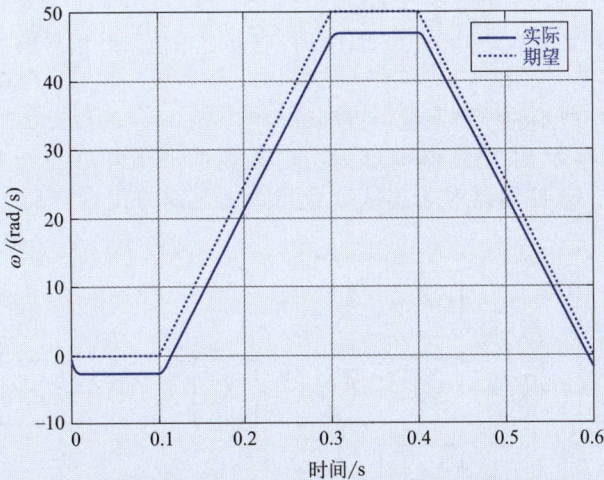

图 3-54 单纯比例控制难以消除干扰力矩的影响

2）位置控制器的效果

速度 PI 控制器之前的位置控制器，可以是简单的比例（P）控制器，如图 3-55 所示，注意，系统的位置输出是速度的积分。

图 3-55 所示系统的开环传递函数为

$$G_p(s) = K_p W_v(s) \frac{1}{s} = \frac{K_p K_v K_\tau}{I_m} \times \frac{s + \dfrac{K_i}{K_v}}{s\left(s^2 + \dfrac{B_m + K_v K_\tau}{I_m}s + \dfrac{K_\tau K_i}{I_m}\right)} \tag{3-75}$$

式中，$W_v(s)$ 为速度闭环传递函数，见式（3-69）。

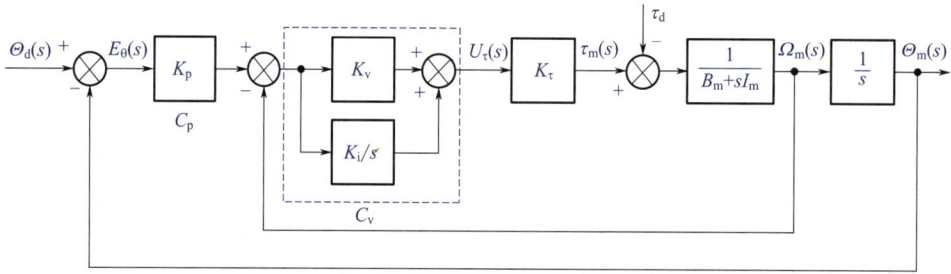

图 3-55　力矩模式下的电机位置闭环控制系统

该系统的位置闭环传递函数为

$$W_{\mathrm{p}}(s) = \frac{\Theta_{\mathrm{m}}(s)}{\Theta_{\mathrm{d}}(s)} = \frac{G_{\mathrm{p}}(s)}{1+G_{\mathrm{p}}(s)} = \frac{K_{\mathrm{p}}K_{\mathrm{v}}K_{\tau}}{I_{\mathrm{m}}} \times \frac{s+\dfrac{K_{\mathrm{i}}}{K_{\mathrm{v}}}}{s^3 + \dfrac{B_{\mathrm{m}}+K_{\mathrm{v}}K_{\tau}}{I_{\mathrm{m}}}s^2 + \dfrac{K_{\mathrm{p}}K_{\mathrm{v}}K_{\tau}+K_{\tau}K_{\mathrm{i}}}{I_{\mathrm{m}}}s + \dfrac{K_{\mathrm{p}}K_{\tau}K_{\mathrm{i}}}{I_{\mathrm{m}}}}$$

（3-76）

参照前述误差分析方法，可知此位置闭环控制器对单位阶跃信号的稳态误差为零，对斜坡信号的稳态跟踪误差为 $1/K_{\mathrm{p}}$。

实际上，图 3-55 所示的控制系统可以等价为图 3-56 所示的位置控制系统。可见，串联的位置 P 控制器和速度 PI 控制器等价为由前置惯性环节和 PID 反馈校正环节组成的控制器。可以预见，该控制器对于连续变化指令的跟踪将出现滞后。

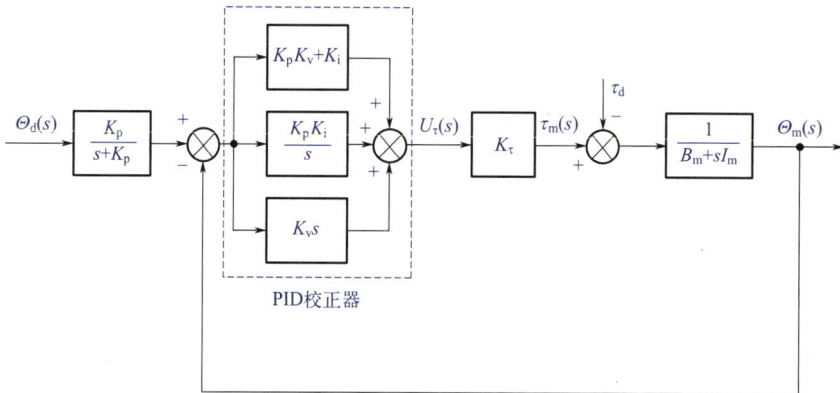

图 3-56　等效的位置控制器

利用位置闭环控制器，使【例 3-2】中的 PUMA560 机器人肩关节跟踪斜坡信号，并考察其位置输出，设 K_{p}=40。

利用图 3-55 的位置闭环控制器，在 MATLAB 中建立 Simulink 模型并进行仿真，得到如图 3-57 所示的仿真模型和仿真结果。

可见，虽然最终位置误差为零，但是，在跟踪过程中实际位置滞后于期望位置，始终存在跟踪偏差。

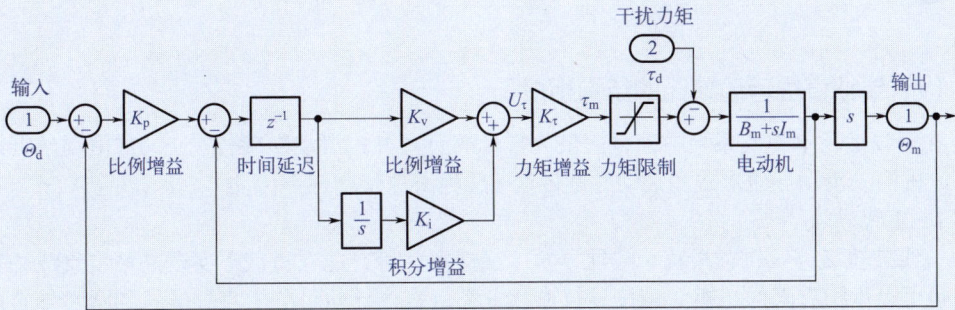

(a) 仿真模型

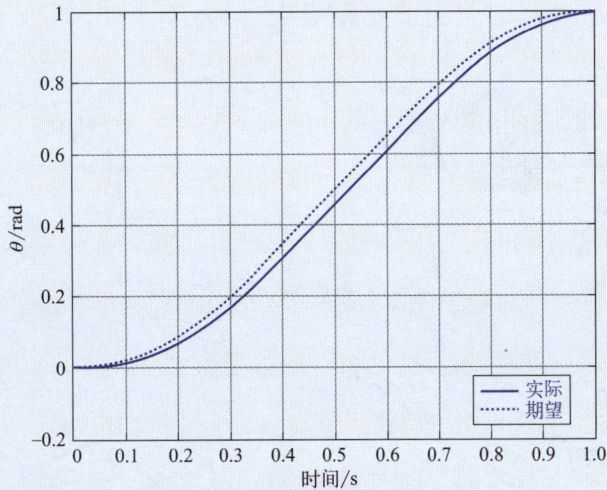

(b) 仿真结果

图 3-57　跟踪斜坡轨迹的位置闭环控制器

　　造成上述现象的原因可以从直观上来解释：由于图 3-55 中的位置环只有一个比例项，因此，当位置误差为零时，位置比例项输出给速度环的速度指令就为零，只有存在位置偏差时，速度环的输入才不为零，这样，当该控制器跟踪连续变化的位置指令时，就会出现滞后。图 3-57（b）中期望位置之后引入的惯性环节，就体现出了这一特点。

　　解决此问题的一个思路是在位置控制器中加入微分项和积分项，以提高快速性和降低稳态误差。实际上，商用运动控制器内部的位置 - 速度 - 电流三闭环算法中，电流闭环采用 PI 控制器，速度和位置闭环则均采用具有完整 PID 环节的控制器。这种方案固然可以通过反复调整 PID 参数的方式获得预期控制效果，但是，过多的参数会造成整定困难。

　　为实现上述各类控制算法，可以为电机设计独立的控制硬件。比如，利用价格低廉的单片机为电机搭建闭环控制器，在其中运行上述闭环控制算法。同时，这类控制器也可以作为多自由度机器人的各个关节控制器而独立存在，因此也称为 "**独立关节控制器**"。在运行过程中，上位机以固定的时序给每个关节控制器下发期望的位置、速度和加速度。各关节控制器无须知道其他关节的运行状态，各自独立运行即可控制本关节跟踪期望轨迹。

3.6 单轴直线运动系统的结构及控制简介

（1）单轴直线运动单元的结构组成

在直线运动单元或系统中，目前最为常见的有两种：滑动螺旋传动（又称滑动丝杠螺母传动）机构＋滑动导轨形式和滚动螺旋传动（又称滚珠丝杠螺母传动）＋滚动导轨形式。

1）直线导轨

直线导轨又称线轨、滑轨、线性导轨、线性滑轨等，能在重载下实现高精度直线往复运动，也可以承担有限的扭矩。若按导轨形状分类，直线导轨可分为直线导轨和圆弧导轨两种（图 3-58），它们支撑和引导上方搭载的滑块，按给定的方向做往复运动。如果依摩擦性质归类，直线导轨又可以分为滑动导轨、滚动导轨（图 3-59）等。

(a) 直线导轨   (b) 圆弧导轨

图 3-58　直线导轨分类（THK）

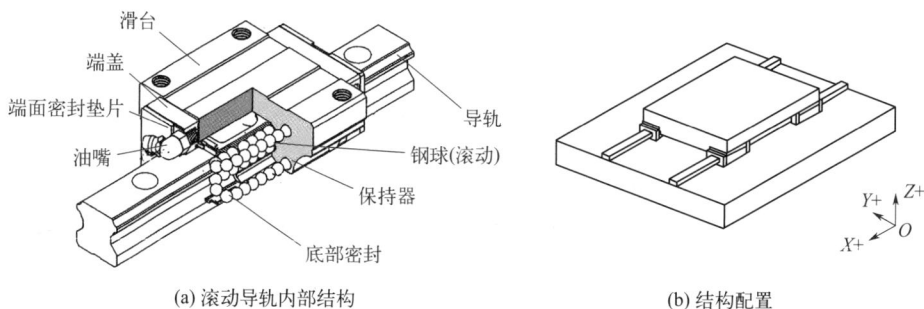

(a) 滚动导轨内部结构   (b) 结构配置

图 3-59　滚动直线导轨

以图 3-59（a）为例说明滚动直线导轨的工作原理。滚动直线导轨由导轨、滑块、滚动体（多为钢球，也有少数为滚子）、返向器、保持器、密封端盖及挡板组成。在滑块和导轨上分别有安装孔，可通过螺钉与移动部件或机座相连。密封端盖上设置反向沟槽使滚动体经滑块内循环通道返回工作滚道，从而形成闭合回路。滚动直线导轨的工作过程可以理解为是钢球在滑台和导轨之间做无限循环滚动的一种滚动导引机制，从而使滑台上承受的负载沿着导轨轻快、低噪声、高精度地运动，摩擦系数大致是传统滑动导轨的 1/50。直线导轨已经被设计加工成一类标准的机械产品，用户唯一要做的事情是正确选用和准备好一个承载、安装、调校导轨的平面。

2）丝杠螺母

丝杠螺母传动统称为螺旋传动，是将（电机）旋转运动转化为直线运动的典型传动形式。与导轨类似，螺旋传动也可分为滑动螺旋传动和滚动螺旋传动两种形式，前者的主体是滑动丝杠或滑动螺母，而后者的主体是滚珠丝杠。

经过精密研磨的滑动丝杠，具有行程较大、成本较低、控制方便等优点；但是由于滑动螺旋机构固有的特性，如存在侧向间隙、摩擦大、低速情况下的蠕动现象等，容易引起伺服系统的不稳定。因此采用闭环控制时，必须提高系统的刚性、改善滑动部分的摩擦特性、减少失动等才能达到预期的精度。这种机构一般只能达到微米级的重复定位精度。文献资料和实验均说明，1μm 几乎是其所能达到的重复定位精度的极限。

鉴于滚珠丝杠是高度商业化的精密传动部件，也是机器人中常用的传动部件，这里重点介绍滚珠丝杠。

图 3-12 给出了一种商用的滚珠丝杠结构示意图和实物图。滚珠丝杠主要是由丝杠、螺母、滚珠和滚珠循环器等组成的。当丝杠转动时，滚珠沿螺纹滚道滚动。为防止滚珠掉落，在螺母上设有滚珠循环返回装置，构成一个滚珠循环通道，滚珠从滚道的一端滚出后，沿着循环通道返回另一端，重新进入滚道。

由于滚动摩擦代替了滑动摩擦，传动效率可提高至 90% ～ 98%，平均为滑动丝杠副的 2 ～ 3 倍；摩擦力矩小、接触刚度高，有利于改善系统的动态特性和提高传动精度；工作寿命长，可达滑动丝杠副的 10 倍左右；传动间隙小、低速运动时不会出现爬行现象（爬行产生的最主要原因是动静摩擦系数的差值较大）、运行平稳；无自锁、具有运动的可逆性，即既可以把旋转运动转化为直线运动，也可以将直线运动转化为旋转运动。另外，滚珠丝杠的螺母和丝杠经调整预紧消除反向间隙后，可得到很高的定位精度（5μm/300mm）和重复定位精度（1 ～ 2μm）。

3）整体结构及性能参数

将滚动导轨和滚珠丝杠组合在一起，就可以构成一个直线运动单元的执行机构了。图 3-60 给出了几种商用直线运动单元配置结构示意图。

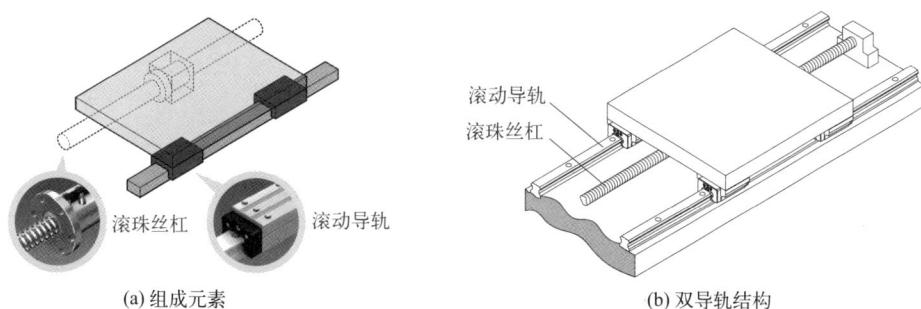

(a) 组成元素　　　　　　　　　　(b) 双导轨结构

图 3-60　直线运动系统执行机构的结构示意

滚珠丝杠两端的支撑形式采用了一端固定，一端游动的方案。一端安装一组（两个）角接触轴承，一端安装一个深沟球轴承。这种安装方式的优点在于，当系统工作一段时间后，丝杠会因热变形而伸长，这时游动端可做微小的轴向伸缩来进行调整。为减轻丝杠热变形的影响，安装时应将丝杠工作时的常用段远离止推轴承的一端。

为了使受力均匀，采用了一根丝杠与两根直线导轨共同定位的方案［图 3-60（b）］，这样可避免受力不均产生附加弯矩。此种方案在装配时对两根导轨与丝杠的同轴度的要求很高，如果装配不当，不但精度会降低，而且会产生较大的噪声。装配时很难保证三根轴之间的同轴度，为此，可先仅保证一根导轨与丝杠的同轴度，另一根导轨不必固定过紧，留有微量活动间隙，使其随动，这样可降低噪声。

进一步将直线导轨、滚珠丝杠或同步带、传感器、伺服电机（或步进电机）、滑台、铝合金型材等组合起来就形成一类应用广泛的直线运动单元，又称直线模块、直线滑台等。它们能通过灵活的构型变化将各个模块组合起来实现多自由度复合（直线、曲线）运动，以及准确的运动定位控制。用户可以自行设计或者委托制造商定制特殊规格的直线运动单元；不过，实际应用场合更多的是从厂家提供的商用产品中选取一款。

下面给出一种基于伺服电机＋滚珠丝杠＋滚动导轨的精密直线运动单元组成方案，同时也是目前很多知名厂商广泛采用并出售的一类产品。如图 3-61 所示的精密直线运动单元为某一厂家生产的一款产品。

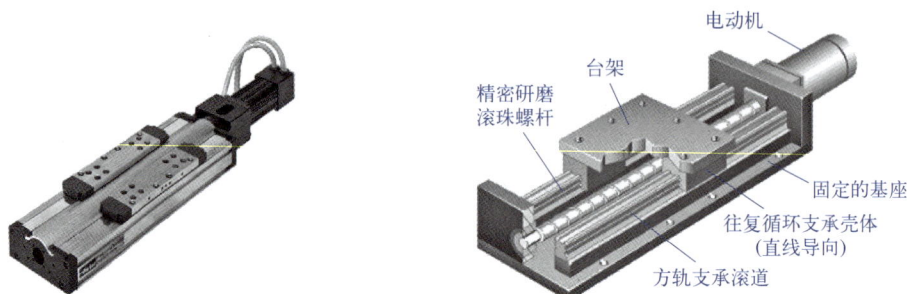

图 3-61　伺服电机＋滚珠丝杠＋滚动导轨的精密直线运动单元（美国 Parker 公司）

该单元结构紧凑（47.3mm×95mm）、能够携带较大负载行至 600mm 的距离，其快速和精确定位能力归因于高强度的挤压成形的腔体、方轨滚珠支承系统和精密研磨的滚珠丝杠传动。如图 3-61 中所示，方形导轨由往复循环式的滚珠支承，直线导轨由几排往复循环的球支承，位于一个方轨或矩形轨道上。支承滚道做成同滚球支承半径大约相同的弧形，这样可以增加滚珠和轨道之间的接触表面，从而增加直线支承的负载能力。此外，该单元采用高精密的交流伺服电机驱动，并采用分辨率为 0.1μm 的光栅编码器作为传感器进行闭环位置控制。表 3-4 给出了该产品的主要性能指标。

表 3-4　某公司生产的直线运动单元（线性工作台）参数

通用特性	精度	标准
双向重复精度 /μm	±1.3	±5.0
工作循环 /%	100	100
最大加速度 /（m/s²）	20	20
垂直负载 /（kg·f）	170	170
轴向负载 /（kg·f）	90	90
传动螺杆效率 /%	90	80
最大启动力矩 /（N·m）	13	18
最大运动转矩 /（N·m）	11	17
直线支撑摩擦系数	0.01	0.01
滚珠丝杠的直径 /mm	16	16

（2）单轴直线运动系统的控制

1）典型的控制方案

对于直线运动单元，一种简单的控制方案是采用开环控制，即根据控制装置发出的一定频率和数量的指令脉冲驱动步进电机，以控制运动滑块的移动量，而对滑块的实际移动量不做检测。其工作原理如图 3-62（a）所示，结构框图如图 3-62（b）所示。在此系统中，输入装置、控制装置、驱动装置和滑块这四个环节输入的变化自然会影响滑块位置即系统的输出。但是，系统的输出并不能反过来影响任一环节的输入，因为这里没有任何反馈回路。这种控制方式简单，问题是，从驱动电路到滑块这整个"传递链"中的任一环的误差均会影响滑块的移动精度或定位精度。

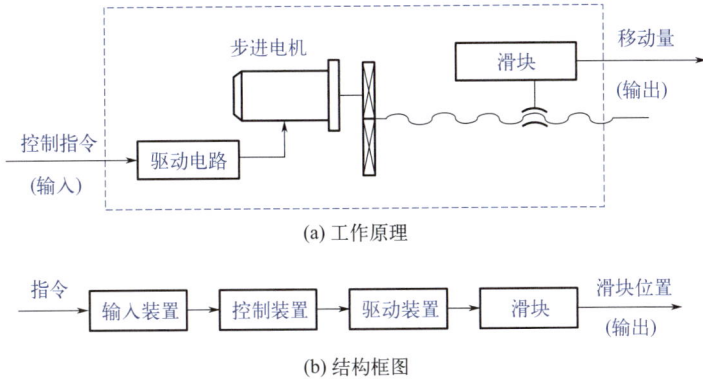

(a) 工作原理

(b) 结构框图

图 3-62 直线运动单元的开环控制系统

为了提高控制精度，可采用图 3-63 所示的反馈控制。其工作原理如图 3-63（a）所示，结构框图如图 3-63（b）所示。检测装置随时测定滑块（或工作台）的实际位置（即其输出信息），然后反馈回输入端，与控制指令做比较；再根据滑块实际位置与目标位置之间比较所得出的误差决定控制动作，达到消除误差的目的。

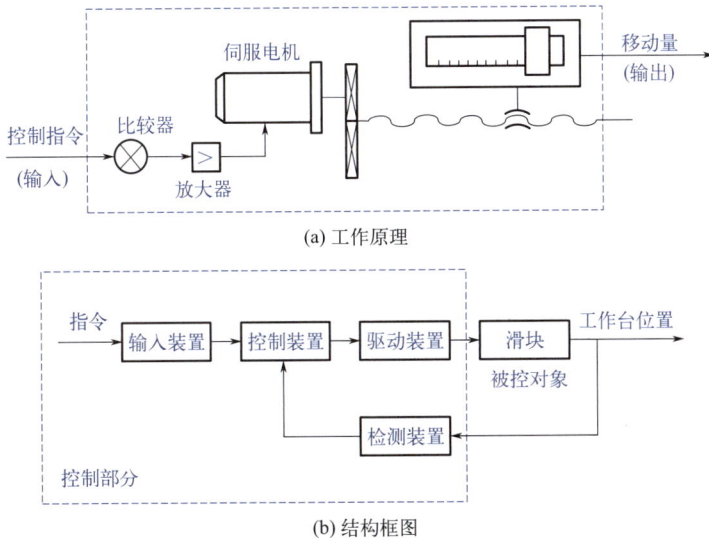

(a) 工作原理

(b) 结构框图

图 3-63 直线运动单元的反馈控制系统

由于直线运动单元作为运动模块广泛地用于对运动精度有较高要求的作业装备中，如数控机床、机器人等，因此更多情况下，采用全闭环控制。图 3-64 为某一直线运动单元全闭环位置控制系统的示意图。其工作原理是：系统发出控制指令，通过给定环节、比较环节与放大环节，驱动伺服电机转动，通过一对齿轮带动滚珠丝杠旋转，丝杠则通过滚珠推动螺母，继而推动与螺母固定的滑块轴向移动。检测装置光栅尺随时测定工作台的实际位置（即输出的信息），然后反馈送回输入端，与控制指令比较，再根据滑块的实际位置与目标位置之间的误差，决定控制动作，达到消除误差的目的。这种全闭环的控制可以达到很高的精度。

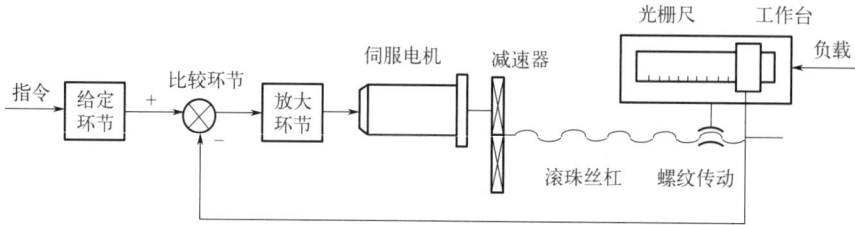

图 3-64   某一典型直线运动单元的全闭环位置控制系统

2）控制模型

图 3-65 是一个简化了的直线运动单元位置控制系统示意图。其中，伺服电机采用电枢控制式直流电机，滑块采用滚珠丝杠传动，而滑块移动采用直线滚动导轨。电动机转子轴上的转动惯量为 I_1 减速器输出轴上的转动惯量为 I_2，减速器的减速比为 n，滚珠丝杠的螺距为 P，滑块的质量为 m。给定环节的传递函数为 K_a，放大环节的传递函数为 K_b，包括检测装置在内的反馈环节的传递函数为 K_c。考虑到采用了滚动轴承、滚珠丝杠和直线滚动导轨，与各运动副相对速度有关的黏性阻尼力矩可忽略不计，同时，由于运动部件的弹性变形非常小，也忽略与运动部件弹性形变相关的弹性力矩。

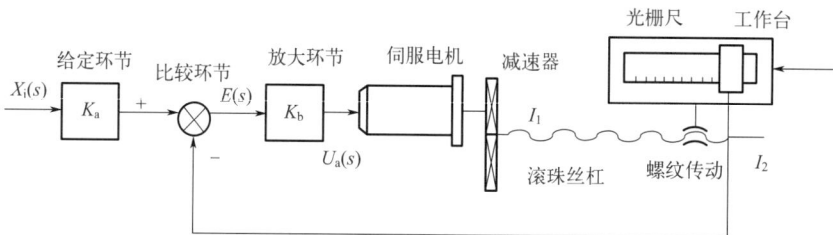

图 3-65   直线运动单元位置控制系统示意图

建立该直线运动单元数学模型的关键，在于建立包含伺服电机、减速器、滚珠丝杠和滑块等部件组合起来的机电系统的数学模型。在之前电枢控制式直流电机的例子中，以电压 u_a 为输入量，以折算到电动机轴上的总负载力矩 τ_L 为扰动量，以直流电机输出轴转速为输出，建立该电机的微分方程，如式（3-4）所示。

图 3-66 给出了其传递函数方框图。考虑到电动机输出轴的转角 θ 是转速 ω 的积分，而工作台的位移 x_0 与电机轴的转角 θ 呈正比，即有 $x_0 = K_1\theta$，式中 $K_1 = \dfrac{P}{2\pi n}$。I 为折算到电动机轴上的总转动惯量。根据能量守恒定理，折算前后系统的总能量保持不变，有

$$\frac{1}{2}I\omega^2 = \frac{1}{2}I_1\omega^2 + \frac{1}{2}I_2\left(\omega\frac{1}{n}\right)^2 + \frac{1}{2}m\left(\omega\frac{P}{2\pi n}\right)^2 \tag{3-77}$$

可得

$$I = I_1 + \frac{I_2}{n^2} + m\left(\frac{P}{2\pi n}\right)^2 \qquad (3\text{-}78)$$

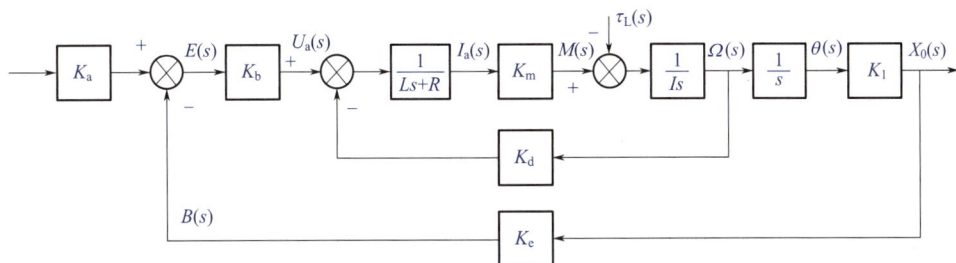

图 3-66　直线运动单元位置控制系统传递函数框图

根据方框图等效变换规则，对图 3-66 进行化简，可以将系统的传递函数方框图简化成图 3-67 所示的形式。

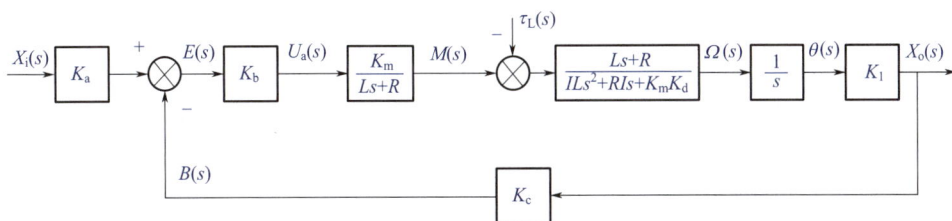

图 3-67　传递函数框图的化简等效

令负载力矩 $\tau_L = 0$，可以得到系统在给定输入 x_i 作用下的传递函数为

$$G_{X_i}(s) = \frac{K_m K_1 K_a K_b}{I L s^3 + I R s^2 + K_d K_m s + K_m K_1 K_b K_c} \qquad (3\text{-}79)$$

令输入 $X_i(s) = 0$，可以得到系统在负载力矩 τ_L 作用下的传递函数为

$$G_{\tau_L}(s) = \frac{-K_1(Ls + R)}{I L s^3 + I R s^2 + K_d K_m s + K_m K_1 K_b K_c} \qquad (3\text{-}80)$$

根据式（3-79）或式（3-80），可知该系统是一个三阶系统。若忽略电枢绕组的电感 L，系统传递函数方框图即为图 3-68。

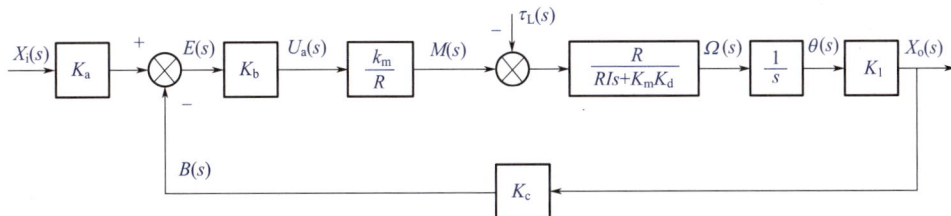

图 3-68　忽略电感的位置控制系统框图

此时不难求出其传递函数。这时，系统可以近似看成一个二阶系统，取 $K_a = K_c$，即有

$$G_{X_i}(s) = \frac{K_m K_1 K_a K_b}{IRs^2 + K_d K_m s + K_m K_1 K_b K_c} = \frac{\dfrac{K_m K_1 K_c K_b}{IR}}{s^2 + \dfrac{K_d K_m}{IR}s + \dfrac{K_m K_1 K_b K_c}{IR}} = \frac{\omega_n^2}{s^2 + 2\xi\omega_n s + \omega_n^2} \quad (3\text{-}81)$$

$$G_{\tau_L}(s) = \frac{-K_1 R}{IRs^2 + K_d K_m s + K_m K_1 K_b K_c} = -\frac{K_1 / I}{s^2 + \dfrac{K_d K_m}{IR}s + \dfrac{K_m K_1 K_b K_c}{IR}} \quad (3\text{-}82)$$

$$= -\frac{R}{K_m K_c K_b} \times \frac{\omega_n^2}{s^2 + 2\xi\omega_n s + \omega_n^2}$$

式中，$\omega_n = \sqrt{\dfrac{K_m K_1 K_c K_b}{IR}}$，$\xi = \dfrac{K_d}{2}\sqrt{\dfrac{K_m}{IRK_1 K_c K_b}}$。

3）时域特性分析

现在来分析采用不同的系统参数时，系统的瞬态性能指标和稳态性能指标如何变化。

在设计直线运动单元时，一般是先根据系统负载、位置精度、速度和加速度等方面的要求，初步选定伺服电机、传动装置及测量装置；然后根据系统稳定性、响应快速性和响应准确性等方面的要求，设计控制器。因此，在分析系统的时域性能指标时，与电机有关的参数、与传动部件有关的参数一般是确定的。为方便计算，假设经过初步设计，确定系统方框图如图 3-69 所示。

现在用 MATLAB 来分析放大器的放大系数下，取不同值时系统的性能如何变化。

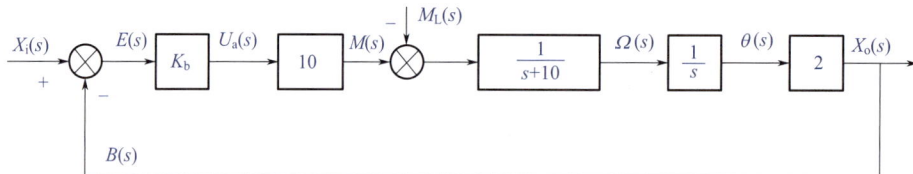

图 3-69　系统传递函数框图

图 3-70 所示 K_b 分别为 5、10 和 40 时，系统在单位阶跃输入作用下的响应曲线；图 3-71 所示为系统在单位阶跃干扰作用下的响应曲线。可以看出，当 K_b 增大时，系统的上升时间、峰值时间和调整时间逐渐减少，对单位阶跃干扰的响应最大值（绝对值）减小，而系统的超调量逐渐增大。这也说明了二阶系统的性能指标之间存在一定的矛盾。

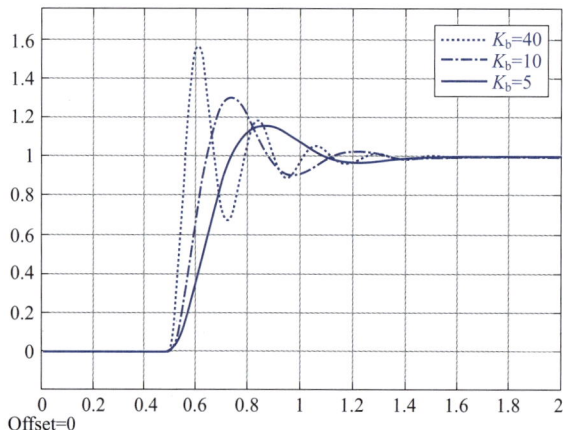

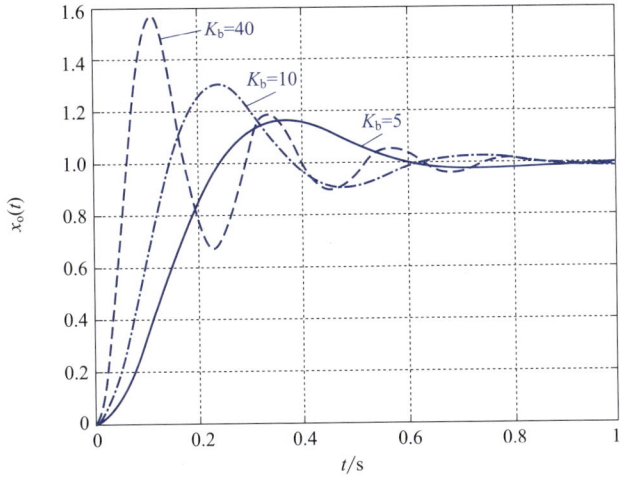

图 3-70　单位阶跃作用下的响应曲线

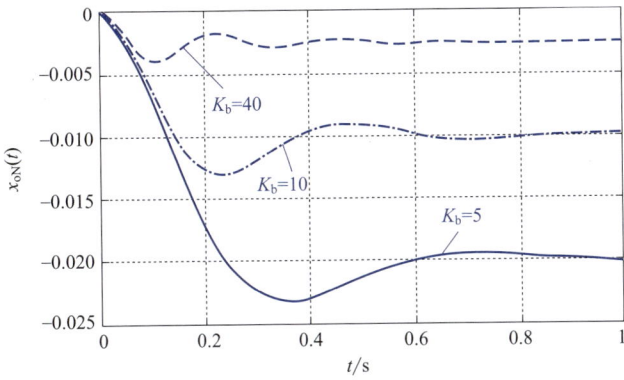

图 3-71　单位阶跃干扰作用下的响应曲线

在二阶系统中，引入适当的速度负反馈，可以使系统保持较高的响应速度，同时又能大大降低其最大超调量。在图 3-69 所示的系统中，将电机转速引入系统的输入端，形成如图 3-72 所示的具有速度负反馈的系统。当 K_b 分别为 0.02、0.05 和 0.08 时，系统在单位阶跃输入作用下的响应曲线如图 3-73 所示；系统在单位阶跃干扰作用下的响应曲线如 3-74 所示。可以看出，增大 K_b 值有利于减小系统的最大超调量。

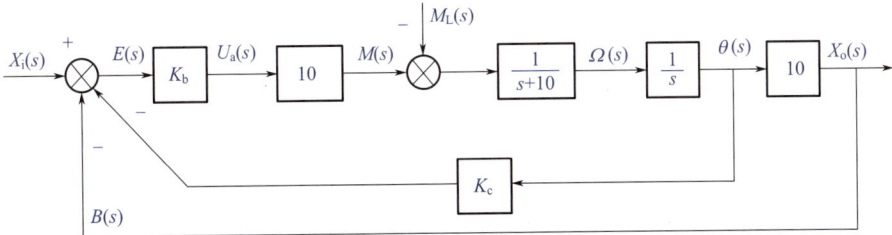

图 3-72　具有速度负反馈系统的传递函数框图

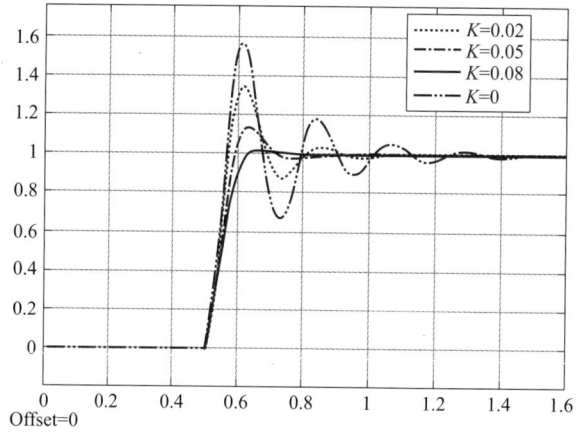

Offset=0

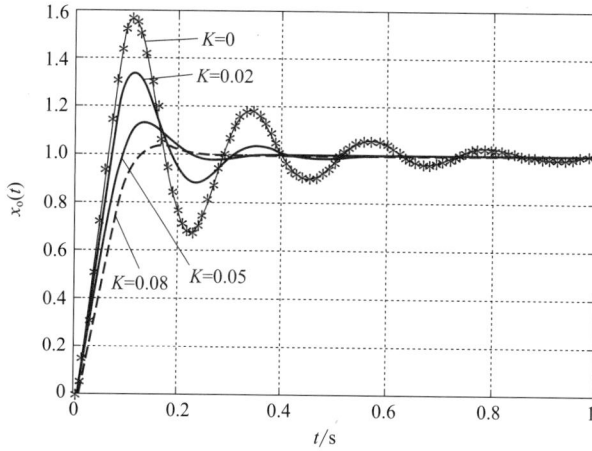

图 3-73　单位阶跃作用下的响应曲线

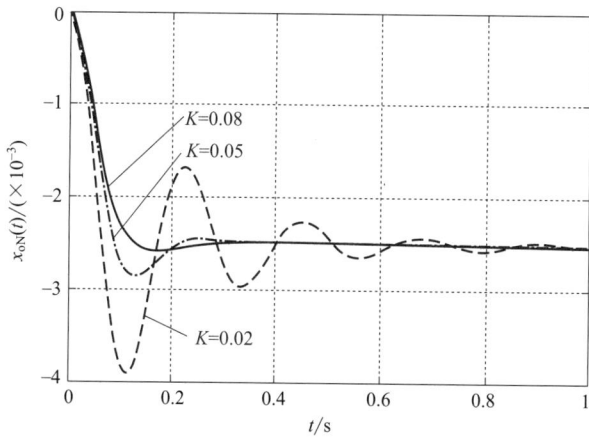

图 3-74　单位阶跃干扰作用下的响应曲线

习题

3-1 图 3-75 所示为一种用于机器人手臂的减速器，1 为输入，转速为 n_1，双联齿轮 4 为输出。已知各齿轮齿数为：$z_1=20$，$z_2=40$，$z_3=72$，$z_4=70$。试求：（1）分析内齿轮 3 的运动（是否存在自转角速度？）；（2）计算内齿轮 3 的公转角速度；（3）计算减速器的转速比 i_{14}。

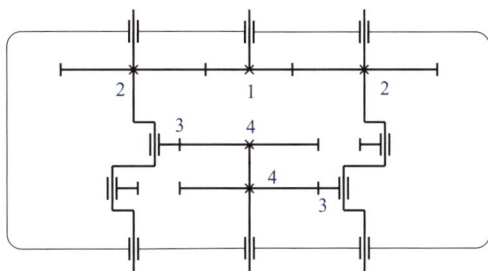

图 3-75 机器人减速器

3-2 图 3-76 所示为一种 RV 减速器，齿轮 1 为主动件，两个从动轮 2 各固连一个曲拐，两曲拐的偏心距及偏移方向相同。曲拐偏心端插入内齿轮 3 的孔中，在该传动装置运行时，轮 3 作平动。求该传动装置的自由度及传动比 i_{14}（假设各齿轮齿数已知）。

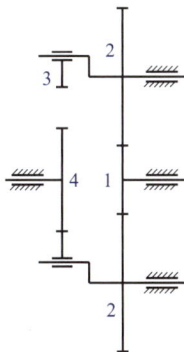

图 3-76 机器人 RV 减速器

3-3 表 3-5 给出了两种直流电机的性能指标，分别计算这两种电机的电气时间常数，并与机械时间常数进行对比。

表 3-5 两种直流电机的特性参数

额定值	单位	1# 电机	2# 电机
额定电压	V	12	12
空载转速	r/min	8130	6400
空载电流	mA	320	182
额定转速	r/min	7610	5558

续表

额定值	单位	1# 电机	2# 电机
额定转矩（最大连续转矩）	mN · m	77.7	96.6
额定电流（最大连续负载电流）	A	6	5.6
堵转转矩	mN · m	2080	734
堵转电流	A	152	41
最大效率	%	86	87
相间电阻	Ω	0.0788	0.29
相间电感	mH	0.026	0.036
转矩常数	mN · m/A	13.7	17.8
转速常数	r/（min · V）	699	536
转速 / 转矩斜率	r/（min · mN · m）	4.04	8.7
机械时间常数	ms	4.21	9.6
转子惯量	g · cm^2	99.5	105.3

3-4 当直流电机工作于力矩模式且采用位置 P 控制器和速度 PI 控制器时，试推导系统对阶跃输入和斜坡输入的稳态误差。

3-5 对于图 3-31 中工作于竖直平面的单自由度旋转关节机器人，机器人及电机参数如表 3-2 所示，希望机器人匀速运动，试为电机选择减速器，要求根据机器人关节力矩粗选减速比，然后进行惯量匹配校核。

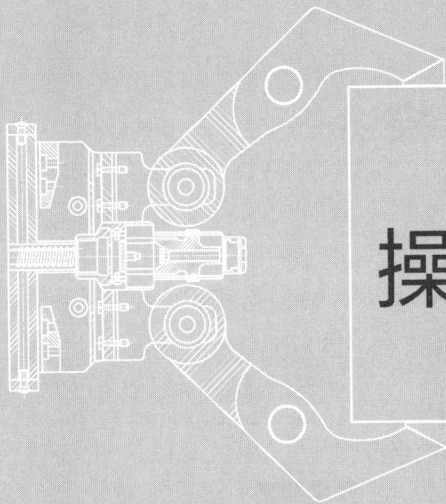

第 4 章

操作臂的位姿
描述与变换

　　刚体运动学是研究机器人结构学与运动学的基础，其核心在于描述刚体的位姿（位置和姿态的统称），杆件之间或杆与操作对象之间的相对运动等。

　　本章首先介绍如何表示一个操作臂末端的位姿，它是描述操作臂各点位置的重要指标。其次讨论如何通过数学来描述三维空间中的刚体运动，其中，一种方便的做法是将参考坐标系附着在刚体上，并建立起一种当刚体运动时，可以定量描述该参考坐标系位置与姿态的方法。如在姿态（或刚体转动）描述中常用的有旋转矩阵、欧拉角、R-P-Y 角等，以及它们之间的相互映射关系。一般刚体运动则通过齐次坐标变换来实现。

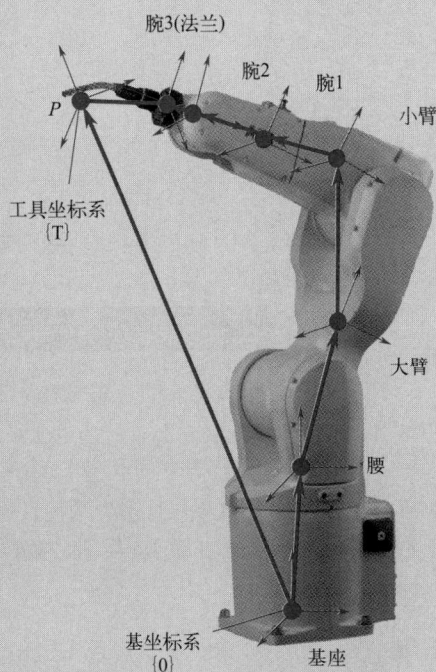

4.1 操作臂的位姿描述

（1）参考坐标系

操作臂的位姿描述与**运动学**（kinematics）研究中，都离不开坐标系，本书用符号 { } 表示坐标系。

为描述操作臂（通常是指末端执行器）的位姿［图 4-1（a）］，至少需要有两个参考坐标系：一个与地（或机架）相固连的**参考坐标系**（reference coordinate frame），即常说的**固定坐标系**（fixed coordinate frame），也称**惯性坐标系**（inertial coordinate frame）。通常将惯性坐标系选在机器人的基座处，因此该坐标系也称为**基坐标系**（base frame）。

还有一类是与末端执行器或机器人各杆固连且随之一起运动的坐标系[1]，这里称之为**相对坐标系**（relative coordinate frame），也称**物体坐标系**（body coordinate frame）。通常情况下，物体坐标系的原点选在机器人各杆或末端执行器的重要标志点处，如 TCP 处。

操作臂的位姿可在不同的坐标系中进行描述。如果在坐标系 $\{A\}$ 中描述位姿，则称 $\{A\}$ 为**描述坐标系**。例如图 4-1（b）中，$\{B\}$ 为物体坐标系，$\{A\}$ 为假定的固定坐标系，当 $\{B\}$ 的坐标原点向量 p 或坐标轴向量 $\hat{x}_B$ 在 $\{A\}$ 中描述时，就称 $\{A\}$ 为向量 p 或向量 $\hat{x}_B$ 的描述坐标系，用完整的符号表示，分别为 $^A p$ 和 $^A \hat{x}_B$。

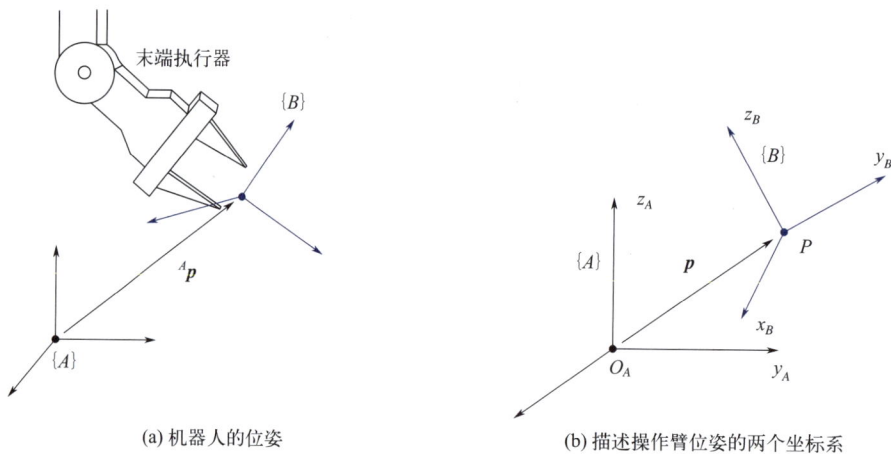

| (a) 机器人的位姿 | (b) 描述操作臂位姿的两个坐标系 |

图 4-1　用于描述操作臂位姿的两个坐标系定义

> 🤖 **小知识**　**工业机器人中的特殊坐标系命名**
>
> 在传统工业机器人中，总要命名一些具有特殊含义的坐标系，如图 4-2 所示。具体说明如下：
>
> 基坐标系 {0}：与机器人基座固连的坐标系。
>
> 世界坐标系 {U}：当描述两台及以上机器人的相对位姿时，定义一个共同的固定参考坐标系更为方便些。该坐标系即为世界坐标系。对于单台机器人，世界坐标系与基坐标系一般是重合的。

---

[1] 相对坐标系本身并不是动坐标系，而是与运动刚体随动，每一瞬时相对固定坐标系都是静止的。千万不要与理论力学中所学的非惯性运动坐标系相混淆。

腕部坐标系 {W}：与机器人末端杆固连，原点位于手腕中心（法兰盘中心）位置。

工具坐标系 {T}：与机器人末端工具固连，通常根据腕部坐标系来确定。

任务坐标系 {S}：与机器人执行的任务相关，一般位于工作台上，又称为工作台坐标系。

目标坐标系 {G}：用于描述机器人执行任务结束时的工具位姿，相对于工作台坐标系来定义。

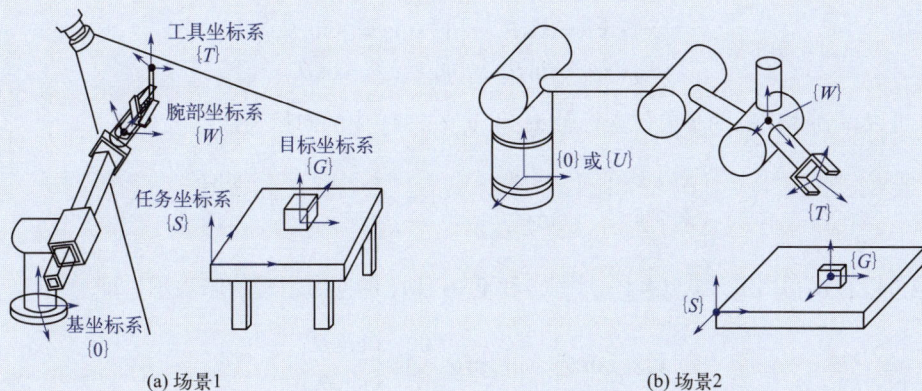

(a) 场景1　　　　　　　　　　(b) 场景2

图 4-2　工业机器人中的特殊坐标系

（2）平面位姿描述

为了更容易地理解空间位姿描述，不妨先从平面位姿描述入手。

如图 4-3 所示，为描述图中平面某一物体的位姿，只需要给出物体坐标系 {B} 相对于描述坐标系 {A} 的位置和姿态。

{B} 的位置可以用其坐标系原点 P 在 {A} 中的描述来表示，即

$$^A\boldsymbol{p}_{BORG} = p_x\hat{\boldsymbol{x}}_A + p_y\hat{\boldsymbol{y}}_A \tag{4-1}$$

式中，$^A\boldsymbol{p}_{BORG}$ 为 {B} 的原点 P 在 {A} 中的表示。写成列向量的形式，即

$$^A\boldsymbol{p}_{BORG} = \begin{pmatrix} p_x \\ p_y \end{pmatrix} \tag{4-2}$$

描述 {B} 相对 {A} 的姿态的最简单方法是给出两坐标系相应坐标轴间的转角即姿态角 θ，如图 4-4 所示。不过，还可采用另外一种方法：给出 {B} 的两个单位坐标轴在 {A} 中的向量表达式，即 {B} 的单位坐标轴在 {A} 单位坐标轴上的投影，如图 4-4 所示。

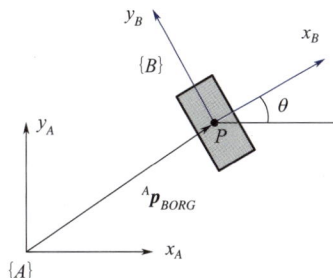

图 4-3　平面刚体的位姿描述

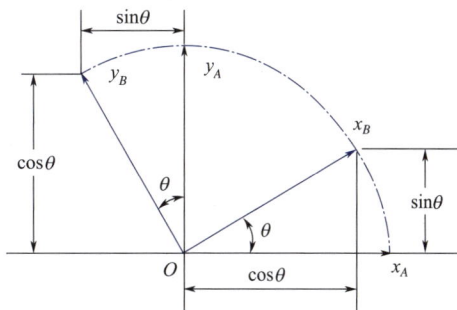

图 4-4　相对坐标系 {B} 的两个单位坐标轴相对固定坐标系 {A} 的姿态描述

注意，一个单位向量（用 $\hat{\boldsymbol{x}}'$ 表示）在某一坐标轴（如 x 轴）上的投影可以表示成这两个单位向量的内积形式，即

$$\hat{\boldsymbol{x}}' \cdot \hat{\boldsymbol{x}} = \left|\hat{\boldsymbol{x}}'\right| \hat{\boldsymbol{x}} \cos\theta = \cos\theta = \cos(\hat{\boldsymbol{x}}' \cdot \hat{\boldsymbol{x}}) \tag{4-3}$$

式中，θ 为 $\hat{\boldsymbol{x}}'$ 与 x 轴之间的夹角。

因此，由式（4-3）可知，$\hat{\boldsymbol{x}}_B$ 和 $\hat{\boldsymbol{y}}_B$ 在 $\{A\}$ 的两个坐标轴上的投影分别为

$$\begin{cases} \hat{\boldsymbol{x}}_B \cdot \hat{\boldsymbol{x}}_A = \cos\theta \\ \hat{\boldsymbol{x}}_B \cdot \hat{\boldsymbol{y}}_A = \sin\theta \end{cases}, \quad \begin{cases} \hat{\boldsymbol{y}}_B \cdot \hat{\boldsymbol{x}}_A = -\sin\theta \\ \hat{\boldsymbol{y}}_B \cdot \hat{\boldsymbol{y}}_A = \cos\theta \end{cases} \tag{4-4}$$

由此，可以得到 $\{B\}$ 的两个单位坐标轴 $\hat{\boldsymbol{x}}_B$ 和 $\hat{\boldsymbol{y}}_B$ 在 $\{A\}$ 中的向量表达：

$$^A\hat{\boldsymbol{x}}_B = \begin{pmatrix} \hat{\boldsymbol{x}}_B \cdot \hat{\boldsymbol{x}}_A \\ \hat{\boldsymbol{x}}_B \cdot \hat{\boldsymbol{y}}_A \end{pmatrix} = \begin{pmatrix} \cos\theta \\ \sin\theta \end{pmatrix}, \quad ^A\hat{\boldsymbol{y}}_B = \begin{pmatrix} \hat{\boldsymbol{y}}_B \cdot \hat{\boldsymbol{x}}_A \\ \hat{\boldsymbol{y}}_B \cdot \hat{\boldsymbol{y}}_A \end{pmatrix} = \begin{pmatrix} -\sin\theta \\ \cos\theta \end{pmatrix} \tag{4-5}$$

也可以直接利用定义式（4-1），用 $\hat{\boldsymbol{x}}_B$ 和 $\hat{\boldsymbol{y}}_B$ 在 $\{A\}$ 的向量坐标值来表示，即

$$^A\hat{\boldsymbol{x}}_B = \cos\theta \begin{pmatrix} 1 \\ 0 \end{pmatrix} + \sin\theta \begin{pmatrix} 0 \\ 1 \end{pmatrix} = \begin{pmatrix} \cos\theta \\ \sin\theta \end{pmatrix}$$

$$^A\hat{\boldsymbol{y}}_B = -\sin\theta \begin{pmatrix} 1 \\ 0 \end{pmatrix} + \cos\theta \begin{pmatrix} 0 \\ 1 \end{pmatrix} = \begin{pmatrix} -\sin\theta \\ \cos\theta \end{pmatrix} \tag{4-6}$$

将式（4-5）或式（4-6）中的两个列向量合并为一个 2×2 阶矩阵，可得

$$^A_B\boldsymbol{R} = \begin{pmatrix} ^A\hat{\boldsymbol{x}}_B & ^A\hat{\boldsymbol{y}}_B \end{pmatrix} = \begin{pmatrix} \cos\theta & -\sin\theta \\ \sin\theta & \cos\theta \end{pmatrix} \tag{4-7}$$

式中，矩阵 $^A_B\boldsymbol{R}$ 被称为**姿态矩阵**（orientation matrix）。

尽管 $^A_B\boldsymbol{R}$ 中有 4 个元素，但存在 3 个约束方程：$^A_B\boldsymbol{R}$ 的每列为单位向量，且两个列向量相互正交。这样只剩下一个独立的参数 θ。因此 $^A_B\boldsymbol{R}$ 也可清晰地表示 $\{B\}$ 相对于 $\{A\}$ 的姿态。注意该符号的上下标表示：左下标表示物体坐标系，左上标表示描述坐标系。

将式（4-2）和式（4-7）合并，组成一个**齐次矩阵**（homogeneous matrix），它可以完整地描述平面刚体的位姿：

$$^A_B\boldsymbol{T} = \begin{pmatrix} ^A_B\boldsymbol{R} & ^A\boldsymbol{p}_{BORG} \\ \boldsymbol{0} & 1 \end{pmatrix} = \begin{pmatrix} \cos\theta & -\sin\theta & p_x \\ \sin\theta & \cos\theta & p_y \\ 0 & 0 & 1 \end{pmatrix} \tag{4-8}$$

式中，矩阵 $^A_B\boldsymbol{T}$ 被称为平面刚体的**位姿矩阵**（pose matrix）。

更一般性地，机器人各杆件和末端执行器均可视为空间物体。因此，在平面位姿描述的基础上，再讨论如何实现对一般空间物体的位姿描述。

（3）空间位置描述

对于图 4-5 所示的空间中一点 P，可以在坐标系 $\{A\}$ 中用列向量 $^A\boldsymbol{p}$ 描述其位置：

$$^A\boldsymbol{p} = \begin{pmatrix} ^Ap_x \\ ^Ap_y \\ ^Ap_z \end{pmatrix} \tag{4-9}$$

如图 4-5 所示，$^A\boldsymbol{p}$ 三个分量的几何意义为该点在 $\{A\}$ 三个单位坐标轴上的投影，投影值等于向量与坐标轴向量的点积：

$$\begin{cases} ^Ap_x = {}^A\boldsymbol{p} \cdot \hat{\boldsymbol{x}}_A \\ ^Ap_y = {}^A\boldsymbol{p} \cdot \hat{\boldsymbol{y}}_A \\ ^Ap_z = {}^A\boldsymbol{p} \cdot \hat{\boldsymbol{z}}_A \end{cases} \tag{4-10}$$

式中

$$\hat{\boldsymbol{x}}_A = \begin{pmatrix} 1 \\ 0 \\ 0 \end{pmatrix}, \quad \hat{\boldsymbol{y}}_A = \begin{pmatrix} 0 \\ 1 \\ 0 \end{pmatrix}, \quad \hat{\boldsymbol{z}}_A = \begin{pmatrix} 0 \\ 0 \\ 1 \end{pmatrix}$$

由此可知，**向量与某坐标系各坐标轴单位向量的点积，可以得到向量在该坐标系中的描述**。类似地，如果希望在坐标系 $\{B\}$ 中描述同一个空间点 P 的位置，则用向量 $^B\boldsymbol{p}$ 表示，即

$$^B\boldsymbol{p} = \begin{pmatrix} ^Bp_x \\ ^Bp_y \\ ^Bp_z \end{pmatrix} \tag{4-11}$$

同样，$^B\boldsymbol{p}$ 三个分量的几何意义为该点在物体坐标系 $\{B\}$ 的三个单位坐标轴上的投影，投影值为 $^B\boldsymbol{p}$ 与 $\{B\}$ 三个坐标轴向量的点积：

$$\begin{cases} ^Bp_x = {}^B\boldsymbol{p} \cdot \hat{\boldsymbol{x}}_B \\ ^Bp_y = {}^B\boldsymbol{p} \cdot \hat{\boldsymbol{y}}_B \\ ^Bp_z = {}^B\boldsymbol{p} \cdot \hat{\boldsymbol{z}}_B \end{cases} \tag{4-12}$$

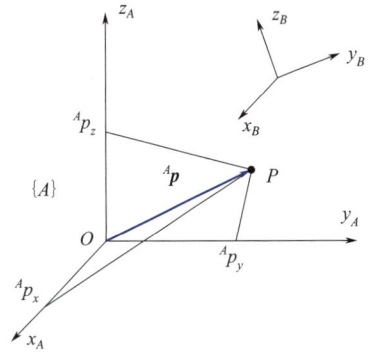

图 4-5　空间点的位置表示

式中

$$\hat{\boldsymbol{x}}_B = \begin{pmatrix} 1 \\ 0 \\ 0 \end{pmatrix}, \quad \hat{\boldsymbol{y}}_B = \begin{pmatrix} 0 \\ 1 \\ 0 \end{pmatrix}, \quad \hat{\boldsymbol{z}}_B = \begin{pmatrix} 0 \\ 0 \\ 1 \end{pmatrix}$$

显然，如果坐标系 $\{A\}$ 与 $\{B\}$ 的坐标原点不重合，则 $^A\boldsymbol{p} \neq {}^B\boldsymbol{p}$。

（4）空间姿态描述

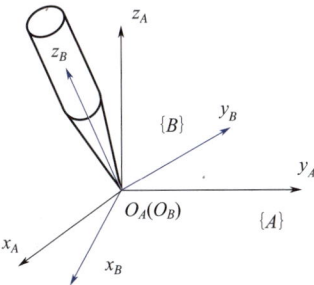

图 4-6　姿态矩阵

如图 4-6 所示，假设机器人的两个构件各自定义了与之固连的物体坐标系 $\{A\}$ 和 $\{B\}$，则描述两个构件相对姿态的一种简单方法就是：给出 $\{B\}$ 的 3 个单位坐标轴在 $\{A\}$ 的 3 个单位坐标轴上的投影，并写成姿态矩阵 $_B^A\boldsymbol{R}$ 的形式。由于姿态与坐标系原点位置无关，因此为简化问题，首先考虑 $\{A\}$、$\{B\}$ **原点重合**的情况。

与平面刚体相对位姿的情况类似，$\{B\}$ 中的 3 个单位坐标轴向量在 $\{A\}$ 中的描述可分别表示为 $^A\hat{\boldsymbol{x}}_B$、$^A\hat{\boldsymbol{y}}_B$、$^A\hat{\boldsymbol{z}}_B$。把它们合并成矩阵的形式：

$$_B^A\boldsymbol{R} = \begin{pmatrix} ^A\hat{\boldsymbol{x}}_B & ^A\hat{\boldsymbol{y}}_B & ^A\hat{\boldsymbol{z}}_B \end{pmatrix}_{3\times3} = \begin{pmatrix} r_{11} & r_{12} & r_{13} \\ r_{21} & r_{22} & r_{23} \\ r_{31} & r_{32} & r_{33} \end{pmatrix} \tag{4-13}$$

式中，$_B^A\boldsymbol{R}$ 就是 $\{B\}$ 相对于 $\{A\}$ 的**姿态矩阵**；r_{ij} $(i, j = 1, 2, 3)$ 为姿态矩阵中的各组成元素。

采用与前面平面姿态描述类似的思想，可以把 $\{B\}$ 的单位坐标轴向量 $\hat{\boldsymbol{x}}_B$ 看作是一个特殊向量，其在 $\{A\}$ 中的描述可写成该向量在 $\{A\}$ 三个单位坐标轴上的投影：

$$^A\hat{\boldsymbol{x}}_B = \begin{pmatrix} \hat{\boldsymbol{x}}_B \cdot \hat{\boldsymbol{x}}_A \\ \hat{\boldsymbol{x}}_B \cdot \hat{\boldsymbol{y}}_A \\ \hat{\boldsymbol{x}}_B \cdot \hat{\boldsymbol{z}}_A \end{pmatrix} \tag{4-14}$$

类似地，$\{B\}$ 的其他两个单位坐标轴向量 $\hat{\boldsymbol{y}}_B$、$\hat{\boldsymbol{z}}_B$ 在 $\{A\}$ 中的描述为

$$^A\hat{\boldsymbol{y}}_B = \begin{pmatrix} \hat{\boldsymbol{y}}_B \cdot \hat{\boldsymbol{x}}_A \\ \hat{\boldsymbol{y}}_B \cdot \hat{\boldsymbol{y}}_A \\ \hat{\boldsymbol{y}}_B \cdot \hat{\boldsymbol{z}}_A \end{pmatrix} \tag{4-15}$$

$$^A\hat{\boldsymbol{z}}_B = \begin{pmatrix} \hat{\boldsymbol{z}}_B \cdot \hat{\boldsymbol{x}}_A \\ \hat{\boldsymbol{z}}_B \cdot \hat{\boldsymbol{y}}_A \\ \hat{\boldsymbol{z}}_B \cdot \hat{\boldsymbol{z}}_A \end{pmatrix} \tag{4-16}$$

合并式（4-14）～式（4-16），可得：

$$\begin{pmatrix} ^A\hat{\boldsymbol{x}}_B & ^A\hat{\boldsymbol{y}}_B & ^A\hat{\boldsymbol{z}}_B \end{pmatrix} = \begin{pmatrix} \hat{\boldsymbol{x}}_B \cdot \hat{\boldsymbol{x}}_A & \hat{\boldsymbol{y}}_B \cdot \hat{\boldsymbol{x}}_A & \hat{\boldsymbol{z}}_B \cdot \hat{\boldsymbol{x}}_A \\ \hat{\boldsymbol{x}}_B \cdot \hat{\boldsymbol{y}}_A & \hat{\boldsymbol{y}}_B \cdot \hat{\boldsymbol{y}}_A & \hat{\boldsymbol{z}}_B \cdot \hat{\boldsymbol{y}}_A \\ \hat{\boldsymbol{x}}_B \cdot \hat{\boldsymbol{z}}_A & \hat{\boldsymbol{y}}_B \cdot \hat{\boldsymbol{z}}_A & \hat{\boldsymbol{z}}_B \cdot \hat{\boldsymbol{z}}_A \end{pmatrix} \tag{4-17}$$

注意，对于单位向量，满足式（4-3），即 $\hat{\boldsymbol{x}}' \cdot \hat{\boldsymbol{x}} = \cos(\hat{\boldsymbol{x}}', \hat{\boldsymbol{x}})$，因此有

$$\begin{pmatrix} \hat{\boldsymbol{x}}_B \cdot \hat{\boldsymbol{x}}_A & \hat{\boldsymbol{y}}_B \cdot \hat{\boldsymbol{x}}_A & \hat{\boldsymbol{z}}_B \cdot \hat{\boldsymbol{x}}_A \\ \hat{\boldsymbol{x}}_B \cdot \hat{\boldsymbol{y}}_A & \hat{\boldsymbol{y}}_B \cdot \hat{\boldsymbol{y}}_A & \hat{\boldsymbol{z}}_B \cdot \hat{\boldsymbol{y}}_A \\ \hat{\boldsymbol{x}}_B \cdot \hat{\boldsymbol{z}}_A & \hat{\boldsymbol{y}}_B \cdot \hat{\boldsymbol{z}}_A & \hat{\boldsymbol{z}}_B \cdot \hat{\boldsymbol{z}}_A \end{pmatrix} = \begin{pmatrix} \cos(\hat{\boldsymbol{x}}_B \cdot \hat{\boldsymbol{x}}_A) & \cos(\hat{\boldsymbol{y}}_B \cdot \hat{\boldsymbol{x}}_A) & \cos(\hat{\boldsymbol{z}}_B \cdot \hat{\boldsymbol{x}}_A) \\ \cos(\hat{\boldsymbol{x}}_B \cdot \hat{\boldsymbol{y}}_A) & \cos(\hat{\boldsymbol{y}}_B \cdot \hat{\boldsymbol{y}}_A) & \cos(\hat{\boldsymbol{z}}_B \cdot \hat{\boldsymbol{y}}_A) \\ \cos(\hat{\boldsymbol{x}}_B \cdot \hat{\boldsymbol{z}}_A) & \cos(\hat{\boldsymbol{y}}_B \cdot \hat{\boldsymbol{z}}_A) & \cos(\hat{\boldsymbol{z}}_B \cdot \hat{\boldsymbol{z}}_A) \end{pmatrix} \tag{4-18}$$

结合式（4-13），可得

$$_B^A\boldsymbol{R} = \begin{pmatrix} r_{11} & r_{12} & r_{13} \\ r_{21} & r_{22} & r_{23} \\ r_{31} & r_{32} & r_{33} \end{pmatrix} = \begin{pmatrix} \cos(\hat{\boldsymbol{x}}_B \cdot \hat{\boldsymbol{x}}_A) & \cos(\hat{\boldsymbol{y}}_B \cdot \hat{\boldsymbol{x}}_A) & \cos(\hat{\boldsymbol{z}}_B \cdot \hat{\boldsymbol{x}}_A) \\ \cos(\hat{\boldsymbol{x}}_B \cdot \hat{\boldsymbol{y}}_A) & \cos(\hat{\boldsymbol{y}}_B \cdot \hat{\boldsymbol{y}}_A) & \cos(\hat{\boldsymbol{z}}_B \cdot \hat{\boldsymbol{y}}_A) \\ \cos(\hat{\boldsymbol{x}}_B \cdot \hat{\boldsymbol{z}}_A) & \cos(\hat{\boldsymbol{y}}_B \cdot \hat{\boldsymbol{z}}_A) & \cos(\hat{\boldsymbol{z}}_B \cdot \hat{\boldsymbol{z}}_A) \end{pmatrix} \tag{4-19}$$

由式（4-19）可以看出，$_B^A\boldsymbol{R}$ 中各元素均是 $\{A\}$、$\{B\}$ 两系各坐标轴夹角的余弦，因此姿态矩阵 $_B^A\boldsymbol{R}$ 又称为**方向余弦矩阵**（direction cosine matrix）。

类似地，$\{A\}$ 的三个单位坐标轴在 $\{B\}$ 中的坐标就是其在 $\{B\}$ 三个坐标轴上的投影，由此可以得到

$$_A^B\boldsymbol{R} = \begin{pmatrix} ^B\hat{\boldsymbol{x}}_A & ^B\hat{\boldsymbol{y}}_A & ^B\hat{\boldsymbol{z}}_A \end{pmatrix} = \begin{pmatrix} \cos(\hat{\boldsymbol{x}}_A \cdot \hat{\boldsymbol{x}}_B) & \cos(\hat{\boldsymbol{y}}_A \cdot \hat{\boldsymbol{x}}_B) & \cos(\hat{\boldsymbol{z}}_A \cdot \hat{\boldsymbol{x}}_B) \\ \cos(\hat{\boldsymbol{x}}_A \cdot \hat{\boldsymbol{y}}_B) & \cos(\hat{\boldsymbol{y}}_A \cdot \hat{\boldsymbol{y}}_B) & \cos(\hat{\boldsymbol{z}}_A \cdot \hat{\boldsymbol{y}}_B) \\ \cos(\hat{\boldsymbol{x}}_A \cdot \hat{\boldsymbol{z}}_B) & \cos(\hat{\boldsymbol{y}}_A \cdot \hat{\boldsymbol{z}}_B) & \cos(\hat{\boldsymbol{z}}_A \cdot \hat{\boldsymbol{z}}_B) \end{pmatrix} \tag{4-20}$$

而 $_B^A\boldsymbol{R}$ 的转置可以写成

$$_B^A\boldsymbol{R}^{\mathrm{T}} = \begin{pmatrix} \cos(\hat{\boldsymbol{x}}_B \cdot \hat{\boldsymbol{x}}_A) & \cos(\hat{\boldsymbol{x}}_B \cdot \hat{\boldsymbol{y}}_A) & \cos(\hat{\boldsymbol{x}}_B \cdot \hat{\boldsymbol{z}}_A) \\ \cos(\hat{\boldsymbol{y}}_B \cdot \hat{\boldsymbol{x}}_A) & \cos(\hat{\boldsymbol{y}}_B \cdot \hat{\boldsymbol{y}}_A) & \cos(\hat{\boldsymbol{y}}_B \cdot \hat{\boldsymbol{z}}_A) \\ \cos(\hat{\boldsymbol{z}}_B \cdot \hat{\boldsymbol{x}}_A) & \cos(\hat{\boldsymbol{z}}_B \cdot \hat{\boldsymbol{y}}_A) & \cos(\hat{\boldsymbol{z}}_B \cdot \hat{\boldsymbol{z}}_A) \end{pmatrix}$$

$$= \begin{pmatrix} \cos(\hat{\pmb{x}}_A \cdot \hat{\pmb{x}}_B) & \cos(\hat{\pmb{y}}_A \cdot \hat{\pmb{x}}_B) & \cos(\hat{\pmb{z}}_A \cdot \hat{\pmb{x}}_B) \\ \cos(\hat{\pmb{x}}_A \cdot \hat{\pmb{y}}_B) & \cos(\hat{\pmb{y}}_A \cdot \hat{\pmb{y}}_B) & \cos(\hat{\pmb{z}}_A \cdot \hat{\pmb{y}}_B) \\ \cos(\hat{\pmb{x}}_A \cdot \hat{\pmb{z}}_B) & \cos(\hat{\pmb{y}}_A \cdot \hat{\pmb{z}}_B) & \cos(\hat{\pmb{z}}_A \cdot \hat{\pmb{z}}_B) \end{pmatrix} \tag{4-21}$$

对比式（4-20）与式（4-21），可以得到

$${}^{B}_{A}\pmb{R} = {}^{A}_{B}\pmb{R}^{\mathrm{T}} \tag{4-22}$$

上式表明，${}^{B}_{A}\pmb{R}$ 的行向量，就是 $\{B\}$ 坐标轴的三个单位向量在 $\{A\}$ 的表达，即

$${}^{B}_{A}\pmb{R} = {}^{A}_{B}\pmb{R}^{\mathrm{T}} = \begin{pmatrix} {}^{A}\hat{\pmb{x}}^{\mathrm{T}}_B \\ {}^{A}\hat{\pmb{y}}^{\mathrm{T}}_B \\ {}^{A}\hat{\pmb{z}}^{\mathrm{T}}_B \end{pmatrix} \tag{4-23}$$

将矩阵式（4-23）与矩阵式（4-19）相乘，可以导出

$${}^{B}_{A}\pmb{R}\,{}^{A}_{B}\pmb{R} = {}^{A}_{B}\pmb{R}^{\mathrm{T}}\,{}^{A}_{B}\pmb{R} = \begin{pmatrix} {}^{A}\hat{\pmb{x}}^{\mathrm{T}}_B \\ {}^{A}\hat{\pmb{y}}^{\mathrm{T}}_B \\ {}^{A}\hat{\pmb{z}}^{\mathrm{T}}_B \end{pmatrix} \begin{pmatrix} {}^{A}\hat{\pmb{x}}_B & {}^{A}\hat{\pmb{y}}_B & {}^{A}\hat{\pmb{z}}_B \end{pmatrix} = \pmb{I}_{3\times3} \tag{4-24}$$

式（4-24）表明，${}^{A}_{B}\pmb{R}$ 是一单位正交阵。根据线性代数的相关知识，单位正交矩阵具有如下特性：

$${}^{A}_{B}\pmb{R}^{-1} = {}^{A}_{B}\pmb{R}^{\mathrm{T}} \tag{4-25}$$

$$\det({}^{A}_{B}\pmb{R}) = 1 \tag{4-26}$$

它满足以下 6 个约束方程：

$$\left| {}^{A}\hat{\pmb{x}}_B \right| = \left| {}^{A}\hat{\pmb{y}}_B \right| = \left| {}^{A}\hat{\pmb{z}}_B \right| = 1, \quad {}^{A}\hat{\pmb{x}}_B \cdot {}^{A}\hat{\pmb{y}}_B = {}^{A}\hat{\pmb{y}}_B \cdot {}^{A}\hat{\pmb{z}}_B = {}^{A}\hat{\pmb{z}}_B \cdot {}^{A}\hat{\pmb{x}}_B = 0 \tag{4-27}$$

因此，${}^{A}_{B}\pmb{R}$ 的 9 个元素中只包含 3 个独立参数。

◁ 例 4-1　机器人手爪的姿态描述

在工业机器人领域，为了形象地描述操作臂的姿态，姿态矩阵一般写成如下形式：

$${}^{A}_{B}\pmb{R} = \begin{pmatrix} \hat{\pmb{n}} & \hat{\pmb{o}} & \hat{\pmb{a}} \end{pmatrix}_{3\times3} = \begin{pmatrix} n_x & o_x & a_x \\ n_y & o_y & a_y \\ n_z & o_z & a_z \end{pmatrix} \tag{4-28}$$

式中，$\hat{\pmb{a}}$ 为接近矢量（approach vector），表示手爪接近操作对象的单位方向矢量；$\hat{\pmb{o}}$ 为方位矢量（orientation vector），表示手爪中的一个手指指向另一个手指的单位方向矢量；$\hat{\pmb{n}}$ 为单位法向矢量（normal vector），$\hat{\pmb{n}} = \hat{\pmb{o}} \times \hat{\pmb{a}}$，通过右手定则来确定其方向（图 4-7）。

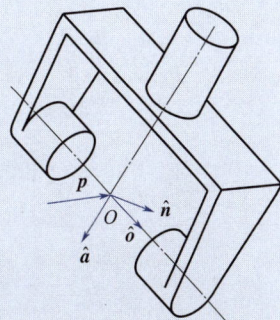

图 4-7　机械手爪的姿态描述

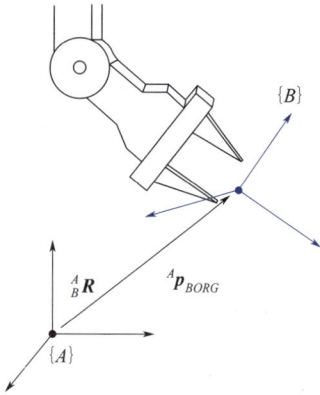

图 4-8　操作臂末端的
位姿描述

（5）操作臂的位姿描述

有了空间物体的位置和姿态描述，便可描述操作臂末端 $\{B\}$ 相对于描述坐标系 $\{A\}$ 的位姿，如图 4-8 所示。

将坐标系 $\{B\}$ 相对于坐标系 $\{A\}$ 的位置和姿态写成集合的形式：

$$\left\{ {}_{B}^{A}\boldsymbol{R}, \; {}^{A}\boldsymbol{p}_{BORG} \right\} \tag{4-29}$$

式中，${}^{A}\boldsymbol{p}_{BORG}$ 为 $\{B\}$ 的原点在 $\{A\}$ 中的向量表示。为方便计算，通常将式（4-29）写成**齐次矩阵**的形式：

$$ {}_{B}^{A}\boldsymbol{T} = \begin{pmatrix} {}_{B}^{A}\boldsymbol{R} & {}^{A}\boldsymbol{p}_{BORG} \\ \boldsymbol{0} & 1 \end{pmatrix} \tag{4-30}$$

式中，${}_{B}^{A}\boldsymbol{T}$ 称为 $\{B\}$ 相对于 $\{A\}$ 的**位姿矩阵**。

根据惯例，工业机器人的末端工具位姿通常指工具坐标系 $\{T\}$ 相对于基坐标系 $\{0\}$ 的位姿矩阵：

$$ {}_{T}^{0}\boldsymbol{T} = \begin{pmatrix} {}_{T}^{0}\boldsymbol{R} & {}^{0}\boldsymbol{p}_{TORG} \\ \boldsymbol{0} & 1 \end{pmatrix} = \begin{pmatrix} \hat{\boldsymbol{n}} & \hat{\boldsymbol{o}} & \hat{\boldsymbol{a}} & \boldsymbol{p} \\ 0 & 0 & 0 & 1 \end{pmatrix}_{4\times4} = \begin{pmatrix} n_x & o_x & a_x & p_x \\ n_y & o_y & a_y & p_y \\ n_z & o_z & a_z & p_z \\ 0 & 0 & 0 & 1 \end{pmatrix} \tag{4-31}$$

◁ 例 4-2

图 4-9 所示为某机器人末端手爪所处的状态，试给出该机器人手爪在图示处的位姿描述。

解：图 4-9 中，为了更清晰地表达末端工具坐标系 $\{T\}$ 相对于基坐标系 $\{0\}$ 的姿态，给出了一个原点与 $\{0\}$ 重合，方向与 $\{T\}$ 一致的中间坐标系 $\{T'\}$。

观察图中标记的尺寸和角度，即可写出两坐标系之间的相对位姿关系：

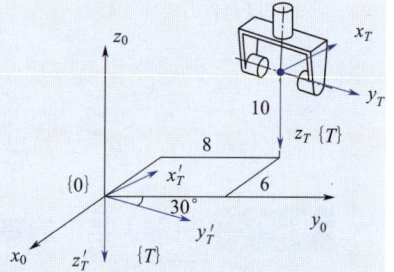

图 4-9　例 4-2 图

$$ {}^{0}\boldsymbol{p}_{TORG} = \begin{pmatrix} -6 \\ 8 \\ 10 \end{pmatrix}, \quad {}_{T}^{0}\boldsymbol{R} = \begin{pmatrix} -0.866 & 0.5 & 0 \\ 0.5 & 0.866 & 0 \\ 0 & 0 & -1 \end{pmatrix} $$

因此，根据式（4-31），该机器人手爪相对于基坐标系的当前位姿为

$$ {}_{T}^{0}\boldsymbol{T} = \begin{pmatrix} {}_{T}^{0}\boldsymbol{R} & {}^{0}\boldsymbol{p}_{TORG} \\ \boldsymbol{0} & 1 \end{pmatrix} = \begin{pmatrix} -0.866 & 0.5 & 0 & -6 \\ 0.5 & 0.866 & 0 & 8 \\ 0 & 0 & -1 & 10 \\ 0 & 0 & 0 & 1 \end{pmatrix} $$

4.2　坐标映射

在运动学研究中，经常需要进行两类坐标变换：①把一个向量在某坐标系中的描述变换成在另一个坐标系中的描述，使得我们可以对定义在不同坐标系中的物理量进行计算操作，这种变换称为**坐标映射**（coordinate mapping），简称**映射**（mapping）；②在同一个坐标系中，对出现了位姿变化的操作臂进行描述，使得我们可以表达操作臂位姿的变化，这种变换称为**运动算子**（motion operator），简称**算子**（operator）。

例如，如图 4-10 所示的焊接机器人中，焊枪末端点 P 相对其腕部坐标系的位置是一个常量，但是其相对于基坐标系（也是惯性坐标系）的位置却取决于链路上各物体坐标系的位姿。因此，一个简单的思路是把链路上所有在物体坐标系中所表达的量都映射到基坐标系中，这样就可以对中间链路中的各向量进行求和，以得到 P 相对基坐标系的位置。而要实现上述过程，需要进行**坐标映射**。再比如，如果由于操作臂中某些关节的运动，导致焊枪相对基坐标系的位姿出现了变化，这时，把焊枪从初始位姿变换到终止位姿的操作，就是**算子操作**。

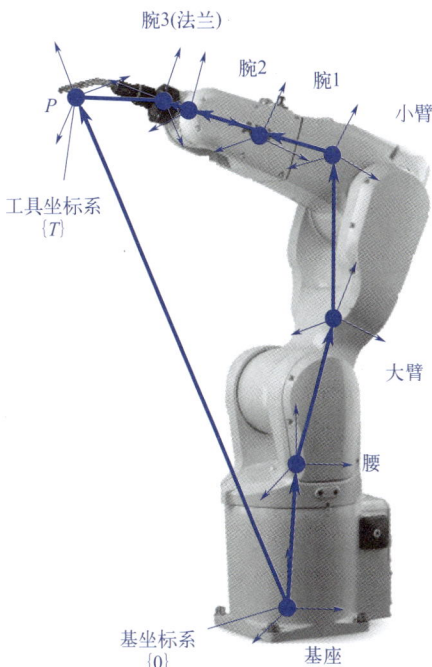

图 4-10　焊接机器人

(1) 平移映射

如图 4-11 所示，已知 P 点在坐标系 $\{B\}$ 中位置描述 $^{B}\boldsymbol{p}$，坐标系 $\{A\}$ 与 $\{B\}$ 姿态相同，希望在 $\{A\}$ 中描述 P 点。这种情况下，$\{A\}$ 与 $\{B\}$ 之间的差异只有平移，因此可用向量 $^{A}\boldsymbol{p}_{BORG}$ 表示 $\{B\}$ 的原点相对 $\{A\}$ 的位置。P 点在 $\{A\}$ 中的位置描述 $^{A}\boldsymbol{p}$ 满足向量运算法则，即

$$^{A}\boldsymbol{p} = {}^{B}\boldsymbol{p} + {}^{A}\boldsymbol{p}_{BORG} \tag{4-32}$$

从上面这个例子可以看出，在平移映射中，P 点本身并没有发生任何改变，变化的只是对它的描述（参考坐标系）。这也充分反映了坐标映射的本质，即**在不同坐标系中描述同一个物理对象**。

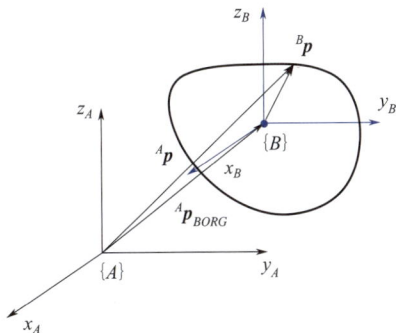

图 4-11　平移映射

(2) 旋转映射

如图 4-12 所示，已知 $^{B}\boldsymbol{p}$ 为 P 点在坐标系 $\{B\}$ 中的向量表示，坐标系 $\{A\}$ 与 $\{B\}$ 具有相同的坐标原点，希望在 $\{A\}$ 中描述 P 点。这种情况下，$\{A\}$ 与 $\{B\}$ 存在方位上的偏移。这时，可采用**姿态矩阵** $^{A}_{B}\boldsymbol{R}$ 来描述两个坐标系之间的变换，具体过程如下。

P 点在 $\{A\}$ 中的描述为

$$^{A}\boldsymbol{p} = \begin{pmatrix} ^{A}p_{x} \\ ^{A}p_{y} \\ ^{A}p_{z} \end{pmatrix} \tag{4-33}$$

根据向量（与坐标轴）点积的几何投影意义，$^A\boldsymbol{p}$ 三个分量的几何意义为该点在 $\{A\}$ 的三个单位坐标轴上的投影。由于点积的结果是标量，与该向量在哪个坐标系表达无关，因此，该投影（或点积）的结果既可以在 $\{A\}$ 中表达，也可以在 $\{B\}$ 中表达，即

$$\boldsymbol{p} = \begin{pmatrix} \hat{\boldsymbol{x}}_A & \hat{\boldsymbol{y}}_A & \hat{\boldsymbol{z}}_A \end{pmatrix} {}^A\boldsymbol{p} = \begin{pmatrix} \hat{\boldsymbol{x}}_B & \hat{\boldsymbol{y}}_B & \hat{\boldsymbol{z}}_B \end{pmatrix} {}^B\boldsymbol{p} \tag{4-34a}$$

或者

$$^A\boldsymbol{p} = \begin{pmatrix} \hat{\boldsymbol{x}}_A & \hat{\boldsymbol{y}}_A & \hat{\boldsymbol{z}}_A \end{pmatrix}^{\mathrm{T}} \begin{pmatrix} \hat{\boldsymbol{x}}_B & \hat{\boldsymbol{y}}_B & \hat{\boldsymbol{z}}_B \end{pmatrix} {}^B\boldsymbol{p} \tag{4-34b}$$

将上式展开，并进一步写成向量的形式：

$$^A\boldsymbol{p} = \begin{pmatrix} {}^A p_x \\ {}^A p_y \\ {}^A p_z \end{pmatrix} = \begin{pmatrix} \hat{\boldsymbol{x}}_A^{\mathrm{T}}\hat{\boldsymbol{x}}_B & \hat{\boldsymbol{x}}_A^{\mathrm{T}}\hat{\boldsymbol{y}}_B & \hat{\boldsymbol{x}}_A^{\mathrm{T}}\hat{\boldsymbol{z}}_B \\ \hat{\boldsymbol{y}}_A^{\mathrm{T}}\hat{\boldsymbol{x}}_B & \hat{\boldsymbol{y}}_A^{\mathrm{T}}\hat{\boldsymbol{y}}_B & \hat{\boldsymbol{y}}_A^{\mathrm{T}}\hat{\boldsymbol{z}}_B \\ \hat{\boldsymbol{z}}_A^{\mathrm{T}}\hat{\boldsymbol{x}}_B & \hat{\boldsymbol{y}}_A^{\mathrm{T}}\hat{\boldsymbol{y}}_B & \hat{\boldsymbol{z}}_A^{\mathrm{T}}\hat{\boldsymbol{z}}_B \end{pmatrix} {}^B\boldsymbol{p} = \begin{pmatrix} {}^B\hat{\boldsymbol{x}}_A^{\mathrm{T}} \\ {}^B\hat{\boldsymbol{y}}_A^{\mathrm{T}} \\ {}^B\hat{\boldsymbol{z}}_A^{\mathrm{T}} \end{pmatrix} {}^B\boldsymbol{p} \tag{4-34c}$$

对比式（4-34c）和式（4-17），可得

$$\begin{pmatrix} \hat{\boldsymbol{x}}_A^{\mathrm{T}}\hat{\boldsymbol{x}}_B & \hat{\boldsymbol{x}}_A^{\mathrm{T}}\hat{\boldsymbol{y}}_B & \hat{\boldsymbol{x}}_A^{\mathrm{T}}\hat{\boldsymbol{z}}_B \\ \hat{\boldsymbol{y}}_A^{\mathrm{T}}\hat{\boldsymbol{x}}_B & \hat{\boldsymbol{y}}_A^{\mathrm{T}}\hat{\boldsymbol{y}}_B & \hat{\boldsymbol{y}}_A^{\mathrm{T}}\hat{\boldsymbol{z}}_B \\ \hat{\boldsymbol{z}}_A^{\mathrm{T}}\hat{\boldsymbol{x}}_B & \hat{\boldsymbol{z}}_A^{\mathrm{T}}\hat{\boldsymbol{y}}_B & \hat{\boldsymbol{z}}_A^{\mathrm{T}}\hat{\boldsymbol{z}}_B \end{pmatrix} = {}_B^A\boldsymbol{R} \tag{4-35}$$

将式（4-35）代入式（4-34c）中，可得

$$^A\boldsymbol{p} = {}_B^A\boldsymbol{R}\,{}^B\boldsymbol{p} \tag{4-36}$$

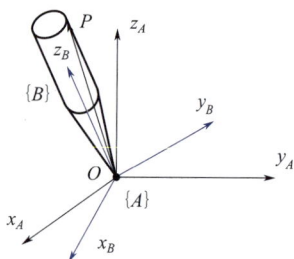

图 4-12 共原点的旋转映射

通过式（4-36），即可根据空间一点 P 在 $\{B\}$ 中的描述 $^B\boldsymbol{p}$ 和 $\{B\}$ 相对于 $\{A\}$ 的姿态矩阵 $_B^A\boldsymbol{R}$，求解得到该点在与 $\{B\}$ 具有不同方位的 $\{A\}$ 中的表达 $^A\boldsymbol{p}$。由于 $\{A\}$、$\{B\}$ 两个坐标系存在旋转关系，这种坐标映射被称为**旋转映射**（rotation mapping），相应的姿态矩阵又称为**旋转矩阵**（rotation matrix）。

考虑旋转映射的一种特例：两个坐标系之间存在相对于某一坐标轴的偏转。这类情形具体又包含三种情况：相对于 x、y、z 轴的偏转（图 4-13）。

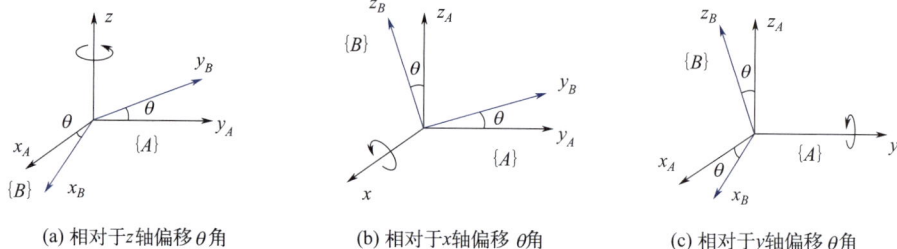

(a) 相对于z轴偏移 θ角   (b) 相对于x轴偏移 θ角   (c) 相对于y轴偏移 θ角

图 4-13 相对固定坐标系三个坐标轴的旋转偏移

以相对于 z 轴的偏转为例。如图 4-13（a）所示，将相应的角度值代入定义式（4-19），得到

$$\,^A_B\boldsymbol{R} = \boldsymbol{R}_z(\theta) = \begin{pmatrix} \cos\theta & -\sin\theta & 0 \\ \sin\theta & \cos\theta & 0 \\ 0 & 0 & 1 \end{pmatrix} \tag{4-37}$$

式中，$\boldsymbol{R}_z(\theta)$ 表示绕坐标轴 z 旋转 θ 角的旋转矩阵，或简写成

$$\boldsymbol{R}_z(\theta) = \begin{pmatrix} \mathrm{c}\theta & -\mathrm{s}\theta & 0 \\ \mathrm{s}\theta & \mathrm{c}\theta & 0 \\ 0 & 0 & 1 \end{pmatrix} \tag{4-38}$$

式中，$\mathrm{c}\theta$ 和 $\mathrm{s}\theta$ 分别是 $\cos\theta$ 和 $\sin\theta$ 的简写。

类似地，可以写出分别相对于坐标轴 x、y 的旋转变换矩阵 [图 4-13（b）和图 4-13（c）]，即

$$\boldsymbol{R}_x(\theta) = \begin{pmatrix} 1 & 0 & 0 \\ 0 & \mathrm{c}\theta & -\mathrm{s}\theta \\ 0 & \mathrm{s}\theta & \mathrm{c}\theta \end{pmatrix} \tag{4-39}$$

$$\boldsymbol{R}_y(\theta) = \begin{pmatrix} \mathrm{c}\theta & 0 & \mathrm{s}\theta \\ 0 & 1 & 0 \\ -\mathrm{s}\theta & 0 & \mathrm{c}\theta \end{pmatrix} \tag{4-40}$$

◁ 例 4-3

如图 4-14 所示，$\{B\}$ 在绕 $\{A\}z$ 轴逆时针旋转 90° 的方位，（1）求 $^A_B\boldsymbol{R}$；（2）已知 P 点在 $\{B\}$ 的坐标为 $(0, 1, 0)^\mathrm{T}$，求 P 点在 $\{A\}$ 的坐标。

解：该问题的实质是用旋转映射来描述同一点在两个不同坐标系（原点重合）下的坐标变换问题。

相应的旋转矩阵为

$$\,^A_B\boldsymbol{R} = \begin{pmatrix} 0 & -1 & 0 \\ 1 & 0 & 0 \\ 0 & 0 & 1 \end{pmatrix}$$

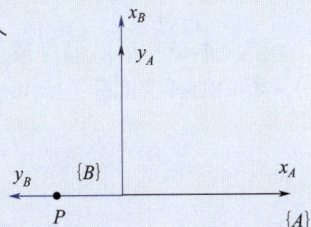

图 4-14　例 4-3 图

因此根据式（4-36），可得 P 在 $\{A\}$ 中的描述为

$$\,^A\boldsymbol{p} = \,^A_B\boldsymbol{R}\,^B\boldsymbol{p} = \begin{pmatrix} 0 & -1 & 0 \\ 1 & 0 & 0 \\ 0 & 0 & 1 \end{pmatrix} \begin{pmatrix} 0 \\ 1 \\ 0 \end{pmatrix} = \begin{pmatrix} -1 \\ 0 \\ 0 \end{pmatrix}$$

旋转映射前后，P 点位置矢量的长度没有变化。

（3）一般映射

现在考虑更一般的情况：坐标系 $\{A\}$ 与 $\{B\}$ 的姿态不同，同时二者的原点也不重合，而是有个偏移量，如图 4-15（a）所示，已知 $^B\boldsymbol{p}$，如何求 $^A\boldsymbol{p}$。

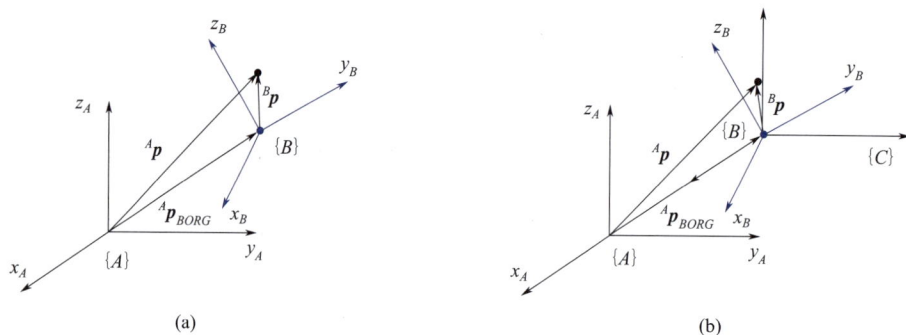

(a)

(b)

图 4-15 一般映射

如图 4-15（b）所示，引入一个中间坐标系 $\{C\}$，它与 $\{A\}$ 的姿态相同，同时与 $\{B\}$ 的原点重合。首先将 $^B\boldsymbol{p}$ 通过旋转映射，将其从 $\{B\}$ 映射到 $\{C\}$ 中，即由式（4-36），得

$$^C\boldsymbol{p} = {}_B^C\boldsymbol{R}\,{}^B\boldsymbol{p} \tag{4-41}$$

由于 $\{C\}$ 与 $\{A\}$ 的姿态相同，因此有

$$_B^A\boldsymbol{R} = {}_B^C\boldsymbol{R} \tag{4-42}$$

将式（4-42）代入式（4-41）中，有

$$^C\boldsymbol{p} = {}_B^A\boldsymbol{R}\,{}^B\boldsymbol{p} \tag{4-43}$$

由于 $\{C\}$ 与 $\{A\}$ 之间仅存在着平移关系，因此满足式（4-32）所示的平移映射，即

$$^A\boldsymbol{p} = {}^C\boldsymbol{p} + {}^A\boldsymbol{p}_{BORG} \tag{4-44}$$

将式（4-43）代入式（4-44）中，有

$$^A\boldsymbol{p} = {}_B^A\boldsymbol{R}\,{}^B\boldsymbol{p} + {}^A\boldsymbol{p}_{BORG} \tag{4-45}$$

式（4-45）给出了将某一向量从一个坐标系变换到另一坐标系的一般映射公式。将该式写成等价的**齐次坐标**（homogenous coordinate）形式：

$$\begin{pmatrix} ^A\boldsymbol{p} \\ 1 \end{pmatrix} = \begin{pmatrix} _B^A\boldsymbol{R} & ^A\boldsymbol{p}_{BORG} \\ 0 & 1 \end{pmatrix} \begin{pmatrix} ^B\boldsymbol{p} \\ 1 \end{pmatrix} \tag{4-46}$$

或者

$$^A\overline{\boldsymbol{p}} = {}_B^A\boldsymbol{T}\,{}^B\overline{\boldsymbol{p}} \tag{4-47}$$

式中　$^A\overline{\boldsymbol{p}}$ ——P 点在坐标系 $\{A\}$ 中的齐次坐标描述：$^A\overline{\boldsymbol{p}} = (^A\boldsymbol{p}, 1)^{\mathrm{T}}$；

$^B\overline{\boldsymbol{p}}$ ——P 点在坐标系 $\{B\}$ 中的齐次坐标描述：$^B\overline{\boldsymbol{p}} = (^B\boldsymbol{p}, 1)^{\mathrm{T}}$；

$_B^A\boldsymbol{T}$ ——$\{B\}$ 相对于 $\{A\}$ 的**齐次变换矩阵**（homogeneous transformation matrix），且：

$$_B^A\boldsymbol{T} = \begin{pmatrix} _B^A\boldsymbol{R} & ^A\boldsymbol{p}_{BORG} \\ 0 & 1 \end{pmatrix}_{4\times4} \tag{4-48}$$

不过，为了表示方便，后面章节将不再区分点的齐次坐标表达与普通形式表达，即将 $\overline{\boldsymbol{p}}$ 写成 $\boldsymbol{p}$，即

$$^A\boldsymbol{p} = {}_B^A\boldsymbol{T}\,{}^B\boldsymbol{p} \tag{4-49}$$

作为映射变换的两个特例，反映**平移映射**的齐次变换矩阵中的**旋转子矩阵为单位阵**，而反映**旋转映射**的齐次变换矩阵中的**位置列向量为零向量**。

例 4-4

已知 $\{B\}$ 相对于 $\{A\}$ 的 z 轴存在 $30°$ 的偏转、x 轴 10 个单位的位置偏移、y 轴 5 个单位的位置偏移，$^B\boldsymbol{p} = (3,7,0)^{\text{T}}$，求 $^A\boldsymbol{p}$。

解：根据已知条件可知，

$$_B^A\boldsymbol{T} = \begin{pmatrix} _B^A\boldsymbol{R} & ^A\boldsymbol{p}_{BORG} \\ 0 & 1 \end{pmatrix} = \begin{pmatrix} \sqrt{3}/2 & -1/2 & 0 & 10 \\ 1/2 & \sqrt{3}/2 & 0 & 5 \\ 0 & 0 & 1 & 0 \\ 0 & 0 & 0 & 1 \end{pmatrix}$$

根据式（4-49），可得

$$^A\boldsymbol{p} = {_B^A}\boldsymbol{T}\,^B\boldsymbol{p} = \begin{pmatrix} \sqrt{3}/2 & -1/2 & 0 & 10 \\ 1/2 & \sqrt{3}/2 & 0 & 5 \\ 0 & 0 & 1 & 0 \\ 0 & 0 & 0 & 1 \end{pmatrix} \begin{pmatrix} 3 \\ 7 \\ 0 \\ 1 \end{pmatrix} = \begin{pmatrix} 9.098 \\ 12.562 \\ 0 \\ 1 \end{pmatrix}$$

例 4-5

如图 4-16 所示，已知刚体绕 $\{B\}$ 的 z 轴转动了 θ 角，且 $\{B\}$ 的坐标原点在 $\{A\}$ 的 $(0, l, 0)$ 处，求转动后，$\{B\}$ 相对 $\{A\}$ 的齐次变换矩阵。

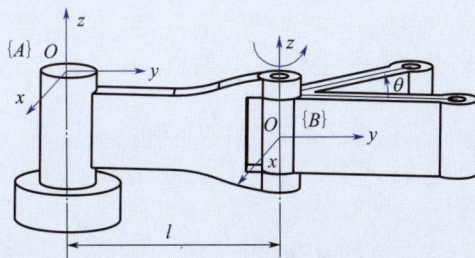

图 4-16　例 4-5 图

解：由式（4-48）直接得到 $\{B\}$ 相对 $\{A\}$ 的齐次变换矩阵。

$$_B^A\boldsymbol{T} = \begin{pmatrix} _B^A\boldsymbol{R} & ^A\boldsymbol{p}_{BORG} \\ \mathbf{0} & 1 \end{pmatrix} = \begin{pmatrix} \cos\theta & -\sin\theta & 0 & 0 \\ \sin\theta & \cos\theta & 0 & l \\ 0 & 0 & 1 & 0 \\ 0 & 0 & 0 & 1 \end{pmatrix}$$

4.3 运动算子

现在来看另一个重要概念——**算子**。算子是在同一坐标系内对点（或向量）进行的某种运动操作。典型的算子包括：平移算子、旋转算子、一般算子等。

（1）平移算子

平移算子把空间中的一个点沿一个已知向量移动一段距离，该已知向量是平移操作向量。

如图 4-17（a）所示，坐标系 $\{A\}$ 中的点 P 沿向量 $^A\boldsymbol{q}$ 从初始位置 $^A\boldsymbol{p}_0$ 平移到当前位置 $^A\boldsymbol{p}$。这一过程，可以认为是把向量 $^A\boldsymbol{p}_0$ 的起点 O_A 沿 $^A\boldsymbol{q}$ 平移到了 O_B。平移后，点 P 在 $\{A\}$ 中的表达 $^A\boldsymbol{p}$ 可通过向量和求解，即

$$^A\boldsymbol{p} = {}^A\boldsymbol{p}_0 + {}^A\boldsymbol{q} \tag{4-50}$$

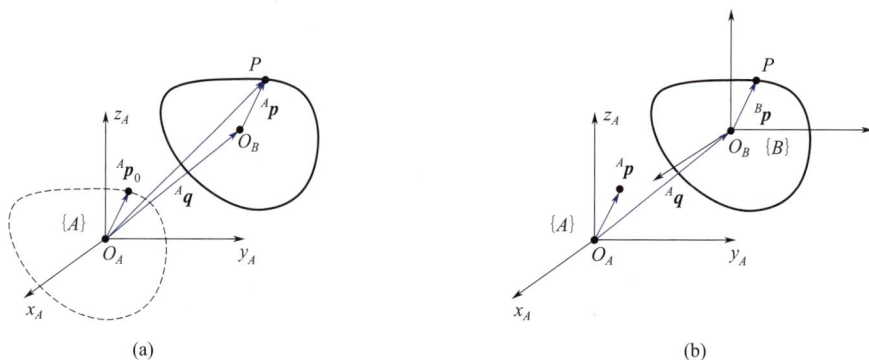

图 4-17　平移算子

用齐次变换矩阵的形式表示上述运算，可以写成

$$^A\boldsymbol{p} = \mathrm{Trans}(^A\boldsymbol{q})\,{}^A\boldsymbol{p}_0 \tag{4-51}$$

式中

$$\mathrm{Trans}(^A\boldsymbol{q}) = \begin{pmatrix} \boldsymbol{I}_{3\times3} & {}^A\boldsymbol{q} \\ \boldsymbol{0} & 1 \end{pmatrix} \tag{4-52}$$

称为**平移算子**（translation operator）。

由式（4-52）可知，平移算子是一种特殊的齐次变换矩阵，其中的旋转矩阵为单位阵。该矩阵简称**平移矩阵**。

更为特殊的情况，如沿 x 轴的平移可记为

$$\mathrm{Trans}(\hat{\boldsymbol{x}}, d) = \begin{pmatrix} & & & d \\ \boldsymbol{I}_{3\times3} & & & 0 \\ & & & 0 \\ \boldsymbol{0} & & & 1 \end{pmatrix} \tag{4-53}$$

假设在平移后 $^A\boldsymbol{p}$ 向量的起点 O_B 处定义一个与 $\{A\}$ 姿态相同的坐标系 $\{B\}$，如图 4-17

（b），则根据前面介绍的平移映射知识可得，$\{B\}$ 相对于 $\{A\}$ 的齐次变换矩阵为

$$
{}_B^A\boldsymbol{T} = \begin{pmatrix} \boldsymbol{I}_{3\times3} & {}^A\boldsymbol{q} \\ \boldsymbol{0} & 1 \end{pmatrix}
\tag{4-54}
$$

对比式（4-52）和式（4-54），两者形式上完全相同，但物理意义却不一样：如果将**平移算子**看作是沿 ${}^A\boldsymbol{q}$ **"前向移动"**了点 P，那么，从**坐标映射**角度看，与平移算子相同的齐次变换矩阵则相当于点 P 不动，而沿 ${}^A\boldsymbol{q}$ **"后向移动"**了坐标系（即 $\{B\}$ 移动到 $\{A\}$）。

◁ 例 4-6

已知一个位置矢量 ${}^A\boldsymbol{p}_0 = (5,10,2)^{\mathrm{T}}$，将其沿 x 轴平移 10 个单位，沿 y 轴平移 5 个单位，沿 $-z$ 轴方向平移 2 个单位，求得到的新位置矢量。

解：针对位置矢量 ${}^A\boldsymbol{p}_0$ 的平移算子为

$$
{}^A\boldsymbol{q} = \begin{pmatrix} 10 \\ 5 \\ -2 \end{pmatrix}
$$

因此，根据式（4-50），可得新位置矢量为

$$
{}^A\boldsymbol{p} = {}^A\boldsymbol{p}_0 + {}^A\boldsymbol{q} = \begin{pmatrix} 5 \\ 10 \\ 2 \end{pmatrix} + \begin{pmatrix} 10 \\ 5 \\ -2 \end{pmatrix} = \begin{pmatrix} 15 \\ 15 \\ 0 \end{pmatrix}
$$

或者，利用平移算子式（4-51），得

$$
{}^A\boldsymbol{p} = \mathrm{Trans}({}^A\boldsymbol{q})\,{}^A\boldsymbol{p}_0 = \begin{pmatrix} 1 & 0 & 0 & 10 \\ 0 & 1 & 0 & 5 \\ 0 & 0 & 1 & -2 \\ 0 & 0 & 0 & 1 \end{pmatrix}\begin{pmatrix} 5 \\ 10 \\ 2 \\ 1 \end{pmatrix} = \begin{pmatrix} 15 \\ 15 \\ 0 \\ 1 \end{pmatrix}
$$

（2）旋转算子

旋转算子（rotation operator）可实现空间一点绕某一固定轴的旋转变换。

如图 4-18 所示，坐标系 $\{A\}$ 中一点 P 的旋转可以用向量的偏转（过旋转中心）来表示，即

$$
{}^A\boldsymbol{p} = \boldsymbol{R}\,{}^A\boldsymbol{p}_0
\tag{4-55}
$$

式中，$\boldsymbol{R}$ 就是前面提到的旋转矩阵。由于不涉及不同坐标系之间的变换，因此左上标均为 A。与平移情况类似，式（4-36）与式（4-55）的数学表示形式相同，但物理意义不同。

从形式上看，旋转算子也是一种特殊齐次变换矩阵，其中的平移向量为零向量。更为特殊的旋转算子是绕某一固定坐标轴的旋转，如绕 z 轴的旋转算子（一般写成齐次矩阵的形式，注意与旋转矩阵在表示上的区分）为

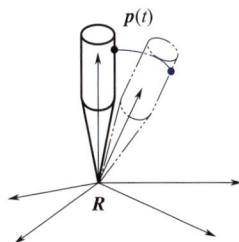

图 4-18 旋转算子

$$\mathrm{Rot}(\hat{z},\theta)=\begin{pmatrix} \mathrm{c}\theta & -\mathrm{s}\theta & 0 & 0 \\ \mathrm{s}\theta & \mathrm{c}\theta & 0 & 0 \\ 0 & 0 & 1 & 0 \\ 0 & 0 & 0 & 1 \end{pmatrix} \tag{4-56}$$

结合前面的知识，不妨总结一下旋转矩阵 R 的三个主要用途：

① 描述姿态；

② 对同一点在原点重合的两个不同坐标系之间进行旋转映射；

③ 在同一坐标系下，对某一向量进行旋转操作。

例 4-7

用旋转变换来描述一个向量的定轴转动（即某一刚体相对参考坐标系旋转后的位姿）。已知一个位置矢量 $(5,10,2)^{\mathrm{T}}$，将其沿 z 轴旋转 $30°$，求得到的新位置矢量。

解：旋转矩阵为

$$\boldsymbol{R}_z(30°)=\begin{pmatrix} \cos30° & -\sin30° & 0 \\ \sin30° & \cos30° & 0 \\ 0 & 0 & 1 \end{pmatrix}=\begin{pmatrix} \frac{\sqrt{3}}{2} & -\frac{1}{2} & 0 \\ \frac{1}{2} & \frac{\sqrt{3}}{2} & 0 \\ 0 & 0 & 1 \end{pmatrix}$$

因此根据式（4-55），可得新位置矢量为

$$\boldsymbol{p}=\boldsymbol{R}_z(\theta)\boldsymbol{p}_0=\begin{pmatrix} \frac{\sqrt{3}}{2} & -\frac{1}{2} & 0 \\ \frac{1}{2} & \frac{\sqrt{3}}{2} & 0 \\ 0 & 0 & 1 \end{pmatrix}\begin{pmatrix} 5 \\ 10 \\ 2 \end{pmatrix}=\begin{pmatrix} \frac{5\sqrt{3}-10}{2} \\ \frac{5+10\sqrt{3}}{2} \\ 2 \end{pmatrix}$$

（3）一般算子

同前面类似，可以得到同时具有平移和旋转变换的一般算子 T：

$$^A\boldsymbol{p}=\boldsymbol{T}\,^A\boldsymbol{p}_0 \tag{4-57}$$

式中，T 就是前面提到的齐次变换矩阵，且满足

$$\boldsymbol{T}=\begin{pmatrix} \boldsymbol{R} & ^A\boldsymbol{p} \\ \boldsymbol{0} & 1 \end{pmatrix} \tag{4-58}$$

由于不涉及坐标系变换，因此省略掉角标。与平移算子与旋转算子类似，式（4-48）与式（4-58）的数学表示形式相同，但物理意义不同。

与旋转矩阵类似，齐次变换矩阵可以表示刚体从初始位姿到达当前位姿的变换，即

$$^A\boldsymbol{p}=\boldsymbol{T}\,^A\boldsymbol{p}_0 \tag{4-59}$$

结合前面的知识，齐次变换矩阵 $\boldsymbol{T}$ 的三个主要用途总结如下：

① 描述刚体的位姿，例如机器人末端执行器相对于基坐标系的位姿；

② 在两个不同坐标系之间对同一点进行映射变换；

③ 在同一坐标系内对某一点或位置矢量进行一般运动操作。

> **例 4-8**

已知一个位置矢量 $\boldsymbol{p} = (5,10,2)^{\mathrm{T}}$，先将其沿 z 轴旋转 $30°$，再将其沿 x 轴平移 10 个单位，沿 y 轴平移 5 个单位，沿 $-z$ 轴方向平移 2 个单位，求得到的新位置矢量。

解：直接写出齐次变换矩阵，再利用齐次变换公式（4-58）求得新位置矢量。具体而言，

$$\boldsymbol{T} = \begin{pmatrix} \boldsymbol{R} & \boldsymbol{p} \\ \boldsymbol{0} & 1 \end{pmatrix} = \begin{pmatrix} \boldsymbol{R}_z(30°) & \boldsymbol{p} \\ \boldsymbol{0} & 1 \end{pmatrix} = \begin{pmatrix} \dfrac{\sqrt{3}}{2} & -\dfrac{1}{2} & 0 & 10 \\ \dfrac{1}{2} & \dfrac{\sqrt{3}}{2} & 0 & 5 \\ 0 & 0 & 1 & -2 \\ 0 & 0 & 0 & 1 \end{pmatrix}$$

因此根据式（4-59），可得

$$\boldsymbol{p} = \boldsymbol{T}\boldsymbol{p}_0 = \begin{pmatrix} \dfrac{\sqrt{3}}{2} & -\dfrac{1}{2} & 0 & 10 \\ \dfrac{1}{2} & \dfrac{\sqrt{3}}{2} & 0 & 5 \\ 0 & 0 & 1 & -2 \\ 0 & 0 & 0 & 1 \end{pmatrix} \begin{pmatrix} 5 \\ 10 \\ 2 \\ 1 \end{pmatrix} = \begin{pmatrix} \dfrac{5\sqrt{3}+10}{2} \\ \dfrac{15+10\sqrt{3}}{2} \\ 0 \\ 1 \end{pmatrix}$$

（4）逆算子

有时，当已知坐标系 $\{B\}$ 相对于坐标系 $\{A\}$ 的齐次变换矩阵 ${}_B^A\boldsymbol{T}$ 时，需要得到 $\{A\}$ 相对于 $\{B\}$ 的齐次变换矩阵 ${}_A^B\boldsymbol{T}$。根据定义可知

$$ {}_A^B\boldsymbol{T} = \begin{pmatrix} {}_A^B\boldsymbol{R} & {}^B\boldsymbol{p}_{AORG} \\ \boldsymbol{0} & 1 \end{pmatrix} = {}_B^A\boldsymbol{T}^{-1} \tag{4-60}$$

这是一个**矩阵求逆**问题，直接的思路就是针对 4×4 矩阵 ${}_B^A\boldsymbol{T}$ 进行求逆运算，具体求得

$$ {}_A^B\boldsymbol{T} = {}_B^A\boldsymbol{T}^{-1} = \begin{pmatrix} {}_B^A\boldsymbol{R}^{\mathrm{T}} & -{}_B^A\boldsymbol{R}^{\mathrm{T}}\,{}^A\boldsymbol{p}_{BORG} \\ \boldsymbol{0} & 1 \end{pmatrix} \tag{4-61}$$

省略角标，式（4-61）可以简写成

$$ \boldsymbol{T}^{-1} = \begin{pmatrix} \boldsymbol{R}^{\mathrm{T}} & -\boldsymbol{R}^{\mathrm{T}}\boldsymbol{p} \\ \boldsymbol{0} & 1 \end{pmatrix}_{4\times4} \tag{4-62}$$

可以看到，齐次矩阵 $\boldsymbol{T}$ 的逆变换也是齐次矩阵。

图 4-19 示意了 $\{B\}$ 与 $\{A\}$ 之间的变换与逆变换关系。

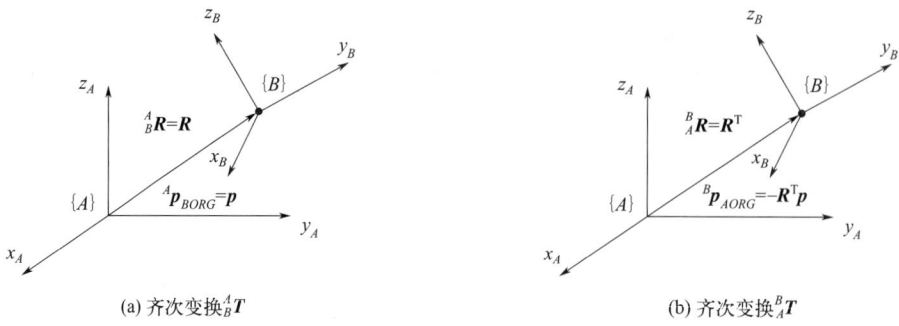

(a) 齐次变换 $_B^A T$　　　　　　　　　　(b) 齐次变换 $_A^B T$

图 4-19　齐次变换矩阵及其逆变换矩阵的几何意义

4.4　连续变换方程

（1）复合映射变换

现在考察在两个及以上坐标系之间进行坐标映射的情况，这是一种复合映射变换。

首先讨论一下坐标系间**连续偏转**的情况。

假设用 $_B^A\boldsymbol{R}$ 表示坐标系 $\{B\}$ 相对于 $\{A\}$ 的姿态，$_C^B\boldsymbol{R}$ 表示坐标系 $\{C\}$ 相对于 $\{B\}$ 的姿态，如何求 $\{C\}$ 相对于 $\{A\}$ 的姿态？

考虑 $\{C\}$ 中的一个点 P，它在 $\{C\}$ 中的描述为 $^C\boldsymbol{p}$。根据旋转映射的定义，$_C^B\boldsymbol{R}$ 左乘 $^C\boldsymbol{p}$，可以变换为 $\{B\}$ 中的描述；再用 $_B^A\boldsymbol{R}$ 左乘 $^B\boldsymbol{p}$ 可以变换为 $\{A\}$ 中的描述 $^A\boldsymbol{p}$。把上述过程写成方程的形式：

$$^A\boldsymbol{p} = {_B^A}\boldsymbol{R}\,^B\boldsymbol{p} = {_B^A}\boldsymbol{R}\,{_C^B}\boldsymbol{R}\,^C\boldsymbol{p} = {_C^A}\boldsymbol{R}\,^C\boldsymbol{p}$$

消掉右边等号两侧的 $^C\boldsymbol{p}$，可得

$$_C^A\boldsymbol{R} = {_B^A}\boldsymbol{R}\,{_C^B}\boldsymbol{R} \tag{4-63}$$

上式表明，两个（及以上）坐标系之间的**复合旋转变换**（composite rotational transformation），可通过旋转矩阵的连乘得到，即满足**旋转矩阵的合成法则**。注意，熟练使用上下标可使运算简化。

验证两个旋转矩阵相乘不满足交换律，如

$$\boldsymbol{R}_x(\theta)\boldsymbol{R}_z(\varphi) \neq \boldsymbol{R}_z(\varphi)\boldsymbol{R}_x(\theta) \tag{4-64}$$

$$\boldsymbol{R}_x(\theta)\boldsymbol{R}_z(\varphi) = \begin{pmatrix} 1 & 0 & 0 \\ 0 & c\theta & -s\theta \\ 0 & s\theta & c\theta \end{pmatrix}\begin{pmatrix} c\varphi & -s\varphi & 0 \\ s\varphi & c\varphi & 0 \\ 0 & 0 & 1 \end{pmatrix} = \begin{pmatrix} c\varphi & -s\varphi & 0 \\ c\theta s\varphi & c\theta c\varphi & -s\theta \\ s\theta s\varphi & s\theta c\varphi & c\theta \end{pmatrix}$$

$$\boldsymbol{R}_z(\varphi)\boldsymbol{R}_x(\theta) = \begin{pmatrix} c\varphi & -s\varphi & 0 \\ s\varphi & c\varphi & 0 \\ 0 & 0 & 1 \end{pmatrix}\begin{pmatrix} 1 & 0 & 0 \\ 0 & c\theta & -s\theta \\ 0 & s\theta & c\theta \end{pmatrix} = \begin{pmatrix} c\varphi & -c\theta s\varphi & s\varphi s\theta \\ s\varphi & c\theta c\varphi & -c\varphi s\theta \\ 0 & s\theta & c\theta \end{pmatrix}$$

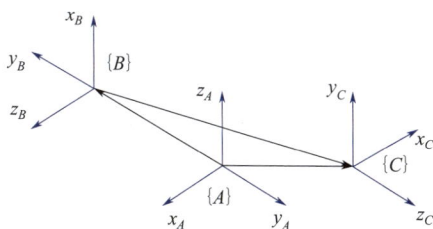

图 4-20　空间中的三个参考坐标系

下面讨论**一般情况**。如图 4-20 所示，已知 $^C\boldsymbol{p}$，以及坐标系 $\{B\}$ 相对 $\{A\}$ 的位姿 $_B^A\boldsymbol{T}$，坐标系 $\{C\}$ 相对 $\{B\}$ 的位姿 $_C^B\boldsymbol{T}$，求 $^A\boldsymbol{p}$。

上述目标实质上是求解坐标系 $\{C\}$ 相对 $\{A\}$ 的位姿 $_C^A\boldsymbol{T}$。

首先将 $^C\boldsymbol{p}$ 映射到 $\{B\}$ 中表示，由式（4-49）得

$$^B\boldsymbol{p} = {_C^B}\boldsymbol{T}\,^C\boldsymbol{p} = \begin{pmatrix} _C^B\boldsymbol{R} & {^B}\boldsymbol{p}_{CORG} \\ \boldsymbol{0} & 1 \end{pmatrix}{^C}\boldsymbol{p} \tag{4-65}$$

再将 $^B\boldsymbol{p}$ 映射到 $\{A\}$ 中表示，由式（4-49）得

$$^A p = {}^A_B T {}^B p = \begin{pmatrix} {}^A_B R & {}^A p_{BORG} \\ 0 & 1 \end{pmatrix} {}^B p \tag{4-66}$$

将式（4-65）代入式（4-66）中，可得

$$^A p = {}^A_B T {}^B_C T {}^C p \tag{4-67}$$

由于

$$^A p = {}^A_C T {}^C p \tag{4-68}$$

对比式（4-67）和式（4-68）可得

$$^A_C T = {}^A_B T {}^B_C T = \begin{pmatrix} {}^A_C R & {}^A p_{CORG} \\ 0 & 1 \end{pmatrix} \tag{4-69}$$

上式展开得

$$
\begin{aligned}
^A_C T &= \begin{pmatrix} {}^A_B R & {}^A p_{BORG} \\ 0 & 1 \end{pmatrix}\begin{pmatrix} {}^B_C R & {}^B p_{CORG} \\ 0 & 1 \end{pmatrix} \\
&= \begin{pmatrix} {}^A_B R {}^B_C R & {}^A_B R {}^B p_{CORG} + {}^A p_{BORG} \\ 0 & 1 \end{pmatrix} \\
&= \begin{pmatrix} {}^A_C R & {}^A p_{CORG} \\ 0 & 1 \end{pmatrix}
\end{aligned} \tag{4-70}
$$

由上式可知，在涉及两个及以上坐标系的**复合齐次映射变换**（composite homogeneous mapping transformation）时，姿态变换部分可以利用相邻坐标系之间的姿态矩阵连续左乘实现，而平移变换部分则要考虑由中间坐标系旋转变换引入的原点坐标偏移，即

$$\begin{cases} {}^A_C R = {}^A_B R {}^B_C R \\ {}^A p_{CORG} = {}^A_B R {}^B p_{CORG} + {}^A p_{BORG} \end{cases} \tag{4-71}$$

下面简单讨论合成后的齐次矩阵的性质，以加深对齐次矩阵的理解。容易证明：
① 两个齐次矩阵相乘的结果仍然是齐次矩阵；
② 齐次矩阵的乘积运算满足结合律，但一般情况下不满足交换律。

（2）变换方程

从上一节的公式推导中可以看到，无论旋转变换还是齐次变换，在描述复合坐标映射时，都具有连续相乘的**递推**（iterative）特性，因此，可利用这种递推特性来建立多个坐标系之间映射关系的**变换方程**（transform equation），进而求取某两个特定坐标系之间的齐次变换矩阵。

如图 4-21（a）所示，{U}、{A}、{B}、{C}、{D} 五个坐标系，坐标系原点之间的向量箭头表示两坐标系之间的齐次变换矩阵，其中，实线表示该齐次变换矩阵已知，虚线即 ${}^B_C T$ 未知。可以建立变换方程来求解 ${}^B_C T$。

根据图 4-21（a）中的链路 {U} → {B} → {C} → {D} 可得第一个递推方程：

$$^U_D T = {}^U_B T {}^B_C T {}^C_D T \tag{4-72}$$

根据链路 {U} → {A} → {D} 可得第二个递推方程：

$$_D^U\boldsymbol{T} = {}_A^U\boldsymbol{T}\,{}_D^A\boldsymbol{T} \tag{4-73}$$

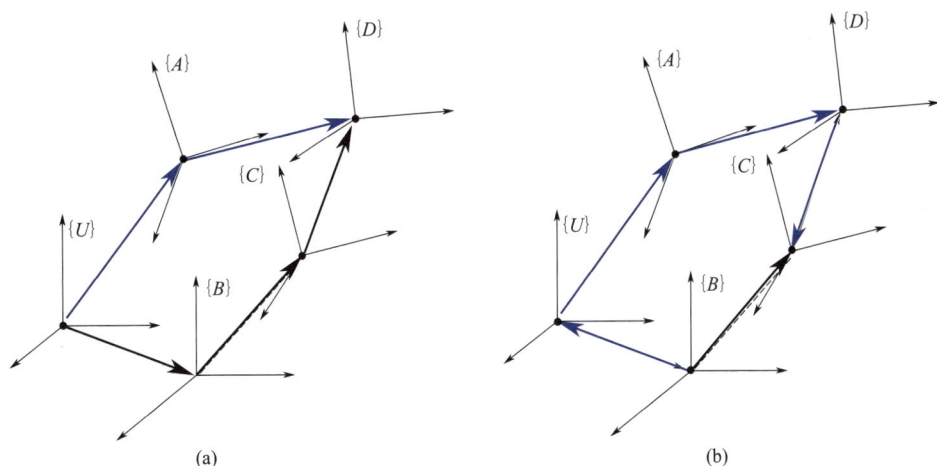

(a)　　　　　　　　　　　　　　　　(b)

图 4-21　利用递推特性建立变换方程

将上述两个递推关系式联立，构造成一个变换方程：

$$_B^U\boldsymbol{T}\,{}_C^B\boldsymbol{T}\,{}_D^C\boldsymbol{T} = {}_A^U\boldsymbol{T}\,{}_D^A\boldsymbol{T} \tag{4-74}$$

很容易导出

$$_C^B\boldsymbol{T} = {}_B^U\boldsymbol{T}^{-1}\,{}_A^U\boldsymbol{T}\,{}_D^A\boldsymbol{T}\,{}_D^C\boldsymbol{T}^{-1} = {}_U^B\boldsymbol{T}\,{}_A^U\boldsymbol{T}\,{}_D^A\boldsymbol{T}\,{}_C^D\boldsymbol{T} \tag{4-75}$$

式（4-75）的图形化表达如图 4-21（b）所示。注意，若图 4-21（b）中某个向量的箭头方向与图 4-21（a）反向，即表示原齐次变换矩阵的逆变换。

◁ 例 4-10

如图 4-22（a）所示的工业机器人系统中，假设已知机器人末端手爪坐标系 {T} 到基坐标系 {0} 的变换 $_T^0\boldsymbol{T}$，又已知工作台 {S} 相对基座的坐标变换 $_S^0\boldsymbol{T}$，以及螺栓 {G} 相对工作台的坐标变换 $_G^S\boldsymbol{T}$，求螺栓相对于手爪的坐标变换 $_G^T\boldsymbol{T}$（注：在实际操作中，该变换矩阵描述了手爪与目标对象之间的位姿偏差）。

解：根据图 4-22（b）中所示的变换路径，可得螺栓相对于手爪的坐标变换 $_G^T\boldsymbol{T}$ 计算公式如下：

$$_G^T\boldsymbol{T} = {}_0^T\boldsymbol{T}\,{}_S^0\boldsymbol{T}\,{}_G^S\boldsymbol{T} = {}_T^0\boldsymbol{T}^{-1}\,{}_S^0\boldsymbol{T}\,{}_G^S\boldsymbol{T}$$

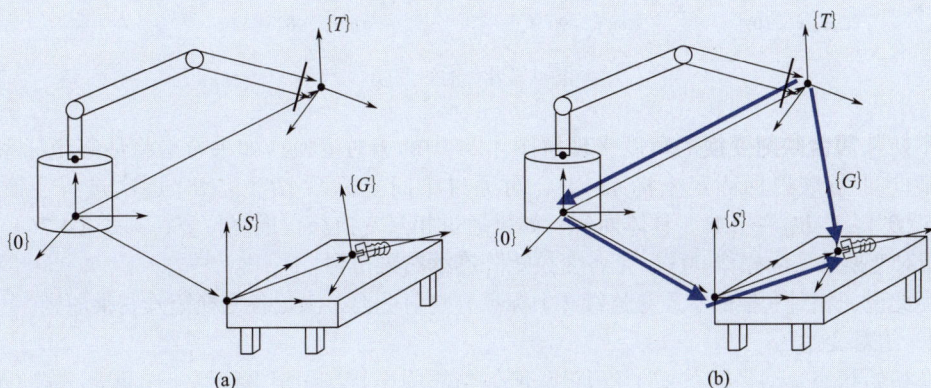

(a)　　　　　　　　　　　　　　　　(b)

图 4-22　拧螺栓的机械手爪

（3）相对变换与绝对变换

如果两个坐标系存在一般位姿偏差，它们的位姿矩阵可以利用绕或者沿坐标轴的特殊旋转变换和平移变换复合得到。具体复合方式有两种方式：一种是相对于动坐标系的连续变换，称为**相对变换**（relative transformation）；另一种是相对于固定坐标系的连续变换，称为**绝对变换**（absolute transformation）。具体示意图如图 4-23 所示。

例如，{B} 相对于 {A} 的位姿可用如下的复合变换方程表示：

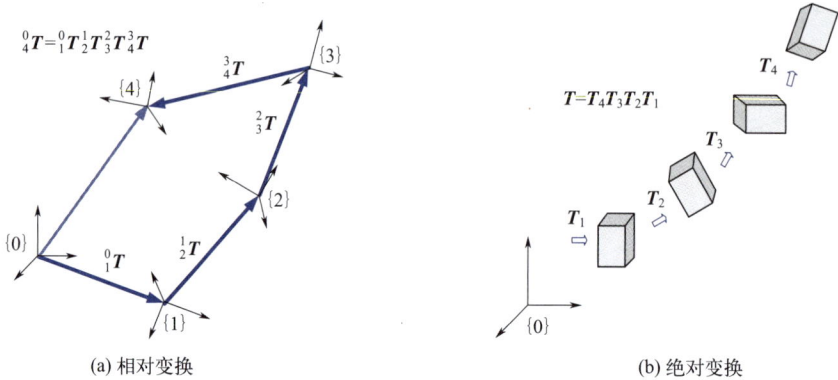

(a) 相对变换   (b) 绝对变换

图 4-23　相对变换与绝对变换示意图

$$_B^A\boldsymbol{T} = \text{Trans}(\hat{\boldsymbol{x}},10)\text{Rot}(\hat{\boldsymbol{y}},90°)\text{Rot}(\hat{\boldsymbol{z}},90°) \tag{4-76}$$

下面，分别从相对变换和绝对变换的角度考虑上述变换过程。

1）相对变换

假设与某刚体固连的动坐标系 {B_0} 最初与固定坐标系 {A} 重合，首先沿 {B_0} 的 x_{B0} 轴正向平移 10 个单位，获得新的动坐标系 {B'}，再绕 $y_{B'}$ 轴旋转 90°，又获得新的动坐标系 {B''}，最后绕新的 $z_{B''}$ 轴旋转 90°，得到最终的刚体位姿 {B}，如图 4-24 所示。

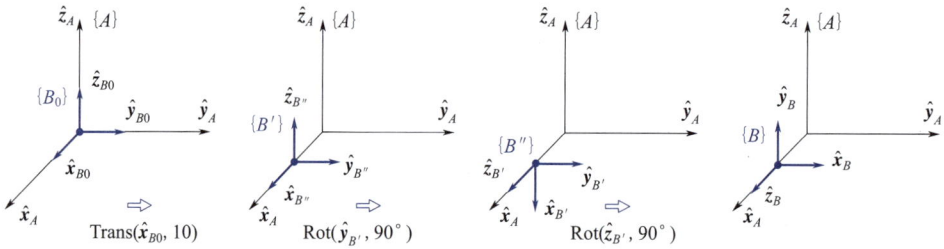

图 4-24　相对变换

不妨从**复合映射变换**的角度来理解图 4-24 中的相对变换：如果希望将最终坐标系 {B} 中的某向量 $^B\boldsymbol{p}$ 映射回固定坐标系 {A}，可通过中间坐标系 {B''}、{B'} 逐次进行变换，即 {B} → {B''} → {B'} → {A}。具体而言，如果通过相对变换获得最终位姿，则式（4-76）应当按照相对变换的实际操作顺序，把各变换矩阵**连续右乘**得到。

因此说，相对变换的本质是连续（坐标系）映射变换，满足各变换矩阵右乘原则。

2）绝对变换

在初始状态，动坐标系 {B}（假设一刚体与之固连）与固定坐标系 {A} 重合。式（4-76）所示变换过程可以理解为：动坐标系 {B} 先绕固定坐标系 {A} 的 z_A 轴旋转 90°，再绕 y_A 轴旋转 90°，最后相对 x_A 轴正向平移 10 个单位，如图 4-25 所示。可以看到，刚体的最终位姿与图 4-24 相同，但是两者的操作顺序却相反。

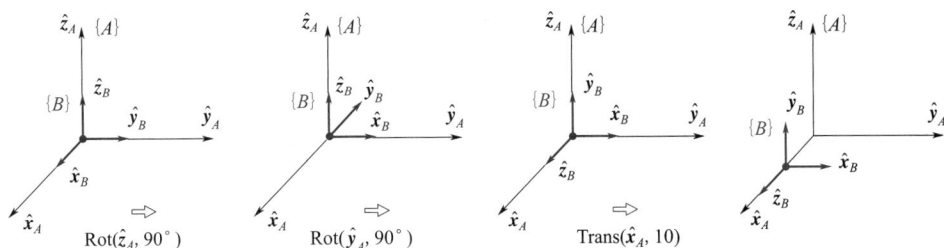

图 4-25　绝对变换

由于绝对变换都相对于固定坐标系 {A} 进行，因此可以将其理解为对与 {B} 固连刚体的算子操作，即刚体的位姿（相对固定坐标系）连续发生变化。多次算子操作的复合变换，应当按照操作顺序把每一次操作对应的齐次变换矩阵**连续左乘**。这样得到的位姿矩阵 ${}_B^A T$ 才能把最终状态 {B} 中的向量映射到 {A}。

因此说，绝对变换的本质是连续算子变换，满足各变换矩阵左乘原则。

4.5 其他姿态描述方法

（1）Z-Y-X 欧拉角

为描述物体坐标系 {B} 相对固定坐标系 {A} 的姿态，最简单、直观的方法莫过于采用 3 个角度的集合来描述。理论上讲，3 个姿态角的任意组合有 27 种形式，即 27 种姿态角描述方法。但实际上，为了保持 3 个姿态角描述的独立性，需要保证两个相邻姿态角的旋转轴线不平行（或重合），这样，就只有 12 种（3×2×2=12）可行的姿态角描述方法（即：X-Y-Z、X-Z-Y、Y-X-Z、Y-Z-X、Z-X-Y、Z-Y-X、Z-Y-Z、Z-X-Z、Y-Z-Y、Y-X-Y、X-Y-X、X-Z-X）。其中，**欧拉角**（Euler angle）是瑞士数学家欧拉（Euler）提出来的一种三角度刚体姿态描述方法。该方法的特点是利用**相对动坐标系坐标轴**的 3 次姿态角变化来描述刚体姿态。根据上面的分析，欧拉角有 12 种组合方式 ❶，下面重点只对其中一种（Z-Y-X）进行讨论。

为描述 {B} 相对于 {A} 的姿态，假设 {B} 在初始状态下与 {A} 重合，将 {B} 绕其 z_B 轴旋转 ϕ 角 [图 4-26（a）]，得到中间坐标系 {B'}；再绕新的 $y_{B'}$ 轴旋转 θ 角 [图 4-26（b）]，得到另一中间坐标系 {B''}；最后绕新的 $x_{B''}$ 轴旋转 ψ 角，得到 {B} 的最终姿态 [图 4-26（c）]。

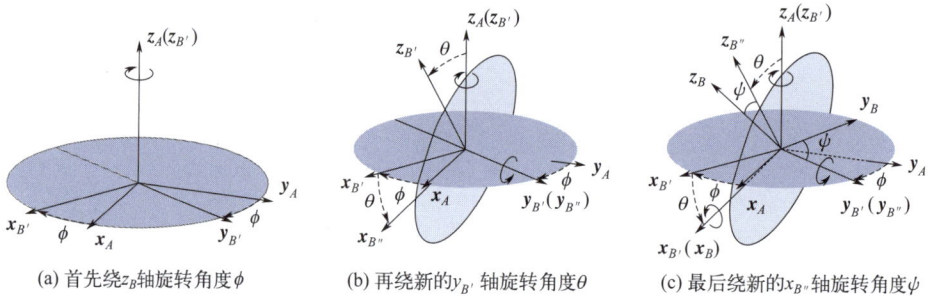

(a) 首先绕 z_B 轴旋转角度 ϕ (b) 再绕新的 $y_{B'}$ 轴旋转角度 θ (c) 最后绕新的 $x_{B''}$ 轴旋转角度 ψ

图 4-26　Z-Y-X 欧拉角变换

上述连续旋转过程每次都绕动坐标系的坐标轴进行旋转，即每次旋转轴的方位需取决于上一次的旋转结果。这是一种"相对变换"，可以从**复合旋转映射**的角度来获得旋转矩阵。按照三次旋转的顺序，把三个旋转矩阵**从左到右连乘**，即可得到描述新姿态的旋转矩阵：

$$
\begin{aligned}
{}^{A}_{B}\boldsymbol{R} &= \boldsymbol{R}_{zyx}(\phi,\theta,\psi) = {}^{A}_{B'}\boldsymbol{R}\,{}^{B'}_{B''}\boldsymbol{R}\,{}^{B''}_{B}\boldsymbol{R} = \boldsymbol{R}_z(\phi)\boldsymbol{R}_{y'}(\theta)\boldsymbol{R}_{x'}(\psi) \\
&= \begin{pmatrix} c\phi & -s\phi & 0 \\ s\phi & c\phi & 0 \\ 0 & 0 & 1 \end{pmatrix}\begin{pmatrix} c\theta & 0 & s\theta \\ 0 & 1 & 0 \\ -s\theta & 0 & c\theta \end{pmatrix}\begin{pmatrix} 1 & 0 & 0 \\ 0 & c\psi & -s\psi \\ 0 & s\psi & c\psi \end{pmatrix} \\
&= \begin{pmatrix} c\theta c\phi & s\psi s\theta c\phi - c\psi s\phi & c\psi s\theta c\phi + s\psi s\phi \\ c\theta s\phi & s\psi s\theta s\phi + c\psi c\phi & c\psi s\theta s\phi - s\psi c\phi \\ -s\theta & s\psi c\theta & c\psi c\theta \end{pmatrix}
\end{aligned} \tag{4-77}
$$

注意，以上矩阵乘法顺序不能随意调换（旋转矩阵的乘积运算不满足交换律）。

---

❶ 实际上，12 种不同顺序的欧拉角还可细分为两类：欧拉式和卡丹（Cardan）式，分别以欧拉和卡丹的名字命名。欧拉式是可以绕同一轴旋转两次，但不连续，如 Z-Y-Z；卡丹式的特点是绕三个不同的轴旋转，如 Z-Y-X。

对比式（4-13）和式（4-77），可得：

$$
{}_B^A\boldsymbol{R} = \begin{pmatrix} r_{11} & r_{12} & r_{13} \\ r_{21} & r_{22} & r_{23} \\ r_{31} & r_{32} & r_{33} \end{pmatrix} = \begin{pmatrix} \mathrm{c}\theta\mathrm{c}\phi & \mathrm{s}\psi\mathrm{s}\theta\mathrm{c}\phi - \mathrm{c}\psi\mathrm{s}\phi & \mathrm{c}\psi\mathrm{s}\theta\mathrm{c}\phi + \mathrm{s}\psi\mathrm{s}\phi \\ \mathrm{c}\theta\mathrm{s}\phi & \mathrm{s}\psi\mathrm{s}\theta\mathrm{s}\phi + \mathrm{c}\psi\mathrm{c}\phi & \mathrm{c}\psi\mathrm{s}\theta\mathrm{s}\phi - \mathrm{s}\psi\mathrm{c}\phi \\ -\mathrm{s}\theta & \mathrm{s}\psi\mathrm{c}\theta & \mathrm{c}\psi\mathrm{c}\theta \end{pmatrix} \tag{4-78}
$$

事实上，上式的逆问题更有意义，即如何在已知旋转矩阵 ${}_B^A\boldsymbol{R}$ 的前提下求出三个姿态角 ϕ、θ 和 ψ。根据 ${}_B^A\boldsymbol{R}$ 中各参数求解 ϕ、θ 和 ψ 的公式如下：

① 若 $\cos\theta \neq 0$，存在两组解：

$$
\begin{cases} \theta = \mathrm{Atan2}\left(-r_{31}, \quad \sqrt{r_{11}^2 + r_{21}^2}\right) \\ \phi = \mathrm{Atan2}\left(r_{21}, \quad r_{11}\right) \qquad \theta \in (-\pi/2, \pi/2) \\ \psi = \mathrm{Atan2}\left(r_{32}, \quad r_{33}\right) \end{cases} \tag{4-79}
$$

$$
\begin{cases} \theta = \mathrm{Atan2}\left(-r_{31}, \quad -\sqrt{r_{11}^2 + r_{21}^2}\right) \\ \phi = \mathrm{Atan2}\left(-r_{21}, \quad -r_{11}\right) \qquad \theta \in (\pi/2, 3\pi/2) \\ \psi = \mathrm{Atan2}\left(-r_{32}, \quad -r_{33}\right) \end{cases} \tag{4-80}
$$

式中，$\mathrm{Atan2}(x, y)$ 为"四象限反正切函数"形式的表达，内置于大多数编程语言中，优点在于可根据 x、y 的符号给出不同的角度值。例如，$\mathrm{Atan2}(1,1) = 45°$，$\mathrm{Atan2}(-1,-1) = 135°$。

② 若 $\cos\theta = 0$，即 $\theta = \pm k\pi/2, k = 1,3\cdots, 2n+1$，式（4-78）发生退化，出现了所谓的**奇异**（singularity）。这时仅能求出 ϕ 与 ψ 的**和**或**差**。这时，一般取 $\phi = 0°$，即

$$
\begin{cases} \phi = 0° \\ \theta = 90° \\ \psi = \mathrm{Atan2}(r_{12}, r_{22}) \end{cases} , \quad \text{或} \quad \begin{cases} \phi = 0° \\ \theta = 270° \\ \psi = -\mathrm{Atan2}(r_{12}, r_{22}) \end{cases} \tag{4-81}
$$

这种相对运动刚体坐标系的 3 个欧拉角姿态表示法，可以通过具有公共汇交点的三转动副串联开链式机构直观展示［图 4-27（a）］。欧拉角表示法中的奇异状态可以用图示进行说明：当中间轴转角 $\theta = \pm 90°$ 时，第一、三轴重合，导致无法根据最后一个刚体的姿态求解绕第一、第三轴的转角，欧拉角描述的姿态发生奇异；对应的机构位形称为**奇异位形**［singular configuration，图 4-27（b）］。

（2）X-Y-Z 固定角

利用**相对于固定坐标系**坐标轴的三次连续旋转，也可以表示刚体姿态，称为**固定角**。与欧拉角类似，固定角也有 12 种组合。

固定角描述法是一种"绝对变换"，可以从**算子操作**的角度来理解。接下来以一种常用的固定角组合——X-Y-Z 固定角为例，说明其对应旋转矩阵求法。

为描述 {B} 相对于 {A} 的姿态，假设 {B} 在初始状态下与 {A} 重合，然后在 3 个**旋转算子**的作用下，使 {B} 依次绕 {A} 的三个坐标轴 x_A、y_A、z_A 旋转 ψ、θ、ϕ 角，得到 {B} 的最终姿态（图 4-28），这里的三个转角（ψ，θ，ϕ）就称为 **X-Y-Z 固定角**。

由于以上所有旋转变换都相对固定坐标系进行，因此应遵循矩阵左乘原则，即

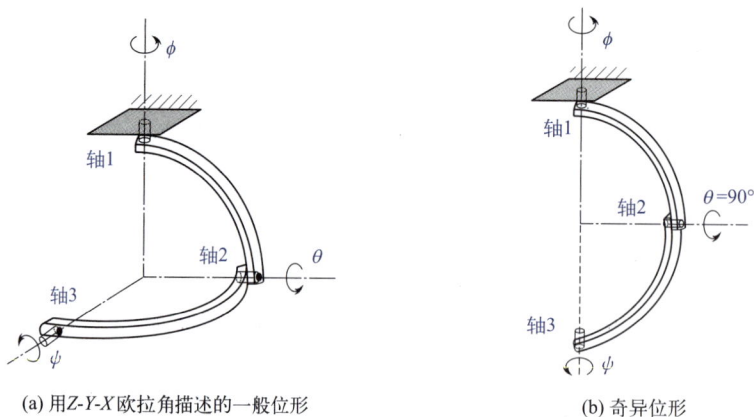

(a) 用Z-Y-X欧拉角描述的一般位形

(b) 奇异位形

图 4-27　具有公共汇交点的串联三杆开式链

$$
\begin{aligned}
{}_B^A\boldsymbol{R} &= \boldsymbol{R}_{XYZ}(\psi,\theta,\phi) = \boldsymbol{R}_{z_A}(\phi)\boldsymbol{R}_{y_A}(\theta)\boldsymbol{R}_{x_A}(\psi) \\
&= \begin{pmatrix}
c\theta c\phi & s\psi s\theta c\phi - c\psi s\phi & c\psi s\theta c\phi + s\psi s\phi \\
c\theta s\phi & s\psi s\theta s\phi + c\psi c\phi & c\psi s\theta s\phi - s\psi c\phi \\
-s\theta & s\psi c\theta & c\psi c\theta
\end{pmatrix}
\end{aligned}
\tag{4-82}
$$

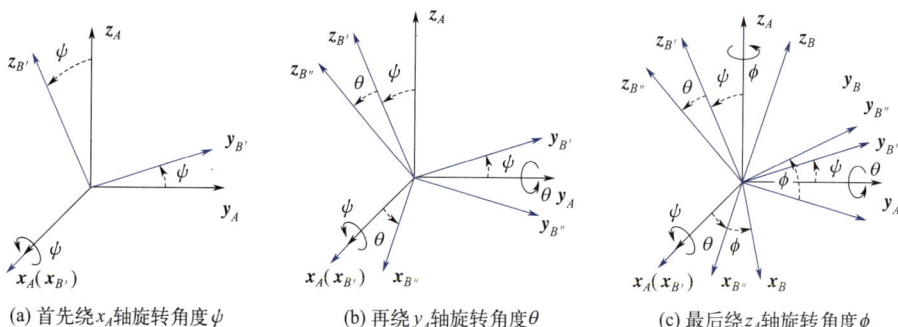

(a) 首先绕x_A轴旋转角度ψ

(b) 再绕y_A轴旋转角度θ

(c) 最后绕z_A轴旋转角度ϕ

图 4-28　X-Y-Z 固定角变换

对比式（4-78）和式（4-82）可以看出，Z-Y-X 欧拉角变换与 X-Y-Z 固定角变换的结果完全相同。请读者从"绝对变换"和"相对变换"对应关系的角度思考这一结论！

在符号表达上，为区分欧拉角变换与固定角变换，前者的脚标小写，后者的脚标大写。

当固定角用于描述机器人、飞行器和船舶的姿态时，也经常被称为 R-P-Y 角。三个字母是 Roll、Pitch、Yaw——横滚、俯仰、偏航的英文首字母。

固定角姿态描述与欧拉角一样，也存在**奇异**问题。

例 4-11

三角度姿态表示法的旋转顺序与小角度差分

Z-Y-X 固定角对应的旋转矩阵如下：

$$\boldsymbol{R}_{ZYX}(\phi,\theta,\psi) = \boldsymbol{R}_{x_A}(\psi)\boldsymbol{R}_{y_A}(\theta)\boldsymbol{R}_{z_A}(\phi)$$

$$= \begin{pmatrix} c\phi c\theta & -s\phi c\theta & s\theta \\ s\phi c\psi + c\theta c\phi c\psi & c\phi c\psi - s\theta s\phi s\psi & -c\theta s\psi \\ s\phi s\psi - s\theta c\phi c\psi & c\phi s\psi + s\theta s\phi c\psi & c\theta c\psi \end{pmatrix} \quad (4\text{-}83)$$

上式相当于 X-Y-Z 欧拉角各轴旋转矩阵连续右乘的结果，很显然式（4-82）和式（4-83）不等。这一结论对于欧拉角也成立。

不过，无论欧拉角还是固定角，当三个姿态角变化很小（即旋转角度足够小，可取差分）时，结果与转动顺序无关。下面给出简单证明过程。

证明：不妨以 X-Y-Z 固定角为例。当三个姿态角变化很小时，$\cos(\Delta\theta) \doteq 1$，$\sin(\Delta\theta) \doteq \Delta\theta$，$(\Delta\theta)^2 \doteq (\Delta\theta)^3 \doteq 0$，因此，式（4-82）和式（4-83）可以简化成

$$\boldsymbol{R}_{XYZ}(\Delta\psi,\Delta\theta,\Delta\phi) = \boldsymbol{R}_{ZYX}(\Delta\phi,\Delta\theta,\Delta\psi) = \begin{pmatrix} 1 & -\Delta\phi & \Delta\theta \\ \Delta\phi & 1 & -\Delta\psi \\ -\Delta\theta & \Delta\psi & 1 \end{pmatrix} \quad (4\text{-}84)$$

请读者思考，式（4-84）中各项对时间求导，可以得到什么结论？

（3）等效轴-角

根据**欧拉转动定理**（Euler theorem on rotation），**空间任一旋转或两刚体的相对姿态总可以表示为绕空间一个单位固定轴 $\hat{k}$ 转过一个角度 θ 来等效**，这就形成了**等效轴-角**（angle-axis）的姿态描述法（图4-29），对应的旋转矩阵或姿态矩阵用 $\boldsymbol{R}_{\hat{k}}(\theta)$ 表示。

为了导出 $\boldsymbol{R}_{\hat{k}}(\theta)$，一种简单的做法是对绕固定坐标系坐标轴的基本旋转进行合成。如图 4-29 所示，首先将 $\hat{k}$ 轴旋转必要的角度，使之与固定坐标系的 z 轴相一致；然后绕 z 轴旋转 θ 角；最后旋转必要的角度使得 $\hat{k}$ 轴转回初始姿态。

具体旋转序列如下，其中所有旋转都是相对**固定坐标系**的坐标轴进行的：

图 4-29 绕等效轴-角的旋转变换

① $\boldsymbol{R}_1$：先绕 z 轴旋转 $-\alpha$ 角，再绕 y 轴旋转 $-\beta$ 角，相应的 $\hat{k}$ 轴旋转至 z 轴；

② $\boldsymbol{R}_2$：绕 z 轴旋转 θ 角；

③ $\boldsymbol{R}_3$：先绕 y 轴旋转 β 角，再绕 z 轴旋转 α 角，相应的 z 轴转回至 $\hat{k}$ 轴。

连续旋转后的矩阵满足合成法则，即

$$\boldsymbol{R}_{\hat{k}}(\theta) = \boldsymbol{R}_3\boldsymbol{R}_2\boldsymbol{R}_1 = \underline{\boldsymbol{R}_Z(\alpha)}\,\underline{\boldsymbol{R}_Y(\beta)}\,\underline{\boldsymbol{R}_Z(\theta)}\,\underline{\boldsymbol{R}_Y(-\beta)}\,\underline{\boldsymbol{R}_Z(-\alpha)} \quad (4\text{-}85)$$

注意，

$$\sin\alpha = \frac{k_y}{\sqrt{k_x^2+k_y^2}}, \cos\alpha = \frac{k_x}{\sqrt{k_x^2+k_y^2}}, \sin\beta = \sqrt{k_x^2+k_y^2}, \cos\beta = k_z$$

由此可以消掉式（4-85）中的 α 和 β。整理后的公式如下：

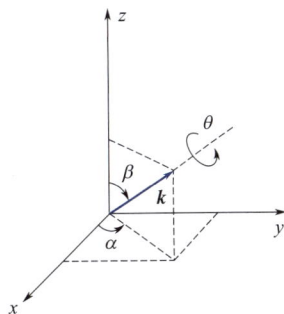

$$\boldsymbol{R} = \boldsymbol{R}_{\hat{k}}(\theta) = \begin{pmatrix} k_x^2(1-c\theta)+c\theta & k_xk_y(1-c\theta)-k_zs\theta & k_xk_z(1-c\theta)+k_ys\theta \\ k_xk_y(1-c\theta)+k_zs\theta & k_y^2(1-c\theta)+c\theta & k_yk_z(1-c\theta)-k_xs\theta \\ k_xk_z(1-c\theta)-k_ys\theta & k_yk_z(1-c\theta)+k_xs\theta & k_z^2(1-c\theta)+c\theta \end{pmatrix} \qquad (4\text{-}86)$$

式中，$\hat{\boldsymbol{k}} = (k_x, k_y, k_z)^{\mathrm{T}}$ 为单位转轴；θ 为转角。因为单位转轴 $\hat{\boldsymbol{k}}$ 只有 2 个独立参数，而转角 θ 确定了第 3 个参数，所以等效轴 - 角也是一种三参数姿态描述。

对比式（4-13）和式（4-86），计算得到

$$tr(\boldsymbol{R}) = r_{11} + r_{22} + r_{33} = 1 + 2\cos\theta \qquad (4\text{-}87)$$

$$\theta = \arccos\left(\frac{r_{11} + r_{22} + r_{33} - 1}{2}\right) \qquad (4\text{-}88)$$

再把 $\boldsymbol{R}$ 的非对角元素相减，得到

$$\begin{cases} r_{32} - r_{23} = 2k_x\sin\theta \\ r_{13} - r_{31} = 2k_y\sin\theta \\ r_{21} - r_{12} = 2k_z\sin\theta \end{cases} \qquad (4\text{-}89)$$

当 $\theta \neq 0$ 时，转轴

$$\hat{\boldsymbol{k}} = \frac{1}{2\sin\theta}\begin{pmatrix} r_{32} - r_{23} \\ r_{13} - r_{31} \\ r_{21} - r_{12} \end{pmatrix} \qquad (4\text{-}90)$$

从式（4-90）可以看出，等效轴 - 角描述刚体运动姿态时也存在奇异问题（$\sin\theta = 0$）。

例 4-12

已知姿态矩阵 $\boldsymbol{R} = \begin{pmatrix} 0 & 0 & 1 \\ 1 & 0 & 0 \\ 0 & 1 & 0 \end{pmatrix}$，求对应的等效转轴和转角。

解：将姿态矩阵中的各参数代入式（4-87）、式（4-88）和式（4-90），可得

$$1 + 2\cos\theta = 0$$

$$\theta = 120°$$

$$\hat{\boldsymbol{k}} = \frac{1}{2\sin\theta}\begin{pmatrix} r_{32} - r_{23} \\ r_{13} - r_{31} \\ r_{21} - r_{12} \end{pmatrix} = \frac{1}{\sqrt{3}}\begin{pmatrix} 1 \\ 1 \\ 1 \end{pmatrix}$$

习题

4-1 在什么条件下两个旋转矩阵可以交换？

4-2 一位置矢量 $^A\boldsymbol{p}$ 绕 z_A 轴旋转 30°，然后绕 x_A 轴旋转 45°，求按上述顺序旋转后得到的旋转矩阵。

4-3 物体坐标系 $\{B\}$ 最初与惯性坐标系 $\{A\}$ 重合，将坐标系 $\{B\}$ 绕 z_B 轴旋转 30°，再绕新坐标系的 x_B 轴旋转 45°，求按上述顺序旋转后得到的旋转矩阵。

4-4 已知一齐次变换矩阵

$$\boldsymbol{T} = \begin{pmatrix} \sqrt{3}/2 & -1/2 & 0 & 2 \\ 1/2 & \sqrt{3}/2 & 0 & 4 \\ 0 & 0 & 1 & 0 \\ 0 & 0 & 0 & 1 \end{pmatrix}$$

试求解该变换的逆变换 $\boldsymbol{T}^{-1}$。

4-5 已知刚体绕 x 轴方向的轴线旋转 30°，且轴线经过点 $(1,0,1)^{\mathrm{T}}$，求物体坐标系 $\{B\}$ 相对惯性坐标系 $\{A\}$ 的齐次变换矩阵。

4-6 已知姿态矩阵

$$\boldsymbol{R} = \begin{pmatrix} \sqrt{3}/2 & -1/2 & 0 \\ \sqrt{3}/4 & 3/4 & -1/2 \\ 1/4 & \sqrt{3}/4 & \sqrt{3}/2 \end{pmatrix}$$

求与之等效的 Z-Y-X 欧拉角。

4-7 已知姿态矩阵

$$\boldsymbol{R} = \begin{pmatrix} 1 & 0 & 0 \\ 0 & \sqrt{3}/2 & -1/2 \\ 0 & 1/2 & \sqrt{3}/2 \end{pmatrix}$$

求与之等效的 X-Y-Z 固定角。

4-8 已知姿态矩阵

$$\boldsymbol{R} = \begin{pmatrix} 0 & 1 & 0 \\ 0 & 0 & -1 \\ -1 & 0 & 0 \end{pmatrix}$$

求与之对应的等效轴-角。

4-9 当前工业机器人领域经常要定义 4 种坐标系：惯性坐标系 $\{A\}$、末端或工具坐标系 $\{T\}$、图像坐标系 $\{C\}$ 和工件坐标系 $\{W\}$，如图 4-30 所示。

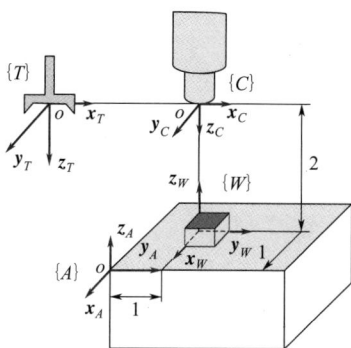

图 4-30　工业机器人

（1）基于图中所给尺寸，试确定 $^A_W\boldsymbol{T}$ 和 $^C_W\boldsymbol{T}$ ；

（2）若 $^T_C\boldsymbol{T} = \begin{pmatrix} 1 & 0 & 0 & 4 \\ 0 & 1 & 0 & 0 \\ 0 & 0 & 1 & 0 \\ 0 & 0 & 0 & 1 \end{pmatrix}$ ，试求 $^A_T\boldsymbol{T}$ 。

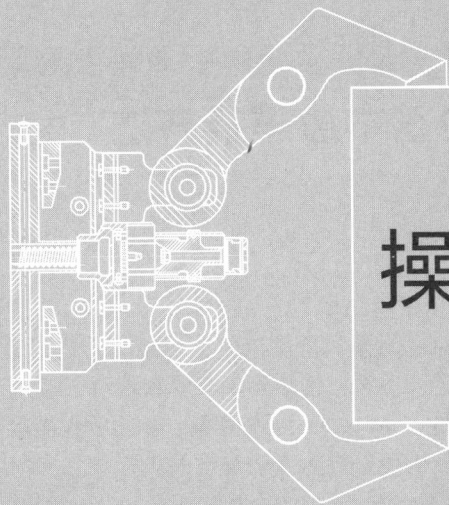

操作臂运动学主要研究机器人关节位移（速度、加速度）与末端位姿（速度、加速度）之间的映射关系，以揭示其运动特性。

本章重点讨论串联操作臂的位移求解问题。通过本章的学习，希望读者能够：

(1) 学会利用 D-H 参数法求解串联操作臂的正运动学；

(2) 了解串联操作臂的逆运动学求解原理及方法；

(3) 掌握机器人工作空间的概念及求解方法。

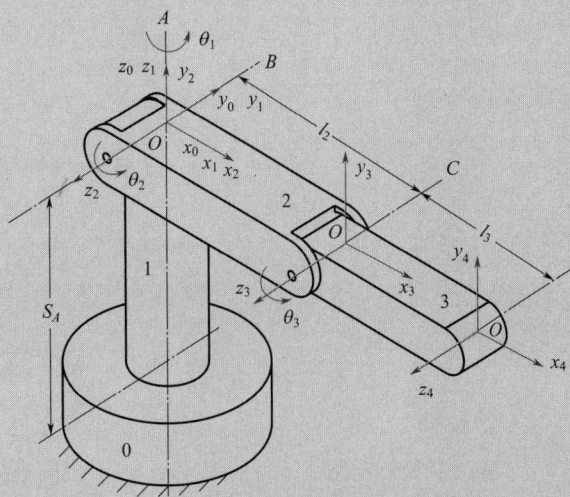

5.1 运动学求解的基本原理及方法

机器人运动学主要研究机器人的运动特性，而不考虑机器人运动时需要的驱动力。因此，机器人运动学只涉及所有与运动有关的几何参数。

运动学通常包含两个方面的内容：**正运动学**（forward kinematics）和**逆运动学**（inverse kinematics）。一般情况下，已知关节的运动输入量求末端输出量，称之为正运动学；反之，已知末端输出量求关节输入量，称为逆运动学。已知各关节参数求解末端执行器相对于基坐标系的位置和姿态（简称位姿），为**位姿**（displacement）**正解**；反之为**位姿反解**。

与位姿分析一样，速度、加速度分析也是机器人运动学的重要研究内容。速度分析属于一阶运动学的研究范畴，是进行运动特性分析、运动综合以及静、动力学分析及综合的基础，一阶运动学分析的核心是建立反映输入输出关系的速度雅可比矩阵；而加速度分析属于二阶运动学的研究范畴，是连接机构运动学与动力学的重要纽带。机器人的位姿、速度、加速度分析都可以归于运动学建模过程，而位姿分析是速度、加速度分析的基础。

不妨回顾一下机械原理中所学的平面机构运动学分析的一种基本方法——封闭向量多边形法。例如，在平面机构的位置分析中，无论采用图解法还是解析法，都需要建立机构位置分析的**封闭向量多边形**，或**闭环方程**（close-loop equation），相应的方法称为**封闭向量多边形法**。

封闭向量多边形法的基本原理是：将机构中每一构件看作一个向量，根据机构的环路特性，可将运动过程中的机构简化为一个或多个封闭向量多边形，由此建立约束方程，并求解此方程。

例 5-1

利用封闭向量多边形法对平面 2R 机器人进行位姿分析。

解：平面 2R 机器人本质上是一个开式运动链。为此，建立如图 5-1 所示的参考坐标系，对应的闭环方程为

$$\overrightarrow{OB} = \overrightarrow{OA} + \overrightarrow{AB}$$

写成复指数形式：

$$p_B = l_1 e^{j\theta_1} + l_2 e^{j(\theta_1+\theta_2)} \tag{5-1}$$

基于欧拉公式，将实、虚部分解得到

$$\begin{cases} x_B = l_1 \cos\theta_1 + l_2 \cos(\theta_1+\theta_2) \\ y_B = l_1 \sin\theta_1 + l_2 \sin(\theta_1+\theta_2) \end{cases} \tag{5-2}$$

进一步定义该机器人末端的姿态角 $\varphi=\theta_1+\theta_2$。当已知各杆的长度（$l_1$ 和 l_2）以及输入的角度参数（θ_1 和 θ_2），由上式很容易计算出末端参考点 B 的坐标。这一问题称为**机器人的位置正解**。

反之，当已知各杆的长度（l_1 和 l_2）和末端参考点 B 的坐标，也可以由上式计算出输入的角度参数（θ_1 和 θ_2），这一问题称为**机器人的位置反解**。具体推导过程从略，结果表达如下：

$$\theta_2 = \arccos\left(\frac{x_B^2 + y_B^2 - l_1^2 - l_2^2}{2l_1l_2}\right) \tag{5-3}$$

$$\theta_1 = \arctan\left(\frac{y_B(l_1 + l_2\cos\theta_2) - x_Bl_2\sin\theta_2}{x_B(l_1 + l_2\cos\theta_2) + y_Bl_2\sin\theta_2}\right) \tag{5-4}$$

式中，$s\theta_2 = \pm\sqrt{1 - c^2\theta_2}$。因此机构对应两组解，即在给定已知条件下，该机器人对应两组（装配）位形（configuration）。具体如图 5-2 所示。

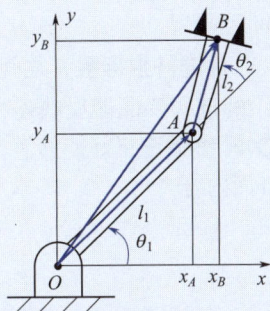

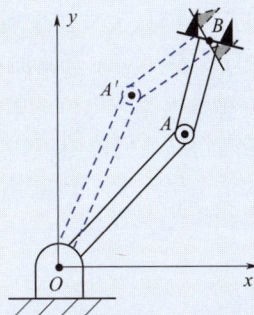

图 5-1　平面 2R 机器人　　　　图 5-2　平面 2R 机器人同一位姿下的两组装配位形

对于上面给出的平面闭链和开链机构（平面曲柄滑块机构和平面 2R 机器人），都能建立起相应的**代数方程**（algebraic equation），并可以采用解析方法得到**解析解**（analytical solution）。不过，以上的例子比较简单。

当机器人的结构变得复杂（比如，空间运动链）、运动副数量增多时，以上方法在建模求解时会遇到难以克服的瓶颈。例如：串联机器人的位姿反解问题和并联机器人的位姿正解问题，尽管仍存在封闭向量多边形，但是当机器人存在多个旋转自由度时，所建立的代数方程会呈现高次方程和超越函数等形式，再利用解析法求解将变得无能为力。

n 自由度的串联机器人实质上是一种由 n 个单自由度运动副（俗称关节）连接 $n+1$ 个杆所组成的开式运动链。通常定义**基座**（base）或**机架**（frame）为杆 0，末端为杆 n 固连执行器，串联机器人可看作是从基座 0 到末端的开式链。除了基座和末端杆 n 以外，串联机器人的各中间连杆通常连接有两个关节。因为习惯上以基座为基准考察机器人系统，所以称各连杆靠近基座的关节为前向或近端关节，靠近末端的关节为后向或远端关节。

一般而言，串联机器人末端相对于基座的位姿是重要的，这是因为，工具（末端执行器）通常安装在末端连杆的法兰上。对于如图 5-3 所示 6 自由度串联机器人，末端工具相对于基座的位姿矩阵为 ${}_6^0\boldsymbol{T}$。

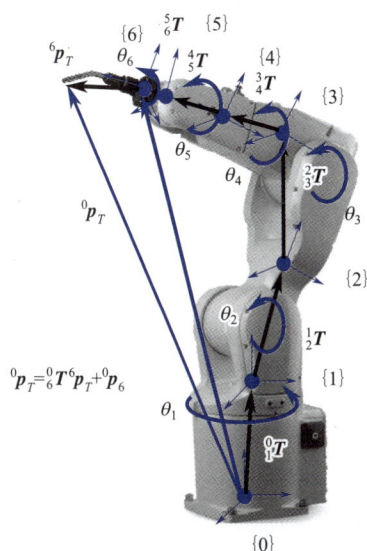

串联机器人的各连杆从基座到末端通过关节依次相连，各关节变量逐次作用于后续连杆。而每对相邻连杆之间的相对位姿仅取决于它们之间

图 5-3　串联机器人的运动学模型

119

的关节变量。写成函数的形式，即

$$^{i-1}_iT = f(\theta_i)$$ （5-5）

这里的 $f(\theta_i)$ 可以理解为 $^{i-1}_iT$ 中前三行元素的函数表达式的集合。

如果已知各相邻连杆间的位姿矩阵 $^{i-1}_iT$，由 **4.4 节**的变换方程可知，把这些矩阵依次相乘，即可得到基座与末端杆之间的位姿关系 ^0_6T，即

$$^0_6T = {}^0_1T \cdots {}^{i-1}_iT \cdots {}^5_6T$$ （5-6）

显然，^0_6T 前三行元素的表达式一定包含链路上的所有关节变量。这样，就得到了串联机器人的位姿正解，即从关节变量到末端位姿（或位形）之间的映射。

位姿矩阵 $^{i-1}_iT$ 实际上表示的是两个相邻连杆固连坐标系（简称**连杆坐标系**）之间的关系，因此，建立连杆坐标系是获得位姿矩阵的第一步。连杆坐标系的选择要既能反映连杆的几何特征，又要便于获得简洁的位姿矩阵。而建立连杆坐标系的 **D-H 参数法**正好能够满足这些要求，并在机器人学中得到了广泛应用。**5.2 节**将详细介绍这方面内容。

5.2　D-H 参数法与串联机器人位姿求解

（1）D-H 参数法的由来

D-H 参数法由美国西北大学机械工程系的两名教授：**迪纳维特**（Denavit）和**哈登伯格**（Hartenberg）于 1955 年首次提出，后经 Waldron 等人做了改进。他们所提出的 D-H 参数法中，连杆坐标系 $\{i\}$ 置于连杆 i 的后端，如图 5-4（a）所示，因此又称之为**后置 D-H 参数法**，也称为"**标准 D-H 参数法**"。

1980 年代，Craig、Khalil 等相继提出了"**前置 D-H 参数法**"，如图 5-4（b）所示。其中每个连杆坐标系被固接在该连杆的前端，也称为**改进的 D-H 参数法**。经过此变化，使得参数符号在某些方面显得更加清晰和简洁，因此，前置 D-H 参数法也相对更为常用些。

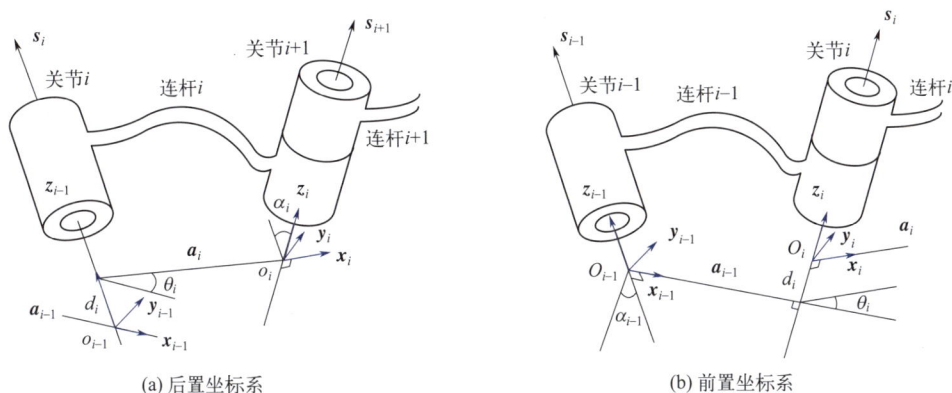

(a) 后置坐标系　　　　　　　　　　　　　(b) 前置坐标系

图 5-4　连杆坐标系及 D-H 参数的定义

为此，本书将重点讨论**前置 D-H 参数法**及其应用。

（2）前置 D-H 参数定义

作为机器人的重要组成元素之一，各连杆都可看作是刚体，其结构参数可通过其两端两关节轴线的空间关系来确定（这里只关注影响其运动学的结构参数）；而各关节变量作为连杆的连接参数，可通过与之相邻的两连杆之间的位置关系来定义。换言之，每个连杆坐标系都对应着一组参数，包括两个相邻连杆的结构参数（连杆长度与扭角）及其连接参数（偏距与转角），分别如图 5-5 和图 5-6 所示，具体定义如下：

1）连杆 i-1 的长度 a_{i-1}

连杆 i-1 的长度 a_{i-1} 定义为关节 i-1 轴线 s_{i-1} 与关节 i 轴线 s_i 的公垂线（或公法线）长度（图 5-5），它实际反映的是相邻两关节轴线之间的最短距离。显然，当两轴线相交时，$a_{i-1}=0$。

图中有意将连杆画成弯曲的形状，就是为了说明 a_{i-1} 与连杆的几何形状是无关的。

2）连杆 i-1 的扭角 α_{i-1}

连杆 i-1 的扭角 α_{i-1} 定义为关节 i-1 轴线 s_{i-1} 与关节 i 轴线 s_i 之间的夹角（图 5-5），其取值范围为 ±90°；假定扭角 α_{i-1} 的旋转轴沿公垂线 a_{i-1} 从轴 s_{i-1} 指向轴 s_i，其方向遵循右手定则，规定从轴 s_{i-1} 转到轴 s_i 为正。若关节轴线平行，$\alpha_{i-1}=0$。

3）连杆 i 的偏距 d_i

连杆 i 的偏距 d_i 定义为从 a_{i-1} 与轴线 s_i 的交点到 a_i 与轴线 s_i 的交点的有向距离（图 5-6）。对于移动关节，d_i 为变量；而对于旋转关节，d_i 则为结构参数（常值）。

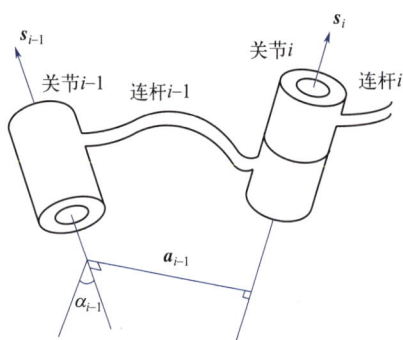

图 5-5 相邻连杆结构参数的定义   图 5-6 相邻连杆连接参数的定义

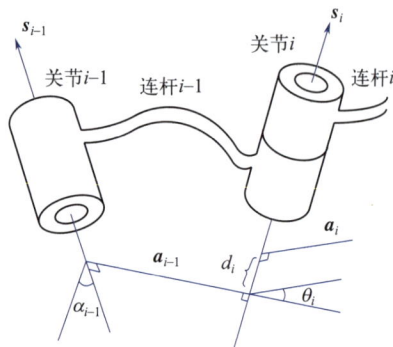

4）关节 i 的转角 θ_i

关节 i 的转角 θ_i 定义为连杆公法线 a_{i-1} 与 a_i 之间的夹角，其方向以 d_i 方向为转轴方向，遵循右手定则绕 s_i 旋转，从 a_{i-1} 到 a_i 为正（图 5-6）。关节角 θ_i 实质反映的是连杆 i 相对连杆 $i-1$ 的转角。因此，对于旋转关节，θ_i 为变量；而对于移动关节，θ_i 则为结构参数（常值）。

注意，机器人的结构参数是由机器人本体结构特征决定的，当机械结构装配完成后，结构参数就不再发生变化。

例 5-2

两类特殊连杆（基座和末端，图 5-7 所示）的参数定义。

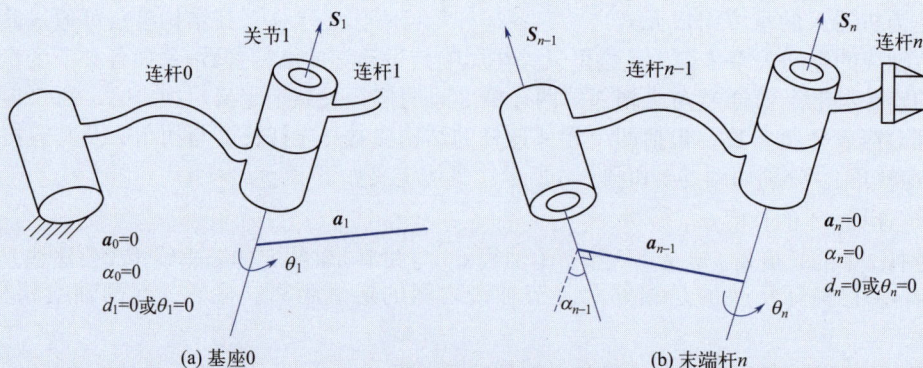

(a) 基座 0   (b) 末端杆 n

图 5-7 特殊连杆的参数定义

解：首先定义杆 0（基座）的参数。由于杆 0 为基座，没有前向关节，因此其结构参数

$$a_0 = 0 , \quad \alpha_0 = 0$$

其他两参数中，若与之连接的关节 1 为旋转关节，则偏距 $d_1 = 0$，关节转角为 θ_1；若关节 1 为移动关节，则关节转角 $\theta_1 = 0$，偏距为 d_1。

再来定义杆 n（末端杆）的参数：由于杆 n 没有后向关节，因此其结构参数

$$a_n = 0，\quad \alpha_n = 0$$

其他两参数中，若关节 n 为旋转关节，则偏距 $d_n = 0$，关节转角为 θ_n；若关节 n 为移动关节，则关节转角 $\theta_n = 0$，偏距为 d_n。

（3）前置 D-H 矩阵

在明确了连杆参数后，即可建立连杆坐标系。下面以中间某连杆为例，给出建立前置坐标系的原则，具体如图 5-4（b）所示。

连杆坐标系 {i}：定义在关节 i 上，且与连杆 i 固连，原点取在 a_i 与关节轴线 s_i 的交点处；z_i 轴与轴线 s_i 重合，x_i 轴沿 a_i 方向由关节 i 指向关节 $i+1$，y_i 轴由右手定则确定；如果轴线 s_i 与轴线 s_{i+1} 相交，则原点在交点处，x_i 与 s_i 和 s_{i+1} 构成的平面垂直，有两个可选方向。

不过，对于基坐标系和末端连杆坐标系，需要做一些特殊规定。如图 5-8 所示。

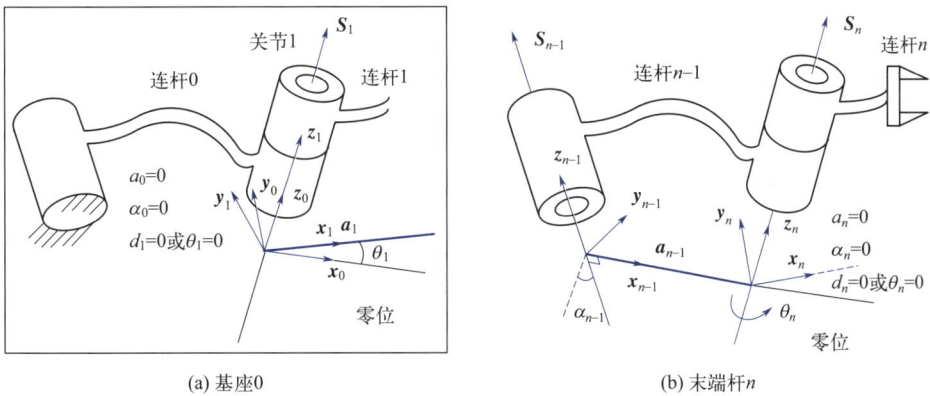

(a) 基座0　　　　　　　　　　　　　　　　(b) 末端杆 n

图 5-8　特殊连杆坐标系的定义

基坐标系 {0}：该坐标系为惯性坐标系（固定不动）。理论上可以任意设定，但为使问题简化，常做一些特殊规定：令 {0} 的原点与 {1} 的原点重合，z_0 轴与 z_1 轴重合。设定当关节变量 $\theta_1 = 0$ 时，{0} 与 {1} 重合（注意：$a_0 = 0$，$\alpha_0 = 0$）。

末端连杆坐标系 {n}：考虑到末端连杆 n 没有后向关节，因此可设定 {n} 的原点在 a_{n-1} 与关节 n 轴线 s_n 的交点处，z_n 轴与关节 n 轴线 s_n 重合。设定当关节变量 $\theta_n = 0$ 时，x_n 与 x_{n-1} 共线且同向。

工具坐标系 {T}：设定工具坐标系 {T} 与末端连杆坐标系 {n} 的原点不重合，但相应地，各坐标轴保持一致，即两者之间只存在一个偏距（多数反映的是末端连杆的长度）。

以上约定可使 D-H 参数尽可能为 0，从而简化运算。

对于关节数为 n 的机器人，总共需要建立（$n+2$）个连杆坐标系，包括基坐标系 {0}、中间连杆坐标系 {i}、末端连杆坐标系 {n} 和工具坐标系 {T}。建立各连杆坐标系时，通常遵循的原则是先建立中间连杆坐标系，再建立基坐标系 {0}、末端连杆坐标系 {n} 和工具坐标系 {T}。

例 5-3

标出图 5-9 所示的平面 2R 机器人的连杆坐标系，给出其前置 D-H 参数。

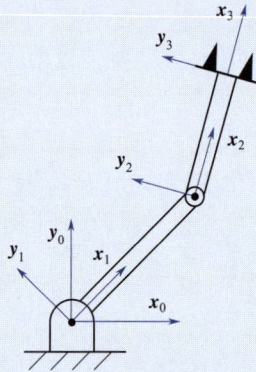

解：根据前面定义的规则很容易建立起各连杆坐标系，并给出相应的前置 D-H 参数，具体如图 5-10 所示。注意，定义 {0} 时，按照上述规则，应取在基座上，且 {0} 与 {1} 重合。

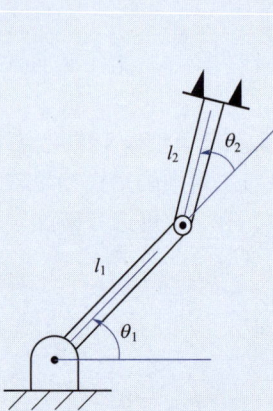

i	α_{i-1}	a_{i-1}	d_i	θ_i
1	0	0	0	θ_1
2	0	l_1	0	θ_2
3	0	l_2	0	0

(a) 连杆坐标系   (b) 前置D-H参数

图 5-9 平面 2R 机器人   图 5-10 平面 2R 机器人的连杆坐标系及其前置 D-H 参数

例 5-4

标出图 5-11 所示的平面 3R 机器人的连杆坐标系，给出其前置 D-H 参数。

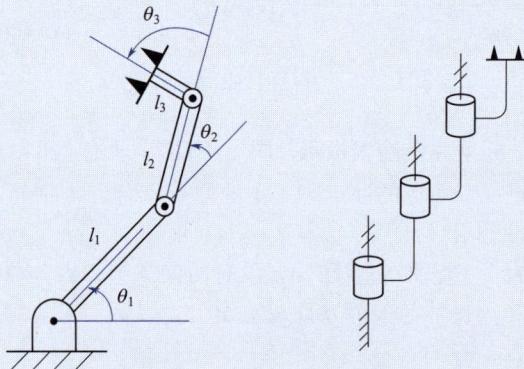

图 5-11 平面 3R 机器人

解：根据前面定义的规则很容易建立起各连杆坐标系，并给出相应的前置 D-H 参数，具体如图 5-12 所示。注意，定义 {0} 时，按照上述规则，应取在基座上，且 {0} 与 {1} 重合。

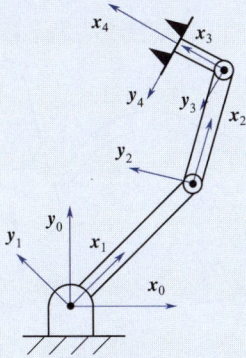

i	α_{i-1}	a_{i-1}	d_i	θ_i
1	0	0	0	θ_1
2	0	l_1	0	θ_2
3	0	l_2	0	θ_3
4	0	l_3	0	0

(a) 连杆坐标系　　　　　　　(b) 前置D-H参数

图 5-12　平面 3R 机器人的连杆坐标系及其前置 D-H 参数

< 例 5-5

标出图 5-13（a）所示的空间 3R 机器人的连杆坐标系，给出其前置 D-H 参数。

解：根据前面定义的规则建立各连杆坐标系，并给出相应的 D-H 参数，具体如图 5-13（b）所示。

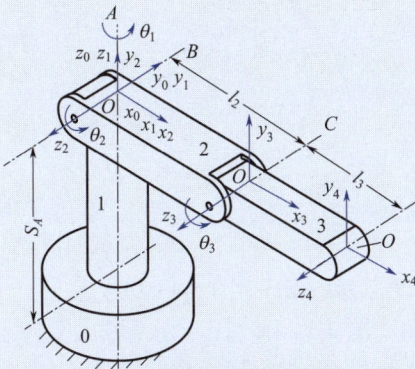

i	α_{i-1}	a_{i-1}	d_i	θ_i
1	0	0	0	θ_1
2	90°	0	0	θ_2
3	0	l_2	0	θ_3
4	0	l_3	0	0

(a) 连杆坐标系　　　　　　　(b) 前置D-H参数

图 5-13　空间 3R 机器人及其前置 D-H 参数

此例中，关节 1 轴线与关节 2 轴线相交，因此，x_1 与两轴线构成的平面垂直，且 {1} 原点在轴线交点处，x_1 的方向可以有两个选择。此外，坐标系 {1} 和 {2} 的 z 轴可以如图 5-13（a）所示方向，也可以是图中所示的相反方向。相应的 D-H 参数也会发生变化。根据特殊规定，使 {0} 与 {1} 重合，所以图中的 {0} 并不在基座 0 上，但是，应当清楚 {0} 与基座固连。

建立了连杆坐标系，也就确定了相邻连杆的 D-H 参数。在此基础上，利用 **4.4 节**有关连续坐标变换的知识，可得出相邻连杆之间位姿关系的描述。

如图 5-14 所示，可通过以下四步导出从连杆坐标系 {i-1} 到坐标系 {i} 的齐次变换 $^{i-1}_iT$。

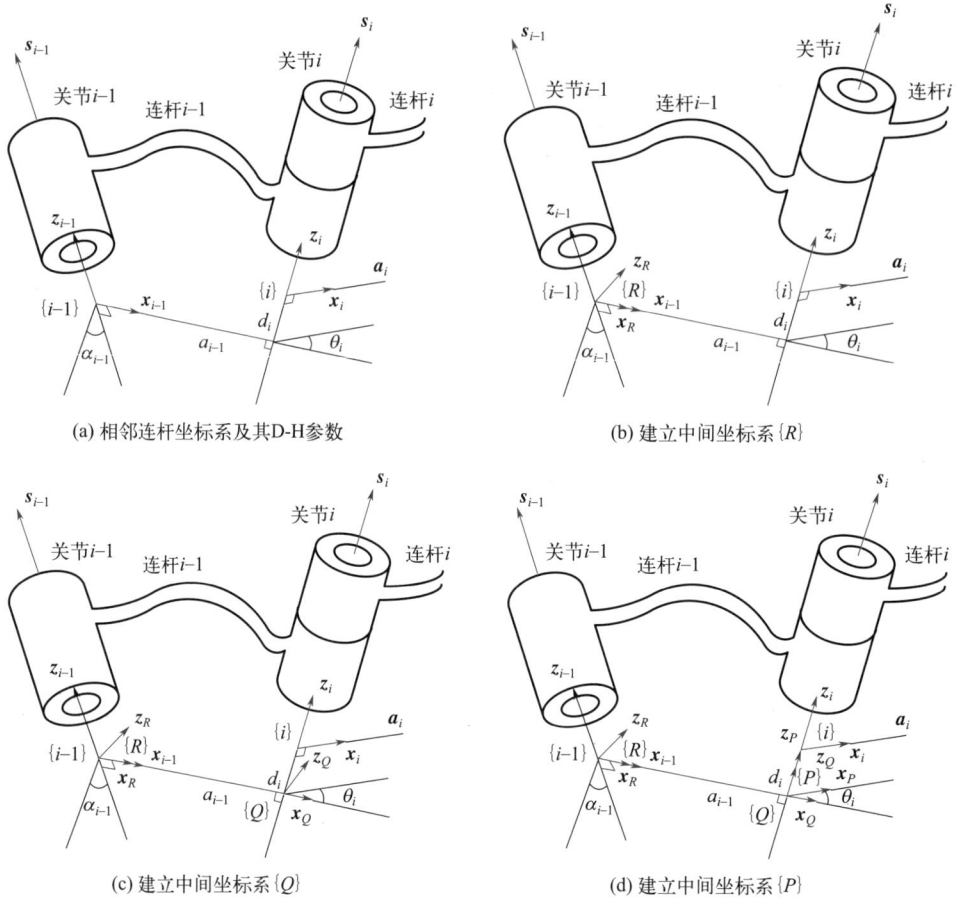

(a) 相邻连杆坐标系及其D-H参数   (b) 建立中间坐标系{R}

(c) 建立中间坐标系{Q}   (d) 建立中间坐标系{P}

图 5-14   中间坐标系的定义

① $\{i-1\}$ 绕 x_{i-1} 轴（$\boldsymbol{a}_{i-1}$）旋转角 α_{i-1}，得到中间坐标系 $\{R\}$［图 5-14（b）］；

② $\{R\}$ 沿 x_{i-1} 轴平移 a_{i-1}，得到中间坐标系 $\{Q\}$［图 5-14（c）］；

③ $\{Q\}$ 绕 z_i 轴（$\boldsymbol{s}_i$）旋转角 θ_i，得到中间坐标系 $\{P\}$［图 5-14（d）］；

④ $\{P\}$ 沿 z_i 轴平移 d_i，与坐标系 $\{i\}$ 重合［图 5-14（d）］。

由于以上四步都是相对**动坐标系**描述的，遵循**矩阵"从左到右"相乘**的原则，因此有

$$\prescript{i-1}{i}{\boldsymbol{T}} = \prescript{i-1}{R}{\boldsymbol{T}}\,\prescript{R}{Q}{\boldsymbol{T}}\,\prescript{Q}{P}{\boldsymbol{T}}\,\prescript{P}{i}{\boldsymbol{T}} = \mathrm{Rot}(\hat{\boldsymbol{x}},\alpha_{i-1})\mathrm{Trans}(\hat{\boldsymbol{x}},a_{i-1})\mathrm{Rot}(\hat{\boldsymbol{z}},\theta_i)\mathrm{Trans}(\hat{\boldsymbol{z}},d_i) \tag{5-7}$$

式（5-7）中各项分别如下：

$$\mathrm{Rot}(\hat{\boldsymbol{x}},\alpha_{i-1}) = \begin{pmatrix} 1 & 0 & 0 & 0 \\ 0 & \mathrm{c}\alpha_{i-1} & -\mathrm{s}\alpha_{i-1} & 0 \\ 0 & \mathrm{s}\alpha_{i-1} & \mathrm{c}\alpha_{i-1} & 0 \\ 0 & 0 & 0 & 1 \end{pmatrix} \quad \mathrm{Trans}(\hat{\boldsymbol{x}},a_{i-1}) = \begin{pmatrix} 1 & 0 & 0 & a_{i-1} \\ 0 & 1 & 0 & 0 \\ 0 & 0 & 1 & 0 \\ 0 & 0 & 0 & 1 \end{pmatrix}$$

$$\mathrm{Rot}(\hat{\boldsymbol{z}},\theta_i) = \begin{pmatrix} \mathrm{c}\theta_i & -\mathrm{s}\theta_i & 0 & 0 \\ \mathrm{s}\theta_i & \mathrm{c}\theta_i & 0 & 0 \\ 0 & 0 & 1 & 0 \\ 0 & 0 & 0 & 1 \end{pmatrix} \quad \mathrm{Trans}(\hat{\boldsymbol{z}},d_i) = \begin{pmatrix} 1 & 0 & 0 & 0 \\ 0 & 1 & 0 & 0 \\ 0 & 0 & 1 & d_i \\ 0 & 0 & 0 & 1 \end{pmatrix} \tag{5-8}$$

将式（5-8）代入式（5-7），计算可得

$$
{}_i^{i-1}\boldsymbol{T} = \begin{pmatrix} \mathrm{c}\,\theta_i & -\mathrm{s}\,\theta_i & 0 & a_{i-1} \\ \mathrm{s}\,\theta_i\,\mathrm{c}\,\alpha_{i-1} & \mathrm{c}\,\theta_i\,\mathrm{c}\,\alpha_{i-1} & -\mathrm{s}\,\alpha_{i-1} & -d_i\,\mathrm{s}\,\alpha_{i-1} \\ \mathrm{s}\,\theta_i\,\mathrm{s}\,\alpha_{i-1} & \mathrm{c}\,\theta_i\,\mathrm{s}\,\alpha_{i-1} & \mathrm{c}\,\alpha_{i-1} & d_i\,\mathrm{c}\,\alpha_{i-1} \\ 0 & 0 & 0 & 1 \end{pmatrix} \tag{5-9}
$$

考虑到齐次变换矩阵 ${}_i^{i-1}\boldsymbol{T}$ 是由 4 个前置坐标系下的 D-H 参数所确定的，因此又称该矩阵**为前置 D-H 矩阵**。该矩阵包含了前一个连杆 $i-1$ 的结构参数 a_{i-1}、α_{i-1} 和当前连杆 i 的关节参数 θ_i、d_i。注意 4 个参数脚标的差异。

‹ 例 5-6

在【例 5-3】的基础上，给出平面 2R 机器人对应各连杆坐标系的前置 D-H 矩阵。
解：对应各连杆坐标系的 D-H 矩阵为

$$
{}_1^0\boldsymbol{T} = \begin{pmatrix} \mathrm{c}\theta_1 & -\mathrm{s}\theta_1 & 0 & 0 \\ \mathrm{s}\theta_1 & \mathrm{c}\theta_1 & 0 & 0 \\ 0 & 0 & 1 & 0 \\ 0 & 0 & 0 & 1 \end{pmatrix},\ {}_1^2\boldsymbol{T} = \begin{pmatrix} \mathrm{c}\theta_2 & -\mathrm{s}\theta_2 & 0 & l_1 \\ \mathrm{s}\theta_2 & \mathrm{c}\theta_2 & 0 & 0 \\ 0 & 0 & 1 & 0 \\ 0 & 0 & 0 & 1 \end{pmatrix},\ {}_T^2\boldsymbol{T} = \begin{pmatrix} 1 & 0 & 0 & l_2 \\ 0 & 1 & 0 & 0 \\ 0 & 0 & 1 & 0 \\ 0 & 0 & 0 & 1 \end{pmatrix} \tag{5-10}
$$

‹ 例 5-7

在【例 5-4】的基础上，给出平面 3R 机器人对应各连杆坐标系的前置 D-H 矩阵。
解：对应各连杆坐标系的 D-H 矩阵为

$$
{}_1^0\boldsymbol{T} = \begin{pmatrix} \mathrm{c}\theta_1 & -\mathrm{s}\theta_1 & 0 & 0 \\ \mathrm{s}\theta_1 & \mathrm{c}\theta_1 & 0 & 0 \\ 0 & 0 & 1 & 0 \\ 0 & 0 & 0 & 1 \end{pmatrix},\ {}_i^{i-1}\boldsymbol{T} = \begin{pmatrix} \mathrm{c}\theta_i & -\mathrm{s}\theta_i & 0 & l_{i-1} \\ \mathrm{s}\theta_i & \mathrm{c}\theta_i & 0 & 0 \\ 0 & 0 & 1 & 0 \\ 0 & 0 & 0 & 1 \end{pmatrix},\ i=2、3,\ {}_T^3\boldsymbol{T} = \begin{pmatrix} 1 & 0 & 0 & l_3 \\ 0 & 1 & 0 & 0 \\ 0 & 0 & 1 & 0 \\ 0 & 0 & 0 & 1 \end{pmatrix} \tag{5-11}
$$

‹ 例 5-8

在【例 5-5】的基础上，给出空间 3R 机器人对应各连杆坐标系的前置 D-H 矩阵。
解：对应各连杆坐标系的 D-H 矩阵为

$$
{}_1^0\boldsymbol{T} = \begin{pmatrix} \mathrm{c}\theta_1 & -\mathrm{s}\theta_1 & 0 & 0 \\ \mathrm{s}\theta_1 & \mathrm{c}\theta_1 & 0 & 0 \\ 0 & 0 & 1 & 0 \\ 0 & 0 & 0 & 1 \end{pmatrix},\ {}_2^1\boldsymbol{T} = \begin{pmatrix} \mathrm{c}\theta_2 & -\mathrm{s}\theta_2 & 0 & 0 \\ 0 & 0 & -1 & 0 \\ \mathrm{s}\theta_2 & \mathrm{c}\theta_2 & 0 & 0 \\ 0 & 0 & 0 & 1 \end{pmatrix},
$$

$$
{}_3^2\boldsymbol{T} = \begin{pmatrix} \mathrm{c}\theta_3 & -\mathrm{s}\theta_3 & 0 & l_2 \\ \mathrm{s}\theta_3 & \mathrm{c}\theta_3 & 0 & 0 \\ 0 & 0 & 1 & 0 \\ 0 & 0 & 0 & 1 \end{pmatrix},\ {}_T^3\boldsymbol{T} = \begin{pmatrix} 1 & 0 & 0 & l_3 \\ 0 & 1 & 0 & 0 \\ 0 & 0 & 1 & 0 \\ 0 & 0 & 0 & 1 \end{pmatrix} \tag{5-12}
$$

回顾【例 5-5】，若按照图 5-15 所示建立前置坐标系并定义 D-H 参数，其中坐标系 {1} 与 {0} 重合。

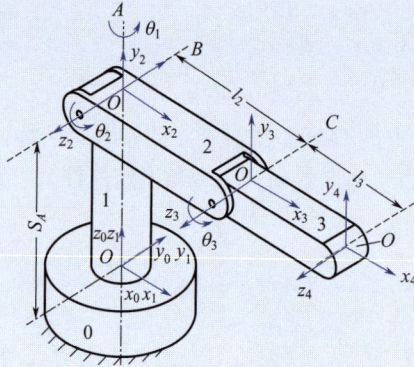

i	α_{i-1}	a_{i-1}	d_i	θ_i
1	0	0	0	θ_1
2	90°	0	S_A	θ_2
3	0	l_2	0	θ_3
4	0	0	l_3	0

图 5-15　错误的连杆坐标系设置

根据图 5-15 所示 D-H 参数和式（5-8），可得各相邻连杆坐标系之间的 D-H 矩阵为

$$
{}^0_1\boldsymbol{T} = \begin{pmatrix} c\theta_1 & -s\theta_1 & 0 & 0 \\ s\theta_1 & c\theta_1 & 0 & 0 \\ 0 & 0 & 1 & 0 \\ 0 & 0 & 0 & 1 \end{pmatrix}, \quad {}^1_2\boldsymbol{T} = \begin{pmatrix} c\theta_2 & -s\theta_2 & 0 & 0 \\ 0 & 0 & -1 & -S_A \\ s\theta_2 & c\theta_2 & 0 & 0 \\ 0 & 0 & 0 & 1 \end{pmatrix}
$$

$$
{}^2_3\boldsymbol{T} = \begin{pmatrix} c\theta_3 & -s\theta_3 & 0 & l_2 \\ s\theta_3 & c\theta_3 & 0 & 0 \\ 0 & 0 & 1 & 0 \\ 0 & 0 & 0 & 1 \end{pmatrix}, \quad {}^3_4\boldsymbol{T} = \begin{pmatrix} 1 & 0 & 0 & l_3 \\ 0 & 1 & 0 & 0 \\ 0 & 0 & 1 & 0 \\ 0 & 0 & 0 & 1 \end{pmatrix}
$$

（5-13）

通过验证 {2} 原点在 {1} 的坐标，可以明显看出 ${}^1_2\boldsymbol{T}$ 不正确。

仔细分析图 5-15 中 {1} 和 {2} 的关系可以发现，无法利用式（5-7）所示的四个中间坐标系通过连续变换使 {1} 与 {2} 重合，因此，图 5-15 中 {1} 与 {2} 的关系也就不遵循式（5-9）。此时，若仍按照式（5-9）建立 D-H 矩阵，将得到错误的结果。

通过这个实例可以看到，**对于关节轴线垂直的情况，要慎重选择坐标系位置**。【例 5-5】中坐标系 {1} 的原点应该选择关节 1 与关节 2 轴线的交点（图 5-13），这样才能确保两个相邻坐标系能够通过式（5-7）的变换顺序重合。

（4）正运动学求解

串联机器人位姿正解就是根据已知关节参数，求解末端工具坐标系 {T} 相对于基坐标系 {0} 的位姿矩阵 ${}^0_n\boldsymbol{T}$。

由前面的分析可知，串联机器人的每个连杆相对于前一个连杆的相对位姿 ${}^{i-1}_i\boldsymbol{T}$ 由该连杆关节参数 θ_i 唯一确定。因此，机器人末端位姿的求解可以通过合成各个关节引起的刚体运动来获得。

具体而言，对于 n 自由度的串联机器人，在建立了各连杆坐标系及其对应的 D-H 参数之后，便得到了相应的 $n+1$ 个 D-H 矩阵，将所有矩阵按顺序相乘，即可计算出工具坐标系 {T} 相对基坐标系 {0} 的位姿 ${}^0_T\boldsymbol{T}$。

对于具有 n 个关节的串联机器人，其位姿正解的一般计算公式为

$$_T^0\boldsymbol{T} = {}_1^0\boldsymbol{T}\,{}_2^1\boldsymbol{T}\cdots{}_n^{n-1}\boldsymbol{T}\,{}_T^n\boldsymbol{T} \tag{5-14}$$

式中，$_T^0\boldsymbol{T}$ 表示机器人末端执行器相对于基坐标系 $\{0\}$ 的位姿，且可以表示为

$$_T^0\boldsymbol{T} = \begin{pmatrix} _T^0\boldsymbol{R} & {}^0\boldsymbol{p}_{TORG} \\ \boldsymbol{0} & 1 \end{pmatrix} \tag{5-15}$$

式（5-15）也称为串联机器人位姿求解的**闭环方程**。

◁ 例 5-9

利用前置 D-H 参数法求【例 5-3】中的平面 2R 机器人位姿正解。

解：【例 5-6】中已经给出了该机器人的 D-H 参数和相邻连杆坐标系间的齐次变换矩阵，进而根据式（5-14）对其正向运动学进行求解。

$$_T^0\boldsymbol{T}(\boldsymbol{\theta}) = {}_1^0\boldsymbol{T}(\theta_1)\,{}_2^1\boldsymbol{T}(\theta_2)\,{}_T^2\boldsymbol{T} \tag{5-16}$$

将式（5-10）代入到式（5-16）中，得到

$$_T^0\boldsymbol{T} = \begin{pmatrix} c\theta_{12} & -s\theta_{12} & 0 & l_1 c\theta_1 + l_2 c\theta_{12} \\ s\theta_{12} & c\theta_{12} & 0 & l_1 s\theta_1 + l_2 s\theta_{12} \\ 0 & 0 & 1 & 0 \\ 0 & 0 & 0 & 1 \end{pmatrix} \tag{5-17}$$

因此，平面 2R 机器人末端的位姿 $\boldsymbol{X}_T = (x, y, \varphi)^{\mathrm{T}}$ 可表示成

$$\begin{cases} x = l_1 c\theta_1 + l_2 c\theta_{12} \\ y = l_1 s\theta_1 + l_2 s\theta_{12} \\ \varphi = \theta_{12} \end{cases} \tag{5-18}$$

注意，式中的三个参数 $(x, y, \varphi)^{\mathrm{T}}$ 只有两个是独立的。

◁ 例 5-10

利用前置 D-H 参数法求【例 5-4】中的平面 3R 机器人位姿正解。

解：【例 5-7】中已经给出了该机器人的 D-H 参数和相邻连杆坐标系间的齐次变换矩阵，进而根据式（5-14）对其正向运动学进行求解。

$$_T^0\boldsymbol{T}(\boldsymbol{\theta}) = {}_1^0\boldsymbol{T}(\theta_1)\,{}_2^1\boldsymbol{T}(\theta_2)\,{}_3^2\boldsymbol{T}(\theta_3)\,{}_T^3\boldsymbol{T} \tag{5-19}$$

将式（5-11）代入式（5-19）中，得到

$$_T^0\boldsymbol{T} = \begin{pmatrix} c\theta_{123} & -s\theta_{123} & 0 & l_1 c\theta_1 + l_2 c\theta_{12} + l_3 c\theta_{123} \\ s\theta_{123} & c\theta_{123} & 0 & l_1 s\theta_1 + l_2 s\theta_{12} + l_3 s\theta_{123} \\ 0 & 0 & 1 & 0 \\ 0 & 0 & 0 & 1 \end{pmatrix} \tag{5-20}$$

因此，平面 3R 机器人末端的位姿 $\boldsymbol{X}_T = (x, y, \varphi)^{\mathrm{T}}$ 可表示为

$$\begin{cases} x = l_1 c\theta_1 + l_2 c\theta_{12} + l_3 c\theta_{123} \\ y = l_1 s\theta_1 + l_2 s\theta_{12} + l_3 s\theta_{123} \\ \varphi = \theta_{123} \end{cases} \tag{5-21}$$

例5-11

利用前置 D-H 参数法求图 5-13（a）所示空间 3R 机器人的位姿正解。

解：【例5-8】中已经给出了该机器人的 D-H 参数和相邻连杆坐标系间的齐次变换矩阵，进而根据式（5-14）对其正向运动学进行求解。

$$^0_T T(\boldsymbol{\theta}) = {}^0_1 T(\theta_1) {}^1_2 T(\theta_2) {}^2_3 T(\theta_3) {}^3_T T \tag{5-22}$$

将式（5-12）代入式（5-22）中，得到

$$^0_T T = \begin{pmatrix} c\theta_1 c\theta_{23} & -c\theta_1 s\theta_{23} & s\theta_1 & l_1 c\theta_1 c\theta_2 + l_3 c\theta_1 c\theta_{23} \\ s\theta_1 c\theta_{23} & -s\theta_1 s\theta_{23} & -c\theta_1 & l_1 s\theta_1 s\theta_2 + l_3 s\theta_1 c\theta_{23} \\ s\theta_{23} & c\theta_{23} & 0 & l_2 s\theta_2 + l_3 s\theta_{23} \\ 0 & 0 & 0 & 1 \end{pmatrix} \tag{5-23}$$

因此，空间 3R 机器人末端的位姿 $^0\boldsymbol{X}_T = (x, y, z, \hat{\boldsymbol{k}}, \varphi)^\mathrm{T}$（姿态采用等效轴-角的形式表示）可表示为

$$\begin{cases} x = l_1 c\theta_1 c\theta_2 + l_3 c\theta_1 c\theta_{23} \\ y = l_1 s\theta_1 s\theta_2 + l_3 s\theta_1 c\theta_{23} \\ z = l_2 s\theta_2 + l_3 s\theta_{23} \\ \varphi = \arccos^{-1}\left(\dfrac{c\theta_{123} - 1}{2}\right) \\ \hat{\boldsymbol{k}} = \dfrac{1}{2s\varphi}\begin{pmatrix} c\theta_{23} + c\theta_1 \\ s\theta_1 - s\theta_{23} \\ s\theta_{123} \end{pmatrix} \end{cases} \tag{5-24}$$

（5）逆运动学求解

串联机器人的**位姿反解**是指给定末端工具坐标系所期望的位姿，求解与该位姿相对应的各个关节变量。

对串联机器人而言，当关节变量已知时，末端的位置一般是唯一的，即位姿正解是唯一的，求解相对简单。但对其位姿反解问题，情况又如何呢？以上节给出的运动学公式为例，重写如下：

$$^0_6 T = {}^0_1 T(\theta_1) {}^1_2 T(\theta_2) {}^2_3 T(\theta_3) {}^3_4 T(\theta_4) {}^4_5 T(\theta_5) {}^5_6 T(\theta_6) = \begin{pmatrix} r_{11} & r_{12} & r_{13} & p_1 \\ r_{21} & r_{22} & r_{23} & p_2 \\ r_{31} & r_{32} & r_{33} & p_3 \\ 0 & 0 & 0 & 1 \end{pmatrix} \tag{5-25}$$

式中，r_{ij}、p_i 已知且都由关节变量 θ_i 确定，待求值为 θ_i。换句话说，串联机器人位姿反解的过程可以归结为求解其逆运动学模型的过程，即

$$\theta_{1\sim n}=g_{1\sim n}(r_{11},\cdots,r_{33},p_1,p_2,p_3) \tag{5-26}$$

由于关节量之间相互耦合，往往造成求解方程的**非线性**，导致或者不存在**封闭解**，或者只能进行**数值求解**，从而给串联机器人运动学反解的求解带来一定的困难。由于数值解法的迭代特性，它一般要比相应的解析解法求解速度慢得多，由此产生的误差也会影响机器人的末端精度。更为麻烦的是，这种反解**一般为多解，不具有唯一性**。这从 5.1 节中平面 2R 机器人的简单实例中便可以看出。

一般而言，串联机器人逆运动学问题的复杂性体现在：

① 运动学方程通常为非线性，可能导致无封闭解或解析解，只有数值解；

② 可能存在多解，视运动学方程（转化为多项式的形式）的最高次数而定；

③ 可能存在无穷多个解，比如运动学冗余（kinematic redundancy）的情况；

④ 可能不存在可行解，比如运动学奇异（kinematic singularity）的情况。

上述四种情况的发生，均由机器人的特殊结构特征所致。因此，为使机器人的位姿反解问题变得简单且有封闭解，设计具有特殊几何结构的机器人构型，就变得非常重要和必要。Pieper 就曾提出，对于 6-DOF 的串联机器人，当其中有**三个相邻轴交于一点或相互平行时，该机器人的位姿反解就具有解析解**。本节后面有相应证明，而此结论也间接解释了得到成功应用的工业机器人大都采用特殊构型的原因。

从下面几个例子，可以看出串联机器人逆运动学求解的复杂性、多解性。

例 5-12

对平面 3R 机器人求位姿反解。

解：平面 3R 机器人的位姿正解方程已由前面给出。现在求解该问题的逆问题，即已知末端执行器的某一位姿 $(x,y,\varphi)^{\mathrm{T}}$，求对应的 3 个关节变量值。

解法一：代数法。 根据式（5-21），可得

$$\begin{cases} x=l_1\mathrm{c}\theta_1+l_2\mathrm{c}\theta_{12}+l_3\mathrm{c}\theta_{123} \\ y=l_1\mathrm{s}\theta_1+l_2\mathrm{s}\theta_{12}+l_3\mathrm{s}\theta_{123} \\ \varphi=\theta_{123} \end{cases} \tag{5-27}$$

对上式进行变换，得到

$$\begin{cases} x'=x-l_3\mathrm{c}\varphi=l_2\mathrm{c}\theta_{12}+l_1\mathrm{c}\theta_1 \\ y'=y-l_3\mathrm{s}\varphi=l_2\mathrm{s}\theta_{12}+l_1\mathrm{s}\theta_1 \\ \varphi=\theta_{123} \end{cases} \tag{5-28}$$

对式（5-28）中的前两个等式两边求平方和再相加，得到

$$l_1^2+l_2^2+2l_1l_2\mathrm{c}\theta_2=x'^2+y'^2 \tag{5-29}$$

即

$$\mathrm{c}\theta_2=\frac{x'^2+y'^2-l_1^2-l_2^2}{2l_1l_2} \tag{5-30}$$

$$\mathrm{s}\theta_2=\pm\sqrt{1-\mathrm{c}^2\theta_2} \tag{5-31}$$

$$\theta_2 = \text{Atan2}(\text{s}\theta_2, \text{c}\theta_2) \tag{5-32}$$

确定 θ_2 之后，再来求解 θ_1。具体将 θ_2 代入式（5-28）中，求得

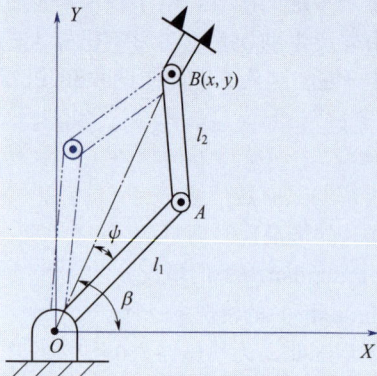

$$\text{c}\theta_1 = \frac{(l_1 + l_2\text{c}\theta_2)x' + l_2\text{s}\theta_2 y'}{x'^2 + y'^2} \tag{5-33}$$

$$\text{s}\theta_1 = \frac{(l_1 + l_2\text{c}\theta_2)y' - l_2\text{s}\theta_2 x'}{x'^2 + y'^2} \tag{5-34}$$

$$\theta_1 = \text{Atan2}(\text{s}\theta_1, \text{c}\theta_1) \tag{5-35}$$

最后再由式（5-28）可得

$$\theta_3 = \varphi - \theta_1 - \theta_2 \tag{5-36}$$

图 5-16　几何法求解 3R 机器人逆运动学示意

解法二：几何法。还可采用几何方法对平面 3R 机器人求位姿反解，具体如图 5-16 所示。显然，由三角形余弦定理很容易导出与代数法完全相同的结果，具体过程从略。

简单对这个例子进行分析、对比，发现：

① 无论代数法还是几何法，都可以得到该机器人位姿反解的解析表达式，即存在封闭解。

② 不同于位姿正解的唯一性，位姿反解存在多解。对平面 3R 机器人，基本上末端每个位姿都存在两组解（图中实线与虚线所示位形就对应着同一末端位形下的两组位姿反解）。

例 5-13

对【例 5-5】的空间 3R 机器人求位姿反解。

解：由式（5-24）可知，该机器人运动学正解为

$$\begin{cases} x_D = l_1\text{c}\theta_1\text{c}\theta_2 + l_3\text{c}\theta_1\text{c}\theta_{23} \\ y_D = l_1\text{s}\theta_1\text{s}\theta_2 + l_3\text{s}\theta_1\text{c}\theta_{23} \\ z_D = l_2\text{s}\theta_2 + l_3\text{s}\theta_{23} \end{cases} \tag{5-37}$$

对上式两边求平方和相加，得到

$$x_D^2 + y_D^2 + z_D^2 = l_2^2 + l_3^2 + 2l_2l_3\,\text{c}\theta_3 \tag{5-38}$$

由此可得

$$\theta_3 = \arccos\left(\frac{x_D^2 + y_D^2 + z_D^2 - l_2^2 - l_3^2}{2l_3l_3} \right) \tag{5-39}$$

对应有两组解。再由式（5-37）可得

$$\theta_1 = \text{Atan2}(y_D, x_D) \tag{5-40}$$

$$\theta_2 = \text{Atan2}[z_D(l_2 + l_3\,\text{c}\theta_3)\text{c}\theta_1 - x_D l_3\,\text{s}\theta_3,\ x_D(l_2 + l_3\,\text{c}\theta_3) + z_D l_3\,\text{s}\theta_3\,\text{c}\theta_1] \tag{5-41}$$

式中，$\text{s}\theta_3 = \pm\sqrt{1 - \text{c}^2\theta_3}$。

位形描述与工作空间

（1）位形描述

机器人的空间状态可以用所有活动连杆位姿或者末端位姿来描述。

对于 n 自由度机器人而言，无论中间连杆位姿还是末端位姿，都可由一组 n 个关节变量加以确定。这样的一组变量称为**关节向量**（joint vector）。所有关节向量构成的空间称为**关节空间**（joint space）。

各连杆位姿表征了机器人占据的空间，称为机器人的**位形空间**（configuration space）。关节空间与位形空间存在一一映射的关系。

机器人末端位姿的重要性显而易见，因为工具通常安装在末端。末端位姿通常在相对于基坐标系的笛卡儿坐标系中描述，因此，机器人末端位姿空间又称为**笛卡儿空间**（Cartesian space）。事实上，笛卡儿空间更普遍的称谓是**操作空间**（operational space）或**任务空间**（task space）。本章前面的位姿分析，就是讨论如何在位移层面建立关节空间与任务空间的映射关系。

除此之外，还有一个可能遇到的概念：**驱动空间**（actuation space）。我们知道，大多数工业机器人的驱动器都不是直驱型，有些带有减速器，有些还有其他中间传动机构（如用直线驱动器通过连杆机构驱动旋转关节，等等）。对于具有传动机构的关节，从驱动器到各关节需要经过至少一级的运动转换。这些情况下，需要将关节向量表示成一组驱动器变量，即驱动向量的函数。由驱动向量构成的空间称为**驱动空间**。

图 5-17 示意了驱动空间、关节空间与任务空间三者之间的映射关系。

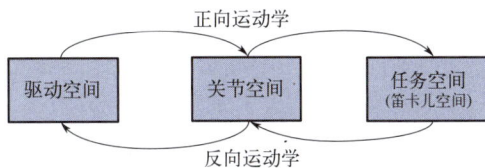

图 5-17　机器人三种空间的映射关系示意

（2）工作空间

根据机器人的位姿正、反解，可以进一步确定机器人的**工作空间**（workspace）。

机器人的工作空间是指机器人末端可到达的区域（空间点集合），其大小是衡量机器人性能的重要指标。实际上，一般多自由度机构至少包含两种类型的工作空间：**可达工作空间**（reachable workspace）和**灵活工作空间**（dexterous workspace）。

可达工作空间是指机器人末端至少能以一种姿态可以到达的所有位置点的集合。灵活工作空间是指机器人末端可以从任何方向（以任何姿态）到达的位置点的集合。换句话说，如果机器人末端位于灵活工作空间的 Q 点时，机器人末端可以绕通过 Q 点的所有直线轴线作整周转动。显然，**灵活工作空间是可达工作空间的一个子空间**。灵活工作空间又称为机器人可达工作空间的一级子空间，而可达工作空间的其余部分称为可达工作空间的二级子空间。

以平面 2R 机器人为例。根据可达工作空间和灵活工作空间的定义，很容易确定它的两类空间，具体如图 5-18 所示。

若 $l_1=l_2=l$，则可达工作空间为半径为 $2l$ 的圆（含内部），灵活工作空间为圆心点；

若 $l_1 \neq l_2$，则可达工作空间为内径为 $|l_1-l_2|$、外径为 $|l_1+l_2|$ 的圆环，灵活工作空间为空集。

显然，当灵活工作空间为一点或空集时，其运动灵活性比较差。若想提高机器人的灵活性，不妨增加一个 R 关节，变成平面 3R 机器人。

当机器人的结构越来越复杂，确定其工作空间也就越困难。目前主要有三种方法：

① **解析法**。通过运动学正反解的解析形式方程获得机器人工作空间边界的完整数学描述。对于高自由度的机器人，由于很难得到其解析表达式，因此该方法只适用于简单机器人

机构的工作空间分析。

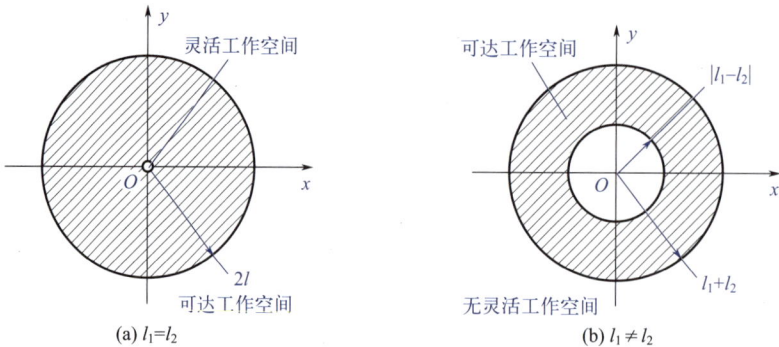

图 5-18 不同尺寸参数下的两类工作空间对比

② **几何法**。对于串联机器人而言，可以通过考虑每个关节的约束，从而最终得到机器人末端的工作空间。本方法的优点是快速，并且有利于与计算机的结合，得到直观的三维图；其缺点是难以将所有的约束都考虑进去，且得到的工作空间缺少完整的数学描述。

③ **离散法（蒙特卡罗法）**。对于串联机器人，考虑驱动关节范围、连杆干涉等约束，将驱动关节组成的关节空间离散为一系列的点，通过正运动学计算机器人的所有位形，可以得到串联机器人的离散工作空间。该方法适用性广，适用于所有机器人，其主要缺点是计算量大，计算精度取决于离散点的密度。

工作空间的大小和形状是衡量机器人性能的重要指标之一。对于不同类型的机器人机构，或者是不同尺寸参数组成的同种机构，掌握其工作空间的变化及分布情况，是实现机器人的构型设计和轨迹规划等不可缺少的条件，同时也是根据工作空间性能指标，优化结构参数的前提和基础。

例 5-14

对于图 5-19 所示的平面 3R 机器人，假设 $l_1 > l_2$，$l_2 > l_3$，$l_1 \leqslant l_2+l_3$，求该机器人的可达工作空间与灵活工作空间。

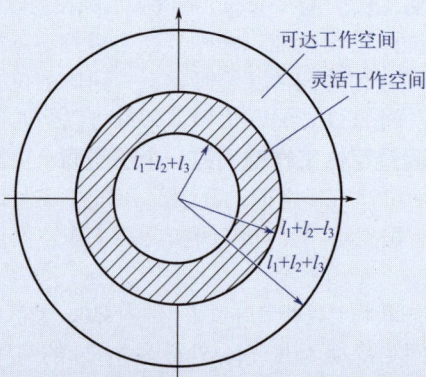

图 5-19 平面 3R 机器人的可达工作空间与灵活工作空间

解：根据机器人的可达工作空间与灵活工作空间的定义，结合【例 5-10】或【例 5-12】的结果，可以得到如图 5-19 所示的工作空间图示。其中，可达工作空间是半径为 $l_1+l_2+l_3$ 的圆（涵盖整个圆）；灵活工作空间是内径为 $l_1-l_2+l_3$、外径为 $l_1+l_2-l_3$ 的圆环。

习题

5-1 某一特定串联机器人的位姿反解个数与哪些因素有关？是否与 D-H 参数及连杆坐标系的选取有关？

5-2 所有的 3-DOF 串联机器人的位姿反解是否都有解析解？为什么？

5-3 利用几何法求平面 3R 机器人的位姿正、反解，并以本章相关的例题结果进行相互验证。

5-4 试分别建立图 5-20 所示各串联机器人的前置 D-H 参数。

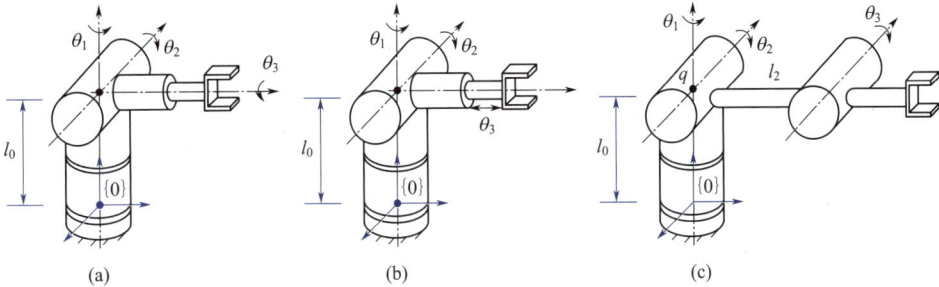

图 5-20　三种 3-DOF 的串联机器人

5-5 试建立图 5-21 所示串联机器人的前置 D-H 参数。

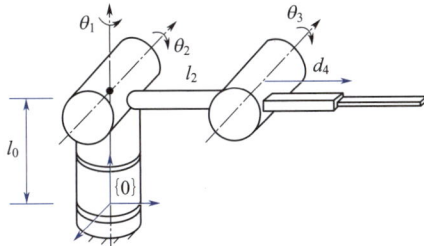

图 5-21　4-DOF 的 RRRP 串联机器人

5-6 利用前置 D-H 参数法对图 5-20 所示的三种串联机器人求位姿正解。

5-7 利用前置 D-H 参数法对图 5-21 所示的 4-DOF 串联机器人求位姿正解。

5-8 Pieper 准则中，提出了串联机器人存在解析解的两个充分条件：（1）三个相邻转动关节的轴线交于一点；（2）三个相邻转动关节的轴线相互平行。试从现有的商用工业机器人中各找出 2～3 个应用实例。

5-9 对图 5-21 所示的 4-DOF 串联机器人求位姿反解。

5-10 利用几何法求平面 3R 机器人（$l_1=l_2=2l_3$）的可达工作空间和灵活工作空间。

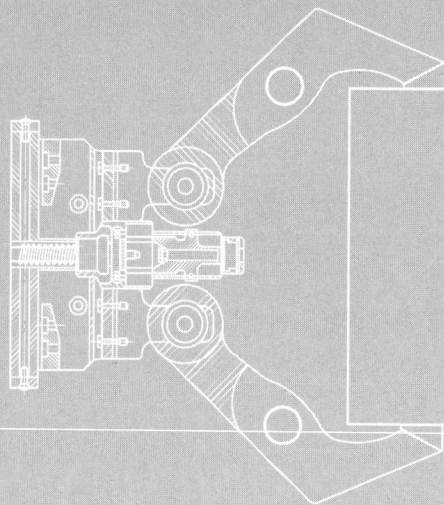

第 **6** 章
速度与静力雅可比

机器人的速度与静力分析主要关注的是两者在关节空间与操作空间的映射关系。雅可比是实现机器人速度与静力分析的纽带，同时也是操作臂性能分析的基础。

通过本章的学习，希望读者能够：

（1）掌握机器人速度雅可比与力雅可比的概念及求解方法；

（2）掌握速度雅可比与力雅可比之间的对偶关系；

（3）了解基于雅可比的两种性能评价指标。

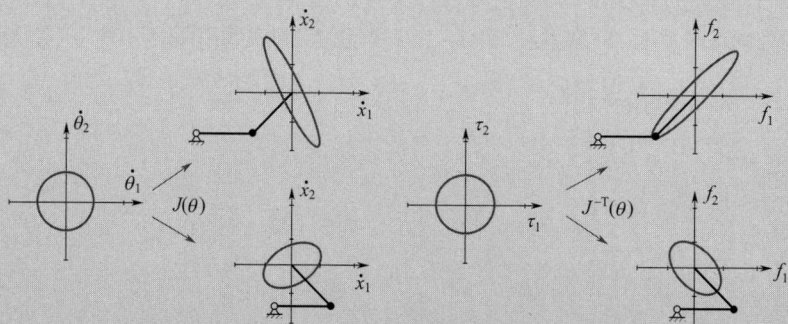

机器人的速度分析是指建立机器人末端工具广义速度（包含线速度和角速度）与关节速度之间的映射关系，它关注的是广义速度在关节空间与操作空间之间的映射。例如，对于图 6-1 所示的 6 自由度串联机器人，其速度分析的主要任务，是给出其末端工具相对基坐标系的广义速度矢量 $\dot{X}$ 与关节速度矢量 $\dot{\theta}$ 之间的映射关系，其矩阵形式为

$$\dot{X} = J\dot{\theta} \tag{6-1}$$

式（6-1）称为**机器人的一阶微分正运动学方程**，后面简称为**微分正运动学**，其中一个重要参数 J，就是本章将要重点讨论的**雅可比矩阵**（Jacobian matrix），这里更精确的定义是速度雅可比矩阵，简称**速度雅可比**（或**雅可比**）。

从设计角度看，速度雅可比是机器人性能分析、评价及优化的基础。通过分析雅可比的秩，可以探究串联机器人的奇异性；另外，许多用于串联机器人运动学设计的性能指标，如灵巧性等，也都基于雅可比来构造。

雅可比的逆可以将末端操作空间的广义速度映射到关节速度，如下式所示（假设 J 为方阵，且可逆）：

$$\dot{\theta} = J^{-1}\dot{X} \tag{6-2}$$

图 6-1　6 自由度串联机器人

式（6-2）称为**微分逆运动学方程**，利用它可以根据末端广义速度计算各关节速度。这样，无须求解该机器人的逆运动学（即位移反解），即可实现机器人对笛卡儿空间路径的跟踪。因为，只要机器人能够准确跟踪任意时刻的速度，就能跟踪指定的位姿。这对实现机器人的轨迹控制非常有用。

机器人的静力学分析是指在机器人静力平衡状态下，建立末端负载或广义力（包含力与力矩）与关节驱动或平衡力 / 力矩（简称关节力 / 力矩）之间的映射关系，它主要关注的是广义力在关节空间与操作空间之间的映射。例如，对于图 6-1 所示的 6 自由度串联机器人，其静力分析的主要任务是给出其末端负载 F 与 6 个关节力矩 τ 之间的映射关系，写成矩阵形式：

$$\tau = J_{\mathrm{F}}F \tag{6-3}$$

式（6-3）中的重要参数 J_{F}，称为**静力雅可比**。通过本章的学习，读者会发现静力雅可比与速度雅可比之间存在转置关系。

由式（6-3）可知，当末端负载已知，很容易求出各个关节力矩。因此，机器人静力学分析的主要用途之一在于，通过确定驱动力 / 力矩经过机器人关节后的传动效果，合理选择驱动器或者进行机器人刚度控制。

总之，串联机器人的速度分析与静力分析通过雅可比有机地衔接在一起，它们构成了后续机器人动力学建模与控制的基础。

为了获得式（6-1），首先需要明确广义速度矢量 $\dot{X}$ 的定义和雅可比的概念，在此基础上才能讨论机器人雅可比矩阵的求解。

本书将介绍两种雅可比矩阵的求解方法：直接微分法和矢量积法。其中，直接微分法严

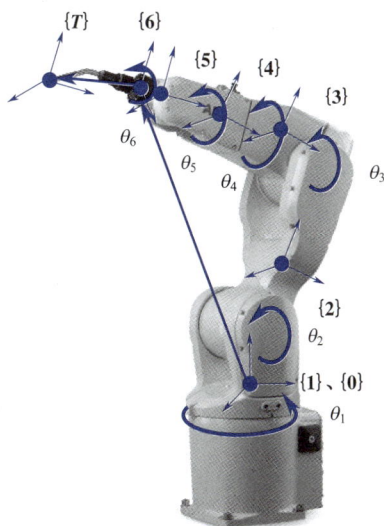

格按照雅可比矩阵的概念，通过求位姿矩阵的时间微分直接得到雅可比；矢量积法针对串联机器人多采用移动和转动关节的特点，利用矢量积公式研究各关节运动对末端运动的影响，得到一种根据位姿矩阵求解雅可比的方法。

接下来，根据虚功原理导出力雅可比与速度雅可比的转置关系，并给出一种静力雅可比的求解方法。

最后，围绕速度雅可比和静力雅可比讨论操作臂的两个重要性能指标：奇异性和灵巧性。

6.1 广义速度矢量

在笛卡儿坐标系中，广义速度矢量 $\dot{X}=(v^{\mathrm{T}},\omega^{\mathrm{T}})^{\mathrm{T}}$ 是一个六维向量，它由两个三维向量组成：线速度矢量 v 和角速度矢量 ω。

（1）线速度矢量的符号表达和定义

假设以位置矢量来描述空间中的一点，则该位置矢量对时间的导数就是该点的线速度矢量。但是，由于速度的相对性，定义线速度矢量还需要额外的信息。

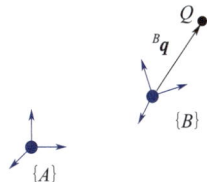

如图 6-2 所示，假设存在两个坐标系 $\{A\}$ 和 $\{B\}$，点 Q 相对 $\{B\}$（严格意义上讲，是相对 $\{B\}$ 的原点）的线速度可表示成其对应的位置矢量 ${}^{B}q$ 的时间导数，即

图 6-2　线速度在不同坐标系中的描述

$$
{}^{B}V_Q=\frac{\mathrm{d}}{\mathrm{d}t}\,{}^{B}q=\lim_{\Delta t\to 0}\frac{{}^{B}q(t+\Delta t)-{}^{B}q(t)}{\Delta t} \tag{6-4}
$$

若 Q 点相对 $\{B\}$ 的位置不随时间发生变化，即 ${}^{B}q$ 为常数向量，那么 Q 点相对于 $\{B\}$ 的速度为零。但是，如果此时 $\{B\}$ 相对于 $\{A\}$ 的速度不为零，那么 Q 点相对于 $\{A\}$ 的速度也不为零。因此，表示线速度时必须明确速度的**参考坐标系**（reference frame），即相对参照物。本书用符号 V_Q^B 表示 Q 点以 $\{B\}$ 为参考坐标系时的线速度矢量，其中速度的参考坐标系用右上标标记。

同一个线速度矢量还可以在与参考坐标系不同的坐标系中描述或表示，本书用左上角来标记**描述坐标系**，这一点与位置描述相同。例如，若在 $\{A\}$ 中描述速度矢量 V_Q^B，则写成

$$
{}^{A}V_Q^B=\frac{{}^{A}\mathrm{d}}{\mathrm{d}t}({}^{B}q) \tag{6-5}
$$

注意：${}^{A}V_Q^B$ 是 Q 点相对于参考坐标系 $\{B\}$ 原点的线速度在 $\{A\}$ 中的表达，而非 Q 点相对于 $\{A\}$ 原点的速度。

类似地，${}^{B}V_Q^B$ 是 Q 点以 $\{B\}$ 为参考坐标系的线速度在 $\{B\}$ 中的表达。这种情况下，参考坐标系与描述坐标系相同，可简写为 ${}^{B}V_Q$。

可见，任一线速度的描述都需明确两点：①相对谁运动，即确定**参考坐标系**；②在哪个坐标系中来描述，即确定**描述坐标系**。

作为自由矢量，线速度矢量总是满足

$$
{}^{A}V_Q^B={}^{A}_{B}R({}^{B}V_Q) \tag{6-6}
$$

上式右边的速度向量 ${}^{B}V_Q$，省略了右上角标，表明它的参考坐标系是 $\{B\}$。

实际应用中，经常讨论的是某个**坐标系原点**以世界（或惯性）坐标系 $\{U\}$ 或 $\{0\}$ 为参考坐标系的速度，而不是相对任意坐标系（原点）的速度。对于这种情况，可以省略表示惯性坐标系的符号：

$$
v_C={}^{U}V_{CORG}^{U} \tag{6-7}
$$

式中，右下标 $CORG$ 表示坐标系 $\{C\}$ 的原点；参考坐标系和描述坐标系均为惯性坐标系

$\{U\}$。而 $\mathbf{v}_C$ 表示坐标系 $\{C\}$ 的原点相对于惯性参考系 $\{U\}$ 的线速度在 $\{U\}$ 中的描述。

同样，$\mathbf{v}_C$ 也可以在其他坐标系中描述。例如，${}^B\mathbf{v}_C$ 为 $\{C\}$ 的原点相对于惯性参考系 $\{U\}$ 的线速度在 $\{B\}$ 中的描述，其中参考坐标系 $\{U\}$ 没有出现在右上标。

注意上述表达式中符号大小写的区分：**小写表示以惯性坐标系 $\{U\}$ 为速度参考坐标系。**

◁ 例 6-1

图 6-3 中，$\{U\}$ 为世界坐标系，坐标系 $\{T\}$ 固连在速度 100km/h 的火车上，坐标系 $\{C\}$ 固连在速度 30km/h 的汽车上。两车均朝着 $\{U\}$ 的 y 方向前进，旋转矩阵 ${}^U_T\mathbf{R}$ 和 ${}^U_C\mathbf{R}$ 已知且为常数。求 $\dfrac{{}^U\mathrm{d}}{\mathrm{d}t}{}^U\mathbf{p}_{CORG}$，${}^C\mathbf{V}^U_{TORG}$，${}^C\mathbf{V}^T_{CORG}$。

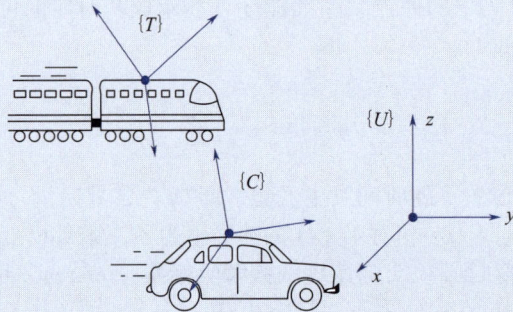

图 6-3　坐标系与速度表达示例

解：根据线速度符号定义，$\dfrac{{}^U\mathrm{d}}{\mathrm{d}t}{}^U\mathbf{P}_{CORG}$ 为 $\{C\}$ 原点相对于世界坐标系 $\{U\}$ 的线速度在 $\{U\}$ 中的表达：

$$\frac{{}^U\mathrm{d}}{\mathrm{d}t}{}^U\mathbf{p}_{CORG} = {}^U\mathbf{V}_{CORG} = \mathbf{v}_C = 30\hat{\mathbf{y}}$$

${}^C\mathbf{V}^U_{TORG}$ 为 $\{T\}$ 原点相对于 $\{U\}$ 的线速度在 $\{C\}$ 中的表达：

$$^C\mathbf{V}^U_{TORG} = {}^C_U\mathbf{R}({}^U\mathbf{V}_{TORG}) = {}^U_C\mathbf{R}^{-1}\mathbf{v}_{TORG} = {}^U_C\mathbf{R}^{-1}(100\hat{\mathbf{y}})$$

${}^C\mathbf{V}^T_{CORG}$ 为 $\{C\}$ 原点相对于 $\{T\}$ 的线速度在 $\{C\}$ 中的表达。为此，首先求得 $\{C\}$ 原点相对于 $\{T\}$ 的线速度在 $\{U\}$ 中的表达：

$$^U\mathbf{V}^T_{CORG} = {}^U\mathbf{V}_{CORG} - {}^U\mathbf{V}_{TORG} = -70\hat{\mathbf{y}}$$

然后，将其变换到 $\{C\}$ 坐标系：

$$^C\mathbf{V}^T_{CORG} = {}^C_U\mathbf{R}({}^U\mathbf{V}^T_{CORG}) = {}^U_C\mathbf{R}^{-1}(-70\hat{\mathbf{y}})$$

（2）角速度矢量的符号表达和定义

质点的运动只有线速度，而没有角速度；只有刚体运动才既有线速度，又有角速度。因此，角速度需要在刚体层面来考察，一种便捷的方法是度量与刚体固连的坐标系（简称**刚体固连坐标系**）的旋转运动。

如图 6-4 所示，假设两个原点重合的坐标系 {A} 和 {B}，其中 {A} 为惯性坐标系，也是参考坐标系，{B} 为刚体固连坐标系（即物体坐标系）。在任一瞬时，{B} 相对于 {A} 绕某**一定义在 {A} 中的瞬时旋转轴**转动，它们之间的相对角速度写成 $^A\boldsymbol{\Omega}_B^A$，即坐标系 {B} 相对于参考坐标系 {A} 的角速度在坐标系 {A} 中的描述，简写为 $^A\boldsymbol{\Omega}_B$。角速度矢量也可以在不同坐标系表示，如：$^C\boldsymbol{\Omega}_B^A$ 为 {B} 相对于 {A} 的角速度在 {C} 中的描述。

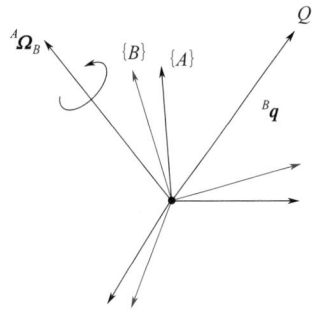

同样，特殊情况下也可以用简化符号表示。当参考坐标系和描述坐标系均为惯性坐标系 {U} 或 {0} 时，可简化为

图 6-4　角速度在不同坐标系中的描述

$$\boldsymbol{\omega}_C = {}^U\boldsymbol{\Omega}_C \tag{6-8}$$

式中，$\boldsymbol{\omega}_C$ 为坐标系 {C} 相对惯性坐标系 {U} 的角速度矢量在 {U} 中的描述。

$\boldsymbol{\omega}_C$ 也可以在其他坐标系中描述。例如，$^B\boldsymbol{\omega}_C$ 表示坐标系 {C} 相对于惯性坐标系 {U}（或 {0}）的角速度在坐标系 {B} 中的描述，其中参考坐标系 {U} 没有出现在右上标。

注意以上公式中存在变量符号大小写的区分：小写表示以惯性坐标系 {U} 为速度参考坐标系。

在笛卡儿坐标系中，通过求三维位置矢量 $\boldsymbol{p}$ 的时间导数，可以很容易地定义线速度矢量，但是，角速度矢量的定义却没有这么直接。尽管直观上，我们也能确定角速度矢量 $^A\boldsymbol{\Omega}_B$ 也是一个三维向量；但是，与之对应的三维姿态矢量却很难明确。

从第 4 章的讨论可知，描述姿态的三角度表示法有 24 种之多（欧拉角 12 种、R-P-Y 固定角各 12 种）。对于同一个姿态，采用不同的三角度表示法，对应的姿态矢量值也不同。但是，很显然的是，对于一个做旋转运动的刚体而言，无论采用哪种姿态矢量表示法，对应的角速度都应当相同。因此，不能简单地用某种三角度姿态矢量的时间导数来定义角速度矢量。

姿态矢量与旋转矩阵的关系表明，无论采用哪种三角度向量表示姿态，它们对应的旋转矩阵都相同，这说明旋转矩阵是一种更为通用的姿态表示法。那么，一个自然的想法是：能否根据旋转矩阵的时间导数得到角速度矢量的表达式？

在图 6-4 中，假设当前时刻，{B} 相对于参考坐标系 {A} 的旋转矩阵为 $^A_B\boldsymbol{R}$。当 {B} 相对于 {A} 有角速度 $^A\boldsymbol{\Omega}_B$ 时，$^A_B\boldsymbol{R}$ 可表示为时间函数 $\boldsymbol{R}(t)$。这里为了简洁，省略了上下标。于是，$\boldsymbol{R}(t)$ 对时间的导数为

$$\dot{\boldsymbol{R}} = \lim_{\Delta t \to 0} \frac{\boldsymbol{R}(t + \Delta t) - \boldsymbol{R}(t)}{\Delta t} \tag{6-9}$$

式（6-9）中，假设在 Δt 时间间隔内，{B} 绕 {A} 中的单位瞬时旋转轴 $\hat{\boldsymbol{k}} = (k_x, k_y, k_z)^\mathrm{T}$ 旋转一个微小角度 $\Delta\theta$，$\boldsymbol{R}(t)$ 变换到了 $\boldsymbol{R}(t+\Delta t)$，这与图 6-4 中角速度矢量 $^A\boldsymbol{\Omega}_B$ 的描述相符。

这样，$\boldsymbol{R}(t+\Delta t)$ 与 $\boldsymbol{R}(t)$ 之间存在一个姿态变换 $\boldsymbol{R}_{\hat{\omega}}(\Delta\theta)$。瞬时旋转轴 $\hat{\boldsymbol{k}}$ 定义在 {A}，因此 $\boldsymbol{R}(t)$ 和 $\boldsymbol{R}_{\hat{k}}(\Delta\theta)$ 是相对于惯性坐标系 {A} 的两次变换，属于算子操作，将 $\boldsymbol{R}_{\hat{k}}(\Delta\theta)$ 左乘 $\boldsymbol{R}(t)$ 得到 $\boldsymbol{R}(t+\Delta t)$，即

$$\boldsymbol{R}(t + \Delta t) = \boldsymbol{R}_{\hat{k}}(\Delta\theta)\boldsymbol{R}(t) \tag{6-10}$$

代入式（6-9），可得

$$\dot{\boldsymbol{R}} = \lim_{\Delta t \to 0}\left(\frac{\boldsymbol{R}_{\hat{k}}(\Delta\theta) - \boldsymbol{I}_3}{\Delta t}\boldsymbol{R}(t)\right) = \lim_{\Delta t \to 0}\left(\frac{\boldsymbol{R}_{\hat{k}}(\Delta\theta) - \boldsymbol{I}_3}{\Delta t}\right)\boldsymbol{R}(t) \tag{6-11}$$

由于 $\boldsymbol{R}_{\hat{k}}(\Delta\theta)$ 是绕轴 $\hat{k}$ 旋转得到的，可以用等效轴 - 角表示的旋转矩阵式（4-86）来计算：

$$\boldsymbol{R}_{\hat{k}}(\Delta\theta) = \begin{pmatrix} k_x^2(1-\mathrm{c}\Delta\theta)+\mathrm{c}\Delta\theta & k_xk_y(1-\mathrm{c}\Delta\theta)-k_z\,\mathrm{s}\Delta\theta & k_xk_z(1-\mathrm{c}\Delta\theta)+k_y\,\mathrm{s}\Delta\theta \\ k_xk_y(1-\mathrm{c}\Delta\theta)+k_z\,\mathrm{s}\Delta\theta & k_y^2(1-\mathrm{c}\Delta\theta)+\mathrm{c}\Delta\theta & k_yk_z(1-\mathrm{c}\Delta\theta)-k_x\,\mathrm{s}\Delta\theta \\ k_xk_z(1-\mathrm{c}\Delta\theta)-k_y\,\mathrm{s}\Delta\theta & k_yk_z(1-\mathrm{c}\Delta\theta)+k_x\,\mathrm{s}\Delta\theta & k_z^2(1-\mathrm{c}\Delta\theta)+\mathrm{c}\Delta\theta \end{pmatrix} \tag{6-12}$$

考虑到小角度情况下，三角函数可以等效为

$$\sin(\Delta\theta) \doteq \Delta\theta, \quad \cos(\Delta\theta) \doteq 1 \tag{6-13}$$

将上式代入式（6-12），可简化成

$$\boldsymbol{R}_{\hat{k}}(\Delta\theta) = \begin{pmatrix} 1 & -k_z\Delta\theta & k_y\Delta\theta \\ k_z\Delta\theta & 1 & -k_x\Delta\theta \\ -k_y\Delta\theta & k_x\Delta\theta & 1 \end{pmatrix} \tag{6-14}$$

再将式（6-14）代入式（6-11）中，得

$$\begin{aligned} \dot{\boldsymbol{R}} &= \lim_{\Delta t \to 0}\left(\frac{\boldsymbol{R}_{\hat{k}}(\Delta\theta) - \boldsymbol{I}_3}{\Delta t}\right)\boldsymbol{R}(t) \\ &= \lim_{\Delta t \to 0}\frac{\begin{pmatrix} 0 & -k_z\Delta\theta & k_y\Delta\theta \\ k_z\Delta\theta & 0 & -k_x\Delta\theta \\ -k_y\Delta\theta & k_x\Delta\theta & 0 \end{pmatrix}}{\Delta t}\boldsymbol{R}(t) \\ &= \begin{pmatrix} 0 & -k_z\dot{\theta} & k_y\dot{\theta} \\ k_z\dot{\theta} & 0 & -k_x\dot{\theta} \\ -k_y\dot{\theta} & k_x\dot{\theta} & 0 \end{pmatrix}\boldsymbol{R}(t) \end{aligned} \tag{6-15}$$

令

$$\Omega_x = k_x\dot{\theta}, \quad \Omega_y = k_y\dot{\theta}, \quad \Omega_z = k_z\dot{\theta}, \quad [\boldsymbol{\Omega}] = \begin{pmatrix} 0 & -\Omega_z & \Omega_y \\ \Omega_z & 0 & -\Omega_x \\ -\Omega_y & \Omega_x & 0 \end{pmatrix}$$

显然，$[\boldsymbol{\Omega}]$ 是一个反对称矩阵。将 $[\boldsymbol{\Omega}]$ 代入式（6-15）并省略时间变量，可得

$$\begin{aligned} \dot{\boldsymbol{R}} &= [\boldsymbol{\Omega}]\boldsymbol{R} \\ \dot{\boldsymbol{R}}\boldsymbol{R}^{-1} &= \dot{\boldsymbol{R}}\boldsymbol{R}^{\mathrm{T}} = [\boldsymbol{\Omega}] \end{aligned} \tag{6-16}$$

式（6-16）给出了旋转矩阵时间导数的显式表达，说明**旋转矩阵的时间导数与它的逆或转置的积是一个反对称矩阵**。这是旋转矩阵的一个重要特性。回顾【例 4-11】对 X-Y-Z 欧拉角或固定角旋转矩阵针对小角度情况的讨论，可以得出具有等效物理意义的结果。

从式（6-16）的推导过程也可看出，反对称矩阵 $[\boldsymbol{\Omega}]$ 是在求解 $\dot{\boldsymbol{R}}$ 时得出的，它包含与姿态的时间导数相关的信息。巧合的是，$[\boldsymbol{\Omega}]$ 中仅包含三个独立参数。把 $[\boldsymbol{\Omega}]$ 中的参数提取出

来，得到一个三维向量：

$$\boldsymbol{\Omega} = \begin{pmatrix} \Omega_x \\ \Omega_y \\ \Omega_z \end{pmatrix} = \begin{pmatrix} \dot{\theta}k_x \\ \dot{\theta}k_y \\ \dot{\theta}k_z \end{pmatrix} = \dot{\theta}\hat{\boldsymbol{k}} \qquad (6\text{-}17)$$

为刚体的**广义角速度矢量**。

广义角速度矢量可以理解为：在任一时刻，刚体的转动总能用绕空间某一瞬时单位轴 $\hat{\boldsymbol{k}}$ 的旋转来表示，其对应的数学描述为一空间三维向量 $\boldsymbol{\Omega} = \dot{\theta}\hat{\boldsymbol{k}}$，其中，单位向量 $\hat{\boldsymbol{k}}$ 表示旋转方向，$|\boldsymbol{\Omega}| = \dot{\theta}$ 表示转速大小。

根据图 6-4 所示的坐标系定义，$\boldsymbol{\Omega}$ 就是 $^A\boldsymbol{\Omega}_B$。当参考坐标系和描述坐标系均为惯性坐标系 $\{U\}$ 时，可简写为 $^A\boldsymbol{\omega}$，称为**空间广义角速度矢量**，它描述了刚体相对于惯性坐标系的角速度。

如果图 6-4 中的瞬时旋转轴 $\hat{\boldsymbol{k}}$ 定义在物体坐标系 $\{B\}$ 中，则根据式（6-9）推导的广义角速度矢量也在 $\{B\}$ 中表达，即 $^B\boldsymbol{\Omega}_B^A$（或 $^B\boldsymbol{\omega}$），称为**物体广义角速度矢量**。与之对应的反对称矩阵为

$$[^B\boldsymbol{\Omega}_B^A] = \boldsymbol{R}^{-1}\dot{\boldsymbol{R}} \qquad (6\text{-}18)$$

且与 $^A\boldsymbol{\Omega}_B$（或 $^A\boldsymbol{\omega}$）之间存在如下关系：

$$^A\boldsymbol{\Omega}_B = {}_B^A\boldsymbol{R}(^B\boldsymbol{\Omega}_B^A) \qquad (6\text{-}19)$$

或

$$^A\boldsymbol{\omega} = {}_B^A\boldsymbol{R}\,^B\boldsymbol{\omega} \qquad (6\text{-}20)$$

如果不做特殊说明，本书后面所说**角速度矢量**即指**空间广义角速度矢量**。

继续对式（6-16）中的旋转矩阵进行展开

$$\dot{\boldsymbol{R}}\boldsymbol{R}^{-1} = \dot{\boldsymbol{R}}\boldsymbol{R}^{\mathrm{T}} = \begin{pmatrix} \dot{r}_{11} & \dot{r}_{12} & \dot{r}_{13} \\ \dot{r}_{21} & \dot{r}_{22} & \dot{r}_{23} \\ \dot{r}_{31} & \dot{r}_{32} & \dot{r}_{33} \end{pmatrix} \begin{pmatrix} r_{11} & r_{21} & r_{31} \\ r_{12} & r_{22} & r_{32} \\ r_{13} & r_{23} & r_{33} \end{pmatrix} = \begin{pmatrix} 0 & -\Omega_z & \Omega_y \\ \Omega_z & 0 & -\Omega_x \\ -\Omega_y & \Omega_x & 0 \end{pmatrix} \qquad (6\text{-}21)$$

由左右矩阵的对应元素相等，可以得到如下 3 个独立方程：

$$\begin{aligned} \Omega_x &= \dot{r}_{31}r_{21} + \dot{r}_{32}r_{22} + \dot{r}_{33}r_{23} \\ \Omega_y &= \dot{r}_{11}r_{31} + \dot{r}_{12}r_{32} + \dot{r}_{13}r_{33} \\ \Omega_z &= \dot{r}_{21}r_{11} + \dot{r}_{22}r_{12} + \dot{r}_{23}r_{13} \end{aligned} \qquad (6\text{-}22)$$

如果已经通过 D-H 矩阵获得了机器人末端相对于基坐标的旋转矩阵 $\boldsymbol{R}$，也就得到了式（6-22）右边各项关于关节变量的表达式 $r_{ij}(\boldsymbol{\theta})$。把其中的微分项 $\dot{r}_{ij}(\boldsymbol{\theta})$ 对关节变量 $\boldsymbol{\theta}$ 中的各元素进行全微分展开，并代入式（6-22），就得到了用关节变量 $\boldsymbol{\theta}$ 表达的广义角速度矢量 $\boldsymbol{\omega}$。

6.2 速度雅可比的定义与求解

（1）雅可比的定义

设 m 维向量 $\boldsymbol{X} = (x_1, \cdots, x_m)^{\mathrm{T}}$ 中的每一个元素 x_i（$i = 1, 2, \cdots, m$），都是 n 维向量 $\boldsymbol{\theta} = (\theta_1, \cdots, \theta_n)^{\mathrm{T}}$ 中元素的函数：

$$x_i = f_i(\theta_1, \theta_2, \cdots, \theta_j, \cdots, \theta_n) \tag{6-23}$$

其中，m 和 n 分别为向量 $\boldsymbol{X}$、$\boldsymbol{\theta}$ 的广义坐标数。

利用多元函数求导法则，可得到上述 x_i 关于 $\boldsymbol{\theta}$ 的全微分，即

$$\delta x_i = \sum_{j=1}^{n} \frac{\partial f_i(\theta_1, \theta_2, \cdots, \theta_n)}{\partial \theta_j} \delta \theta_j = \sum_{j=1}^{n} \frac{\partial f_i}{\partial \theta_j} \delta \theta_j \tag{6-24}$$

如果把式（6-23）写成向量值函数的形式：

$$\boldsymbol{X} = \begin{pmatrix} x_1 \\ \vdots \\ x_m \end{pmatrix} = \begin{pmatrix} f_1(\theta_1, \theta_2, \cdots, \theta_n) \\ \vdots \\ f_m(\theta_1, \theta_2, \cdots, \theta_n) \end{pmatrix} \tag{6-25}$$

则式（6-24）可用矩阵和向量表达，即

$$\begin{pmatrix} \delta x_1 \\ \vdots \\ \delta x_m \end{pmatrix} = \begin{pmatrix} \dfrac{\partial f_1}{\partial \theta_1} & \cdots & \dfrac{\partial f_1}{\partial \theta_n} \\ \vdots & \vdots & \vdots \\ \dfrac{\partial f_m}{\partial \theta_1} & \cdots & \dfrac{\partial f_m}{\partial \theta_n} \end{pmatrix} \begin{pmatrix} \delta \theta_1 \\ \vdots \\ \delta \theta_n \end{pmatrix} \tag{6-26}$$

令

$$\delta \boldsymbol{X} = \begin{pmatrix} \delta x_1 \\ \vdots \\ \delta x_m \end{pmatrix}, \quad \boldsymbol{J} = \begin{pmatrix} \dfrac{\partial f_1}{\partial \theta_1} & \cdots & \dfrac{\partial f_1}{\partial \theta_n} \\ \vdots & \vdots & \vdots \\ \dfrac{\partial f_m}{\partial \theta_1} & \cdots & \dfrac{\partial f_m}{\partial \theta_n} \end{pmatrix}, \quad \delta \boldsymbol{\theta} = \begin{pmatrix} \delta \theta_1 \\ \vdots \\ \delta \theta_n \end{pmatrix}$$

则式（6-26）可以简写为用矩阵表达的通式，即

$$\delta \boldsymbol{X} = \boldsymbol{J}(\boldsymbol{\theta}) \delta \boldsymbol{\theta} \tag{6-27}$$

式中，$\boldsymbol{J}(\boldsymbol{\theta})$ 是向量值函数对向量变量的全微分式，被称为**雅可比矩阵**，以普鲁士数学家卡尔·雅可比命名。

将式（6-27）两端同时除以 δt，得到关于时间的导数：

$$\dot{\boldsymbol{X}} = \boldsymbol{J}(\boldsymbol{\theta}) \dot{\boldsymbol{\theta}} \tag{6-28}$$

若 $\boldsymbol{X}$ 表示的是机器人末端位姿矢量，$\boldsymbol{\theta}$ 表示机器人关节向量，那么式（6-28）就反映了

末端广义速度矢量 $\dot{X}$ 与关节速度矢量 $\dot{\theta}$ 之间的映射。此时，称 $J(\theta)$ 为机器人的速度雅可比。式（6-28）中，末端广义速度矢量 $\dot{X}$ 通常以惯性坐标系为参考系，对机器人而言，一般指基坐标系 $\{0\}$。

机器人学中，末端速度矢量 $\dot{X}$ 常有两种取法，一种是取广义速度矢量形式，即 $\dot{X} = (v^{\mathrm{T}}, \omega^{\mathrm{T}})^{\mathrm{T}}$，与之对应的速度雅可比称为**几何雅可比**（geometrical Jacobi），它为 $6 \times n$ 阶矩阵；另一种即为与关节矢量同阶的速度矢量 $\dot{x}$，与之对应的速度雅可比称为**解析雅可比**（analytical Jacobi）[1]，它为 $n \times n$ 阶矩阵。

（2）直接微分法求解速度雅可比

对于有 n 个关节的串联机器人，其末端位姿矩阵 ${}_T^0 T$ 中的元素 r_{ij} 和 p_i 是关节向量 $\theta = (\theta_1, \cdots, \theta_n)^{\mathrm{T}}$ 的函数：

$$
{}_T^0 T = \begin{pmatrix} {}_T^0 R & {}^0 p_{TORG} \\ 0 & 1 \end{pmatrix} = \begin{pmatrix} r_{11} & r_{12} & r_{13} & p_1 \\ r_{21} & r_{22} & r_{23} & p_2 \\ r_{31} & r_{32} & r_{33} & p_3 \\ 0 & 0 & 0 & 1 \end{pmatrix} \tag{6-29}
$$

$$
r_{ij} = f_{ij}(\theta_1, \cdots, \theta_n), \quad p_i = g_i(\theta_1, \cdots, \theta_n), \quad i, j = 1\sim3
$$

接下来讨论如何根据雅可比矩阵的定义，通过求末端位姿矩阵 ${}_T^0 T$ 的时间微分，直接获得串联机器人的速度雅可比。

首先看几个简单的例子。

◁ 例 6-2

平面 2R 机器人各参数如图 6-5 所示，利用直接微分法求解末端工具坐标系 $\{T\}$ 相对于基坐标系 $\{0\}$ 的速度雅可比。

解：【例 5-9】已给出了末端工具坐标系 $\{T\}$ 相对于基坐标系 $\{0\}$ 的位姿矩阵为

$$
{}_T^0 T = {}_1^0 T\, {}_2^1 T\, {}_T^2 T = \begin{pmatrix} \mathrm{c}\theta_{12} & -\mathrm{s}\theta_{12} & 0 & l_1 \mathrm{c}\theta_1 + l_2 \mathrm{c}\theta_{12} \\ \mathrm{s}\theta_{12} & \mathrm{c}\theta_{12} & 0 & l_1 \mathrm{s}\theta_1 + l_2 \mathrm{s}\theta_{12} \\ 0 & 0 & 1 & 0 \\ 0 & 0 & 0 & 1 \end{pmatrix} \tag{6-30}
$$

以基坐标系 $\{0\}$ 为惯性坐标系，则末端相对于基坐标 $\{0\}$ 的广义速度矢量为 ${}^0\dot{X}_T = \left({}^0 v_T^{\mathrm{T}}, {}^0 \omega_T^{\mathrm{T}}\right)^{\mathrm{T}}$，首先求解线速度矢量 ${}^0 v_T$ 的表达式。

线速度矢量 ${}^0 v_T$ 只和 ${}_T^0 T$ 的最后一列元素有关，因此有

$$
{}^0 v_T = \begin{pmatrix} {}^0 v_{Tx} \\ {}^0 v_{Ty} \\ {}^0 v_{Tz} \end{pmatrix} = \begin{pmatrix} {}^0 \dot{p}_x \\ {}^0 \dot{p}_y \\ {}^0 \dot{p}_z \end{pmatrix}
$$

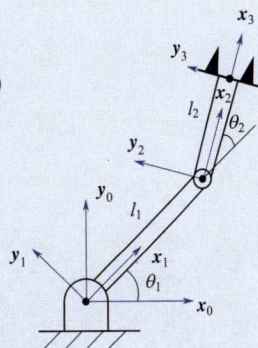

图 6-5　平面 2R
机器人

式中，

---

[1] 文献【6】中给出了解析雅可比的另外一层含义，是指末端角速度矢量采用最少参数如 3 个欧拉角相对时间微分的表示形式，由此形成的速度雅可比为解析雅可比。

$$
{}^0\dot{p}_x = (-l_1\,\mathrm{s}\,\theta_1 - l_2\,\mathrm{s}\,\theta_{12})\dot{\theta}_1 + (-l_2\,\mathrm{s}\,\theta_{12})\dot{\theta}_2
$$

$$
{}^0\dot{p}_y = (l_1\,\mathrm{c}\,\theta_1 + l_2\,\mathrm{c}\,\theta_{12})\dot{\theta}_1 + (l_2\,\mathrm{c}\,\theta_{12})\dot{\theta}_2
$$

$$
{}^0\dot{p}_z = 0
$$

写成矩阵的形式，得

$$
{}^0\boldsymbol{v}_T = \begin{pmatrix} {}^0v_{Tx} \\ {}^0v_{Ty} \\ {}^0v_{Tz} \end{pmatrix} = \begin{pmatrix} -l_1\,\mathrm{s}\,\theta_1 - l_2\,\mathrm{s}\,\theta_{12} & -l_2\,\mathrm{s}\,\theta_{12} \\ l_1\,\mathrm{c}\,\theta_1 + l_2\,\mathrm{c}\,\theta_{12} & l_2\,\mathrm{c}\,\theta_{12} \\ 0 & 0 \end{pmatrix} \begin{pmatrix} \dot{\theta}_1 \\ \dot{\theta}_2 \end{pmatrix} \tag{6-31}
$$

再来看角速度矢量 ${}^0\boldsymbol{\omega}_T$ 的表达式。

从式（6-30）可知，其对应的旋转矩阵为

$$
{}^0_T\boldsymbol{R} = \begin{pmatrix} \mathrm{c}\,\theta_{12} & -\mathrm{s}\,\theta_{12} & 0 \\ \mathrm{s}\,\theta_{12} & \mathrm{c}\,\theta_{12} & 0 \\ 0 & 0 & 1 \end{pmatrix}
$$

将 ${}^0_T\boldsymbol{R}$ 的各项代入式（6-22），得

$$
{}^0\omega_{Tx} = \dot{r}_{31}r_{21} + \dot{r}_{32}r_{22} + \dot{r}_{33}r_{23} = 0
$$

$$
{}^0\omega_{Ty} = \dot{r}_{11}r_{31} + \dot{r}_{12}r_{32} + \dot{r}_{13}r_{33} = 0
$$

$$
{}^0\omega_{Tz} = \dot{r}_{21}r_{11} + \dot{r}_{22}r_{12} + \dot{r}_{23}r_{13} = \dot{\theta}_1 + \dot{\theta}_2
$$

将上式写成矩阵形式：

$$
{}^0\boldsymbol{\omega}_T = \begin{pmatrix} {}^0\omega_{Tx} \\ {}^0\omega_{Ty} \\ {}^0\omega_{Tz} \end{pmatrix} = \begin{pmatrix} 0 & 0 \\ 0 & 0 \\ 1 & 1 \end{pmatrix} \begin{pmatrix} \dot{\theta}_1 \\ \dot{\theta}_2 \end{pmatrix} \tag{6-32}
$$

合并式（6-31）和式（6-32），得到平面 2R 机器人的末端广义速度矢量与关节向量之间的映射关系如下：

$$
{}^0\dot{\boldsymbol{X}}_T = \begin{pmatrix} {}^0\boldsymbol{v}_T \\ {}^0\boldsymbol{\omega}_T \end{pmatrix} = \begin{pmatrix} {}^0v_{Tx} \\ {}^0v_{Ty} \\ {}^0v_{Tz} \\ {}^0\omega_{Tx} \\ {}^0\omega_{Ty} \\ {}^0\omega_{Tz} \end{pmatrix} = \begin{pmatrix} -l_1\,\mathrm{s}\,\theta_1 - l_2\,\mathrm{s}\,\theta_{12} & -l_2\,\mathrm{s}\,\theta_{12} \\ l_1\,\mathrm{c}\,\theta_1 + l_2\,\mathrm{c}\,\theta_{12} & l_2\,\mathrm{c}\,\theta_{12} \\ 0 & 0 \\ 0 & 0 \\ 0 & 0 \\ 1 & 1 \end{pmatrix} \begin{pmatrix} \dot{\theta}_1 \\ \dot{\theta}_2 \end{pmatrix} \tag{6-33}
$$

上述表示为几何雅可比的表示形式，为 2×2 阶矩阵。

因此，根据速度雅可比的定义式，平面 2R 机器人末端相对于基坐标系 {0} 的速度雅可比为

$$
{}^0\boldsymbol{J} = \begin{pmatrix} -l_1\,\mathrm{s}\,\theta_1 - l_2\,\mathrm{s}\,\theta_{12} & -l_2\,\mathrm{s}\,\theta_{12} \\ l_1\,\mathrm{c}\,\theta_1 + l_2\,\mathrm{c}\,\theta_{12} & l_2\,\mathrm{c}\,\theta_{12} \\ 0 & 0 \\ 0 & 0 \\ 0 & 0 \\ 1 & 1 \end{pmatrix}_{6\times2} \tag{6-34}
$$

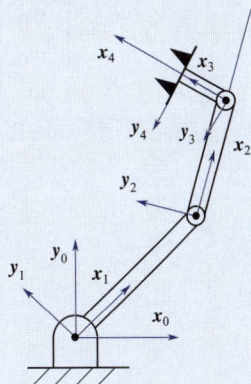

例 6-3

平面 3R 机器人各参数如图 6-6 所示，利用直接微分法求解末端工具坐标系 {T} 相对于基坐标系 {0} 的速度雅可比。

解：【例 5-10】已给出了末端工具坐标系 {T} 相对于基坐标系 {0} 的位姿矩阵为

$$
{}_{T}^{0}\boldsymbol{T} = \begin{pmatrix} c\theta_{123} & -s\theta_{123} & 0 & l_1 c\theta_1 + l_2 c\theta_{12} + l_3 c\theta_{123} \\ s\theta_{123} & c\theta_{123} & 0 & l_1 s\theta_1 + l_2 s\theta_{12} + l_3 s\theta_{123} \\ 0 & 0 & 1 & 0 \\ 0 & 0 & 0 & 1 \end{pmatrix} \tag{6-35}
$$

以基坐标系 {0} 为惯性坐标系，则末端相对于基坐标 {0} 的广义速度矢量为 ${}^{0}\dot{\boldsymbol{X}}_T = \left({}^{0}\boldsymbol{v}_T^{\mathrm{T}}, {}^{0}\boldsymbol{\omega}_T^{\mathrm{T}} \right)^{\mathrm{T}}$，首先求解线速度矢量 ${}^{0}\boldsymbol{v}_T$ 的表达式。

图 6-6　平面 3R 机器人

线速度矢量 ${}^{0}\boldsymbol{v}_T$ 只与 ${}_{T}^{0}\boldsymbol{T}$ 的最后一列元素有关，因此有

$$
{}^{0}\boldsymbol{v}_T = \begin{pmatrix} {}^{0}v_{Tx} \\ {}^{0}v_{Ty} \\ {}^{0}v_{Tz} \end{pmatrix} = \begin{pmatrix} {}^{0}\dot{p}_x \\ {}^{0}\dot{p}_y \\ {}^{0}\dot{p}_z \end{pmatrix}
$$

式中，

$$
{}^{0}\dot{p}_x = (-l_1 s\theta_1 - l_2 s\theta_{12} - l_3 s\theta_{123})\dot{\theta}_1 + (-l_2 s\theta_{12} - l_3 s\theta_{123})\dot{\theta}_2 + (-l_3 s\theta_{123})\dot{\theta}_3
$$
$$
{}^{0}\dot{p}_y = (l_1 c\theta_1 + l_2 c\theta_{12} + l_3 c\theta_{123})\dot{\theta}_1 + (l_2 c\theta_{12} + l_3 c\theta_{123})\dot{\theta}_2 + l_3 c\theta_{123}\dot{\theta}_3
$$
$$
{}^{0}\dot{p}_z = 0
$$

写成矩阵的形式，得

$$
{}^{0}\boldsymbol{v}_T = \begin{pmatrix} {}^{0}v_{Tx} \\ {}^{0}v_{Ty} \\ {}^{0}v_{Tz} \end{pmatrix} = \begin{pmatrix} -l_1 s\theta_1 - l_2 s\theta_{12} - l_3 s\theta_{123} & -l_2 s\theta_{12} - l_3 s\theta_{123} & -l_3 s\theta_{123} \\ l_1 c\theta_1 + l_2 c\theta_{12} + l_3 c\theta_{123} & l_2 c\theta_{12} + l_3 c\theta_{123} & l_3 c\theta_{123} \\ 0 & 0 & 0 \end{pmatrix} \begin{pmatrix} \dot{\theta}_1 \\ \dot{\theta}_2 \\ \dot{\theta}_3 \end{pmatrix} \tag{6-36}
$$

再来看角速度矢量 ${}^{0}\boldsymbol{\omega}_T$ 的表达式。

由于平面 3R 机器人的旋转自由度被限制在 OXY 平面内，通过直接观察，容易得出其末端角速度等于 3 关节角速度之和的结论。将上式写成矩阵形式：

$$
{}^{0}\boldsymbol{\omega}_T = \begin{pmatrix} {}^{0}\omega_{Tx} \\ {}^{0}\omega_{Ty} \\ {}^{0}\omega_{Tz} \end{pmatrix} = \begin{pmatrix} 0 & 0 & 0 \\ 0 & 0 & 0 \\ 1 & 1 & 1 \end{pmatrix} \begin{pmatrix} \dot{\theta}_1 \\ \dot{\theta}_2 \\ \dot{\theta}_3 \end{pmatrix} \tag{6-37}
$$

合并式 (6-36) 和式 (6-37)，得到平面 3R 机器人的末端广义速度矢量与关节向量之间的映射关系如下：

$$
{}^{0}\dot{\boldsymbol{X}}_T = \begin{pmatrix} {}^{0}\boldsymbol{v}_T \\ {}^{0}\boldsymbol{\omega}_T \end{pmatrix} = \begin{pmatrix} {}^{0}v_{Tx} \\ {}^{0}v_{Ty} \\ {}^{0}v_{Tz} \\ {}^{0}\omega_{Tx} \\ {}^{0}\omega_{Ty} \\ {}^{0}\omega_{Tz} \end{pmatrix} = \begin{pmatrix} -l_1\,\mathrm{s}\theta_1 - l_2\,\mathrm{s}\theta_{12} - l_3\,\mathrm{s}\theta_{123} & -l_2\,\mathrm{s}\theta_{12} - l_3\,\mathrm{s}\theta_{123} & -l_3\,\mathrm{s}\theta_{123} \\ l_1\,\mathrm{c}\theta_1 + l_2\,\mathrm{c}\theta_{12} + l_3\,\mathrm{c}\theta_{123} & l_2\,\mathrm{c}\theta_{12} + l_3\,\mathrm{c}\theta_{123} & l_3\,\mathrm{c}\theta_{123} \\ 0 & 0 & 0 \\ 0 & 0 & 0 \\ 0 & 0 & 0 \\ 1 & 1 & 1 \end{pmatrix} \begin{pmatrix} \dot{\theta}_1 \\ \dot{\theta}_2 \\ \dot{\theta}_3 \end{pmatrix} \tag{6-38}
$$

由此可得平面 3R 机器人末端相对于基坐标系 {0} 的几何雅可比为

$$
{}^{0}\boldsymbol{J} = \begin{pmatrix} -l_1\,\mathrm{s}\theta_1 - l_2\,\mathrm{s}\theta_{12} - l_3\,\mathrm{s}\theta_{123} & -l_2\,\mathrm{s}\theta_{12} - l_3\,\mathrm{s}\theta_{123} & -l_3\,\mathrm{s}\theta_{123} \\ l_1\,\mathrm{c}\theta_1 + l_2\,\mathrm{c}\theta_{12} + l_3\,\mathrm{c}\theta_{123} & l_2\,\mathrm{c}\theta_{12} + l_3\,\mathrm{c}\theta_{123} & l_3\,\mathrm{c}\theta_{123} \\ 0 & 0 & 0 \\ 0 & 0 & 0 \\ 0 & 0 & 0 \\ 1 & 1 & 1 \end{pmatrix}_{6\times3} \tag{6-39}
$$

由于平面 3R 机器人末端的独立运动是 3 自由度平面运动,写成末端独立输出速度矢量的形式为 ${}^{0}\dot{\boldsymbol{x}}_T = ({}^{0}v_{Tx},\ {}^{0}v_{Ty},\ {}^{0}\omega_{Tz})^{\mathrm{T}}$。由式(6-36)和式(6-37),得

$$
{}^{0}\dot{\boldsymbol{x}}_T = \begin{pmatrix} -l_1\,\mathrm{s}\theta_1 - l_2\,\mathrm{s}\theta_{12} - l_3\,\mathrm{s}\theta_{123} & -l_2\,\mathrm{s}\theta_{12} - l_3\,\mathrm{s}\theta_{123} & -l_3\,\mathrm{s}\theta_{123} \\ l_1\,\mathrm{c}\theta_1 + l_2\,\mathrm{c}\theta_{12} + l_3\,\mathrm{c}\theta_{123} & l_2\,\mathrm{c}\theta_{12} + l_3\,\mathrm{c}\theta_{123} & l_3\,\mathrm{c}\theta_{123} \\ 1 & 1 & 1 \end{pmatrix} \begin{pmatrix} \dot{\theta}_1 \\ \dot{\theta}_2 \\ \dot{\theta}_3 \end{pmatrix} \tag{6-40}
$$

由此可得平面 3R 机器人末端相对于基坐标系 {0} 的解析雅可比为

$$
{}^{0}\boldsymbol{J}' = \begin{pmatrix} -l_1\,\mathrm{s}\theta_1 - l_2\,\mathrm{s}\theta_{12} - l_3\,\mathrm{s}\theta_{123} & -l_2\,\mathrm{s}\theta_{12} - l_3\,\mathrm{s}\theta_{123} & -l_3\,\mathrm{s}\theta_{123} \\ l_1\,\mathrm{c}\theta_1 + l_2\,\mathrm{c}\theta_{12} + l_3\,\mathrm{c}\theta_{123} & l_2\,\mathrm{c}\theta_{12} + l_3\,\mathrm{c}\theta_{123} & l_3\,\mathrm{c}\theta_{123} \\ 1 & 1 & 1 \end{pmatrix}_{3\times3} \tag{6-41}
$$

例6-4

空间 3R 机器人各参数如图 6-7 所示,利用直接微分法求解末端坐标系 {T}(或 {4})相对于基坐标系 {0} 的速度雅可比。

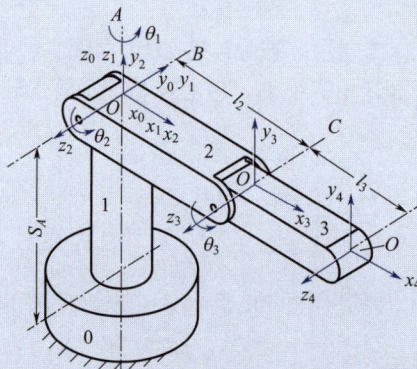

图 6-7 空间 3R 机器人

解：由【例 5-8】得到的各连杆坐标系的 D-H 矩阵，可进一步计算得到该空间 3R 机器人的坐标系 {T} 相对于基坐标系 {0} 的位姿矩阵：

$$
{}^0_T\boldsymbol{T} = \begin{pmatrix}
c\theta_1 c\theta_{23} & -c\theta_1 s\theta_{23} & s\theta_1 & l_2 c\theta_1 c\theta_2 + l_3 c\theta_1 c\theta_{23} \\
s\theta_1 c\theta_{23} & -s\theta_1 s\theta_{23} & -c\theta_1 & l_2 s\theta_1 c\theta_2 + l_3 s\theta_1 c\theta_{23} \\
s\theta_{23} & c\theta_{23} & 0 & l_2 s\theta_2 + l_3 s\theta_{23} \\
0 & 0 & 0 & 1
\end{pmatrix}
\tag{6-42}
$$

式中，

$$
p_x = l_2 c\theta_1 c\theta_2 + l_3 c\theta_1 c\theta_{23}
$$
$$
p_y = l_2 s\theta_1 c\theta_2 + l_3 s\theta_1 c\theta_{23}
$$
$$
p_z = l_2 s\theta_2 + l_3 s\theta_{23}
$$

为得到广义速度矢量 ${}^0\dot{\boldsymbol{X}}_T = ({}^0\boldsymbol{v}_T^{\mathrm{T}}, {}^0\boldsymbol{\omega}_T^{\mathrm{T}})^{\mathrm{T}}$ 的表达式，首先求解线速度矢量 ${}^0\boldsymbol{v}_T$ 的表达式：

$$
{}^0\boldsymbol{v}_T = \begin{pmatrix} {}^0v_{4x} \\ {}^0v_{4y} \\ {}^0v_{4z} \end{pmatrix} = \begin{pmatrix} \dot{p}_x \\ \dot{p}_y \\ \dot{p}_z \end{pmatrix} = \begin{pmatrix}
-l_2 s\theta_1 c\theta_2 - l_3 s\theta_1 c\theta_{23} & -l_2 c\theta_1 s\theta_2 - l_3 c\theta_1 s\theta_{23} & -l_3 c\theta_1 s\theta_{23} \\
l_2 c\theta_1 c\theta_2 - l_3 c\theta_1 c\theta_{23} & -l_2 s\theta_1 s\theta_2 - l_3 c\theta_1 s\theta_{23} & -l_3 s\theta_1 s\theta_{23} \\
0 & l_2 c\theta_2 + l_3 c\theta_{23} & l_3 c\theta_{23}
\end{pmatrix} \begin{pmatrix} \dot{\theta}_1 \\ \dot{\theta}_2 \\ \dot{\theta}_3 \end{pmatrix}
\tag{6-43}
$$

由于空间 3R 机器人的角速度矢量分布在三维空间，因此，需根据旋转矩阵的时间微分求解 ${}^0\boldsymbol{\omega}_T$ 的表达式。

由式（6-42）可知，其对应旋转矩阵为

$$
{}^0_T\boldsymbol{R} = \begin{pmatrix}
c\theta_1 c\theta_{23} & -c\theta_1 s\theta_{23} & s\theta_1 \\
s\theta_1 c\theta_{23} & -s\theta_1 s\theta_{23} & -c\theta_1 \\
s\theta_{23} & c\theta_{23} & 0
\end{pmatrix}
\tag{6-44}
$$

将 ${}^0_T\boldsymbol{R}$ 的各项代入式（6-22），得

$$
{}^0\omega_{Tx} = \dot{r}_{31} r_{21} + \dot{r}_{32} r_{22} + \dot{r}_{33} r_{23} = \dot{\theta}_2 s\theta_1 + \dot{\theta}_3 s\theta_1
$$
$$
{}^0\omega_{Ty} = \dot{r}_{11} r_{31} + \dot{r}_{12} r_{32} + \dot{r}_{13} r_{33} = -\dot{\theta}_2 c\theta_1 - \dot{\theta}_3 c\theta_1
\tag{6-45}
$$
$$
{}^0\omega_{Tz} = \dot{r}_{21} r_{11} + \dot{r}_{22} r_{12} + \dot{r}_{23} r_{13} = \dot{\theta}_1
$$

将式（6-45）写成向量和矩阵的形式，并与式（6-43）合并，得

$$
{}^0\dot{\boldsymbol{X}}_T = \begin{pmatrix} {}^0\boldsymbol{v}_T \\ {}^0\boldsymbol{\omega}_T \end{pmatrix} = \begin{pmatrix} {}^0v_{Tx} \\ {}^0v_{Ty} \\ {}^0v_{Tz} \\ {}^0\omega_{Tx} \\ {}^0\omega_{Ty} \\ {}^0\omega_{Tz} \end{pmatrix} = \begin{pmatrix}
-l_2 s\theta_1 c\theta_2 - l_3 s\theta_1 c\theta_{23} & -l_2 c\theta_1 s\theta_2 - l_3 c\theta_1 s\theta_{23} & -l_3 c\theta_1 s\theta_{23} \\
l_2 c\theta_1 c\theta_2 - l_3 s\theta_1 c\theta_{23} & -l_2 s\theta_1 s\theta_2 - l_3 c\theta_1 s\theta_{23} & -l_3 c\theta_1 s\theta_{23} \\
0 & l_2 c\theta_2 + l_3 c\theta_{23} & l_3 c\theta_{23} \\
0 & s\theta_1 & s\theta_1 \\
0 & -c\theta_1 & -c\theta_1 \\
1 & 0 & 0
\end{pmatrix} \begin{pmatrix} \dot{\theta}_1 \\ \dot{\theta}_2 \\ \dot{\theta}_3 \end{pmatrix}
\tag{6-46}
$$

因此，根据速度雅可比的定义式，空间 3R 机器人末端相对于基坐标系的速度雅可比为

$$
{}^{0}\boldsymbol{J} = \begin{pmatrix} -l_2 \mathrm{s}\theta_1 \mathrm{c}\theta_2 - l_3 \mathrm{s}\theta_1 \mathrm{c}\theta_{23} & -l_2 \mathrm{c}\theta_1 \mathrm{s}\theta_2 - l_3 \mathrm{c}\theta_1 \mathrm{s}\theta_{23} & -l_3 \mathrm{c}\theta_1 \mathrm{s}\theta_{23} \\ l_2 \mathrm{c}\theta_1 \mathrm{c}\theta_2 - l_3 \mathrm{s}\theta_1 \mathrm{c}\theta_{23} & -l_2 \mathrm{s}\theta_1 \mathrm{s}\theta_2 - l_3 \mathrm{c}\theta_1 \mathrm{s}\theta_{23} & -l_3 \mathrm{c}\theta_1 \mathrm{s}\theta_{23} \\ 0 & l_2 \mathrm{c}\theta_2 + l_3 \mathrm{c}\theta_{23} & l_3 \mathrm{c}\theta_{23} \\ 0 & \mathrm{s}\theta_1 & \mathrm{s}\theta_1 \\ 0 & -\mathrm{c}\theta_1 & -\mathrm{c}\theta_1 \\ 1 & 0 & 0 \end{pmatrix}_{6\times3} \tag{6-47}
$$

把上述 3 个例子进一步推广到 n 自由度串联机器人，例如图 6-1 所示的 6 自由度串联机器人。其末端工具坐标系 $\{T\}$ 与杆 n 固连，位姿矩阵 ${}^{0}_{T}\boldsymbol{T}$ 的分解形式为

$$
{}^{0}_{T}\boldsymbol{T} = \begin{pmatrix} {}^{0}_{T}\boldsymbol{R} & {}^{0}\boldsymbol{p}_{TORG} \\ \boldsymbol{0} & 1 \end{pmatrix}_{4\times4} \tag{6-48}
$$

式中

$$
{}^{0}\boldsymbol{p}_{TORG} = \begin{pmatrix} {}^{0}p_{Tx} \\ {}^{0}p_{Ty} \\ {}^{0}p_{Tz} \end{pmatrix} \qquad {}^{0}_{T}\boldsymbol{R} = \begin{pmatrix} r_{11} & r_{12} & r_{13} \\ r_{21} & r_{22} & r_{23} \\ r_{31} & r_{32} & r_{33} \end{pmatrix}
$$

对式（6-48）进行全微分，即可得到末端相对于惯性坐标系 $\{0\}$ 的广义速度矢量 ${}^{0}\dot{\boldsymbol{X}}_T = ({}^{0}\boldsymbol{v}_T^{\mathrm{T}}, {}^{0}\boldsymbol{\omega}_T^{\mathrm{T}})^{\mathrm{T}}$ 表达式以及速度雅可比 ${}^{0}\boldsymbol{J}(\boldsymbol{\theta})$，其一般过程如下：

1）求解线速度矢量

直接对位姿矩阵第四列的线速度项 ${}^{0}\boldsymbol{p}_{TORG}$ 求导，得到 ${}^{0}\boldsymbol{v}_T$ 的表达式：

$$
{}^{0}\boldsymbol{v}_T = \begin{pmatrix} {}^{0}v_{Tx} \\ {}^{0}v_{Ty} \\ {}^{0}v_{Tz} \end{pmatrix} = \begin{pmatrix} \dfrac{\partial {}^{0}p_{Tx}}{\partial \theta_1}, & \cdots, & \dfrac{\partial {}^{0}p_{Tx}}{\partial \theta_n} \\ \dfrac{\partial {}^{0}p_{Ty}}{\partial \theta_1}, & \cdots, & \dfrac{\partial {}^{0}p_{Ty}}{\partial \theta_n} \\ \dfrac{\partial {}^{0}p_{Tz}}{\partial \theta_1}, & \cdots, & \dfrac{\partial {}^{0}p_{Tz}}{\partial \theta_n} \end{pmatrix} \dot{\boldsymbol{\theta}}_{n\times1} = {}^{0}\boldsymbol{J}_v(\boldsymbol{\theta})_{3\times n} \dot{\boldsymbol{\theta}}_{n\times1} \tag{6-49}
$$

式中，${}^{0}\boldsymbol{J}_v(\boldsymbol{\theta})$ 是 $3\times n$ 阶矩阵，反映了末端线速度矢量与关节速度矢量之间的映射关系。

2）求解角速度矢量

把旋转矩阵 ${}^{0}_{T}\boldsymbol{R}$ 中的对应项代入式（6-24），并进行全微分展开，得到 ${}^{0}\boldsymbol{\omega}_T$ 的表达式：

$$
{}^{0}\boldsymbol{\omega}_T = \begin{pmatrix} {}^{0}\omega_{Tx} \\ {}^{0}\omega_{Ty} \\ {}^{0}\omega_{Tz} \end{pmatrix} = \begin{pmatrix} \dfrac{\partial r_{31}}{\partial \theta_1}r_{21} + \dfrac{\partial r_{32}}{\partial \theta_1}r_{22} + \dfrac{\partial r_{33}}{\partial \theta_1}r_{23}, & \cdots, & \dfrac{\partial r_{31}}{\partial \theta_n}r_{21} + \dfrac{\partial r_{32}}{\partial \theta_n}r_{22} + \dfrac{\partial r_{33}}{\partial \theta_n}r_{23} \\ \dfrac{\partial r_{11}}{\partial \theta_1}r_{31} + \dfrac{\partial r_{12}}{\partial \theta_1}r_{32} + \dfrac{\partial r_{13}}{\partial \theta_1}r_{33}, & \cdots, & \dfrac{\partial r_{11}}{\partial \theta_n}r_{31} + \dfrac{\partial r_{12}}{\partial \theta_n}r_{32} + \dfrac{\partial r_{13}}{\partial \theta_n}r_{33} \\ \dfrac{\partial r_{21}}{\partial \theta_1}r_{11} + \dfrac{\partial r_{22}}{\partial \theta_1}r_{12} + \dfrac{\partial r_{23}}{\partial \theta_1}r_{13}, & \cdots, & \dfrac{\partial r_{21}}{\partial \theta_n}r_{11} + \dfrac{\partial r_{22}}{\partial \theta_n}r_{12} + \dfrac{\partial r_{23}}{\partial \theta_n}r_{13} \end{pmatrix} \dot{\boldsymbol{\theta}}_{n\times1} \tag{6-50}
$$

$$
= {}^{0}\boldsymbol{J}_\omega(\boldsymbol{\theta})_{3\times n} \dot{\boldsymbol{\theta}}_{n\times1}
$$

式中，${}^{0}\boldsymbol{J}_\omega(\boldsymbol{\theta})$ 也是 $3\times n$ 阶矩阵，反映了末端角速度矢量与关节速度矢量之间的映射关系。

3）完整的速度雅可比表达式

合并式（6-49）和式（6-50），即得到了完整的末端广义速度矢量和几何雅可比 $^0\boldsymbol{J}(\boldsymbol{\theta})$ 表达式：

$$^0\dot{\boldsymbol{X}}_T = \begin{pmatrix} ^0\boldsymbol{v}_T \\ ^0\boldsymbol{\omega}_T \end{pmatrix}_{6\times1} = \begin{pmatrix} ^0\boldsymbol{J}_v(\boldsymbol{\theta}) \\ ^0\boldsymbol{J}_\omega(\boldsymbol{\theta}) \end{pmatrix}_{6\times n} \dot{\boldsymbol{\theta}}_{n\times1} = {}^0\boldsymbol{J}(\boldsymbol{\theta})_{6\times n}\dot{\boldsymbol{\theta}}_{n\times1} \tag{6-51}$$

式中，$^0\dot{\boldsymbol{X}}_T$ 是机器人末端在笛卡儿空间的速度矢量，在机器人的操作空间度量，故又称为**操作空间速度矢量**；而 $\dot{\boldsymbol{\theta}}$ 在机器人关节空间内度量，也称为**关节速度矢量**。因此，式（6-51）的速度雅可比实质上反映的是**机器人的关节空间速度向操作空间速度传递的广义传动比**。

从速度雅可比 $\boldsymbol{J}(\boldsymbol{\theta})$ 的构造可以看出，完整的 $\boldsymbol{J}(\boldsymbol{\theta})$ 有 6 个行向量，前 3 行与线速度矢量相关，后 3 行与角速度矢量相关。$\boldsymbol{J}(\boldsymbol{\theta})$ 的列数等于机器人关节数 n。此外，$\boldsymbol{J}(\boldsymbol{\theta})$ 中的各元素与 D-H 参数中的结构参数和关节参数都有关，说明 $\boldsymbol{J}(\boldsymbol{\theta})$ 的取值随机器人位形改变而发生变化。$\boldsymbol{J}(\boldsymbol{\theta})$ 内含了机器人的位形信息，可以反映机器人的工作性能，**6.5 节**将详细讨论。

（3）矢量积法求解速度雅可比

串联机器人速度雅可比 $^0\boldsymbol{J}$ 的第 i 列，对应着其他关节速度为零时，关节 i 的速度对末端速度的影响。考虑到串联机器人的关节通常不是移动副就是转动副，因此，通过分析单个关节对末端速度的作用，可以分别得到 $^0\boldsymbol{J}$ 的各列，进而得到完整的速度雅可比。

基于此思路，可以得到一种直接利用速度矢量积公式来获得末端线速度的方法，也被称为**矢量积法**。尽管矢量积法在计算上并没有特别的优点，但是通过了解它的推导过程，能加深对速度雅可比物理意义的理解。

下面分别针对移动关节和旋转关节，讨论任意关节 i 的速度对末端 $\{T\}$ 广义速度 $^0\dot{\boldsymbol{X}}_T$ 的作用。

图 6-8 所示串联机器人中，移动关节 i 的速度大小为 $\dot{d}_i$。以基坐标系 $\{0\}$ 为参考系，假定其他关节速度均为零，则末端执行器将获得与关节 i 相等的线速度，而角速度则为零，即

$$^0\boldsymbol{v}_{T\{i\}} = \dot{d}_i{}^0\hat{\boldsymbol{z}}_i, \quad {}^0\boldsymbol{\omega}_{T\{i\}} = \boldsymbol{0} \tag{6-52}$$

式中，下标 $\{i\}$ 表示与关节 i 相关；$^0\hat{\boldsymbol{z}}_i$ 为关节 i 的 z 轴在 $\{0\}$ 中的表达，它是旋转矩阵 $^0_i\boldsymbol{R}$ 的第 3 列。

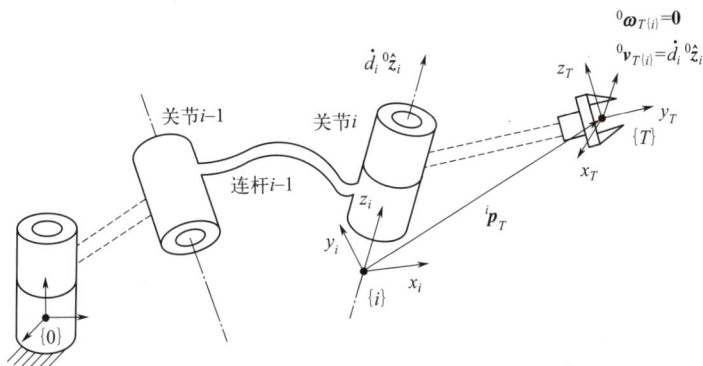

图 6-8　移动关节对末端速度的作用

因此，与移动关节 i 相关的末端广义速度矢量及其所对应的速度雅可比第 i 列分别为：

$$
{}^0\dot{\boldsymbol{X}}_{T\{i\}} = \begin{pmatrix} {}^0\boldsymbol{v}_{T\{i\}} \\ {}^0\boldsymbol{\omega}_{T\{i\}} \end{pmatrix} = \begin{pmatrix} {}^0\hat{\boldsymbol{z}}_i \\ \boldsymbol{0} \end{pmatrix}\dot{d}_i \tag{6-53}
$$

$$
{}^0\boldsymbol{J}_T(:,i) = \begin{pmatrix} {}^0\hat{\boldsymbol{z}}_i \\ \boldsymbol{0} \end{pmatrix}_{6\times1} \tag{6-54}
$$

式中，$(:,i)$ 表示矩阵的第 i 列。

如图 6-9 所示，当关节 i 为旋转关节，速度大小为 $\dot{\theta}_i$，则末端执行器将获得与关节 i 相等的角速度，而线速度则根据矢量积公式得到，即

$$
\begin{cases} {}^0\boldsymbol{\omega}_{\{i\}} = \dot{\theta}_i\,{}^0\hat{\boldsymbol{z}}_i \\ {}^0\boldsymbol{v}_{T\{i\}} = {}^0\boldsymbol{\omega}_{T\{i\}} \times {}^0\boldsymbol{p}_T^i \end{cases} \tag{6-55}
$$

式中，矢量 ${}^0\boldsymbol{p}_T^i$ 是末端坐标系 $\{T\}$ 原点相对于 $\{i\}$ 原点的位置矢量 ${}^i\boldsymbol{p}_T$ 在 $\{0\}$ 中的表示，可由下式计算：

$$
{}^0\boldsymbol{p}_T^i = {}^0_i\boldsymbol{R}\,{}^i\boldsymbol{p}_T \tag{6-56}
$$

式中，${}^i\boldsymbol{p}_T$ 包含在位姿矩阵 ${}^i_T\boldsymbol{T}$ 的第 4 列。

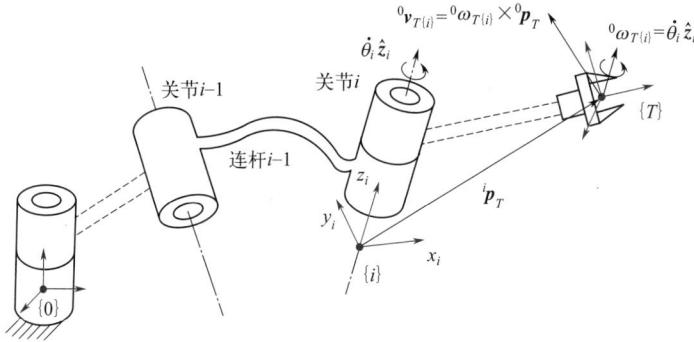

图 6-9　旋转关节对末端速度的作用

因此，与旋转关节 i 相关的末端广义速度矢量及其所对应的速度雅可比第 i 列分别为

$$
{}^0\dot{\boldsymbol{X}}_{T\{i\}} = \begin{pmatrix} {}^0\boldsymbol{v}_{T\{i\}} \\ {}^0\boldsymbol{\omega}_{T\{i\}} \end{pmatrix} = \begin{pmatrix} {}^0\hat{\boldsymbol{z}}_i \times ({}^0_i\boldsymbol{R}\,{}^i\boldsymbol{p}_T) \\ {}^0\hat{\boldsymbol{z}}_i \end{pmatrix}\dot{\theta}_i \tag{6-57}
$$

$$
{}^0\boldsymbol{J}_T(:,i) = \begin{pmatrix} {}^0\hat{\boldsymbol{z}}_i \times ({}^0_i\boldsymbol{R}\,{}^i\boldsymbol{p}_T) \\ {}^0\hat{\boldsymbol{z}}_i \end{pmatrix}_{6\times1} \tag{6-58}
$$

针对每个关节 i，利用式（6-54）和式（6-58）可计算出速度雅可比中与之对应的列 ${}^0\boldsymbol{J}_T(:,i)$。再将各列合并，即可得到完整的速度雅可比 ${}^0\boldsymbol{J}_T$。

由上面的推导过程可知，利用矢量积法推导速度雅可比 ${}^0\boldsymbol{J}_T$，需要知道 ${}^0_i\boldsymbol{R}$ 和 ${}^i_T\boldsymbol{T}$ 的显式表达式，可以根据下式计算：

$$
{}^0_i\boldsymbol{R} = {}^0_1\boldsymbol{R}\,{}^1_2\boldsymbol{R}\cdots{}^{i-1}_i\boldsymbol{R}\,,\quad {}^i_T\boldsymbol{T} = {}^i_{i+1}\boldsymbol{T}\cdots{}^{n-1}_n\boldsymbol{T}\,{}^n_T\boldsymbol{T} \tag{6-59}
$$

下面仍然以平面 2R 机器人求解末端速度雅可比为例，说明矢量积法的具体应用。

例 6-5

用矢量积法求平面 2R 机器人的速度雅可比。

解：【例 5-6】已经利用前置 D-H 法得到了平面 2R 机器人各相邻杆的位姿矩阵，重写如下：

$$
{}^0_1\boldsymbol{T} = \begin{pmatrix} \mathrm{c}\theta_1 & -\mathrm{s}\theta_1 & 0 & 0 \\ \mathrm{s}\theta_1 & \mathrm{c}\theta_1 & 0 & 0 \\ 0 & 0 & 1 & 0 \\ 0 & 0 & 0 & 1 \end{pmatrix}, \quad
{}^1_2\boldsymbol{T} = \begin{pmatrix} \mathrm{c}\theta_2 & -\mathrm{s}\theta_2 & 0 & l_1 \\ \mathrm{s}\theta_2 & \mathrm{c}\theta_2 & 0 & 0 \\ 0 & 0 & 1 & 0 \\ 0 & 0 & 0 & 1 \end{pmatrix}, \quad
{}^2_T\boldsymbol{T} = \begin{pmatrix} 1 & 0 & 0 & l_2 \\ 0 & 1 & 0 & 0 \\ 0 & 0 & 1 & 0 \\ 0 & 0 & 0 & 1 \end{pmatrix}
$$

平面 2R 机器人只有旋转关节，因此，需要利用式（6-59）计算出速度雅可比的各列。为此，需要首先获得 ${}^0_1\boldsymbol{R}$、${}^0_2\boldsymbol{R}$、${}^2_T\boldsymbol{T}$、${}^1_T\boldsymbol{T}$ 的显式，其中 ${}^0_1\boldsymbol{R}$ 包含在 ${}^0_1\boldsymbol{T}$ 中，只有 ${}^0_2\boldsymbol{R}$ 和 ${}^1_T\boldsymbol{T}$ 未知。省略推导过程，列写如下：

$$
{}^0_2\boldsymbol{R} = \begin{pmatrix} \mathrm{c}\theta_{12} & -\mathrm{s}\theta_{12} & 0 \\ \mathrm{s}\theta_{12} & \mathrm{c}\theta_{12} & 0 \\ 0 & 0 & 1 \end{pmatrix}, \quad
{}^1_T\boldsymbol{T} = \begin{pmatrix} \mathrm{c}\theta_2 & -\mathrm{s}\theta_2 & 0 & l_1 + l_2\mathrm{c}\theta_2 \\ \mathrm{s}\theta_2 & \mathrm{c}\theta_2 & 0 & l_2\mathrm{s}\theta_2 \\ 0 & 0 & 1 & 0 \\ 0 & 0 & 0 & 1 \end{pmatrix}
$$

令式（6-58）中的 $i=1$，得到速度雅可比的第 1 列（对应旋转关节 1）

$$
{}^0\boldsymbol{J}_T(:,1) = \begin{pmatrix} {}^0\hat{\boldsymbol{z}}_1 \times ({}^0_1\boldsymbol{R}\,{}^1\boldsymbol{p}_T) \\ {}^0\hat{\boldsymbol{z}}_1 \end{pmatrix}
$$

式中，

$$
{}^0\hat{\boldsymbol{z}}_1 = \begin{pmatrix} 0 \\ 0 \\ 1 \end{pmatrix}, \quad
{}^1\boldsymbol{p}_T = \begin{pmatrix} l_1 + l_2\mathrm{c}\theta_2 \\ l_2\mathrm{s}\theta_2 \\ 0 \end{pmatrix}
$$

由此得到

$$
{}^0\hat{\boldsymbol{z}}_1 \times ({}^0_1\boldsymbol{R}\,{}^1\boldsymbol{p}_T) = [{}^0\hat{\boldsymbol{z}}_1]\,{}^0_1\boldsymbol{R}\,{}^1\boldsymbol{p}_T = \begin{pmatrix} 0 & -1 & 0 \\ 1 & 0 & 0 \\ 0 & 0 & 0 \end{pmatrix}\begin{pmatrix} \mathrm{c}\theta_1 & -\mathrm{s}\theta_1 & 0 \\ \mathrm{s}\theta_1 & \mathrm{c}\theta_1 & 0 \\ 0 & 0 & 1 \end{pmatrix}\begin{pmatrix} l_1 + l_2\mathrm{c}\theta_2 \\ l_2\mathrm{s}\theta_2 \\ 0 \end{pmatrix} = \begin{pmatrix} -l_1\mathrm{s}\theta_1 - l_2\mathrm{s}\theta_{12} \\ l_1\mathrm{c}\theta_1 + l_2\mathrm{c}\theta_{12} \\ 0 \end{pmatrix}
$$

故

$$
{}^0\boldsymbol{J}_3(:,1) = \begin{pmatrix} -l_1\mathrm{s}\theta_1 - l_2\mathrm{s}\theta_{12} \\ l_1\mathrm{c}\theta_1 + l_2\mathrm{c}\theta_{12} \\ 0 \\ 0 \\ 0 \\ 1 \end{pmatrix} \tag{6-60}
$$

令式（6-58）中的 $i=2$，得到速度雅可比的第 2 列（对应旋转关节 2）

$$
{}^0\boldsymbol{J}_T(:,2) = \begin{pmatrix} {}^0\hat{\boldsymbol{z}}_2 \times ({}^0_2\boldsymbol{R}\,{}^2\boldsymbol{p}_T) \\ {}^0\hat{\boldsymbol{z}}_2 \end{pmatrix}
$$

式中，

$$
{}^0\hat{z}_2 = \begin{pmatrix} 0 \\ 0 \\ 1 \end{pmatrix}, \qquad {}^2p_T = \begin{pmatrix} l_2 \\ 0 \\ 0 \end{pmatrix}
$$

由此得到

$$
{}^0\hat{z}_2 \times ({}^0_2\boldsymbol{R}\,{}^2\boldsymbol{p}_T) = [{}^0\hat{z}_2]^0_2\boldsymbol{R}\,{}^2\boldsymbol{p}_T = \begin{pmatrix} 0 & -1 & 0 \\ 1 & 0 & 0 \\ 0 & 0 & 0 \end{pmatrix}\begin{pmatrix} c\theta_{12} & -s\theta_{12} & 0 \\ s\theta_{12} & c\theta_{12} & 0 \\ 0 & 0 & 1 \end{pmatrix}\begin{pmatrix} l_2 \\ 0 \\ 0 \end{pmatrix} = \begin{pmatrix} -l_2 s\theta_{12} \\ l_2 c\theta_{12} \\ 0 \end{pmatrix}
$$

故

$$
{}^0\boldsymbol{J}_T(:,2) = \begin{pmatrix} -l_2 s\theta_{12} \\ l_2 c\theta_{12} \\ 0 \\ 0 \\ 0 \\ 1 \end{pmatrix} \tag{6-61}
$$

合并式（6-60）和式（6-61），得到平面 2R 机器人速度雅可比的完整表达式：

$$
{}^0\boldsymbol{J} = \begin{pmatrix} -l_1 s\theta_1 - l_2 s\theta_{12} & -l_2 s\theta_{12} \\ l_1 c\theta_1 + l_2 c\theta_{12} & l_2 c\theta_{12} \\ 0 & 0 \\ 0 & 0 \\ 0 & 0 \\ 1 & 1 \end{pmatrix}_{6\times 2} \tag{6-62}
$$

将上述结果与【例 6-2】的结果对比，可以看到，两种计算方法的结果一致。

通过上述实例，可以看到矢量积法并没有计算上的优势。但是，它却很好地体现了串联机器人速度雅可比的物理意义，即速度雅可比的每一列反映的是当其他关节速度为零时，该列对应的关节速度对末端广义速度的影响。需要注意的是，矢量积法得到的速度雅可比 ${}^0\boldsymbol{J}$ 也是在基坐标系 {0} 中描述的。

（4）速度雅可比在不同坐标系中的描述

如果已知机器人末端广义速度矢量在工具坐标系 {T} 中的描述 ${}^T\dot{\boldsymbol{X}}_T = ({}^T\boldsymbol{v}_T^{\mathrm{T}}, {}^T\boldsymbol{\omega}_T^{\mathrm{T}})^{\mathrm{T}}$，如何获得机器人末端广义速度矢量在基坐标系 {0} 中的描述 ${}^0\dot{\boldsymbol{X}}_T = ({}^0\boldsymbol{v}_T^{\mathrm{T}}, {}^0\boldsymbol{\omega}_T^{\mathrm{T}})^{\mathrm{T}}$ 呢？我们不妨简单推导一下。

首先进行以下坐标映射变换：

$$
{}^0\boldsymbol{\omega}_T = {}^0_T\boldsymbol{R}\,{}^T\boldsymbol{\omega}_T, \quad {}^0\boldsymbol{v}_T = {}^0_T\boldsymbol{R}\,{}^T\boldsymbol{v}_T \tag{6-63}
$$

根据速度雅可比的定义

$$
{}^0\dot{\boldsymbol{X}}_T = {}^0\boldsymbol{J}_T(\boldsymbol{\theta})\dot{\boldsymbol{\theta}} = \begin{pmatrix} {}^0\boldsymbol{v}_T \\ {}^0\boldsymbol{\omega}_T \end{pmatrix}, \quad {}^T\dot{\boldsymbol{X}}_T = {}^T\boldsymbol{J}_T(\boldsymbol{\theta})\dot{\boldsymbol{\theta}} = \begin{pmatrix} {}^T\boldsymbol{v}_T \\ {}^T\boldsymbol{\omega}_T \end{pmatrix} \tag{6-64}
$$

将式（6-63）代入式（6-64），得

$$
{}^0\!J_T(\boldsymbol{\theta})\dot{\boldsymbol{\theta}} = \begin{pmatrix} {}^0_T\boldsymbol{R} & \boldsymbol{0} \\ \boldsymbol{0} & {}^0_T\boldsymbol{R} \end{pmatrix} \begin{pmatrix} {}^T\boldsymbol{v}_T \\ {}^T\boldsymbol{\omega}_T \end{pmatrix} = \begin{pmatrix} {}^0_T\boldsymbol{R} & \boldsymbol{0} \\ \boldsymbol{0} & {}^0_T\boldsymbol{R} \end{pmatrix} {}^T\!J_T(\boldsymbol{\theta})\dot{\boldsymbol{\theta}} \tag{6-65}
$$

两端消掉 $\dot{\boldsymbol{\theta}}$，即可得到 ${}^0\!J_T(\boldsymbol{\theta})$ 与 ${}^T\!J_T(\boldsymbol{\theta})$ 的变换公式：

$$
{}^0\!J_T(\boldsymbol{\theta}) = \begin{pmatrix} {}^0_T\boldsymbol{R} & \boldsymbol{0} \\ \boldsymbol{0} & {}^0_T\boldsymbol{R} \end{pmatrix} {}^T\!J_T(\boldsymbol{\theta}) \tag{6-66}
$$

或者

$$
{}^T\!J_T(\boldsymbol{\theta}) = \begin{pmatrix} {}^T_0\boldsymbol{R} & \boldsymbol{0} \\ \boldsymbol{0} & {}^T_0\boldsymbol{R} \end{pmatrix} {}^0\!J_T(\boldsymbol{\theta}) \tag{6-67}
$$

实际上，描述坐标系 $\{0\}$ 和 $\{T\}$ 也可以是任意坐标系 $\{A\}$ 和 $\{B\}$（只要参考坐标系一致），由此得到

$$
{}^A\!J = \begin{pmatrix} {}^A_B\boldsymbol{R} & \boldsymbol{0} \\ \boldsymbol{0} & {}^A_B\boldsymbol{R} \end{pmatrix} {}^B\!J \tag{6-68}
$$

当机器人末端广义速度矢量在不同坐标系 $\{A\}$、$\{B\}$ 中描述时，式（6-68）给出了对应的速度雅可比变换关系。注意：式（6-68）仅反映坐标变换，变换前后广义速度矢量和速度雅可比的**参考坐标系相同**。

> ## < 例 6-6
>
> 根据【例 6-2】的结果，求平面 2R 机器人相对工具坐标系 $\{T\}$ 的速度雅可比。
>
> 解：【例 6-2】已经得到了平面 2R 机器人相对基坐标系 $\{0\}$ 的速度雅可比矩阵，重写如下：
>
> $$
> {}^0\!J = \begin{pmatrix} -l_1\mathrm{s}\theta_1 - l_2\mathrm{s}\theta_{12} & -l_2\mathrm{s}\theta_{12} \\ l_1\mathrm{c}\theta_1 + l_2\mathrm{c}\theta_{12} & l_2\mathrm{c}\theta_{12} \\ 0 & 0 \\ 0 & 0 \\ 0 & 0 \\ 1 & 1 \end{pmatrix}_{6\times2}
> $$
>
> 以及旋转矩阵
>
> $$
> {}^T_0\boldsymbol{R} = \begin{pmatrix} \mathrm{c}\theta_{12} & \mathrm{s}\theta_{12} & 0 \\ -\mathrm{s}\theta_{12} & \mathrm{c}\theta_{12} & 0 \\ 0 & 0 & 1 \end{pmatrix}
> $$
>
> 这里直接利用式（6-66），得
>
> $$
> {}^T\!J = \begin{pmatrix} {}^T_0\boldsymbol{R} & \boldsymbol{0} \\ \boldsymbol{0} & {}^T_0\boldsymbol{R} \end{pmatrix} {}^0\!J = \begin{pmatrix} l_1\mathrm{s}\theta_2 & 0 \\ l_1\mathrm{c}\theta_2 + l_2 & l_2 \\ 0 & 0 \\ 0 & 0 \\ 0 & 0 \\ 1 & 1 \end{pmatrix} \tag{6-69}
> $$

6.3 串联机器人的静力雅可比

（1）静力雅可比的概念

串联机器人不仅传递运动，也传递动力。本节考虑一种简单情况：当机器人处于静平衡状态且末端对环境施加广义力 $\boldsymbol{F}_e$ 时，机器人保持当前位形所需要的关节力（力矩）$\boldsymbol{\tau}$。在设计阶段，这可以用来预估机器人关节驱动器的输出力矩。

把机器人视为一个从关节到末端的功率传动装置。当不考虑功率损失时，关节输出功率应该等于末端功率。功率包含两个要素：力和速度。把速度考虑成微位移，即可利用**虚功原理**（principle of virtual work），导出机器人末端广义力 $\boldsymbol{F}_e$ 与关节力（力矩）$\boldsymbol{\tau}$ 之间的映射关系。

静平衡状态下，假设机器人末端以接触力 $\boldsymbol{F}_e$ 推动环境，使其变形，从而导致末端发生微位移 $\delta\boldsymbol{X}$。此时，末端做的虚功为 $\boldsymbol{F}_e^{\mathrm{T}}\delta\boldsymbol{X}$。

$\boldsymbol{F}_e$ 来源于关节力（力矩）$\boldsymbol{\tau}$，而末端微位移 $\delta\boldsymbol{X}$ 必然对应着关节微位移 $\delta\boldsymbol{\theta}$。此时，关节力（力矩）做的虚功为 $\boldsymbol{\tau}^{\mathrm{T}}\delta\boldsymbol{\theta}$。如果不考虑摩擦及重力影响，$\boldsymbol{F}_e$ 与 $\boldsymbol{\tau}$ 所做虚功应相等，即

$$\boldsymbol{F}_e^{\mathrm{T}}\delta\boldsymbol{X} = \boldsymbol{\tau}^{\mathrm{T}}\delta\boldsymbol{\theta} \tag{6-70}$$

由机器人速度雅可比的定义，得

$$\delta\boldsymbol{X} = \boldsymbol{J}\,\delta\boldsymbol{\theta} \tag{6-71}$$

将式（6-71）代入式（6-70），并消去 $\delta\boldsymbol{\theta}$，得

$$\boldsymbol{\tau} = \boldsymbol{J}_{\mathrm{F}}\boldsymbol{F}_e \tag{6-72}$$

式中

$$\boldsymbol{J}_{\mathrm{F}} = \boldsymbol{J}^{\mathrm{T}} \tag{6-73}$$

被称为机器人的**静力雅可比矩阵**，简称**静力雅可比**，它把末端操作空间的广义力映射为关节空间的力（力矩）。

静力雅可比 $\boldsymbol{J}_{\mathrm{F}}$ 是末端速度雅可比 $\boldsymbol{J}$ 的转置。这说明无须求逆运算，即可根据末端广义力 $\boldsymbol{F}_e$ 计算得到关节力（力矩）$\boldsymbol{\tau}$。这一特性有利于在控制中实现末端力控制或补偿末端负载。

（2）不同描述坐标系下力雅可比之间的关系

式（6-72）并没有明确各物理量在哪个坐标系中描述。实际上，机器人末端的广义输出力通常有两种表达方式：一种在末端工具坐标系 $\{T\}$ 中描述，即 $^T\boldsymbol{F}_e$；另一种在基坐标系 $\{0\}$ 中描述，即 $^0\boldsymbol{F}_e$。为此，可修改式（6-72）以明确坐标系表达。

若在末端工具坐标系 $\{T\}$ 中描述，则有

$$\boldsymbol{\tau} = {}^T\boldsymbol{J}_{\mathrm{F}}\,{}^T\boldsymbol{F}_e \tag{6-74}$$

若在基坐标系 $\{0\}$ 中描述，则有

$$\boldsymbol{\tau} = {}^0\boldsymbol{J}_{\mathrm{F}}\,{}^0\boldsymbol{F}_e \tag{6-75}$$

式中，广义关节力在关节空间描述，与末端广义力的描述坐标系无关。

$^T\boldsymbol{F}_{\mathrm{e}}$ 与 $^0\boldsymbol{F}_{\mathrm{e}}$ 是同一个力矢量分别在末端坐标系 $\{T\}$ 和基坐标系 $\{0\}$ 中的描述。无论在哪个坐标系描述，它对末端输出的功率应该相等，即

$$^T\boldsymbol{F}_{\mathrm{e}}^{\mathrm{T}} \, ^T\dot{\boldsymbol{X}} = \, ^0\boldsymbol{F}_{\mathrm{e}}^{\mathrm{T}} \, ^0\dot{\boldsymbol{X}} \tag{6-76}$$

根据式（6-66）可知，当参考坐标系不变，针对同一个末端速度矢量的速度雅可比分别在坐标系 $\{0\}$ 和 $\{T\}$ 中描述时，应满足

$$^0\boldsymbol{J} = \begin{pmatrix} ^0_T\boldsymbol{R} & \boldsymbol{0} \\ \boldsymbol{0} & ^0_T\boldsymbol{R} \end{pmatrix} {}^T\boldsymbol{J} \tag{6-77}$$

将式（6-77）代入式（6-73），得

$$^0\boldsymbol{J}_{\mathrm{F}} = \, ^T\boldsymbol{J}_{\mathrm{F}} \begin{pmatrix} ^T_0\boldsymbol{R} & \boldsymbol{0} \\ \boldsymbol{0} & ^T_0\boldsymbol{R} \end{pmatrix} \tag{6-78}$$

需要注意的是，式（6-78）是针对同一个末端广义力进行的变换，它仅涉及描述坐标系的改变。

如【例 6-6】中的平面 2R 机器人，假设杆长 $l_1 = l_2 = 1$，当 $\theta_1 = \theta_2 = 45°$ 且末端输出的广义接触力为 $^T\boldsymbol{F}_{\mathrm{e}} = (1, 1, 0, 0, 0, 0)^{\mathrm{T}}$ 时，求关节力矩 $\boldsymbol{\tau}$。

解：平面 2R 机器人末端的静力雅可比在基坐标系 $\{0\}$ 中的描述为

$$^0\boldsymbol{J}_{\mathrm{F}} = \, ^0\boldsymbol{J}_T^{\mathrm{T}} = \begin{pmatrix} -l_1\mathrm{s}\theta_1 - l_2\mathrm{s}\theta_{12} & l_1\mathrm{c}\theta_1 + l_2\mathrm{c}\theta_{12} & 0 & 0 & 0 & 0 \\ -l_2\mathrm{s}\theta_{12} & l_2\mathrm{c}\theta_{12} & 0 & 0 & 0 & 0 \end{pmatrix}$$

由式（6-78）可计算出静力雅可比在末端坐标系 $\{T\}$ 中的描述为

$$^T\boldsymbol{J}_{\mathrm{F}} = \, ^0\boldsymbol{J}_{\mathrm{F}} \begin{pmatrix} ^T_0\boldsymbol{R} & \boldsymbol{0} \\ \boldsymbol{0} & ^T_0\boldsymbol{R} \end{pmatrix} = \begin{pmatrix} l_1\mathrm{s}_2 & l_2 + l_1\mathrm{c}_2 & 0 & 0 & 0 & 0 \\ 0 & l_2 & 0 & 0 & 0 & 0 \end{pmatrix}$$

由于末端广义力矢量在末端坐标系 $\{T\}$ 中表示，因此，利用下式求解关节力矩

$$\boldsymbol{\tau} = \, ^T\boldsymbol{J}_{\mathrm{F}} \, ^T\boldsymbol{F}_{\mathrm{e}}$$

代入已知条件，得

$$\boldsymbol{\tau} = \begin{pmatrix} \dfrac{\sqrt{2}}{2} & 1 + \dfrac{\sqrt{2}}{2} & 0 & 0 & 0 & 0 \\ 0 & 1 & 0 & 0 & 0 & 0 \end{pmatrix} \begin{pmatrix} 1 \\ 1 \\ 0 \\ 0 \\ 0 \\ 0 \end{pmatrix} = \begin{pmatrix} 1 + \sqrt{2} \\ 1 \end{pmatrix} \tag{6-79}$$

6.4 伴随变换

（1）广义速度的伴随变换

刚体上两点间速度和力的关系可以推广到一般情况，如图 6-10 所示。对处于静力平衡状态的一个刚体，已知刚体上某坐标系 {B} 原点处的速度 $^B\boldsymbol{v}$、$^B\boldsymbol{\omega}$（参考坐标系为 {0}）和作用在 {B} 原点上的静力 $^B\boldsymbol{f}$、$^B\boldsymbol{m}$，要得到刚体上另一参考坐标系 {A} 原点处的速度 $^A\boldsymbol{v}$、$^A\boldsymbol{\omega}$ 以及作用在 {A} 原点上的静力 $^A\boldsymbol{f}$、$^B\boldsymbol{m}$。

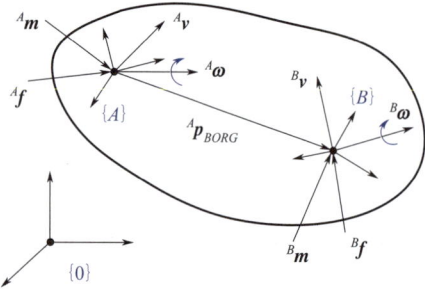

图 6-10　同一刚体上两坐标系间的
速度和力关系

由于没有活动关节，因此角速度之间的关系满足式（6-20），即

$$^A\boldsymbol{\omega} = {}_B^A\boldsymbol{R}\,^B\boldsymbol{\omega} \tag{6-80}$$

通过对 $^A\boldsymbol{q} = {}^A\boldsymbol{p}_{BORG} + {}_B^A\boldsymbol{R}\,^B\boldsymbol{q}$ 相对时间求导，可得线速度的关系满足：

$$^A\boldsymbol{v} = {}_B^A\boldsymbol{R}\,^B\boldsymbol{v} + {}^A\boldsymbol{\omega} \times {}^B\boldsymbol{p}_{AORG} = {}_B^A\boldsymbol{R}\,^B\boldsymbol{v} + {}_B^A\boldsymbol{R}\,^B\boldsymbol{\omega} \times {}^B\boldsymbol{p}_{AORG} \tag{6-81}$$

对方程右端第二项进行转换

$$_B^A\boldsymbol{R}\,^B\boldsymbol{\omega} \times {}^B\boldsymbol{p}_{AORG} = -({}_B^A\boldsymbol{R}\,^B\boldsymbol{\omega}) \times {}^A\boldsymbol{p}_{BORG} = {}^A\boldsymbol{p}_{BORG} \times {}_B^A\boldsymbol{R}\,^B\boldsymbol{\omega} = [{}^A\boldsymbol{p}_{BORG}]{}_B^A\boldsymbol{R}\,^B\boldsymbol{\omega} \tag{6-82}$$

将式（6-82）代入式（6-81），并与式（6-80）合并写成矩阵形式，得

$$\begin{pmatrix} ^A\boldsymbol{\omega} \\ ^A\boldsymbol{v} \end{pmatrix} = \begin{pmatrix} {}_B^A\boldsymbol{R} & \mathbf{0} \\ [{}^A\boldsymbol{p}_{BORG}]{}_B^A\boldsymbol{R} & {}_B^A\boldsymbol{R} \end{pmatrix} \begin{pmatrix} ^B\boldsymbol{\omega} \\ ^B\boldsymbol{v} \end{pmatrix} \tag{6-83}$$

注意：为了与之后的力关系矩阵保持一致，式（6-83）中的角速度和线速度矢量的排列顺序与之前不同。

定义 **伴随矩阵**（adjoint matrix）

$$_B^A\mathrm{Ad}_T = \begin{pmatrix} {}_B^A\boldsymbol{R} & \mathbf{0} \\ [{}^A\boldsymbol{p}_{BORG}]{}_B^A\boldsymbol{R} & {}_B^A\boldsymbol{R} \end{pmatrix}_{6\times6} \tag{6-84}$$

（2）广义力的伴随变换

类似地，力的关系满足

$$\begin{cases} ^A\boldsymbol{f} = {}_B^A\boldsymbol{R}\,^B\boldsymbol{f} \\ ^A\boldsymbol{m} = {}_B^A\boldsymbol{R}\,^B\boldsymbol{m} + {}^A\boldsymbol{p}_{BORG} \times {}_B^A\boldsymbol{R}\,^B\boldsymbol{f} \end{cases} \tag{6-85}$$

同样写成矩阵的形式，得到

$$\begin{pmatrix} ^A\boldsymbol{f} \\ ^A\boldsymbol{m} \end{pmatrix} = \begin{pmatrix} {}_B^A\boldsymbol{R} & \mathbf{0} \\ [{}^A\boldsymbol{p}_{BORG}]{}_B^A\boldsymbol{R} & {}_B^A\boldsymbol{R} \end{pmatrix} \begin{pmatrix} ^B\boldsymbol{f} \\ ^B\boldsymbol{m} \end{pmatrix} \text{或 } {}^A\boldsymbol{F} = {}_B^A\mathrm{Ad}_T\,^B\boldsymbol{F} \tag{6-86}$$

在实际使用中，机器人腕部有时安装有力 / 力矩传感器，而机器人末端会根据任务需要安装不同的工具，如图 6-11 所示。当工具安装好之后，可以认为工具与传感器是同一个刚体，它们之间的相对位姿矩阵 $_S^T\boldsymbol{T}$ 已知且为常数矩阵。

一般而言，由于力 / 力矩传感器不会经常拆卸，它相对于腕部的关系是固定的，所以力 / 力矩传感器坐标系 $\{S\}$ 原点的广义速度矢量 $^S\dot{\boldsymbol{X}}$ 可以根据微分运动学方程直接计算得到。同时，力 / 力矩传感器还可以为控制器提供作用于坐标系 $\{S\}$ 原点的广义力矢量 $^S\boldsymbol{F}$。然而，工具会随着需求的不同经常更换，而使用者关心的通常是工具坐标系 $\{T\}$ 原点的广义速度矢量 $^T\dot{\boldsymbol{X}}$ 和广义力矢量 $^T\boldsymbol{F}$，因此，经常需要根据 $^S\dot{\boldsymbol{X}}$ 和 $^S\boldsymbol{F}$ 计算 $^T\dot{\boldsymbol{X}}$ 和 $^T\boldsymbol{F}$。

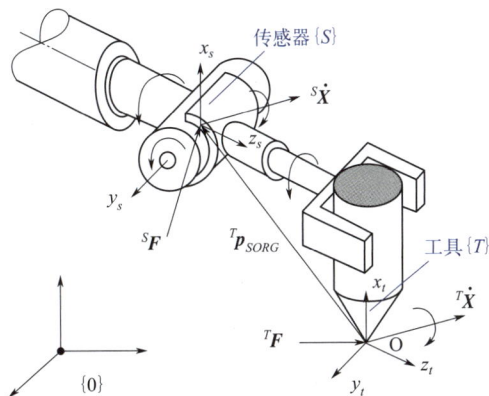

图 6-11　机器人末端工具与传感器之间的速度和力关系

例 6-8

【例 6-7】已通过式（6-74）$\boldsymbol{\tau} = {}^T\boldsymbol{J}_{\mathrm{F}}{}^T\boldsymbol{F}_{\mathrm{e}}$ 求得了平面 2R 机器人的关节力矩。再利用式（6-75）$\boldsymbol{\tau} = {}^0\boldsymbol{J}_{\mathrm{F}}{}^0\boldsymbol{F}_{\mathrm{e}}$ 求一下关节力矩，以验证关节力矩与所选坐标系无关。

解：【例 6-7】已求得了平面 2R 机器人在基坐标系 $\{0\}$ 中的静力雅可比

$$
{}^0\boldsymbol{J}_{\mathrm{F}} = {}^0\boldsymbol{J}_T^{\mathrm{T}} = \begin{pmatrix} -l_1\,\mathrm{s}\,\theta_1 - l_2\,\mathrm{s}\,\theta_{12} & l_1\mathrm{c}\,\theta_1 + l_2\mathrm{c}\,\theta_{12} & 0 & 0 & 0 & 0 \\ -l_2\,\mathrm{s}\,\theta_{12} & l_2\mathrm{c}\,\theta_{12} & 0 & 0 & 0 & 0 \end{pmatrix}
$$

将末端广义力矢量在 $\{0\}$ 中描述，满足式（6-86），即

$$
{}^0\boldsymbol{F}_T = \begin{pmatrix} {}_T^0\boldsymbol{R} & \boldsymbol{0} \\ [{}^0\boldsymbol{p}_{TORG}]\,{}_T^0\boldsymbol{R} & {}_T^0\boldsymbol{R} \end{pmatrix}^T {}^T\boldsymbol{F}_T
$$

式中，

$$
{}_T^0\boldsymbol{R} = \begin{pmatrix} \mathrm{c}\,\theta_{12} & -\mathrm{s}\,\theta_{12} & 0 \\ \mathrm{s}\,\theta_{12} & \mathrm{c}\,\theta_{12} & 0 \\ 0 & 0 & 1 \end{pmatrix}, \quad {}^0\boldsymbol{p}_{TORG} = \begin{pmatrix} l_1\,\mathrm{c}\,\theta_1 + l_2\,\mathrm{c}\,\theta_{12} \\ l_1\,\mathrm{s}\,\theta_1 + l_2\,\mathrm{s}\,\theta_{12} \\ 0 \end{pmatrix}
$$

故

$$
{}^0\boldsymbol{F}_T = (-1, 1, 0, 0, 0, 0)^{\mathrm{T}}
$$

利用下式计算关节力矩

$$\boldsymbol{\tau} = {}^0\boldsymbol{J}_{\mathrm{F}} \, {}^0\boldsymbol{F}_T$$

代入已知条件，得

$$\boldsymbol{\tau} = \begin{pmatrix} -\dfrac{\sqrt{2}}{2}-1 & \dfrac{\sqrt{2}}{2} & 0 & 0 & 0 & 0 \\ -1 & 0 & 0 & 0 & 0 & 0 \end{pmatrix} \begin{pmatrix} -1 \\ 1 \\ 0 \\ 0 \\ 0 \\ 0 \end{pmatrix} = \begin{pmatrix} 1+\sqrt{2} \\ 1 \end{pmatrix} \tag{6-87}$$

式（6-79）与式（6-87）相同。可见，无论在哪个坐标系表达，关节力（力矩）的计算结果相等。

例 6-9

若图 6-11 中传感器坐标系 {S} 与末端工具坐标系 {T} 的各自坐标轴相互平行，而传感器坐标原点相对工具坐标系原点的位置矢量为 ${}^T\boldsymbol{p}_{SORG} = (p_x, p_y, p_z)^{\mathrm{T}}$，力传感器测量的广义力矢量为 $\boldsymbol{F}_{\mathrm{sensor}} = (f_{sx}, f_{sy}, f_{sz}, m_{sx}, m_{sy}, m_{sz})^{\mathrm{T}}$，求工具坐标系处的广义力矢量 $\boldsymbol{F}_{\mathrm{tool}}$。

解：根据坐标系定义，力传感器测得的力矢量为 ${}^S\boldsymbol{F}$，工具力矢量为 ${}^T\boldsymbol{F}$。

由 ${}^S\boldsymbol{F}$ 计算 ${}^T\boldsymbol{F}$ 的伴随矩阵为

$${}^T_S\mathrm{Ad}_T = \begin{pmatrix} {}^T_S\boldsymbol{R} & \boldsymbol{0} \\ [{}^T\boldsymbol{p}_{SORG}]\,{}^T_S\boldsymbol{R} & {}^T_S\boldsymbol{R} \end{pmatrix} = \begin{pmatrix} \boldsymbol{I}_3 & \boldsymbol{0} \\ [\boldsymbol{p}] & \boldsymbol{I}_3 \end{pmatrix} = \begin{pmatrix} 1 & 0 & 0 & 0 & 0 & 0 \\ 0 & 1 & 0 & 0 & 0 & 0 \\ 0 & 0 & 1 & 0 & 0 & 0 \\ 0 & -p_z & p_y & 1 & 0 & 0 \\ p_z & 0 & -p_x & 0 & 1 & 0 \\ -p_y & p_x & 0 & 0 & 0 & 1 \end{pmatrix}$$

根据式（6-86），可得

$$\boldsymbol{F}_{\mathrm{tool}} = {}^T\boldsymbol{F} = {}^T_S\mathrm{Ad}_T \, {}^S\boldsymbol{F} = {}^T_S\mathrm{Ad}_T \boldsymbol{F}_{\mathrm{sensor}}$$

即

$$\begin{pmatrix} f_{tx} \\ f_{ty} \\ f_{tz} \\ m_{tx} \\ m_{ty} \\ m_{tz} \end{pmatrix} = \begin{pmatrix} 1 & 0 & 0 & 0 & 0 & 0 \\ 0 & 1 & 0 & 0 & 0 & 0 \\ 0 & 0 & 1 & 0 & 0 & 0 \\ 0 & -p_z & p_y & 1 & 0 & 0 \\ p_z & 0 & -p_x & 0 & 1 & 0 \\ -p_y & p_x & 0 & 0 & 0 & 1 \end{pmatrix} \begin{pmatrix} f_{sx} \\ f_{sy} \\ f_{sz} \\ m_{sx} \\ m_{sy} \\ m_{sz} \end{pmatrix}$$

6.5 串联机器人的性能分析与评价

(1) 奇异性

式（6-1）代表了机器人微分运动学方程，利用速度雅可比 $\boldsymbol{J}(\boldsymbol{\theta})$，实现了从关节空间速度到操作空间广义速度的映射；而式（6-2），微分逆运动学方程，则利用速度雅可比的逆 $\boldsymbol{J}^{-1}(\boldsymbol{\theta})$，将操作空间广义速度映射至关节空间速度。这在机器人控制中很重要，但比较遗憾的是，$\boldsymbol{J}^{-1}(\boldsymbol{\theta})$ 却并不总是存在。

速度雅可比 $\boldsymbol{J}(\boldsymbol{\theta})$ 是关节位置的函数，它的取值随机器人位形变化而改变。当机器人处于一些特殊位形时，$\boldsymbol{J}(\boldsymbol{\theta})$ 中的部分列向量将线性相关，导致 $\boldsymbol{J}(\boldsymbol{\theta})$ 降秩。这些使 $\boldsymbol{J}(\boldsymbol{\theta})$ 不满秩的位形称为机器人**奇异位形**（singular configuration），简称**奇异**（singularity）。

处于奇异位形的机器人往往表现出一些特殊性质：

① 当机器人处于奇异位置时，其运动能力退化；在操作空间的某些方向上，不会有运动输出，但是在这些方向上能抵抗很大的末端负载力 / 力矩。

② 奇异点处的速度逆运动学问题存在无穷多解，因此，难以根据指定的操作空间速度计算关节速度，给控制带来困难。

③ 在奇异点附近，在操作空间的某方向上获得很小的速度，也会需要某些关节以极大的速度运行。

因此，研究机器人的奇异性具有重要意义。

可以利用线性代数中的相关知识来研究 $\boldsymbol{J}(\boldsymbol{\theta})$ 不满秩的条件，例如当 $\boldsymbol{J}(\boldsymbol{\theta})$ 的行列式等于零，与之对应的机器人位形即为奇异位形。不过，通过研究机器人机构中运动副的空间布局，能更简单和直观地揭示奇异位形。

下面通过分析平面 2R 机器人，直观地体验一下奇异的影响。

> ◀ **例 6-10**

求平面 2R 机器人的奇异位形，并考察当末端沿末端坐标系 {3}（或 {T}）的 X_3 轴以 1m/s 的速度运动（图 6-12），且接近奇异位形时，关节速度如何变化？

解：【例 6-6】中已经给出了平面 2R 机器人在末端坐标系 {3}（或 {T}）中的速度雅可比 $^3\boldsymbol{J}$，对式（6-69）取其前两行：

$$^3\boldsymbol{J} = \begin{pmatrix} l_1 s\theta_2 & 0 \\ l_1 c\theta_2 + l_2 & l_2 \end{pmatrix}$$

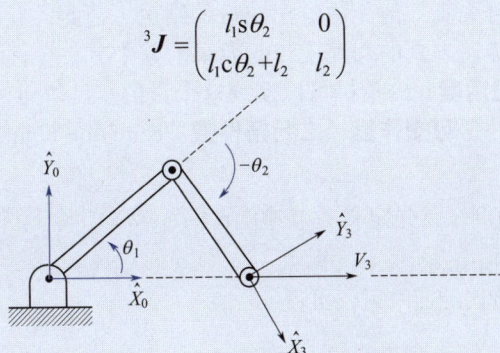

图 6-12　末端以恒定速度运动的平面 2R 机器人

该机器人位于奇异位形时，$^3J_3$ 不满秩，它的行列式应等于零，即

$$\det(^3\boldsymbol{J}) = \begin{vmatrix} l_1 s\theta_2 & 0 \\ l_1 c\theta_2 + l_2 & l_2 \end{vmatrix} = 0 \tag{6-88}$$

求解该方程可以得到

$$l_1 l_2 s\theta_2 = 0$$

显然，当 $\theta_2 = 0°$ 或 $180°$ 时，机器人处于奇异位形。

（1）如果 $\theta_2 = 0°$，机器人完全展开；

（2）如果 $\theta_2 = 180°$，机器人处于折叠状态。

这两种位形下，机器人末端只能沿图示 Y_3 方向（垂直于手臂方向）移动，而不能沿 X_3 方向移动，机器人都失去了 1 个自由度。此时，机器人末端处于极限位置，关节变量的取值对应着边界奇异点，$^3J_3$ 的两个列向量线性相关，逆不存在。

当末端速度已知，可以根据式（6-2）计算关节速度。为此，首先要得到速度雅可比的逆：

$$^3\boldsymbol{J}^{-1} = \frac{1}{l_1 l_2 s\theta_2} \begin{pmatrix} l_2 & l_1 c\theta_2 + l_2 \\ 0 & -l_1 s\theta_1 - l_2 s\theta_{12} \end{pmatrix}$$

当要求末端以 1m/s 的速度沿 X_3 轴方向沿运动时，关节速度为

$$\begin{pmatrix} \dot{\theta}_1 \\ \dot{\theta}_2 \end{pmatrix} = {}^3\boldsymbol{J}_3^{-1} \begin{pmatrix} \dot{x}_B \\ \dot{y}_B \end{pmatrix} = {}^3\boldsymbol{J}_3^{-1} \begin{pmatrix} 1 \\ 0 \end{pmatrix} = \begin{pmatrix} \dfrac{1}{l_1 s\theta_2} \\ 0 \end{pmatrix} \tag{6-89}$$

将 $\theta_2 = 0°$ 或 $\theta_2 = 180°$ 代入上式可知，关节 1 的速度将趋向于无穷大。

（2）灵巧性

从机器人的奇异性分析中可以看到，当机器人处于奇异位形时，末端执行器在某一个或更多方向上会失去移动或转动的能力。接下来的一个问题是：当机器人接近奇异位形时的性能如何？哪些位形下机器人末端运动的能力会减弱，以及在何种程度上减弱？

奇异位形从定性的角度描述了机器人的运动性能，由此可以判断出机器人的输入与输出之间其运动传递能力是否失真，但无法给出定量的结论。因此，有必要引入新的评价标准，来定量地衡量这种运动传递失真的程度或传动效果。其中有一个称为**灵巧性**（dexterity）或**灵巧度**（有些书又称为**灵活度**）的指标可以实现这个目的。具体而言，衡量机器人灵巧性的指标目前主要有两种：一是**可操作度**；二是**条件数**（condition number）。这里重点介绍可操作度。

以平面 2R 机器人为例，首先定义关节速度 $\dot{\boldsymbol{\theta}} = (\dot{\theta}_1, \dot{\theta}_2)^{\mathrm{T}}$，令其满足 $\dot{\boldsymbol{\theta}}^{\mathrm{T}}\dot{\boldsymbol{\theta}} = 1$，则关节速度矢量被限定在一个单位圆上，如图 6-13 所示，$\dot{\theta}_1$ 与 $\dot{\theta}_2$ 分别代表横、纵轴。

利用其解析速度雅可比的逆映射，可得

$$\dot{\boldsymbol{x}}^{\mathrm{T}}(\boldsymbol{J}'\boldsymbol{J}'^{\mathrm{T}})^{-1}\dot{\boldsymbol{x}} = 1 \tag{6-90}$$

令 $A = J'J'^{\mathrm{T}}$，上式简化为

$$\dot{x}^{\mathrm{T}} A^{-1} \dot{x} = 1 \tag{6-91}$$

通过式（6-91），把关节速度空间中的一个单位圆映射成了末端速度空间中的一个椭圆，这个椭圆称为**可操作度椭圆**（manipulability ellipse）。图 6-13 给出了对应平面 2R 机器人在两组不同位姿下的可操作度椭圆实例。

利用可操作度椭圆可以进一步度量某一给定位姿接近奇异位形的程度。例如，通过比较可操作度椭圆的两个长短半轴的长度 $l_{\max}$ 和 $l_{\min}$，椭圆的形状越接近于圆，即 $l_{\max}/l_{\min}$ 趋近于 1，末端到达任意方向就越容易，也越远离奇异位形。反之，随着机器人的位形逐渐接近奇异位形，椭圆的形状也将逐渐退化成一个线段，意味着末端沿某一方向运动的能力将会丧失。

图 6-13　与平面 2R 机器人两组不同位姿相对应的可操作度椭球

将上述思想扩展到一般情况。

对于一个 n 自由度串联机器人，首先定义一个可表示 n 维关节速度空间 $\dot{\theta}$ 的单元球，即

$$\dot{\theta}^{\mathrm{T}} \dot{\theta} = 1 \tag{6-92}$$

如果解析雅可比 J 为方阵，且非奇异，则通过速度雅可比的逆映射，得

$$\dot{\theta}^{\mathrm{T}} \dot{\theta} = (J'^{-1} \dot{x})^{\mathrm{T}} (J'^{-1} \dot{x}) = \dot{x}^{\mathrm{T}} J'^{-\mathrm{T}} J'^{-1} \dot{x} = \dot{x}^{\mathrm{T}} (J'J'^{\mathrm{T}})^{-1} \dot{x} = 1 \tag{6-93}$$

令 $A = J'J'^{\mathrm{T}}$，由线性代数的知识可知，若 J' 满秩，矩阵 $A = J'J'^{\mathrm{T}}$ 为方阵，且为对称正定阵，A^{-1} 也是如此。因此，对于任一对称正定阵 A^{-1}，都有

$$\dot{x}^{\mathrm{T}} A^{-1} \dot{x} = 1 \tag{6-94}$$

根据式（6-94）定义 n 维**可操作度椭球**（manipulability ellipsoid）。

物理上，可操作度椭球对应的就是当关节速率满足 $|\dot{\theta}| = 1$ 时的末端速度。类似于前面对可操作度椭圆的分析，当椭球的形状越接近球，即所有方向的半径在同一数量级时，机器人的运动性能就越好；反之，若其中某一个或几个半径比其他小若干个数量级，表明机器人在该位形下很难实现小半径所对应的末端速度。

令 A 的特征向量、特征值和奇异值分别为 u_i、λ_i 和 σ_i，u_i 表示椭球的主轴方向，$\sigma_i = \sqrt{\lambda_i}$ 为主轴的半径长，而椭球的体积 V 与各主轴半径长的乘积成正比，即

$$V \propto \sqrt{\lambda_1 \lambda_2 \cdots \lambda_n} = \sqrt{\det(A)} = \sqrt{\det(A^{-1})} = \sqrt{\det(JJ^{\mathrm{T}})} \tag{6-95}$$

将椭球的体积定义为机器人可操作度的全局型度量指标，得到 **Yoshikawa 可操作度**：

$$w = \sqrt{\det(J'J'^{\mathrm{T}})} \tag{6-96}$$

利用 J' 的奇异值，式（6-96）也可以写成

$$w = \sigma_1 \sigma_2 \cdots \sigma_n \tag{6-97}$$

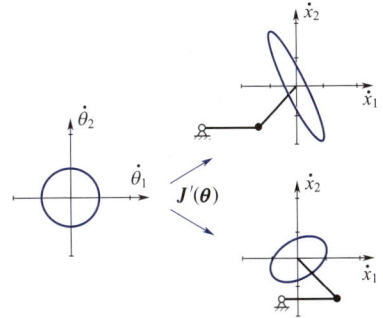

显然，当机器人处于奇异位形时，可操作度为0。

也可以利用静力雅可比把关节力边界映射到末端力边界，来评判机器人的力特性。不妨以平面 2R 机器人为例，首先将关节力矩 $\boldsymbol{\tau} = (\tau_1, \tau_2)^{\mathrm{T}}$ 定义为一单位圆的形状，如图 6-14 所示，τ_1 与 τ_2 分别代表横、纵轴，且满足 $\boldsymbol{\tau}^{\mathrm{T}}\boldsymbol{\tau} = 1$。通过静力雅可比的映射 $\boldsymbol{\tau} = \boldsymbol{J}'^{\mathrm{T}}\boldsymbol{f}_{\mathrm{e}}$，可得：

$$\boldsymbol{f}_{\mathrm{e}}^{\mathrm{T}} \boldsymbol{J}' \boldsymbol{J}'^{\mathrm{T}} \boldsymbol{f}_{\mathrm{e}} = 1 \qquad (6\text{-}98)$$

令 $\boldsymbol{A} = \boldsymbol{J}'\boldsymbol{J}'^{\mathrm{T}}$，上式简化为

$$\boldsymbol{f}_{\mathrm{e}}^{\mathrm{T}} \boldsymbol{A} \boldsymbol{f}_{\mathrm{e}} = 1 \qquad (6\text{-}99)$$

通过式（6-99），可将表示关节力矩（边界）的单位圆映射成表示末端力（边界）的一个椭圆，这个椭圆称为**力椭圆**（force ellipse）。图 6-14 给出了对应平面 2R 机器人两组不同位形下的力椭圆实例。

图 6-14 中所示的力椭圆反映了机器人末端在不同方向上输出力的难易程度。对照前面的可操作度椭圆和这里的力椭圆，明显可以看出，若在某一方向上比较容易地产生末端速度，该方向产生力就变得比较困难，反之亦然，具体如图 6-13 和图 6-14 所示。事实上，对于给定的机器人位形，可操作度椭圆与力椭圆的主轴方向完全重合，但力椭圆的主轴长度与可操作度椭圆的主轴长度正好相反（如果前者长，后者一定短；反之亦然）。

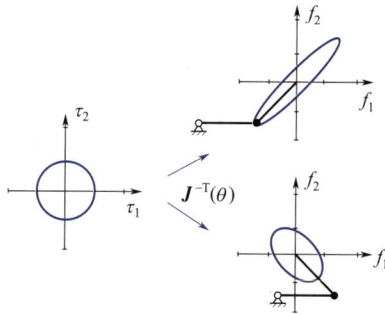

图 6-14　与 2R 平面开链机器人两组不同位姿相对应的力椭圆

‹ 例 6-11

讨论一下平面 2R 机器人的力椭圆。设定杆长参数 $l_1 = \sqrt{2}$ m，$l_2 = 1$ m。

解：由【例 6-2】可知，该机器人解析形式的速度雅可比（2×2 阶矩阵）为

$$\boldsymbol{J}' = \begin{pmatrix} -l_1 \mathrm{s}\,\theta_1 - l_2 \mathrm{s}\,\theta_{12} & -l_2 \mathrm{s}\,\theta_{12} \\ l_1 \mathrm{c}\,\theta_1 + l_2 \mathrm{c}\,\theta_{12} & l_2 \mathrm{c}\,\theta_{12} \end{pmatrix}$$

当两个关节角分别选取 $\theta_1 = 0$，$\theta_2 = \pi / 4$，可得

$$\boldsymbol{J}'\boldsymbol{J}'^{\mathrm{T}} = \begin{pmatrix} 2 & -\sqrt{2} \\ -\sqrt{2} & 2 \end{pmatrix}$$

$\boldsymbol{J}'\boldsymbol{J}'^{\mathrm{T}}$ 的两个特征值分别为 $\lambda_1 = 2 - \sqrt{2}$，$\lambda_2 = 2 + \sqrt{2}$。将 $\boldsymbol{J}'\boldsymbol{J}'^{\mathrm{T}}$ 代入式（6-99），可得

$$2f_x^2 - 2\sqrt{2}f_xf_y + f_y^2 = \left(2-\sqrt{2}\right)\left(\frac{f_x}{\sqrt{2}} + \frac{f_y}{\sqrt{2}}\right)^2 + \left(2+\sqrt{2}\right)\left(\frac{f_x}{\sqrt{2}} - \frac{f_y}{\sqrt{2}}\right)^2 = 1$$

由此可给出相应的力椭圆及其主轴示意图，如图 6-15 所示。

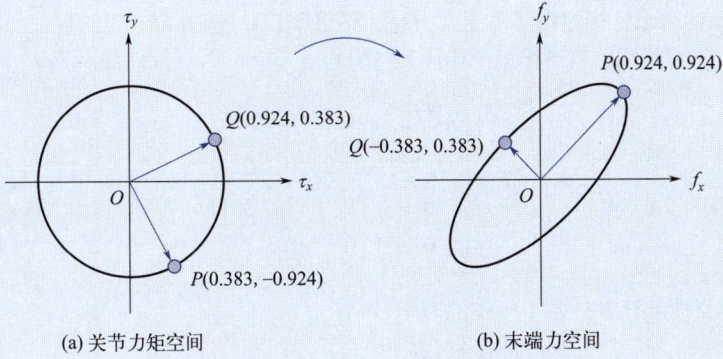

(a) 关节力矩空间　　　　　　(b) 末端力空间

图 6-15　平面 2R 机器人的力椭圆

6-1 如果图 6-4 中的单位旋转轴定义在物体坐标系 $\{B\}$ 中，则根据式（6-9）定义的角速度矢量也在 $\{B\}$ 中表示，称为物体角速度 $^B\boldsymbol{\Omega}_B^A$。试证明 $[^B\boldsymbol{\Omega}_B^A] = \boldsymbol{R}^{-1}\dot{\boldsymbol{R}}$。

6-2 已知两个相对静止的参考坐标系 $\{A\}$ 和 $\{B\}$，两者间的齐次变换矩阵为

$$
_B^A\boldsymbol{T} = \begin{pmatrix} \sqrt{3}/2 & -1/2 & 0 & 10 \\ 1/2 & \sqrt{3}/2 & 0 & 0 \\ 0 & 0 & 1 & 5 \\ 0 & 0 & 0 & 1 \end{pmatrix}
$$

若某一广义速度在坐标系 $\{A\}$ 中的表示是

$$
^A\boldsymbol{V} = (\,^A\boldsymbol{\omega}^{\mathrm{T}}, \,^A\boldsymbol{v}^{\mathrm{T}})^{\mathrm{T}} = (\sqrt{2}, \sqrt{2}, 0, 0, 2, -3)^{\mathrm{T}}
$$

求该广义速度在坐标系 $\{B\}$ 中的表示。

6-3 一个用末端坐标系中的 Z-Y-Z 欧拉角描述姿态的平面 3R 串联机器人，求解反映末端杆输出姿态角速度与各关节速度之间映射关系的速度雅可比矩阵。

6-4 已知一个空间 3R 串联机器人的正运动学方程为

$$
_T^0\boldsymbol{T} = \begin{pmatrix} \mathrm{c}\theta_1\mathrm{c}\theta_{23} & -\mathrm{c}\theta_1\mathrm{s}\theta_{23} & \mathrm{s}\theta_1 & l_1\mathrm{c}\theta_1 + l_2\mathrm{c}\theta_1\mathrm{c}\theta_2 \\ \mathrm{s}\theta_1\mathrm{c}\theta_{23} & -\mathrm{s}\theta_1\mathrm{s}\theta_{23} & -\mathrm{c}\theta_1 & l_1\mathrm{s}\theta_1 + l_2\mathrm{s}\theta_1\mathrm{c}\theta_2 \\ \mathrm{s}\theta_{23} & \mathrm{c}\theta_{23} & 0 & l_2\mathrm{s}\theta_2 \\ 0 & 0 & 0 & 1 \end{pmatrix}
$$

试用直接微分法求 $^0\boldsymbol{J}(\boldsymbol{\theta})$。

6-5 已知图 6-16 所示的平面 3R 串联机器人。

（1）试利用矢量积法计算该机构的正反向运动学，并导出该机构的速度雅可比。

（2）该机构是否存在奇异位形？如果存在，试给出奇异位形存在的几何条件。

6-6 试利用矢量积法求解图 6-17 所示 RRRP 串联机器人相对基坐标系 $\{0\}$ 的速度雅可比。

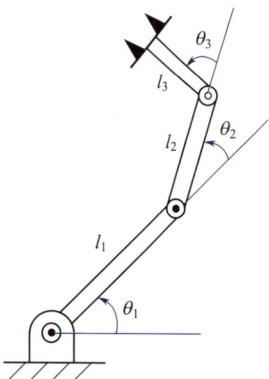

图 6-16 习题 6-5 图

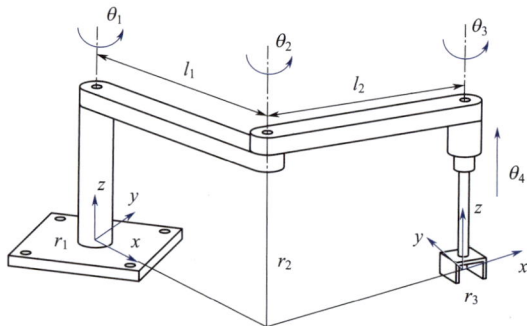

图 6-17 RRRP 串联机器人

6-7 当图 6-17 所示机器人的杆 1 和杆 2 长度之和为常数时，求解它们的相对长度为何值情况下，机器人的可操作度指标最大？

6-8 已知图 6-5 所示平面 2R 机器人（相对基坐标系）的速度雅可比矩阵为

$$^0\boldsymbol{J} = \begin{pmatrix} -l_1 \mathrm{s}\theta_1 - l_2 \mathrm{s}\theta_{12} & -l_2 \mathrm{s}\theta_{12} \\ l_1 \mathrm{c}\theta_1 + l_2 \mathrm{c}\theta_{12} & l_2 \mathrm{c}\theta_{12} \end{pmatrix}$$

为使机器人末端施加的静态操作力为 $^0\boldsymbol{f}_e = (10, 0)^T$，求相应的关节力矩（忽略重力和摩擦的影响）。

6-9 在图 6-18 所示平面 2R 机器人的末端施加一个静态操作力，该力在其末端坐标系的表示为 $^3\boldsymbol{F}_e$。不考虑重力和摩擦的影响，求此时该机器人相对应的关节力矩。

6-10 PUMA 机器人的腕关节如图 6-19 所示，其末端附着磨头，用于磨削工件表面。

（1）腕部各关节的位形参数如表 6-1 所示。磨头与工件表面的接触点为 A，其在坐标系 $\{3\}$ 中的坐标为（10，0，5）（cm），试推导由关节位形至 A 点位移的 6×3 阶雅可比矩阵；

（2）在磨削过程中，作业在磨头 A 点上的广义力坐标为 6×1 的 $\boldsymbol{F}_e$，试求相应的关节力矩；特殊情况下，当工件表面与 Ox_0y_0 平面平行时，法向力 $f_n = -10\mathrm{N}$，切向力 $f_t = -8\mathrm{N}$，绕 z_3 的力矩为 0.04N·m，计算等效的关节力矩，其中关节角为 $\theta_1 = 90°$，$\theta_2 = 45°$，$\theta_3 = 0°$；

（3）机器人的腕部力传感器与坐标系 $\{3\}$ 固连，测得 3 个力与 3 个力矩，表示成

$$F_s = (f_{sx}, f_{sy}, f_{sz}, m_{sx}, m_{sy}, m_{sz})^T$$

求作用在工具端点 A 处的广义力 $\boldsymbol{F}_e$（相对参考系 $\{0\}$）。

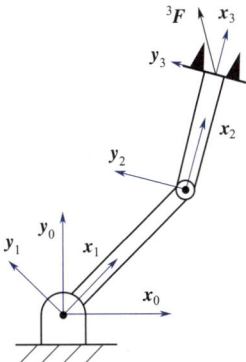

图 6-18　平面 2R 机器人

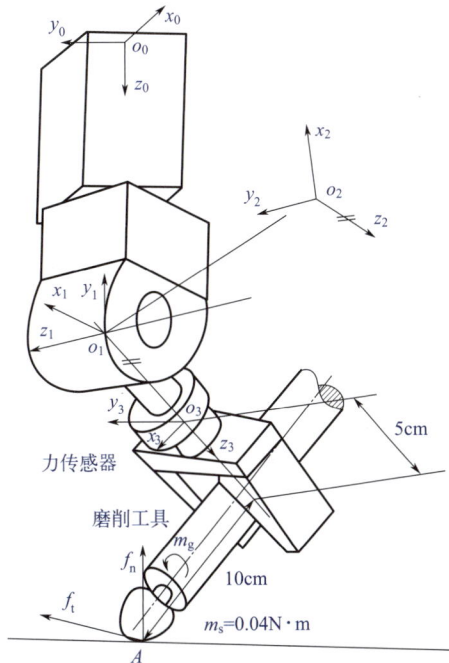

图 6-19　PUMA 机器人磨削时的腕关节

表 6-1　PUMA 机器人腕关节的结构参数

i	α_i	a_i	d_i
1	−90°	0	40cm
2	90°	0	0cm
3	0°	0	10cm

机器人的运动往往遵循一条特定的轨迹。当要求机器人的末端执行器从点 A 移动到点 B 时，需要生成这两点之间的连接轨迹。这条轨迹也称为运动曲线。轨迹规划的主要任务就是由运动控制器以规则的时间区段为伺服控制系统的每台电机产生速度和位置指令，形成运动曲线，再通过伺服控制系统调节电机，最终使末端执行器沿期望的曲线运动。

本章主要针对路径指定的起点和终点（点对点运动）的情况和沿路径指定一系列通过点（连续轨迹）情况，介绍轨迹生成技术。

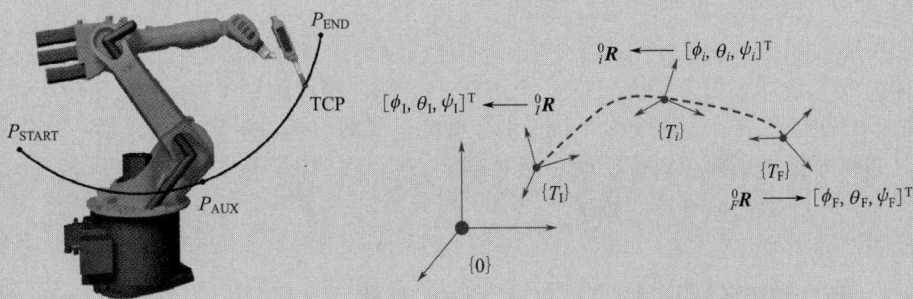

7.1 轨迹规划中的一般概念

机器人的运动是一个随时间变化的动态过程，可以用机器人末端工具坐标系 $\{T\}$ 相对于基坐标系 $\{0\}$ 的位姿时间序列来表示。机器人控制器需要把位姿时间序列转变为关节变量的时间序列，才能实现对关节的运动控制。然而，在实际使用中，用户更关注机器人**末端工具点**（TCP）能否到达空间中的若干特定位姿、运行路径，以及完成上述动作所需花费的时间。因此，从用户设定路径到机器人实现期望运动，需要经过路径规划、笛卡儿空间/操作空间轨迹生成和插补、运动学反解、关节空间**轨迹生成**（trajectory generation）和插补、关节伺服控制等一系列环节。

本章在不考虑动力学和控制模型的情况下，探讨笛卡儿空间和关节空间轨迹生成和插补的一般原理，以获得末端位姿和关节变量的时间序列。由于涉及的概念较多，因此，有必要先给出它们的定义。

（1）路径与路径规划

路径（path）是指空间中的一条曲线，是一个几何概念。

用一个约束方程 $\boldsymbol{p} = \boldsymbol{p}(s)$ 可以表达一条空间点路径。其中，$\boldsymbol{p} = (x, y, z)^{\mathrm{T}}$ 为位置矢量，通常表示机器人上某刚体（如末端工具）物体坐标系原点的位置；s 是连续变化的标量，定义 $s \in [0, 1]$，且 $s=0$ 对应路径起点，$s=1$ 对应路径终点。当 s 连续变化时，矢量函数 $\boldsymbol{p}(s)$ 就可以描述一条连续点路径。由此可见，路径本质上是一个约束，它把空间某点的三个分量用一个标量参数联系起来。

机器人的空间路径通常还包括姿态信息。为此，仿照空间点路径的定义，可以定义姿态路径 $\boldsymbol{\Omega} = \boldsymbol{\Omega}(u)$。刚体姿态矢量可以有多种表示法，例如，$\boldsymbol{\Omega} = (\phi, \theta, \psi)^{\mathrm{T}}$ 为三角度表示法、$\boldsymbol{\Omega} = \theta(k_x, k_y, k_z)^{\mathrm{T}}$ 为等效轴-角表示法。$u \in [0,1]$ 是标量，当 u 连续变化时，矢量函数 $\boldsymbol{\Omega}(u)$ 表示连续姿态路径。如果 $u=s$，则意味着姿态与位置存在耦合关系，即：一旦指定了刚体物体坐标系原点的位置，也就指定了刚体在该点处的姿态。

将位置矢量和姿态矢量综合起来，就构成了对路径点的完整描述。在机器人中，它通常对应着机器人末端工具相对于基坐标系的一个位姿，是一个六维向量，可表示为

$$
{}^{0}\boldsymbol{X}_{T} = ({}^{0}\boldsymbol{p}_{TORG}^{\mathrm{T}}, {}^{0}\boldsymbol{\Omega}_{T}^{\mathrm{T}})^{\mathrm{T}} = ({}^{0}x_{TORG}, {}^{0}y_{TORG}, {}^{0}z_{TORG}, {}^{0}\phi_{T}, {}^{0}\theta_{T}, {}^{0}\psi_{T})^{\mathrm{T}} \tag{7-1}
$$

其中，前三项表示位置，后三项表示姿态。

机器人末端位姿从 ${}^{0}\boldsymbol{X}_{TA}$ 变化到 ${}^{0}\boldsymbol{X}_{TB}$，会经历一系列中间路径点 ${}^{0}\boldsymbol{X}_{Ti}$。显然，路径也可理解为一系列路径点的集合。

当路径在机器人的工作空间中，每一个路径点至少对应着机器人的一个位形，路径点的全体构成了机器人**位形空间**里的一个连续子空间。**路径规划**（path planning）就是在机器人位形空间中生成一个连续的可行位形子空间。这时，路径规划就变成了一个搜索问题。机器人的路径规划需要在六维空间中进行搜索，还要根据机器人的位形计算各杆的空间位姿和尺寸，以实现与障碍物的碰撞检测。机器人的自主路径规划需要专题讨论，不在本书研究范围内。

（2）两种路径编程模式：PTP 模式与 CP 模式

工业机器人的路径规划通常由用户协助完成，常用方式有两种：①**示教编程**（teach by

showing）；②**离线编程**（off-line programming）。示教编程是用户利用机器人附带的示教器，手动协助机器人生成路径的过程，如图 7-1（a）所示。在示教时，用户操作机器人断续运动，把若干停止点设定为机器人的路径点（也称示教点），并指定运行速度。示教点之间的路径曲线既可以由用户指定，也可由机器人控制系统自动生成。机器人按照示教路径以指定速度自动运行的过程称为示教再现。

离线编程无须用户操作机器人，即可生成机器人的运行路径和速度。通常有两种离线编程方法：①用户在计算机上利用厂家提供的仿真环境设定机器人路径和运行速度；②用户编写程序读取被加工对象的 CAD/CAM 数据文件和加工工艺文件，自动生成路径和运行速度，如图 7-1（b）所示。

无论示教编程还是离线编程，最后都会获得一个机器人程序文件。将程序文件保存或下载到机器人控制器中，机器人即可完成指定运动。

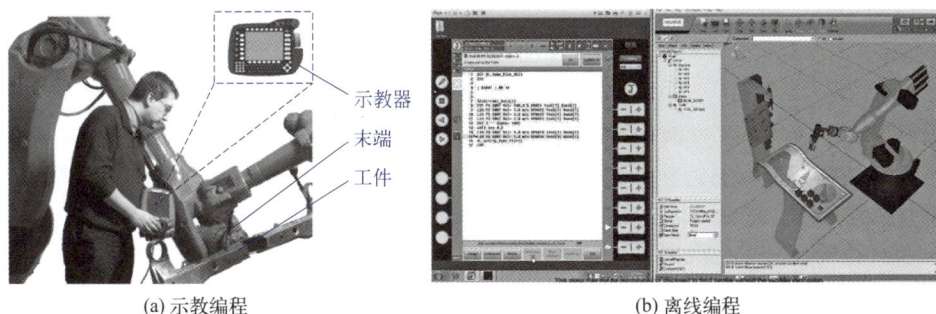

(a) 示教编程　　　　　　　　　　　　　　(b) 离线编程

图 7-1　机器人编程方式

点位作业通常只需要指定机器人末端工具的初始位姿、终止位姿和少许中间位姿，而无须指定位姿点之间的连接路径，典型的点位作业包括上 / 下料、点焊、激光打孔等。机器人实施点位作业，通常采用**点到点**（point to point，PTP）编程模式（图 7-2）。在 PTP 模式下，用户只需指定机器人必须到达的路径点，机器人控制器将自动生成指定点之间的路径，并通过设定速度完成运动。显然，此种运动模式操作简单、效率高，是工业机器人最常用的示教编程方式。

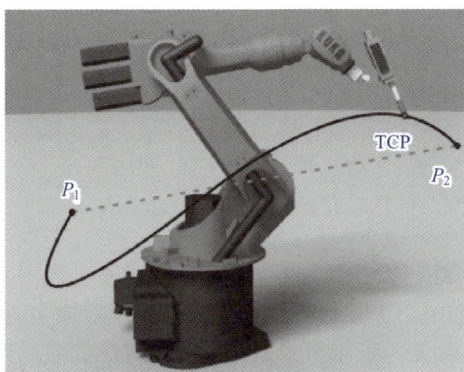

图 7-2　点到点（PTP）模式

对于要求末端工具严格按照某特定路径运行的作业，例如打胶、喷涂、弧焊、切割、铣削等，就需要指定初始和终止位姿间的**连续路径**（continuous path，CP），对应的编程模式称为连续路径模式，也即 CP 模式。工业机器人编程系统中常用的路径是直线和圆弧，如图 7-3 所示。

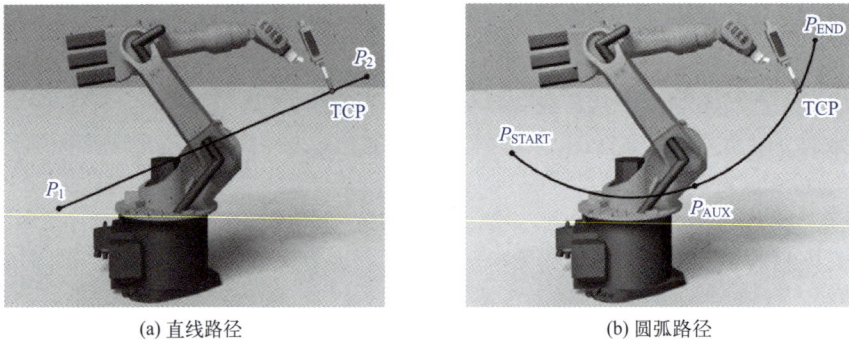

(a) 直线路径　　　　　　　　　(b) 圆弧路径

图 7-3　连续路径（CP）运动模式

对一般的工业应用，这两种路径已经足够满足需求。其他类型的空间曲线，则通常用多个短直线或圆弧段进行逼近，如图 7-4 所示。显然，直线或圆弧段越短，则逼近精度越高，但是示教编程效率会降低。因此，如果需要实现对空间任意曲线的高精度逼近，一般采用离线编程方式实现。在某些机器人化精密加工的场合，为了获得更高的精度，还会用双圆弧、样条曲线等标准曲线来逼近加工轮廓。

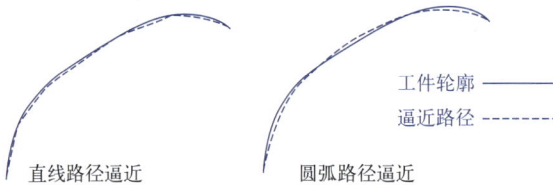

工件轮廓 ————
逼近路径 - - - - - -

直线路径逼近　　　　　圆弧路径逼近

图 7-4　利用直线和圆弧逼近加工轮廓

（3）轨迹与轨迹生成

当机器人在所需要的时间内走完某一指定的路径，就获得了**轨迹**（trajectory）。显然，轨迹不但含有路径的几何信息，还包含速度和加速度等物理信息。从数学上看，轨迹既是位姿点各分量间的约束函数（几何约束），也是时间的函数。因此，可以把轨迹简单地理解为路径的时间函数：

$$
\begin{aligned}
&{}^0\boldsymbol{X}_T(t) = [\,{}^0\boldsymbol{p}_{TORG}(t) \quad {}^0\boldsymbol{\Omega}_T(t)]^\mathrm{T} \ \text{或} \\
&{}^0\boldsymbol{X}_T(t) = [\,{}^0\boldsymbol{p}_{TORG}(s(t)) \quad {}^0\boldsymbol{\Omega}_T(u(t))]^\mathrm{T}
\end{aligned}
\tag{7-2}
$$

机器人末端从初始位姿沿指定路径运动到终止位姿的过程中，一定会进行加减速运动。显然，完成指定路径可以选用的加减速规律有很多种。在后面会看到，把轨迹函数用统一的时变参数 $s(t)$ 或 $u(t)$ 表达，会便于设定机器人跟踪路径时的加减速规律。

在满足特定约束的条件下，获得轨迹时间函数的过程，就称为**轨迹生成**（trajectory generation）。一般而言，轨迹生成需要满足的约束包括某些特定路径点的位姿坐标，以及在该点处的速度和加速度信息。

现代工业机器人的运动控制往往由计算机实现，因此，在完成运动控制时，必然会对连续轨迹函数在时间上进行离散化。如果轨迹上各处的速度和加速度已知，则可以按照一个固定时间周期，即插补周期，计算出轨迹上的离散位姿值。这一轨迹离散化的过程，称为**轨迹插补**或**轨迹实时生成**。轨迹插补可以理解成用一系列微小直线段，连续逼近轨迹曲线的过程。该微小直线段的长度等于轨迹点的当前速度乘以插补周期。

对任意一种标准路径曲线的插补，可用该路径函数的名字来命名，例如直线插补、圆弧插补等。显然，插补会降低路径跟踪精度。插补周期越小，跟踪精度越高。但是在工程实践中，插补周期的最小值受限于计算机的运算速度。在机器人化精密加工中，插补精度是一个重要问题，它主要由插补周期和运行速度决定。

图 7-5 中描述了已知末端初始位姿 $\{T_1\}$ 和终止位姿 $\{T_F\}$，机器人跟踪一条直线路径的情形。图中给出了笛卡儿空间中的一系列插补点，及其对应的末端位姿 x 分量的轨迹曲线和插补点。图中，关节 1 轨迹曲线的初始和终止值，可根据笛卡儿空间中两个相邻插补点位姿的运动学逆解求得。进一步对关节曲线进行插补，可得到控制所需的离散关节变量。显然，关节插补周期远小于位姿插补周期。

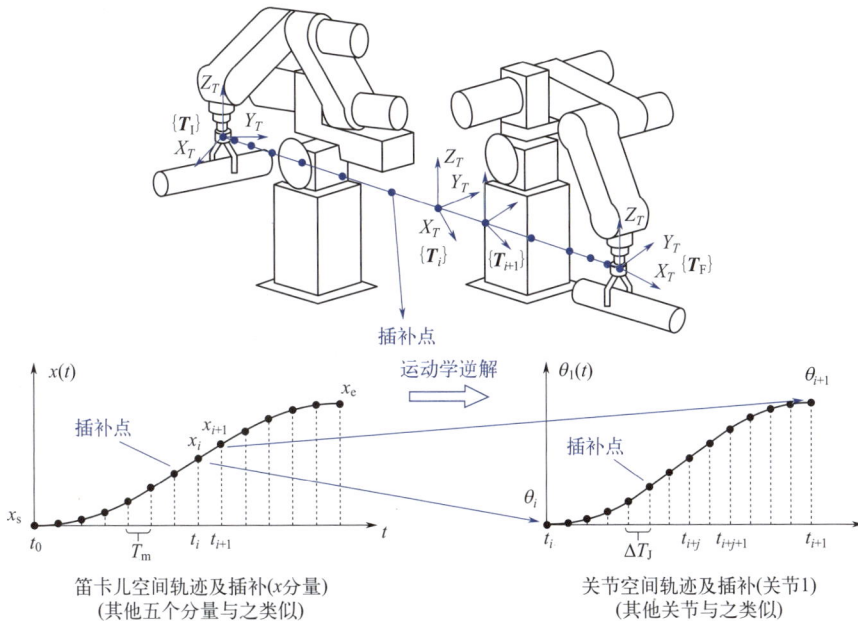

图 7-5　直线轨迹生成及插补示例

（4）两种空间下的轨迹生成与插补

在笛卡儿空间定义路径、指定路径跟踪时间，并据此生成轨迹的过程，称为**笛卡儿空间轨迹生成**。对用户而言，在笛卡儿空间定义末端工具的运行路径和轨迹是理所应当的。这样，用户在编程阶段就可以观察到机器人在空间中的运动状态，避免碰撞并及时修正路径偏差。前面所提的 CP 运动模式就需要在笛卡儿空间进行轨迹生成和插补。

考虑到机器人的运动实际上由关节驱动，因此，对笛卡儿空间中插补得到的每一个位姿轨迹点，都需要对其逆运动学进行求解，以获得对应的各关节位置、速度和加速度。从前面章节的分析可知，这里面的计算量非常可观。机器人在运动过程中会有实时避障或变速的要求，因此要求反解计算也能实时在线进行。为了缓解计算机的运算压力，笛卡儿空间中的插补周期相对较大，这一过程称为**粗插补**。在机器人运动控制系统中，粗插补的周期一般称为**运动控制周期**（数毫秒，图 7-5 中的 T_m）。更大的插补周期，将导致较低的路径跟踪精度。

总之，笛卡儿空间轨迹生成和插补的优点是：在真实物理空间中进行轨迹生成，机器人运动行为可预测，适用于需要精确跟踪指定路径的 CP 运动模式。它同时也存在一些问题：如逆解运算量大，难以实现高频率插补；另外，规划时为规避奇异点，要求用户了解机器人工作空间中的奇异分布情况。

在 PTP 运动模式下，用户只需在笛卡儿空间中指定若干位姿点（本书称为**稀疏点**）及对应速度，而无须指定空间路径。因此，也就无须在笛卡儿空间进行轨迹生成和插补。为了实现连续运动，机器人控制器根据运动逆解求得与稀疏点对应的关节位置、速度和加速度，进而进行**关节空间的轨迹生成与插补**，补全稀疏点之间的关节轨迹。

显然，关节空间的轨迹生成无须考虑奇异性问题，也无须频繁计算运动学逆解，计算效率高。但是，由于关节变量与机器人末端位姿之间往往存在着非线性映射关系，用户将无法预知机器人的实际运动路径，在实际使用中存在碰撞风险，如图 7-6 所示。因此，在存在碰撞风险的空间区域，应该多选择几个示教位姿点，以避开障碍物。

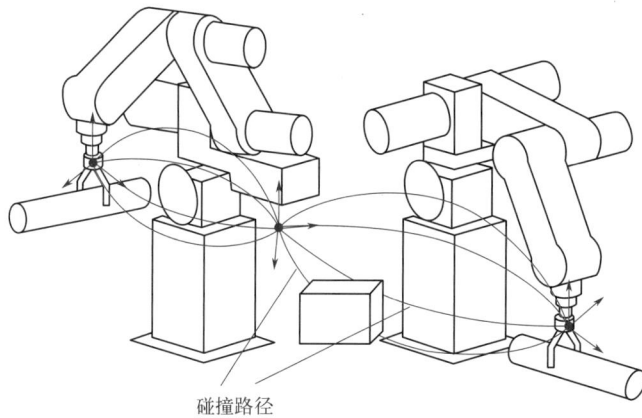

碰撞路径

图 7-6 PTP 模式下轨迹的不确定性及碰撞风险

关节空间的轨迹插补主要是针对关节变量曲线的增量运算，其计算量相对较小。为了提高控制的平稳性，关节轨迹会采用更小的插补周期（数十至数百微秒，图 7-5 中的 ΔT_j），这里称其为**精插补**。精插补周期通常是伺服控制周期的若干倍。伺服控制周期及运动控制周期的概念将在 **7.5 节**介绍。

相较于 PTP 模式中极为有限的几个位姿点，在 CP 模式中，对笛卡儿空间轨迹的粗插补会获得一系列位姿点，本书称其为**稠密点**。对所有稠密点求运动学逆解，可以得到一系列粗插补关节变量。为了获取这些粗插补关节变量序列之间的精确轨迹，可以进一步在关节空间进行轨迹生成和精插补，以获得各稠密点之间的连续运行轨迹。可见，无论机器人采用 PTP 模式还是 CP 模式，关节空间的轨迹生成与插补都是必要的。

总的来说，关节空间轨迹生成的特点是计算量小，无奇异性问题，但是其生成的关节轨迹对应的末端空间轨迹未知。在 PTP 模式下，对可能存在碰撞的区域，需要多指定几个示教点（稀疏点）。在 CP 模式下，因为粗插补得到的笛卡儿空间位姿点较为密集（稠密点），所以，在这些已知稠密点之间，由于关节轨迹插补导致的末端轨迹的不确定，对于工业机器人的大多数应用场景来说是可以接受的。

图 7-7 对机器人轨迹生成的实现过程进行了图形化示意。

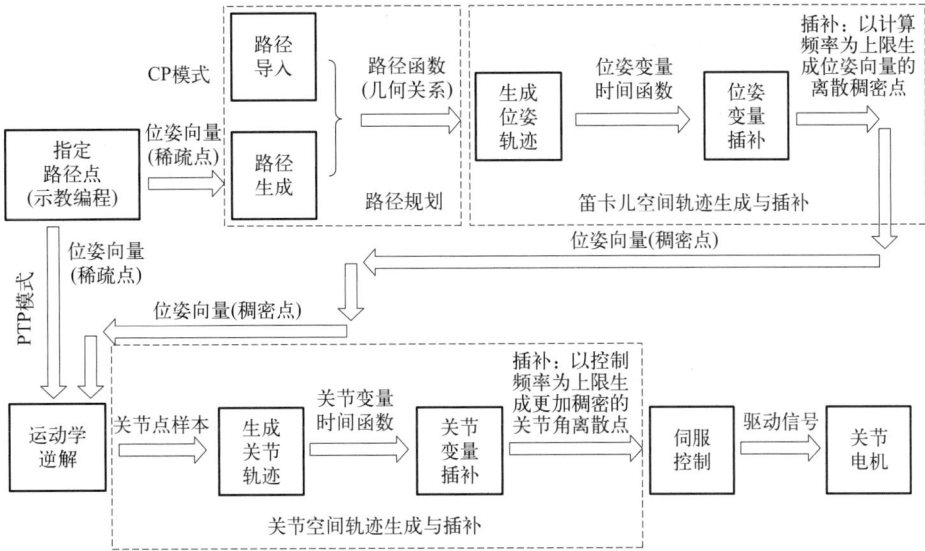

图 7-7　机器人轨迹生成的实现过程

7.2 常见运动曲线

机器人的运动往往遵循一条特定的轨迹。例如，机器人的运动可以是沿一条直线轨迹的简单单轴运动，也可以是沿一条精确圆弧轨迹的单轴转动。而更多情况下，是沿复杂的空间轨迹进行运动，几何上这些复杂轨迹曲线可看作是不同曲线组合而成。

当机器人的末端执行器被要求从点 A 移动到点 B 时，需要生成这两点之间的连接轨迹，这条轨迹也称为**运动曲线**（motion curve）。典型的工程应用中，运动曲线往往要求将末端以一个平滑的加速从点 A 出发进入匀速运行状态，匀速运行一段时间后，又以一个平滑的减速到达位置点 B 停止。

运动控制器以规则的时间区段为伺服控制系统的每台电机产生速度和位置指令，形成运动曲线，再通过伺服控制系统调节电机，最终使末端执行器沿期望曲线运动。

严格意义讲，运动曲线是位移曲线、速度曲线、加速度曲线，以及跃度曲线的合称。其中位移曲线反映的是位移随时间变化的曲线，其他以此类推。在《机械原理》中，我们学到了多种反映常见运动规律的运动曲线，如抛物线曲线（等加速等减速运动）、正弦曲线（简谐运动）、余弦曲线（摆线运动）、3-4-5 多项式运动曲线，等等。这些内容对规划机器人运动的轨迹同样具有指导意义。不同之处在于，机器人的运动曲线还有一些特殊的地方，比如常见的运动曲线是**梯形速度曲线**和 **S 形速度曲线**。

（1）梯形速度曲线

当起止速度和加速度都为零，那么，连接起止位置的最简单运动轨迹就是直线，如图 7-8 所示，θ_0 和 θ_f 分别是初始和终止位置。但是，直线轨迹的一阶导数——速度存在突变，由此会造成极大的冲击。

通常，会在直线轨迹的初始段和终止段各增加一段抛物线，得到 **S 形位移曲线**，如图 7-9 所示。S 形位移曲线的直线段与抛物线区域连接处，抛物线轨迹与直线轨迹的平滑连接意味着速度连续。因此，梯形速度曲线是一条连续平滑的位置轨迹。

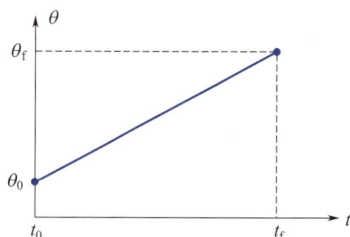

图 7-8　直线轨迹

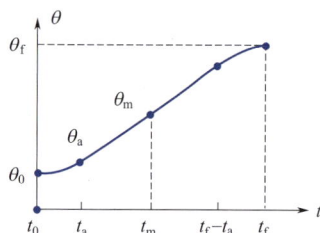

图 7-9　S 形速度曲线轨迹

依次继续做出与 S 形位移曲线对应的速度、加速度和跃度曲线，如图 7-10 所示。由图中可以看出，其速度曲线呈现梯形形状，故 S 形位移曲线又称为梯形速度曲线。但是，其加速度曲线中存在突变（加速度不连续），造成加速度变化曲线（即跃度曲线）中存在 4 个极大的冲击点。

典型的梯形速度曲线由三个阶段组成：等加速、匀速和等减速。其中等加速和等减速往往是对称的。这时，首尾抛物线区域通常采用相等的加速度值 $\ddot{\theta}$ 和加减速时间 t_a。因此，在位移曲线中必然存在一个中间点 θ_m。根据运动特点和各阶段边界条件，很容易完成下述推导过程。

对于给定的 $\ddot{\theta}$，可根据式（7-3）计算直线段速度 $\dot{\theta}$，而加速段结束时的关节位置 θ_a 可根据式（7-4）计算。

$$\dot{\theta} = \ddot{\theta}t_a = \frac{\theta_m - \theta_a}{t_m - t_a}, \quad \theta_m = \frac{1}{2}(\theta_f - \theta_0), \quad t_m = \frac{1}{2}t_f \quad (7\text{-}3)$$

$$\theta_a = \theta_0 + \frac{1}{2}\ddot{\theta}t_a^2 \quad (7\text{-}4)$$

联立式（7-3）和式（7-4），可得

$$\ddot{\theta}t_a^2 - \ddot{\theta}t_f t_a + (\theta_f - \theta_0) = 0 \quad (7\text{-}5)$$

从式（7-5）可以求解出加（减）速时间 t_a：

$$t_a = \frac{t_f}{2} - \frac{\sqrt{\ddot{\theta}^2 t_f^2 - 4\ddot{\theta}(\theta_f - \theta_0)}}{2\ddot{\theta}} \quad (7\text{-}6)$$

因此，当已知初始位置 θ_0、终止位置 θ_f、运动时间 t_f 和加速度 $\ddot{\theta}$，可以得到梯形速度曲线轨迹中位置、速度、加速度的时间函数表达式，如式（7-7）所示。

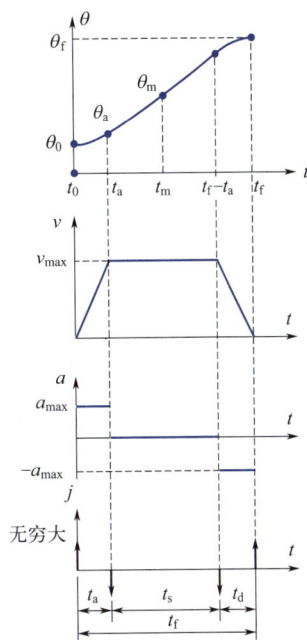

图 7-10 梯形速度曲线轨迹下的各运动曲线

$$\theta(t) = \begin{cases} \theta_0 + \dfrac{1}{2}\ddot{\theta}t^2, t \in [0, t_a] \\ \theta_a + \ddot{\theta}t_a(t - t_a), t \in (t_a, t_f - t_a) \\ \theta_f - \dfrac{1}{2}\ddot{\theta}(t_f - t)^2, t \in [t_f - t_a, t_f] \end{cases}$$

$$\dot{\theta}(t) = \begin{cases} \ddot{\theta}t, t \in [0, t_a] \\ \ddot{\theta}t_a, t \in (t_a, t_f - t_a) \\ \ddot{\theta}t_a - \ddot{\theta}(t - t_f + t_a), t \in [t_f - t_a, t_f] \end{cases}$$

$$\ddot{\theta}(t) = \begin{cases} \ddot{\theta}, t \in [0, t_a] \\ 0, t \in (t_a, t_f - t_a) \\ -\ddot{\theta}, t \in [t_f - t_a, t_f] \end{cases} \quad (7\text{-}7)$$

$$\theta_a = \theta_0 + \frac{1}{2}\ddot{\theta}t_a^2$$

$$t_a = \frac{t_f}{2} - \frac{\sqrt{\ddot{\theta}^2 t_f^2 - 4\ddot{\theta}(q_f - q_0)}}{2\ddot{\theta}}$$

考虑上述梯形速度曲线在工程中的两个简单应用。

‹ 例 7-1

假设希望某一直线运动单元或一台直角坐标机器人的 X 单元移动 10cm，并给运动控制器发指令，按梯形速度曲线完成该运动。若已知该单元允许的最大加速度为 $1cm/s^2$。如果期望最大速度为 $2cm/s$，完成该运动需要多长时间？

解：可直接通过图 7-10（即几何法）进行求解。

加、减速时间：$t_a = t_d = v_{max}/a_{max} = 2s$，

稳定运行时间：由梯形速度曲线可知，$t_s = s/v_{max} - t_a = 10/2 - 2 = 3s$，

因此，完成该运动需要的总时间为 7s。

‹ 例 7-2

机器人某旋转关节初始时刻在静止状态，初始关节角 $\theta_0 = 15°$。要求在 3s 内，关节采用梯形速度曲线轨迹运动到终止位置并停止，终止关节角 $\theta_f = 75°$。分别绘制下述条件下，关节的位置、速度和加速度轨迹曲线：①设定加速度 $\ddot{\theta} = 48°/s^2$ 时；②设定加速度 $\ddot{\theta} = 27°/s^2$ 时。

解：利用式（7-7）计算并绘制关节的位置、速度和加速度轨迹曲线，计算结果如图 7-11 所示。

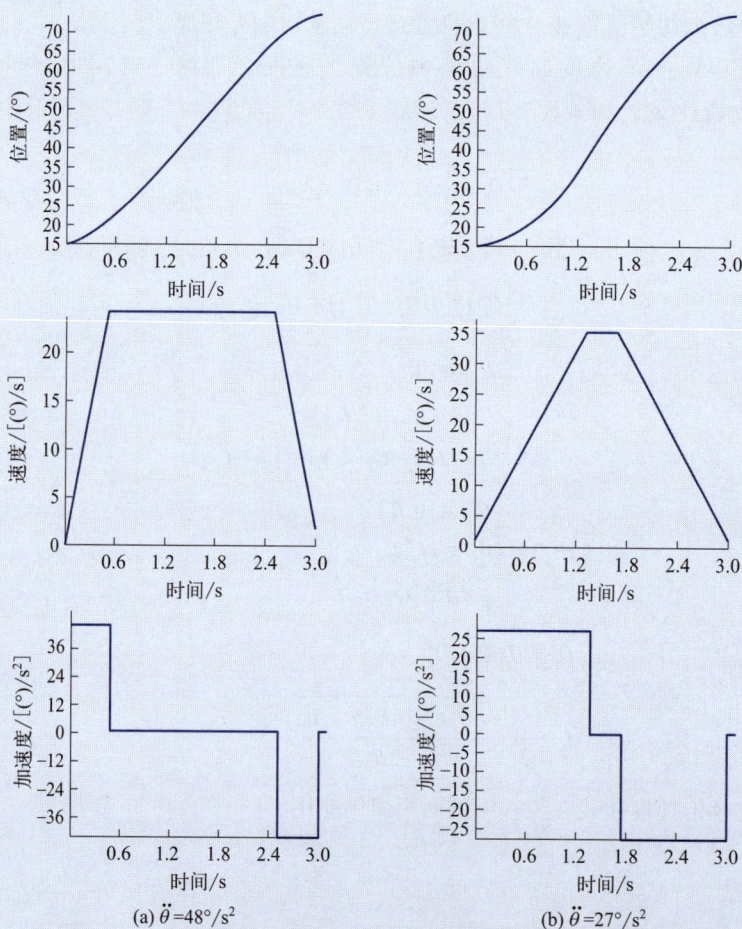

(a) $\ddot{\theta} = 48°/s^2$
(b) $\ddot{\theta} = 27°/s^2$

图 7-11　采用梯形速度曲线轨迹的位置、速度和加速度曲线

图 7-11（a）给出了 $\ddot{\theta} = 48°/s^2$ 时的结果。在这种情况下，关节迅速加速，然后转为匀速运动，最后减速；图 7-11（b）给出了 $\ddot{\theta} = 27°/s^2$ 时的结果，可以看到，由于加速度较小，直线段几乎消失。

在给定起止位置和总运行时间 t_f 的情况下，选用不同的加速度值 $\ddot{\theta}$，可以得到不同的梯形速度曲线，但是它们都具有相同的中点 θ_m，如图 7-12 所示。$\ddot{\theta}$ 越大，加减速段越短，但是其最大值受限于驱动器的驱动能力，存在最大值 $\ddot{\theta}_{max}$。$\ddot{\theta}$ 还存在如式（7-8）所示的最小值，当它等于最小值时，直线段消失。如果 $\ddot{\theta}$ 小于最小值，则关节无法在给定时间内到达终止值。

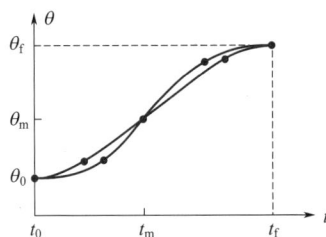

图 7-12　不同加速度值情况下的梯形速度曲线

$$\frac{4(\theta_f - \theta_0)}{t_f^2} \leqslant \ddot{\theta} \leqslant \ddot{\theta}_{max} \tag{7-8}$$

从数学上看，梯形速度曲线的位置轨迹能够满足位置约束条件，也基本可以满足系统加减速的要求，其优点可概括为：①计算量小；②可保证机器人始终以指定的最大速度运行，效率高；③能够保证关节不会超越下一个指定位置，具有可预测性。同时，梯形速度曲线的缺点也很明显：①无法满足轨迹点上的速度和加速度约束；②速度虽然连续，但不平滑，速度曲线为梯形或三角形；③加速度有突变，运行时存在冲击；④不利于提高控制精度。

因此，梯形速度曲线的关节位置轨迹适用于对工作速度要求高，而对控制精度要求一般，且对冲击、振动不敏感的场合。

（2）三次多项式曲线

为了克服二次组合曲线的缺点，可以利用三次多项式来构造位移曲线函数 $\theta(t)$，即

$$\begin{aligned} \theta(t) &= a_0 + a_1 t + a_2 t^2 + a_3 t^3 \\ \dot{\theta}(t) &= a_1 + 2a_2 t + 3a_3 t^2 \\ \ddot{\theta}(t) &= 2a_2 + 6a_3 t \end{aligned} \tag{7-9}$$

显然，三次多项式 $\theta(t)$ 对时间的一阶导数——速度函数 $\dot{\theta}(t)$ 为平滑二次函数，加速度函数 $\ddot{\theta}(t)$ 为线性函数。该三次多项式有 4 个参数，能够同时满足 4 个约束条件。对机器人而言，这样的 4 个约束条件通常就是每段轨迹首尾端点的位置和速度，即

$$\begin{aligned} \theta(t_0) &= \theta_0 \\ \theta(t_f) &= \theta_f \\ \dot{\theta}(t_0) &= \dot{\theta}_0 \\ \dot{\theta}(t_f) &= \dot{\theta}_f \end{aligned} \tag{7-10}$$

把式（7-10）所示约束条件代入式（7-9），得到如下 4 个方程，即

$$\begin{aligned} \theta_0 &= a_0 \\ \theta_f &= a_0 + a_1 t_f + a_2 t_f^2 + a_3 t_f^3 \\ \dot{\theta}_0 &= a_1 \\ \dot{\theta}_f &= a_1 + 2a_2 t_f + 3a_3 t_f^2 \end{aligned} \tag{7-11}$$

依次求解方程组（7-11）中的系数，可得

$$a_0 = \theta_0$$
$$a_1 = \dot{\theta}_0$$
$$a_2 = \frac{3}{t_\mathrm{f}^2}(\theta_\mathrm{f} - \theta_0) - \frac{2}{t_\mathrm{f}}\dot{\theta}_0 - \frac{1}{t_\mathrm{f}}\dot{\theta}_\mathrm{f} \qquad (7\text{-}12)$$
$$a_3 = -\frac{2}{t_\mathrm{f}^3}(\theta_\mathrm{f} - \theta_0) + \frac{1}{t_\mathrm{f}^2}(\dot{\theta}_\mathrm{f} + \dot{\theta}_0)$$

当轨迹中仅包含初始和终止两个轨迹点时，首尾端点的速度约束 $\dot{\theta}_0 = \dot{\theta}_\mathrm{f} = 0$，式（7-12）可简化为

$$a_0 = \theta_0$$
$$a_1 = 0$$
$$a_2 = \frac{3}{t_\mathrm{f}^2}(\theta_\mathrm{f} - \theta_0) \qquad (7\text{-}13)$$
$$a_3 = -\frac{2}{t_\mathrm{f}^3}(\theta_\mathrm{f} - \theta_0)$$

例 7-3

设机器人的某旋转关节处于静止状态时 $\theta_0 = 15°$。期望该关节在 3s 内平滑地运动到终止位置 $\theta_\mathrm{f} = 75°$。求满足该运动的三次多项式系数，使关节静止在终止位置。画出关节的位置、速度和加速度随时间变化的函数曲线。

解：将已知条件（$\theta_0 = 15°$，$\theta_\mathrm{f} = 75°$，$t_\mathrm{f}=3\mathrm{s}$）代入式（7-13），可得

$$a_0 = 15.0$$
$$a_1 = 0.0$$
$$a_2 = 20.0 \qquad (7\text{-}14)$$
$$a_3 = -4.44$$

将上述系数代入式（7-9），得

$$\theta(t) = 15.0 + 20.0t^2 - 4.44t^3$$
$$\dot{\theta}(t) = 40.0t - 13.33t^2 \qquad (7\text{-}15)$$
$$\ddot{\theta}(t) = 40.0 - 26.66t$$

根据式（7-15），可以获得轨迹插补的增量表达式。以 40Hz 的频率进行插补，进一步得到图 7-13 所示的关节位置、速度和加速度函数曲线。由图可见，速度曲线为抛物线，而加速度曲线为直线。在运行过程中，关节速度仅在中间时刻到达最大值。

(a) 位置

(b) 速度

(c) 加速度

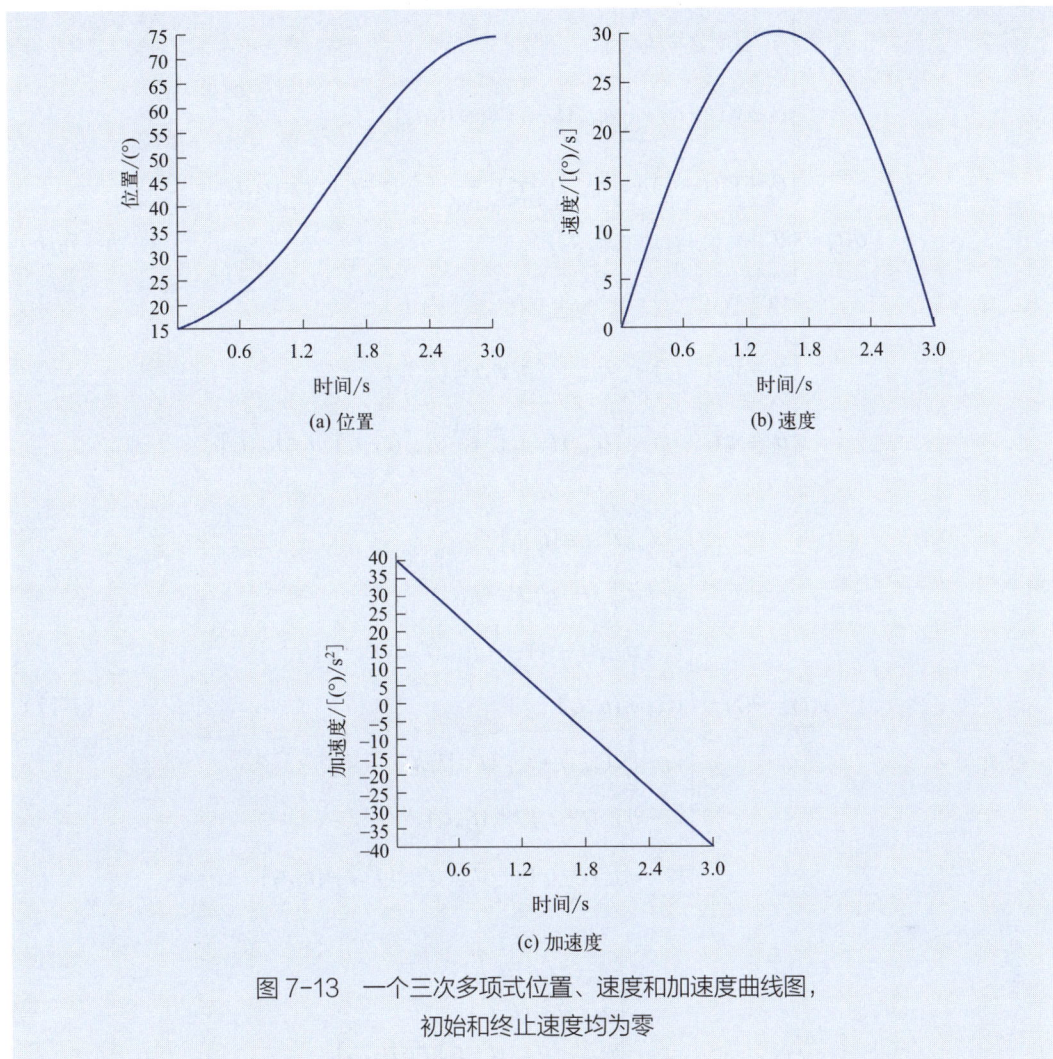

图 7-13　一个三次多项式位置、速度和加速度曲线图，
初始和终止速度均为零

从图 7-13（b）可见，三次多项式的问题在于不能以最大速度持续运行，工作效率低于梯形速度曲线。

（3）S 形速度曲线

在实际使用中，生成位置轨迹时可以组合使用三次多项式、抛物线与直线，得到一种组合曲线，如图 7-14（a）所示。该曲线称为 **S 形速度曲线**，其重要特点是速度曲线的中间段存在一个以最高速度运行的区段。

S 形速度曲线的基本原理是把速度变化区间分成 7 个部分：加加速段（$t_0 \sim t_1$）、匀加速段（$t_1 \sim t_2$）、减加速段（$t_2 \sim t_3$）、匀速段（$t_3 \sim t_4$）、加减速段（$t_4 \sim t_5$）、匀减速段（$t_5 \sim t_6$）、减减速段（$t_6 \sim t_7$）。各段对应的位移曲线分别为：三次多项式、抛物线、三次多项式、直线、三次多项式、抛物线和三次多项式；对应的加速度曲线为连续梯形曲线。上述曲线的拼接原理与二次组合曲线类似。**S 形速度曲线兼顾了高效率和平稳性，有利于提高控制精度、消除冲击，是机器人及数控机床运动控制器中最常用的轨迹形式。**

$$\theta(t) = \begin{cases} \dfrac{1}{6}J_{max}t^3, t \in [t_0, t_1] \\[2mm] \theta_1 + v_1(t - t_1) + \dfrac{1}{2}a_{max}(t - t_1)^2, t \in (t_1, t_2) \\[2mm] \theta_2 + v_2(t - t_2) + \dfrac{1}{2}a_{max}(t - t_2)^2 - \dfrac{1}{6}J_{max}(t - t_2)^3, t \in [t_2, t_3] \\[2mm] \theta_3 + v_3(t - t_3), t \in (t_3, t_4) \\[2mm] \theta_4 + v_4(t - t_4) - \dfrac{1}{6}J_{max}(t - t_4)^3, t \in [t_4, t_5] \\[2mm] \theta_5 + v_5(t - t_5) - \dfrac{1}{2}a_{max}(t - t_5)^2, t \in (t_5, t_6) \\[2mm] \theta_6 + v_6(t - t_6) - \dfrac{1}{2}a_{max}(t - t_6)^2 + \dfrac{1}{6}J_{max}(t - t_6)^3, t \in [t_6, t_7] \end{cases} \tag{7-16}$$

$$v(t) = \dot{\theta}(t) = \begin{cases} \dfrac{1}{2}J_{max}t^2, t \in [t_0, t_1] \\[2mm] v_1 + a_{max}(t - t_1), t \in (t_1, t_2) \\[2mm] v_2 + a_{max}(t - t_2) - \dfrac{1}{2}J_{max}(t - t_2)^2, t \in [t_2, t_3] \\[2mm] v_3, t \in (t_3, t_4) \\[2mm] v_4 - \dfrac{1}{2}J_{max}(t - t_4)^2, t \in [t_4, t_5] \\[2mm] v_5 - a_{max}(t - t_5), t \in (t_5, t_6) \\[2mm] v_6 - a_{max}(t - t_6) + \dfrac{1}{2}J_{max}(t - t_6)^2, t \in [t_6, t_7] \end{cases} \tag{7-17}$$

$$a(t) = \ddot{\theta}(t) = \begin{cases} J_{max}t, t \in [t_0, t_1] \\ a_{max}, t \in (t_1, t_2) \\ a_{max} - J_{max}(t - t_2), t \in [t_2, t_3] \\ 0, t \in (t_3, t_4) \\ -J_{max}(t - t_4), t \in [t_4, t_5] \\ -a_{max}, t \in (t_5, t_6) \\ -a_{max} + J_{max}(t - t_6), t \in [t_6, t_7] \end{cases} \tag{7-18}$$

$$j(t) = \dddot{\theta}(t) = \begin{cases} J_{max}, t \in [t_0, t_1] \\ 0, t \in (t_1, t_2) \\ -J_{max}, t \in [t_2, t_3] \\ 0, t \in (t_3, t_4) \\ -J_{max}, t \in [t_4, t_5] \\ 0, t \in (t_5, t_6) \\ J_{max}, t \in [t_6, t_7] \end{cases} \tag{7-19}$$

式中，J_{max} 为最大加加速度（即跃度）。

S形速度曲线中，存在一种特例，即忽略掉其位移曲线中所有二次曲线，这时，S形速度曲线退化成纯 S 形速度曲线，如图 7-14（b）所示。同样，不难给出纯 S 形速度曲线的数学描述：

对于曲线 A $\left(0 \leqslant t \leqslant \dfrac{t_a}{2}\right)$，有

$$
\begin{cases}
s_A(t) = s_0 + C_1 \dfrac{t^3}{3} \\[2mm]
v_A(t) = C_1 t^2 \\[2mm]
a_A(t) = 2C_1 t \\[2mm]
j_A(t) = 2C_1
\end{cases}
\tag{7-20}
$$

对于曲线 B $\left(\dfrac{t_a}{2} < t \leqslant t_a\right)$，有

$$
\begin{cases}
s_B(t) = s_0 + C_1 \dfrac{t_a^3}{24} + v_{\max}(t - t_a) - C_1 \left\{ t_a^2 \left(t - \dfrac{t_a}{2}\right) - t_a \left[t^2 - \left(\dfrac{t_a}{2}\right)^2 \right] + \dfrac{1}{3}\left[t^3 - \left(\dfrac{t_a}{2}\right)^3 \right] \right\} \\[2mm]
v_B(t) = v_{\max} - C_1 (t_a - t)^2 \\[2mm]
a_B(t) = 2C_1 (t_a - t) \\[2mm]
j_B(t) = -2C_1
\end{cases}
\tag{7-21}
$$

式中，$C_1 = \dfrac{a^2}{2v_{\max}}$，$t_a = \dfrac{2v_{\max}}{a}$。

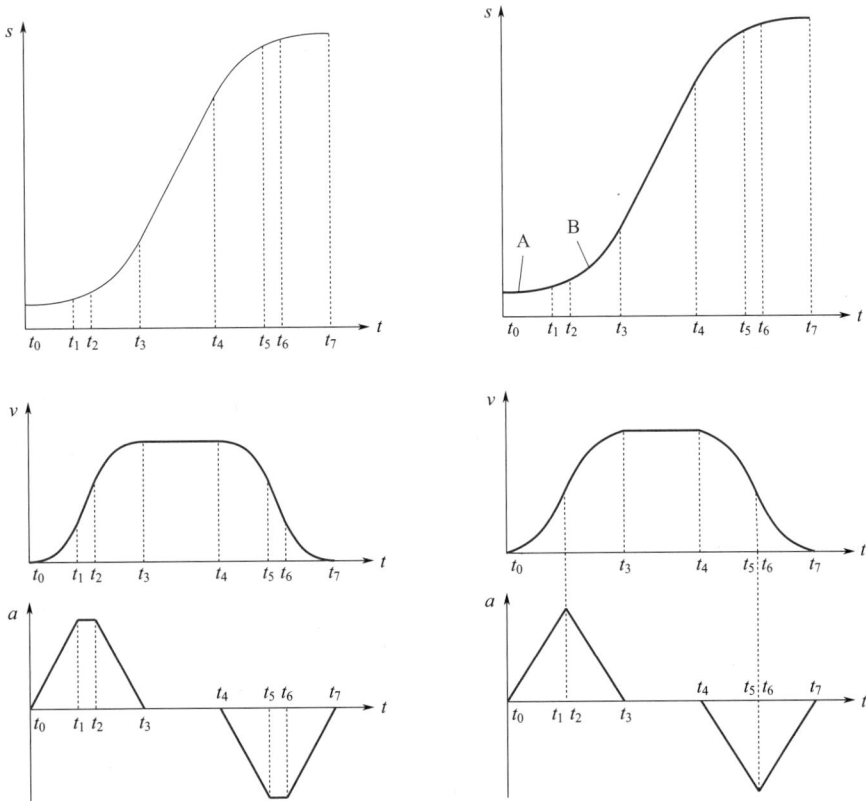

图 7-14

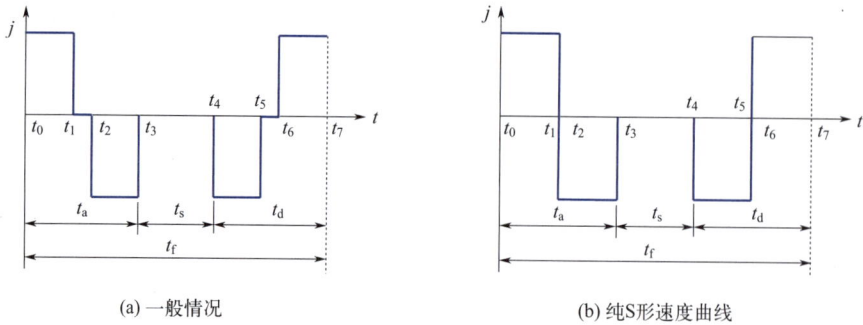

(a) 一般情况   (b) 纯S形速度曲线

图 7-14　S 形速度曲线的位置、速度、加速度及跃度曲线

例 7-4

假设某一直线运动单元或一台直角坐标机器人的 X 单元按纯 S 形速度曲线完成该运动。若期望最大运动速度为 10cm/s，加速度为 5cm/s²。求在曲线 A 段和 B 段的速度和加速度方程。

解：加速时间为

$$t_a = \frac{2v_{max}}{a} = 4\text{s} \ , \quad C_1 = 1.25$$

对于曲线 A $\left(0 \leqslant t \leqslant \dfrac{t_a}{2}\right)$，根据式（7-20），可得

$$v_A(t) = C_1 t^2 = 1.25 t^2$$

$$a_A(t) = 2.5t$$

对于曲线 B $\left(\dfrac{t_a}{2} < t \leqslant t_a\right)$，根据式（7-21），可得

$$v_B(t) = v_{max} - C_1(t_a - t)^2 = 10 - 1.25(4 - t)^2$$

$$a_B(t) = 2.5(4 - t)$$

将上述公式运用 MATLAB 工具可以进一步得到速度和加速度曲线（请读者自行完成）。

（4）五次多项式曲线

在约束条件更多、运动轨迹要求更高的情况下，为获得更光滑的运动曲线，还可采用五次多项式。例如，要对机器人运动路径上初始点和终止点的位置、速度以及加速度进行约束，则需要用一个五次多项式来构造位移曲线函数 $\theta(t)$，即

$$\theta(t) = a_0 + a_1 t + a_2 t^2 + a_3 t^3 + a_4 t^4 + a_5 t^5 \tag{7-22}$$

对于初始点 $t = 0$ 和终止点 $t = t_f$ 两个时刻的位置、速度和加速度有以下 6 个约束条件：

$$\begin{cases} \theta_0 = a_0 \\ \theta_f = a_0 + a_1 t_f + a_2 t_f^2 + a_3 t_f^3 + a_4 t_f^4 + a_5 t_f^5 \\ \dot{\theta}_0 = a_1 \\ \dot{\theta}_f = a_1 + 2a_2 t_f + 3a_3 t_f^2 + 4a_4 t_f^3 + 5a_5 t_f^4 \\ \ddot{\theta}_0 = 2a_2 \\ \ddot{\theta}_f = 2a_2 + 6a_3 t_f + 12a_4 t_f^2 + 20a_5 t_f^3 \end{cases} \tag{7-23}$$

通过对式（7-23）的 6 个线性方程联立求解，即可确定五次多项式中的各个系数。

$$\begin{cases} a_0 = \theta_0 \\ a_1 = \dot{\theta}_0 \\ a_2 = \ddot{\theta}_0/2 \\ a_3 = \dfrac{20\theta_f - 20\theta_0 - (8\dot{\theta}_f + 12\dot{\theta}_0)t_f - (3\ddot{\theta}_0 - \ddot{\theta}_f)t_f^2}{2t_f^3} \\ a_4 = \dfrac{30\theta_0 - 30\theta_f + (14\dot{\theta}_f + 16\dot{\theta}_0)t_f + (3\ddot{\theta}_0 - 2\ddot{\theta}_f)t_f^2}{2t_f^4} \\ a_5 = \dfrac{12\theta_f - 12\theta_0 - (6\dot{\theta}_f + 6\dot{\theta}_0)t_f - (\ddot{\theta}_0 - \ddot{\theta}_f)t_f^2}{2t_f^5} \end{cases} \tag{7-24}$$

例 7-5

设机器人的某旋转关节处于静止状态时 $\theta_0 = 0°$。期望该关节在 2s 内平滑地运动到终止位置 $\theta_f = 20°$。求满足该运动的五次多项式系数，使关节静止在终止位置。画出关节的位置、速度和加速度随时间变化的函数曲线。

解：将已知条件代入式（7-24），可得

$$\begin{aligned} a_0 &= 0.0 \\ a_1 &= 0.0 \\ a_2 &= 0.0 \\ a_3 &= 1.087 \\ a_4 &= 0.543 \\ a_5 &= 0.0815 \end{aligned} \tag{7-25}$$

将上述系数代入式（7-23），得

$$\begin{aligned} \theta(t) &= 1.087t^3 + 0.543t^4 + 0.0815t^5 \\ \dot{\theta}(t) &= 3.261t^2 + 2.172t^3 + 0.408t^4 \\ \ddot{\theta}(t) &= 6.522t + 6.516t^2 + 1.63t^3 \end{aligned} \tag{7-26}$$

根据式（7-22），可以获得轨迹插补的增量表达式。以 40Hz 的频率进行插补，进一步得到图 7-15 所示的关节位置、速度和加速度函数曲线。

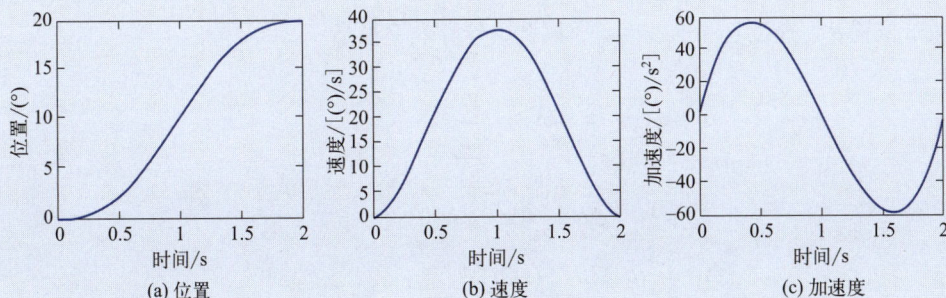

图 7-15　一个五次多项式位置、速度和加速度曲线图，初始和终止速度均为零

7.3 关节空间的轨迹生成与插补

如前所述，无论采用哪种编程和工作模式，机器人控制器最终都需要进行关节空间轨迹生成和插补，获得一系列稠密的关节伺服控制给定值。因此，有必要先探讨一下关节空间的轨迹生成和插补问题。

如果已知各关节的初始位置、终止位置和运行时间，连接初始和终止位置的曲线有无数种，如图 7-16 所示。无论选择何种曲线，都需要满足如下条件：

① 满足初始和终止状态的位置约束（位置值）和速度约束（速度值）；

② 满足可能存在的初始和终止状态加速度约束（加速度值）；

③ 连接曲线应尽量光滑，使运动平稳；

④ 各关节的运行时间应相等，否则对于指定了空间路径的 CP 模式，机器人将产生较大的路径偏差。

为了兼顾运动的平稳性和快速性，工业机器人通常采用 S 形速度曲线完成轨迹生成和插补。由上节可知，S 形速度曲线的位置轨迹是三次多项式、抛物线和斜直线的组合。

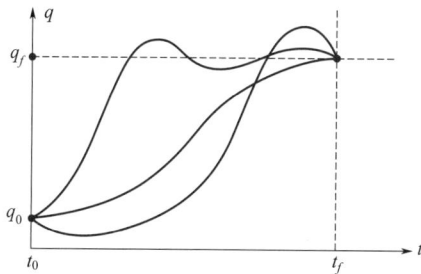

图 7-16 连接初始和终止位置的可能轨迹曲线

（1）二次组合曲线轨迹插补公式

当以固定时间间隔 Δt 对总运行时间进行离散化，可按式（7-27）和程序（7-1）计算二次组合曲线对应的位置、速度、加速度在每个时刻的迭代增量值以及插补值。机器人控制器将据此为每个关节的伺服控制器指定各时刻的期望值 $(\theta_i, \dot{\theta}_i, \ddot{\theta}_i)$，这一过程就是**轨迹实时生成**。可以看到，插补公式中的迭代增量计算相当简单。在已知抛物线加速度值 $\ddot{\theta}$、抛物线持续时间 t_a 和时间增量 Δt 的情况下，只需要提前计算有限的几个增量值，即可迭代累加得到当前时刻的关节位置 θ_i、速度 $\dot{\theta}_i$ 和加速度 $\ddot{\theta}_i$，因此，计算效率很高。

$$\Delta t = t_f / n, \ n\text{为总插补次数}$$
$$t_i = t_{i-1} + \Delta t$$
$$\Delta\theta = \begin{cases} \ddot{\theta}t_{i-1}\Delta t + \dfrac{1}{2}\ddot{\theta}\Delta t^2, t_i \in [0, t_a] \\ \ddot{\theta}t_a\Delta t, t_i \in (t_a, t_f - t_a) \\ \ddot{\theta}t_f\Delta t - \ddot{\theta}t_{i-1}\Delta t - \dfrac{1}{2}\ddot{\theta}\Delta t^2, t_i \in [t_f - t_a, t_f] \end{cases}$$

$$\Delta\dot{\theta} = \begin{cases} \ddot{\theta}\Delta t, t_i \in [0, t_a] \\ 0, t_i \in (t_a, t_f - t_a) \\ -\ddot{\theta}\Delta t, t_i \in [t_f - t_a, t_f] \end{cases}$$

$$\Delta\ddot{\theta} = \begin{cases} \ddot{\theta}, t_i = 0 \text{或} t_f \\ -\ddot{\theta}, t_i = t_a \text{或} (t_f - t_a) \\ 0, t_i = \text{其他值} \end{cases}$$

(7-27)

生成关节期望轨迹的伪代码如下：

$$\theta_0 = 0, \ \dot{\theta}_0 = 0, \ \ddot{\theta}_0 = 0, \ t_0 = 0$$

for $i = 1$ to n, $i++$

    if $(\theta_{i-1} + \Delta\theta \leqslant \theta_f)$ then

        $\theta_i = \theta_{i-1} + \Delta\theta$

        $\dot{\theta}_i = \dot{\theta}_{i-1} + \Delta\dot{\theta}$

        $\ddot{\theta}_i = \ddot{\theta}_{i-1} + \Delta\ddot{\theta}$

        $t_i = t_{i-1} + \Delta t$

    else

        $\theta_i = \theta_f$

        $\dot{\theta}_i = 0$

        $\ddot{\theta}_i = 0$

        $t_i = t_f$

    end if

end for

程序（7-1）

可以看到，只要关节轨迹曲线已知，就可以根据设定的时间增量 Δt，很容易地写出其插补计算公式。无论采用何种类型的关节运动曲线，例如后面将要介绍的三次多项式曲线、S形速度曲线和五次多项式曲线，都可以根据轨迹公式和给定的时间增量提前计算出位置、速度和加速度的增量值。在机器人运动过程中，把这些增量值实时累加到当前值上，就实现了轨迹实时插补。关节控制器用插补结果实时更新控制器期望值，完成关节的实时控制。

关节插补公式实质上是关节轨迹公式的增量表达，可以很容易地从关节轨迹公式得到。

（2）指定中间路径点的二次组合曲线轨迹

在一些应用中，机器人的路径需要根据多点进行描述。例如，即使对拾取机器人完成简单的拾取 - 收放动作，也有可能需要在起点和终点之间设定 2 个中间点，进而实现以相对合理的速度完成拾 - 放作业任务。而对于一些更为复杂的应用，还可能在其路径指定更多中间点，如实现有效避障等。

因此，在笛卡儿空间中，如果在初始和终止位姿点之间指定了中间点，且中间点速度不为零，那么，在生成关节轨迹时，需要考虑如何保证末端通过中间点。

利用二次组合曲线生成关节轨迹的一个简单策略是：严格到达初始和终止轨迹点；而对中间点，则用抛物线逼近，如图 7-17 所示。可以看到，初始和终止段采用了与无中间点情况类似的方法生成二次组合曲线；而在每个中间点附近，则用抛物线过渡，抛物线与连接相邻中间点的直线相切。可见，采用这种策略，机器人末端将无法准确到达指定的中间位姿。尽管如此，对于 PTP 模式，这种策略在多数情况下是可以接受的。因为 PT 模式的中间点，通常是为了远离障碍物或避免关节发生大幅度的反向旋转，并不要求末端精确经过中间点。

图 7-17 使用了如下符号约定：θ_n 表示指定的关节位置，$\dot{\theta}_{(n-1)n}$ 表示两个关节位置之间的直线段速度，$\ddot{\theta}_n$ 表示 θ_n 处的过渡抛物线加速度，t_{an} 表示抛物线区域时间，$t_{(n-1)n}$ 表示两个关节位置之间的运行时间，$t_{1(n-1)n}$ 表示直线段时间。其中，θ_1' 和 θ_5' 是为了描述首尾直线段而标记的辅助点。

与无中间轨迹点的情况类似，随着过渡段加速度值的不同，存在无数个可能解。若已知所有关节位置 θ_n，两位置之间的期望运行时间 $t_{(n-1)n}$，以及每个过渡段的加速度幅值 $|\ddot{\theta}_n|$，则可计算过渡段时间 t_{an}、直线段时间 $t_{1(n-1)n}$ 和直线段速度 $\dot{\theta}_{(n-1)n}$。对于中间点之间的轨迹段，可用式（7-28）计算上述值。

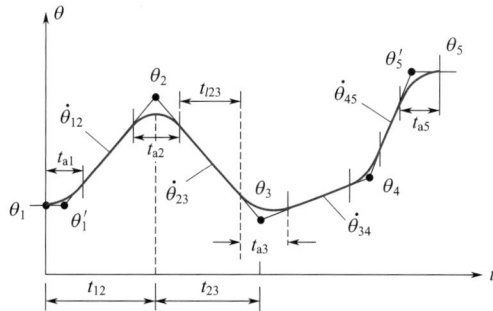

图 7-17　指定了中间路径点的二次组合曲线轨迹

$$\dot{\theta}_{(n-1)n} = \frac{\theta_n - \theta_{n-1}}{t_{(n-1)n}}$$

$$\ddot{\theta}_n = \mathrm{SGN}(\dot{\theta}_{n(n+1)} - \dot{\theta}_{(n-1)n})|\ddot{\theta}_n|$$

$$t_{an} = \frac{\dot{\theta}_{n(n+1)} - \dot{\theta}_{(n-1)n}}{\ddot{\theta}_n} \tag{7-28}$$

$$t_{1(n-1)n} = t_{(n-1)n} - \frac{1}{2}t_{a(n-1)} - \frac{1}{2}t_{an}$$

式中，SGN（　）为符号函数。最后一个公式隐含了一个性质：两相交直线存在一个内切抛物线，两切点到直线交点的水平距离相等。读者可自行证明。

对于首尾两段轨迹，由于需要把轨迹端部的整个抛物线时间计入其运行时间，因此在计算方法上稍有不同。

对于第一个轨迹段，其直线段速度等于抛物线结束时刻的速度，也等于直线段斜率。在图 7-17 中，过 θ_1 的水平直线为一条辅助线，用于标记斜直线段的假想起点 θ_1'，其值等于 θ_1，θ_1' 对应的时间值无实际意义。考虑到初始速度为零，关节在第一个抛物线区域一定做加速运动，$\ddot{\theta}_1$ 与 $\ddot{\theta}_{12}$ 同向。据此可列出 $\dot{\theta}_{12}$ 与 t_{a1} 的关系式：

$$\dot{\theta}_{12} = \ddot{\theta}_1 t_{a1}$$

$$\dot{\theta}_{12} = \frac{\theta_{12} - \theta_1}{t_{12} - \frac{1}{2}t_{a1}} \tag{7-29}$$

$$\ddot{\theta}_1 = \mathrm{SGN}(\theta_{12} - \theta_{11})|\ddot{\theta}_1|$$

根据式（7-29）可以得到 t_{a1} 和 t_{l12} 的计算公式，即

$$t_{a1} = t_{12} - \sqrt{t_{12}^2 - \frac{2(\theta_{12} - \theta_{l1})}{\ddot{\theta}_{l1}}}$$

$$t_{l12} = t_{12} - t_{a1} - \frac{1}{2} t_{a2} \tag{7-30}$$

式（7-30）中再次利用了抛物线与两直线切点到直线交点水平距离相等的性质。

同样，对于最后连接 $n-1$ 和 n 的轨迹段（图 7-17 中对应 4 和 5），考虑到终止速度为零，关节在最后一个抛物线区域一定做减速运动，$\ddot{\theta}_n$ 与 $\dot{\theta}_{(n-1)n}$ 反向，因此有

$$\dot{\theta}_{(n-1)n} + \ddot{\theta}_n t_{an} = 0$$

$$\dot{\theta}_{(n-1)n} = \frac{\theta_n - \theta_{n-1}}{t_{(n-1)n} - \frac{1}{2} t_{an}} \tag{7-31}$$

$$\ddot{\theta}_n = \text{SGN}(\theta_{n-1} - \theta_n) \left| \ddot{\theta}_n \right|$$

根据上式可得

$$t_{an} = t_{(n-1)n} - \sqrt{t_{(n-1)n}^2 + \frac{2(\theta_n - \theta_{n-1})}{\ddot{\theta}_n}}$$

$$t_{l(n-1)n} = t_{(n-1)n} - t_{an} - \frac{1}{2} t_{a(n-1)} \tag{7-32}$$

由式（7-28）～式（7-32）可计算多段轨迹的时间和速度。通常用户只需给定首尾端点、中间点以及各个轨迹段的持续时间。机器人控制器使用各个关节的默认加速度，根据上面公式进行轨迹生成和插补计算。加速度的值必须足够大，以保证各轨迹段都有足够长的直线段，使机器人具有高的工作效率。

◁ 例 7-6

假设包括两个中间点的某关节轨迹的轨迹点分别为：10°、35°、25°、10°。三个轨迹段的时间间隔分别为 2s、1s 和 3s。所有过渡抛物线的加速度幅值为 50°/s²。试计算各轨迹段的速度、抛物线区段持续时间和直线段持续时间。

解：对第一个抛物线区段，根据式（7-29）得

$$\ddot{\theta}_1 = 50.0$$

根据式（7-30）求出抛物线区域持续时间为

$$t_{a1} = 2 - \sqrt{4 - \frac{2 \times (35 - 10)}{50.0}} = 0.27$$

然后，由式（7-29）求出速度 $\dot{\theta}_{12}$，即

$$\dot{\theta}_{12} = \frac{35 - 10}{2 - 0.5 \times 0.27} = 13.40$$

接下来，由式（7-28）计算第二段 S 曲线轨迹的相关参数为

$$\dot{\theta}_{23} = \frac{25-35}{1} = -10.00$$

$$\ddot{\theta}_2 = -50.0$$

$$t_{a2} = \frac{-10-13.40}{-50.0} = 0.47$$

再从式（7-30）计算第一段轨迹中的直线段持续时间为

$$t_{112} = 2 - 0.27 - \frac{1}{2} \times 0.47 = 1.50$$

由式（7-31）得到最末段抛物线区段的加速度值：

$$\ddot{\theta}_4 = 50.0$$

然后，根据式（7-32）计算求出最末段抛物线区段的持续时间：

$$t_{a4} = 3 - \sqrt{9 + \frac{2 \times (10-25)}{50.0}} = 0.102$$

根据式（7-31）求出速度 $\dot{\theta}_{34}$：

$$\dot{\theta}_{34} = \frac{10-25}{3 - \frac{1}{2} \times 0.102} = -5.10$$

由式（7-28）得到：

$$\ddot{\theta}_3 = 50.0$$

$$t_{a3} = \frac{-5.10 - (-10.0)}{50.0} = 0.098$$

$$t_{123} = 1 - \frac{1}{2} \times 0.47 - \frac{1}{2} \times 0.098 = 0.716$$

最后，根据式（7-32）计算最后一段直线段持续时间：

$$t_{134} = 3 - \frac{1}{2} \times 0.098 - 0.012 = 2.939$$

7.4 笛卡儿空间的轨迹生成与插补

回顾 **7.1 节**中的概念定义以及图 7-5 和图 7-7，可以看到，笛卡儿空间轨迹生成和插补包括三个步骤：路径规划、轨迹生成和轨迹插补。

路径规划是确定连接指定路径点的空间函数的过程。本节不讨论以某种最优目标（例如，最短路径），在障碍空间中进行无碰撞自动路径规划的问题，而仅关注如何利用简单路径函数连接指定路径点，并完成笛卡儿空间的轨迹生成和插补。

在工程中，路径规划的实现通常包括两种情形：①**路径导入**——根据被加工工件的 CAD/CAM 文件直接导入末端工具点的空间路径信息；②**路径生成**——根据用户指定的示教点和连接曲线类型，生成路径函数。

对于路径导入的情况，如果 CAD/CAM 文件中已经包含了工件的曲面或曲线函数，则该函数就是路径函数；如果仅给定了工件表面的采样点坐标，则等同于路径生成问题。路径函数可以直接用来表达机器人末端的路径，也可以利用简单函数，例如直线、圆弧等，对复杂路径函数进行逼近，以简化插补计算。可见，路径导入问题可以转化为路径生成问题。

因此，本节后续内容将详细讨论如何根据指定路径点，来生成直线和圆弧路径函数，及其相应的笛卡儿空间轨迹生成和插补问题。商用的工业机器人控制器中通常已经内置了直线和圆弧路径生成器。这两种简单路径对于大多数应用场合而言已经足够，更复杂的空间路径，可以用这两种简单路径来逼近。

如前所述，路径点是一个六维向量：

$$ {}^{0}\boldsymbol{X}_T = ({}^{0}\boldsymbol{p}_{TORG}^{\mathrm{T}}, {}^{0}\boldsymbol{\Omega}_T^{\mathrm{T}})^{\mathrm{T}} = ({}^{0}x_{TORG}, {}^{0}y_{TORG}, {}^{0}z_{TORG}, {}^{0}\phi_T, {}^{0}\theta_T, {}^{0}\psi_T)^{\mathrm{T}} \tag{7-33} $$

式中，${}^{0}\boldsymbol{p}_{TORG} = ({}^{0}x_{TORG}, {}^{0}y_{TORG}, {}^{0}z_{TORG})^{\mathrm{T}}$ 表示机器人末端工具的位置。它连续变化形成的空间轨迹 $\boldsymbol{p}(s)$ 容易观察和理解，同时，也直观地表现为被加工工件的表面曲线。因此，位置路径是本节研究的重点。${}^{0}\boldsymbol{\Omega}_T = ({}^{0}\phi_T, {}^{0}\theta_T, {}^{0}\psi_T)^{\mathrm{T}}$ 表示末端三角度姿态。它连续变化形成的姿态轨迹 $\boldsymbol{\Omega}(u)$ 不容易观察。在加工中，多数情况下对工具姿态角的要求不严格。即便是对姿态有确定要求的场合，姿态通常也与位置路径直接关联，从而不需要独立规划。因此，针对姿态路径，本节仅讨论线性轨迹的生成。然而，由于三角度法在姿态表示上的缺陷，需要引入等效轴-角等其他方法，才能获得定轴转动的笛卡儿空间姿态轨迹。

（1）直线路径的参数化表示及轨迹生成

回顾图 7-5，假设给定了机器人末端工具的初始位置点 $\boldsymbol{p}_{\mathrm{I}} = (x_{\mathrm{I}}, y_{\mathrm{I}}, z_{\mathrm{I}})^{\mathrm{T}}$ 和终止点 $\boldsymbol{p}_{\mathrm{F}} = (x_{\mathrm{F}}, y_{\mathrm{F}}, z_{\mathrm{F}})^{\mathrm{T}}$，要求机器人沿直线路径从 $\boldsymbol{p}_{\mathrm{I}}$ 运行到 $\boldsymbol{p}_{\mathrm{F}}$。为了简化，这里的位置变量默认为是相对于基坐标的描述，在符号表达上省略了坐标系角标。

空间两点间线段的参数化方程为

$$ \begin{cases} \boldsymbol{p}(s) = \boldsymbol{p}_{\mathrm{I}} + s(\boldsymbol{p}_{\mathrm{F}} - \boldsymbol{p}_{\mathrm{I}}) \\ s = \dfrac{|\boldsymbol{p}\boldsymbol{p}_{\mathrm{I}}|}{|\boldsymbol{p}_{\mathrm{F}}\boldsymbol{p}_{\mathrm{I}}|} \end{cases} \tag{7-34} $$

式中，$\boldsymbol{p}_{\mathrm{I}}$ 为初始位置；$\boldsymbol{p}_{\mathrm{F}}$ 为终止位置；标量 $s \in [0,1]$，它是一个归一化参数，其物理意义是机器人沿直线运行的路程除以直线总长；$\boldsymbol{p}(s)$ 的三个分量 $\boldsymbol{p}_x(s)$、$\boldsymbol{p}_y(s)$、$\boldsymbol{p}_z(s)$ 是 s

的函数。

式（7-34）所示的参数化方程即表示了从 p_I 到 p_F 的直线路径。可见，直线路径的表达相当简单。

利用式（7-34）所示的参数化路径方程，可以很容易地实现笛卡儿空间直线路径的轨迹生成和插补。标量参数 s 与路径上某点沿路径到初始点的路程呈正比，如果把它变为时间函数 $s(t)$，并指定其时间函数曲线，也就指定了末端点沿路径运行的加减速特性，即笛卡儿空间轨迹。因此，直线路径的轨迹方程可表示为

$$p(s(t)) = p_I + s(t)(p_F - p_I) \tag{7-35}$$

同关节轨迹生成一样，为了获得平滑的时间轨迹，可以把标量时间函数 $s(t)$ 设定为二次组合曲线、S 形速度曲线、三次或五次多项式中的任何一种。这样，直线路径轨迹中的各分量 $x(s(t))$、$y(s(t))$、$z(s(t))$ 也是具有相同规律的平滑时间曲线。但是，由于三个位置分量受式（7-35）的约束，所以末端在空间中仍然沿直线运行，只不过参数 $s(t)$ 的不同轨迹曲线会使末端以不同的速度规律运行。改变 $s(t)$ 的轨迹曲线，就可以方便地调整笛卡儿空间轨迹的时间变化规律，而无须考虑具体的路径函数。这就是路径的参数化表示所带来的便利。

这里同样以二次组合曲线为例，说明直线路径参数方程的具体表达式以及轨迹插补方法。

由于 $s \in [0,1]$，故其初始值 $s_0=0$，终止值 $s_f=1$。若已知总运行时间 t_f 和加速度 $\ddot{s}$，可以得到直线路径二次组合曲线轨迹的位置、速度、加速度时间函数表达式：

$$p(s(t)) = p_I + s(t)(p_F - p_I)$$
$$\dot{p}(s(t)) = \dot{s}(t)(p_F - p_I)$$
$$\ddot{p}(s(t)) = \ddot{s}(t)(p_F - p_I)$$

$$
\begin{cases}
s(t) = \begin{cases} \dfrac{1}{2}\ddot{s}t^2, t \in [0, t_a] \\[2mm] s_a + \ddot{s}t_a(t - t_a), t \in (t_a, t_f - t_a) \\[2mm] 1 - \dfrac{1}{2}\ddot{s}(t_f - t)^2, t \in [t_f - t_a, t_f] \end{cases} \\[10mm]
\dot{s}(t) = \begin{cases} \ddot{s}t, t \in [0, t_a] \\[1mm] \ddot{s}t_a, t \in (t_a, t_f - t_a) \\[1mm] \ddot{s}t_a - \ddot{s}(t - t_f + t_a), t \in [t_f - t_a, t_f] \end{cases} \\[10mm]
\ddot{s}(t) = \begin{cases} \ddot{s}, t \in [0, t_a] \\[1mm] 0, t \in (t_a, t_f - t_a) \\[1mm] -\ddot{s}, t \in [t_f - t_a, t_f] \end{cases} \\[10mm]
s_a = \dfrac{1}{2}\ddot{s}t_a^2 \\[4mm]
t_a = \dfrac{t_f}{2} - \dfrac{\sqrt{\ddot{s}^2 t_f^2 - 4\ddot{s}}}{2\ddot{s}}
\end{cases}
\tag{7-36}
$$

以固定时间间隔 Δt 对总运行时间离散化，可得直线路径参数化轨迹的插补增量计算公式（7-37）和对应的轨迹生成程序（7-2）。

$$\Delta t = t_{\mathrm f}\,/\,n,\ \ n\text{为总插补次数}$$

$$t_i = t_{i-1} + \Delta t$$

$$\Delta s(t)=\begin{cases}\dddot s t_{i-1}\Delta t+\dfrac{1}{2}\ddot s \Delta t^2,t_i \in [0,t_{\mathrm a}]\\[2mm] \ddot s t_{\mathrm a}\Delta t,t_i \in (t_{\mathrm a},t_{\mathrm f}-t_{\mathrm a})\\[2mm] \ddot s t_{\mathrm f}\Delta t-\ddot s t_{i-1}\Delta t-\dfrac{1}{2}\ddot s\Delta t^2,t_i\in[t_{\mathrm f}-t_{\mathrm a},t_{\mathrm f}]\end{cases} \tag{7-37}$$

$$\Delta\dot s(t)=\begin{cases}\ddot s\Delta t,t_i\in[0,t_{\mathrm a}]\\[1mm] 0,t_i\in(t_{\mathrm a},t_{\mathrm f}-t_{\mathrm a})\\[1mm] -\ddot s\Delta t,t_i\in[t_{\mathrm f}-t_{\mathrm a},t_{\mathrm f}]\end{cases}$$

$$\Delta\ddot s(t)=\begin{cases}\ddot s,t_i=0\text{或}t_{\mathrm f}\\[1mm] -\ddot s,t_i=t_{\mathrm a}\text{或}(t_{\mathrm f}-t_{\mathrm a})\\[1mm] 0,t_i=\text{其他值}\end{cases}$$

生成直线路径参数化轨迹的伪代码如下：

$$\boldsymbol p_0=\boldsymbol p_1,\ \dot{\boldsymbol p}_0=0,\ \ddot{\boldsymbol p}_0=0,\ t_0=0$$

for i=1 to n, i++

　　if $(\boldsymbol p_{i-1}+\Delta s(\boldsymbol p_{\mathrm F}-\boldsymbol p_1)\leqslant \boldsymbol p_{\mathrm F})$ then

　　　　$\boldsymbol p_i=\boldsymbol p_{i-1}+\Delta s(\boldsymbol p_{\mathrm F}-\boldsymbol p_1)$

　　　　$\dot{\boldsymbol p}_i=\dot{\boldsymbol p}_{i-1}+\Delta\dot s(\boldsymbol p_{\mathrm F}-\boldsymbol p_1)$

　　　　$\ddot{\boldsymbol p}_i=\ddot{\boldsymbol p}_{i-1}+\Delta\ddot s(\boldsymbol p_{\mathrm F}-\boldsymbol p_1)$

　　　　$t_i=t_{i-1}+\Delta t$

　　else

　　　　$\boldsymbol p_i=\boldsymbol p_1$

　　　　$\dot{\boldsymbol p}_i=0$

　　　　$\ddot{\boldsymbol p}_i=0$

　　　　$t_i=t_{\mathrm f}$

　　end if

end for

程序（7-2）

（2）圆弧路径的参数化表示与轨迹生成

对于圆弧路径，同样需要先获得圆弧的参数化方程，然后再选取任意一种参数轨迹曲线，完成轨迹生成和插补。下面针对已知圆弧起点、终点和中间点坐标的情形，讨论如何获得圆弧的参数化方程。圆弧路径的轨迹生成和插补与前述直线路径的情况类似，只需要把路径参数方程及其离散化表达式替换成圆弧方程即可。

对空间任意平面内的圆弧路径，通常已知圆弧上三点在参考坐标系中的坐标。如果能够定义一个坐标系，使其 OXY 平面与圆弧平面重合，即可在该坐标系内根据式（7-38）写出参数化圆弧方程，并完成轨迹生成和插补。因此，需要根据圆弧上已知三点坐标，定义圆弧所在平面的坐标系，然后求取圆弧平面坐标系与基坐标系 {0} 之间的齐次坐标变换矩阵。图 7-18 说明了一种定义圆弧平面坐标系的方法。

在图 7-18 中，设圆弧所在平面坐标系为 {R}，定义其坐标原点在圆心 $\boldsymbol o_R=(x_0,y_0,z_0)^{\mathrm T}$ 处，

x_R 轴沿 $o_R p_1$ 方向、z_R 轴垂直于圆弧平面。为获得 $\{R\}$ 与 $\{0\}$ 的位姿矩阵，需要知道 $\{R\}$ 各坐标轴和原点在 $\{0\}$ 中的表达式，为此，需要求解圆心在 $\{0\}$ 中的坐标 o_R。

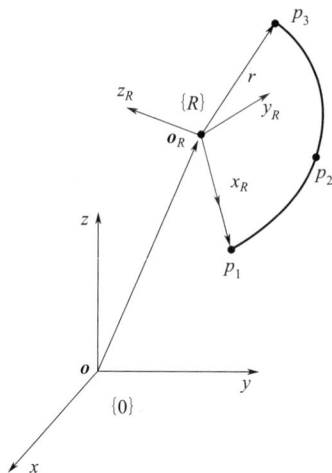

图 7-18 过空间三点圆弧所在平面的坐标系定义

若已知圆弧起点、终点和中间点在参考坐标系 $\{0\}$ 中的坐标：$\boldsymbol{p}_1 = (x_1, y_1, z_1)^{\mathrm{T}}$、$\boldsymbol{p}_2 = (x_2, y_2, z_2)^{\mathrm{T}}$、$\boldsymbol{p}_3 = (x_3, y_3, z_3)^{\mathrm{T}}$，可根据式（7-38）求得圆弧所在平面方程、圆心坐标 o_R 和圆弧半径 r。

$$\begin{cases} A_1 x + B_1 y + C_1 z + D_1 = 0 \\ \begin{pmatrix} x_0 \\ y_0 \\ z_0 \end{pmatrix} = -\begin{pmatrix} A_1 & B_1 & C_1 \\ A_2 & B_2 & C_2 \\ A_3 & B_3 & C_3 \end{pmatrix}^{-1} \begin{pmatrix} D_1 \\ D_2 \\ D_3 \end{pmatrix} \\ r = \sqrt{(x_1 - x_0)^2 + (y_1 - y_0)^2 + (z_1 - z_0)^2} \end{cases} \tag{7-38}$$

式中

$$A_1 = y_1 z_2 - y_1 z_3 - z_1 y_2 + z_1 y_3 + y_2 z_3 - y_3 z_2$$
$$B_1 = -x_1 z_2 + x_1 z_3 + z_1 x_2 - z_1 x_3 - x_2 z_3 + x_3 z_2$$
$$C_1 = x_1 y_2 - x_1 y_3 - y_1 x_2 + y_1 x_3 + x_2 y_3 - x_3 y_2$$
$$D_1 = -x_1 y_2 z_3 + x_1 y_3 z_2 + x_2 y_1 z_3 - x_3 y_1 z_2 - x_2 y_3 z_1 + x_3 y_2 z_1$$
$$A_2 = 2(x_2 - x_1)$$
$$B_2 = 2(y_2 - y_1)$$
$$C_2 = 2(z_2 - z_1)$$
$$D_2 = x_1^2 + y_1^2 + z_1^2 - x_2^2 - y_2^2 - z_2^2$$
$$A_3 = 2(x_3 - x_1)$$
$$B_3 = 2(y_3 - y_1)$$
$$C_3 = 2(z_3 - z_1)$$
$$D_3 = x_1^2 + y_1^2 + z_1^2 - x_3^2 - y_3^2 - z_3^2$$

利用矢量计算，便可以得 $\{R\}$ 各单位轴在 $\{0\}$ 中的矢量表示如下：

$$\hat{z}_R = \frac{(\boldsymbol{p}_1 - \boldsymbol{o}_R) \times (\boldsymbol{p}_3 - \boldsymbol{o}_R)}{\left|(\boldsymbol{p}_1 - \boldsymbol{o}_R) \times (\boldsymbol{p}_3 - \boldsymbol{o}_R)\right|}$$

$$\hat{x}_R = \frac{\boldsymbol{p}_1 - \boldsymbol{o}_R}{\left|\boldsymbol{p}_1 - \boldsymbol{o}_R\right|} \tag{7-39}$$

$$\hat{y}_R = \hat{z}_R \times \hat{x}_R$$

因此，从坐标系 $\{R\}$ 到 $\{0\}$ 的齐次变换矩阵 ${}_R^0\boldsymbol{T}$ 为

$$ {}_R^0\boldsymbol{T} = \begin{pmatrix} \hat{\boldsymbol{x}}_R & \hat{\boldsymbol{y}}_R & \hat{\boldsymbol{z}}_R & \boldsymbol{o}_R \\ 0 & 0 & 0 & 1 \end{pmatrix} \tag{7-40}$$

利用变换 ${}^R\boldsymbol{p} = {}_R^0\boldsymbol{T}^{-1}\boldsymbol{p}$，可将点 $\boldsymbol{p}_1$、$\boldsymbol{p}_2$、$\boldsymbol{p}_3$ 转换到圆弧平面坐标系 $\{R\}$ 中。之后，即可按照前面所述方法获得圆弧路径的参数化轨迹方程和笛卡儿空间轨迹插补点。当然，最后需要把所得插补点坐标转换到基坐标系 $\{0\}$ 中，才能利用运动学模型求解关节转角。

（3）笛卡儿空间的姿态表示与轨迹生成

对机器人末端姿态的要求通常分为两种情况：

① 在路径的首末点分别指定一个姿态，对路径中间点的姿态没有要求；

② 在位置路径的各插补点处，均指定一个姿态。

无论哪种情况，都可以仿照前述位置路径描述的方法来构造姿态路径约束。为了避免混淆，当用直线函数描述姿态路径和轨迹时，称其为**线性姿态路径**或**轨迹**。考虑到绝大多数实际应用都采用线性姿态路径，这里仅讨论线性姿态路径描述和轨迹生成。

使用欧拉角或固定角等三角度法表示姿态时，其线性姿态轨迹可表示成

$$\boldsymbol{\Omega}(s) = \boldsymbol{\Omega}_{\mathrm{I}} + s(\boldsymbol{\Omega}_{\mathrm{F}} - \boldsymbol{\Omega}_{\mathrm{I}})$$

$$s = \frac{\left|\boldsymbol{\Omega}\boldsymbol{\Omega}_{\mathrm{I}}\right|}{\left|\boldsymbol{\Omega}_{\mathrm{F}}\boldsymbol{\Omega}_{\mathrm{I}}\right|} \tag{7-41}$$

式中，$\boldsymbol{\Omega}_{\mathrm{I}}$ 为初始姿态；$\boldsymbol{\Omega}_{\mathrm{F}}$ 为终止姿态；标量 $s \in [0,1]$，是归一化参数；$\boldsymbol{\Omega}(s)$ 的三个分量 $\phi(s)$、$\theta(s)$、$\psi(s)$ 都是 s 的函数。

指定标量参数 s 的时间函数 $s(t)$，就得到了姿态轨迹：

$$\boldsymbol{\Omega}(s(t)) = \boldsymbol{\Omega}_{\mathrm{I}} + s(t)(\boldsymbol{\Omega}_{\mathrm{F}} - \boldsymbol{\Omega}_{\mathrm{I}}) \tag{7-42}$$

对式（7-42）以固定时间间隔 Δt 进行插补，即可得到一系列中间姿态矢量 $\boldsymbol{\Omega}_i$，进而可以计算出每个 $\boldsymbol{\Omega}_i$ 对应的旋转矩阵 ${}_i^0\boldsymbol{R}$，即中间姿态相对于基坐标系 $\{0\}$ 的旋转变换矩阵。上述过程的原理示意图见图 7-19，其中 $\{0\}$ 为参考坐标系。

显然，24 种三角度姿态矢量对应的中间姿态 ${}_i^0\boldsymbol{R}$ 各不相同；而且，当机器人末端按照姿态矢量的线性插值结果运行时，其相对于基坐标系的角速度方向（转轴）不确定，通常会表现为一种转轴实时变化的空间复杂转动。

在多数情况下，我们会希望机器人末端从初始姿态 $\boldsymbol{\Omega}_{\mathrm{I}}$ 绕空间某一固定轴线转动到终止姿态 $\boldsymbol{\Omega}_{\mathrm{F}}$。回顾等效轴 - 角姿态表示法，通过提取其单位方向矢量，可以把姿态表示为转角值与单位方向矢量的乘积：$\boldsymbol{\Omega} = \theta\hat{\boldsymbol{\Omega}} = \theta(k_x, k_y, k_z)^{\mathrm{T}}$。如果仅对转角 θ 进行插值，就能得到一系列绕固定空间单位转轴 $\hat{\boldsymbol{\Omega}} = (k_x, k_y, k_z)^{\mathrm{T}}$ 旋转的中间姿态。

这时，就可以把转角 θ 当作式（7-42）中的标量参数 s。作为姿态路径参数。通过设定 θ

的轨迹函数 $\theta(t)$，就可以实现绕空间固定轴的平滑刚体转动。但是要注意的是：**这里与空间固定转轴对应的等效轴-角矢量，是机器人在末端物体坐标系中描述的。**因此，获得绕空间某一固定转轴旋转轨迹的步骤如下：

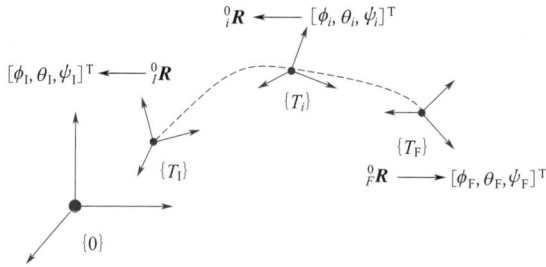

(图中为了清晰附加了移动，不影响针对旋转的结论)

图 7-19　三角度法姿态矢量的插补原理

① 求出末端终止姿态 $\{F\}$ 相对于初始姿态 $\{I\}$ 的相对旋转矩阵 ${}_F^I\boldsymbol{R}$；

② 计算 ${}_F^I\boldsymbol{R}$ 对应的等效轴-角矢量 ${}^I\boldsymbol{\Omega} = \theta_F\,{}^I\hat{\boldsymbol{\Omega}} = \theta_F({}^Ik_x, {}^Ik_y, {}^Ik_z)^T$；

③ 以 0 为初值、θ_F 为终值，设定 $\theta(t)$ 的轨迹曲线；

④ 以固定时间间隔 Δt 插补得到一系列中间转角 $\theta_i = \theta_{i-1} + \Delta\theta$ 和中间姿态矢量 ${}^I\boldsymbol{\Omega} = \theta_i\,{}^I\hat{\boldsymbol{\Omega}} = \theta_i({}^Ik_x, {}^Ik_y, {}^Ik_z)^T$；

⑤ 根据 ${}_i^I\boldsymbol{\Omega}$ 计算得到一系列中间相对姿态矩阵 ${}_i^I\boldsymbol{R}$；

⑥ 由 ${}_i^I\boldsymbol{R}$ 计算得到相对于基坐标系 $\{0\}$ 的中间姿态矩阵 ${}_i^0\boldsymbol{R} = {}_I^0\boldsymbol{R}\,{}_i^I\boldsymbol{R}$。

采用等效轴-角姿态表示法，获得绕空间固定轴旋转姿态轨迹的原理见图 7-20。

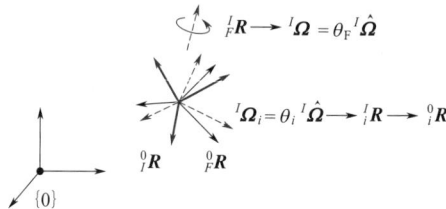

图 7-20　基于等效轴-角绕空间某一固定轴旋转的轨迹生成原理

7.5 轨迹生成与运动控制原理

图 7-21 描述了机器人控制系统实现运动控制的流程。其中，笛卡儿空间轨迹生成、运动学逆解、关节轨迹生成将生成关节运动指令，包括关节位移、速度和加速度；而伺服控制则负责执行运动指令。

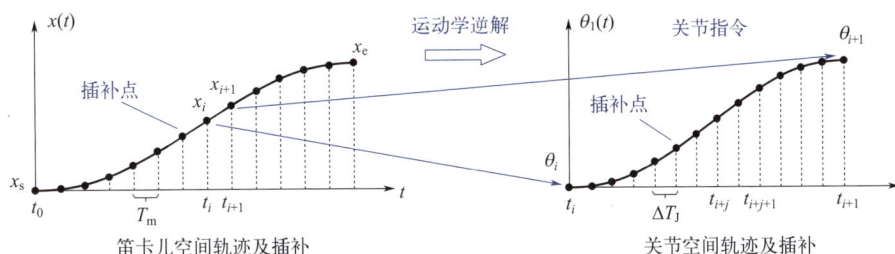

(a) 轨迹生成基本原理

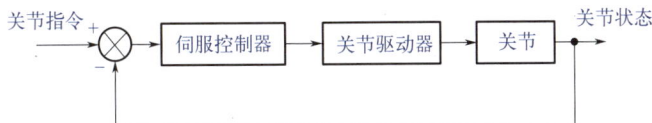

(b) 闭环伺服基本原理

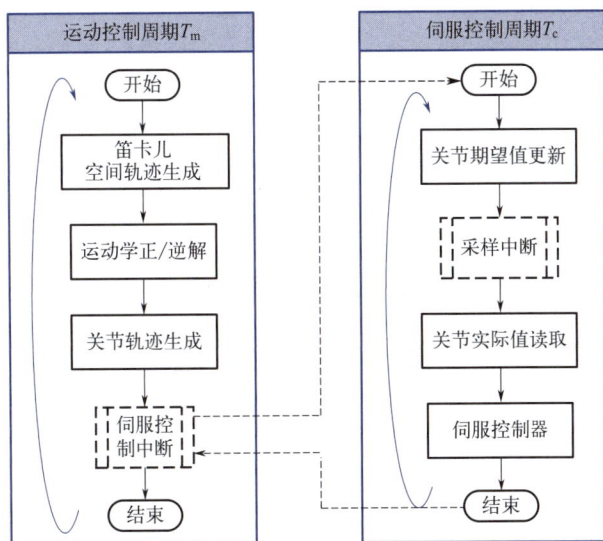

(c) 轨迹生成与伺服控制程序的时序

图 7-21　轨迹生成与运动控制的基本原理与时序关系

在伺服控制系统中，伺服控制程序实时在线运行。它先读入指令值，然后按照固定的周期执行闭环控制算法、生成控制信号，控制各关节跟踪运动指令。伺服控制程序更新控制信号的周期被称为**伺服周期** T_c。高性能伺服控制系统的伺服周期可以达到 $1/10 \sim 1/100\text{ms}$ 量级。

为了充分保证安全性，并支持机器人运行速度的在线调整，关节轨迹生成程序通常也在线实时运行，以便动态更新伺服控制指令值。由于运动学逆解求解和轨迹生成都比较耗时，从节省计算资源的角度考虑，轨迹生成的运行周期通常是伺服周期的数十倍，为毫秒量级，一般被称为**运动控制周期** T_m。

在每个运动控制周期内，轨迹生成程序将生成若干关节指令值。这些指令值之间的时间间隔 ΔT_j 最小为一个伺服周期，一般设定为 3 ～ 5 个伺服周期。比伺服周期更小的指令间隔没有意义。

图 7-21 示意了轨迹生成与伺服控制的基本原理及时序关系。在工程实践中，明确它们之间的关系至关重要，同时，要格外注意运动指令与最终期望值的差异。

例如，在关节位置伺服控制中，使用者通常只关心关节的最终停止位置。但是，一般而言，不能把最终停止位置直接作为闭环伺服算法的指令，而是要综合考虑最终停止位置、运行时间、系统加速能力和冲击载荷，设计从当前位置到停止位置的轨迹，例如 S 形速度曲线轨迹。然后，对轨迹曲线进行插补，以插补值定时更新闭环伺服控制算法的指令值，这样才能使系统平滑地运动到最终停止位置。如果把最终停止位置直接作为闭环伺服控制算法的指令值，则会由于系统误差过大，系统在很长时间内将以最高速运行，导致中间过程失控、冲击载荷过大。

总之，轨迹生成是机器人实现运动控制的重要组成部分，需要结合系统性能和实际工况要求进行轨迹设计，并据此定时更新伺服控制指令。

‹ 例 7-7

如图 3-31（b）所示工作于竖直平面的单关节机器人，由电压型放大器驱动电机，系统实际参数见表 3-1，并假定机器人连杆质量和杆长的理论值与实际值之间均存在 5% 的负偏差，即理论值为 $m_d = m(1\text{-}5\%)$ 和 $l_d = l(1\text{-}5\%)$。设初始关节角度为 0°（连杆水平），减速器传动比为 n=50，分别针对速度模式的直流电机，利用【例 3-3】中得到的 PD 控制器或PID 控制器设计结果，利用仿真系统开展仿真验证，观察系统的速度和位置响应，并给出速度和位置误差，要求系统跟踪如下位置输入：

① S 形位置轨迹——如图 7-22（a），关节轨迹等分为匀加速、匀速、匀减速和静止4 个阶段，各段运行时间均为 1s，给定关节加速度值 $\pm\pi/8\text{rad/s}^2$。

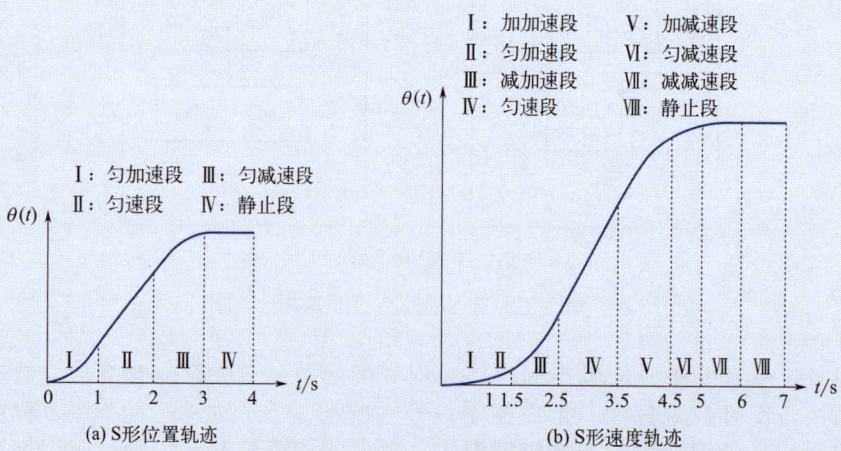

图 7-22　位置输入轨迹

②S 形速度轨迹——如图 7-22（b），关节轨迹等分为加加速、匀加速、减加速度、匀速、加减速、匀减速、减减速和静止 8 个阶段，各段时间间隔如图中所示，总运行时间为 7s，给定关节跃度为 ±π/20rad/s³。

解：根据表 3-1 中所列参数，分别以位置保持、斜坡轨迹、S 形位置轨迹和 S 形速度轨迹为位置输入，取传动比 $n=50$，控制参数取理论值，仿真模型参数取表 3-2 中的实际值进行仿真，得到如图 7-23 和图 7-24 所示的仿真结果曲线。图中虚线表示期望轨迹、实线表示实际响应轨迹、点画线表示跟踪误差轨迹，纵坐标分别为关节速度和关节位置。

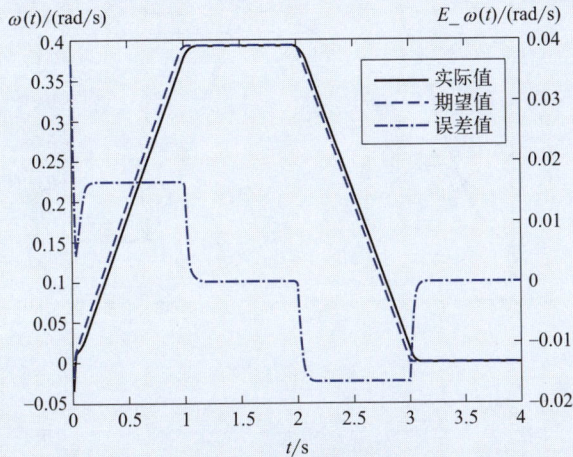

(a) 速度模式电机速度响应曲线

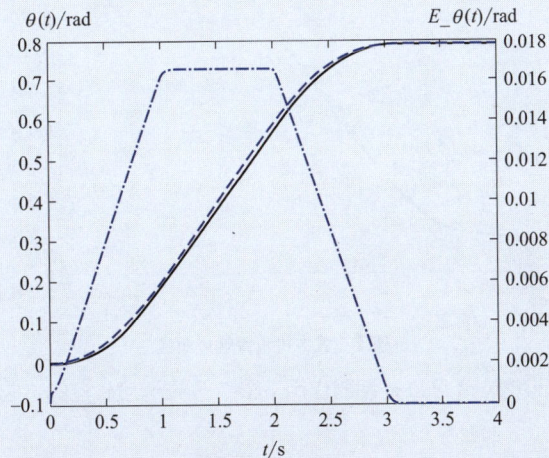

(b) 速度模式电机位置响应曲线

图 7-23　位置 PID 控制器作用下跟踪 S 形位置轨迹的响应曲线（E 为误差值）

对上述仿真结果的简要分析如下：

① 对于所有输入形式，在系统启动瞬间，由于重力作用，关节都会偏离初始位置，之后在控制器作用下，开始跟踪期望轨迹；

② PID 控制器可以实现静止时的稳态误差为零，这是因为积分环节对过程误差进行累计，即便稳态位置误差为零，输出的控制信号也不为零，能够克服重力矩；

③ 位置 PID 控制器难以有效跟踪动态指令，这是由于无前馈 PID 控制器本质上是单

纯基于反馈的控制器，只有位置环存在偏差时，速度环才有有效输入，从而导致系统跟踪动态信号时存在滞后；

④ 输入轨迹越平滑，跟踪误差越小，这是由于平滑轨迹的期望值突变更小，降低了对系统动态特性的要求。

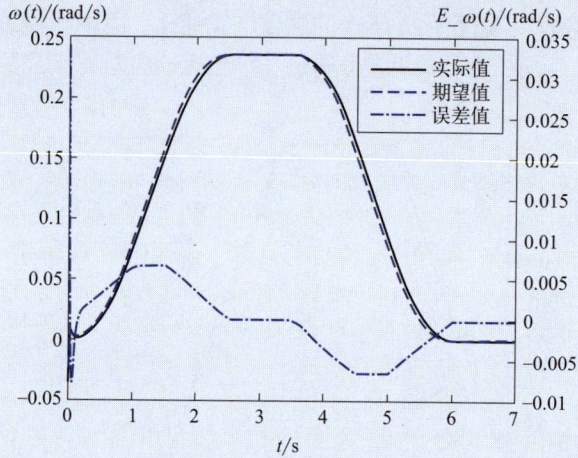

(a) 速度模式电机速度响应曲线

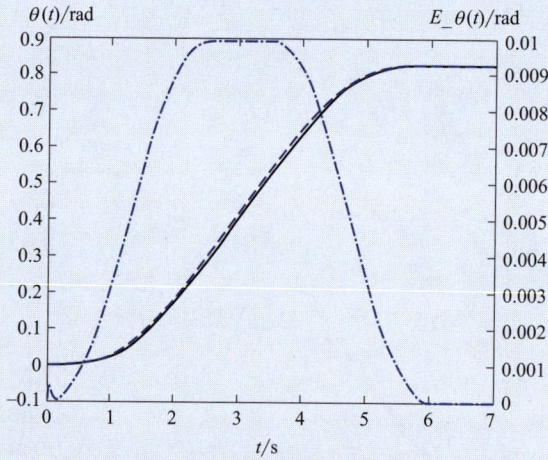

(b) 速度模式电机位置响应曲线

图 7-24　位置 PID 控制器作用下跟踪 S 形速度轨迹的响应曲线

7.6 机器人示教及离线编程

目前的操作臂还不能完全自主作业，应用时仍然需要在用户的操作指令下运动，即需要利用操作臂与用户之间的接口实现对机器人的操作。

（1）示教 / 再现

为了方便实现用户对机器人的操作，往往通过示教的方式进行编程（简称**示教编程**），以获得机器人的轨迹数据。示教过程如下：示教时，通过手动牵引或示教器来操作机器人，将机器人末端执行器移动到一系列期望的目标点（也称示教点）上，将这些位置、姿态所对应的信息记录在存储器中；再通过适当的软件系统，自动生成整个作业过程的程序代码。当机器人运动时，就按生成的程序代码控制机器人再现示教过的位置，即通过"再现 / 示教"的方式实现对机器人的操作。

示教编程一般分为拖动示教和示教器示教两种方式，如图 7-25 所示。

拖动示教：就是我们通常所说的手把手示教，由人直接引导机器人的末端执行器经过所要求的位置，同时由传感器检测出机器人各个关节处的信息（如坐标值、力矩）等，并由控制系统记录、存储下这些数据信息；再根据存储的数据完成对机器人的示教。

示教器示教：利用示教器上各种功能按钮来驱动工业机器人的各关节轴，按作业所需要的顺序单轴运动或多关节协调运动到达目标点位，从而完成动作和通信等功能的示教编程。在示教器上可直接设置机器人的点位信息、末端执行器的运动速度、运动路径（如直线、圆弧等）、连续轨迹中的转弯区数据、运动依据的工件或工具坐标系等。

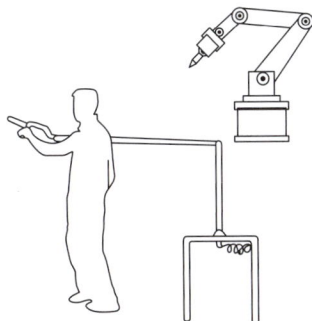
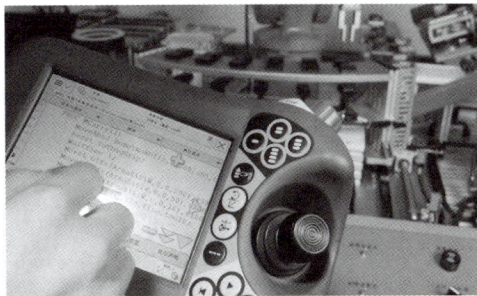

(a) 拖动示教　　　　　　　　　　　　　(b) 示教器示教

图 7-25　示教编程实现对机器人的操作

（2）离线编程

完成机器人作业的另一种方式是对机器人进行**离线编程**，即利用专门的编程程序或编程语言在离线情况下进行机器人轨迹规划。这种编程方法与数控机床中编制数控加工程序有些类似。通常情况下，离线编程软件带有仿真功能，规划的运动轨迹可通过离线编程软件进行解释或编译，从而产生目标程序代码，在不接触工业机器人实际工作环境的情况下，实现操作者与真实机器人的交互，为机器人的操作带来了更为安全、便捷的途径。

机器人离线编程软件通常分为两类：第一类是通用型离线编程软件，第二类是专用型离线编程软件。前者可以支持多品牌机器人的轨迹编程、仿真和程序后置输出；而后者一般只支持某一型号机器人。如通用型的 RobotMaster 软件可无缝隙架构于 MasterCAM 系统（一种 CAD/CAM 软件）内，支持市场上绝大多数机器人品牌。而 ABB 公司开发的 RobotStudio（图 7-26）软件则是一种专业型离线编程软件。两类软件系统相比，后者的功能更强大一些。

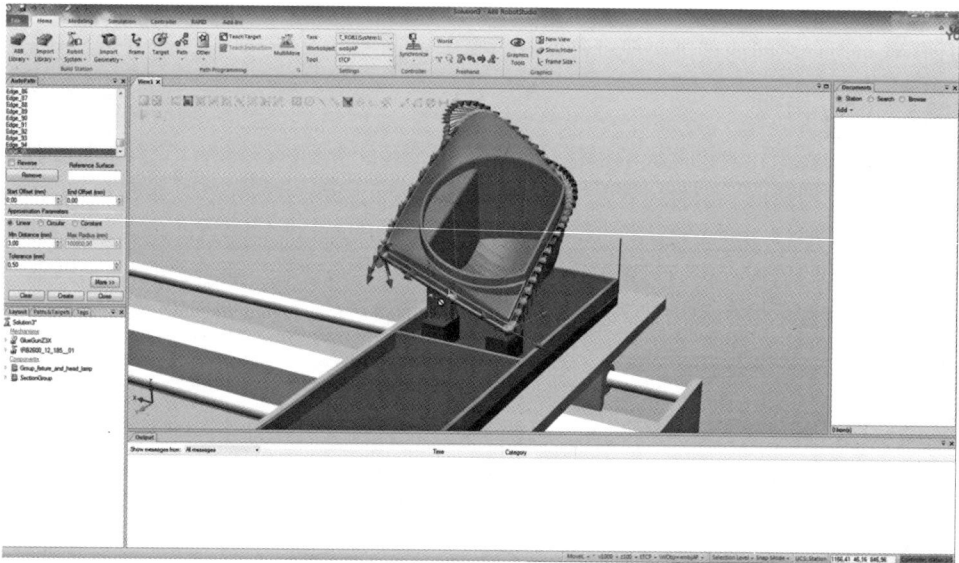

图 7-26　RobotStudio 离线编程软件的界面

　　通常情况下，机器人离线编程系统架构中，主要由用户接口、数字孪生、运动学计算、轨迹规划、动力学仿真、传感器仿真、并行操作、通信接口和误差校正等九部分组成。

　　用户接口　即人机界面，是计算机和操作人员之间信息交互的唯一途径。离线编程的用户接口一般要求具有图形仿真界面和文本编辑界面。文本编辑方式下的界面用于对机器人程序的编辑、编译等，而图形界面用于对机器人及环境的图形仿真和编辑。用户可以通过操作鼠标和光标等交互工具改变屏幕上机器人及环境几何模型的位置和姿态。通过通信接口及联机至用户接口可以实现对实际机器人的控制，使之与屏幕机器人的位姿一致。

　　数字孪生　是离线编程的特色之一，正是有此才能进行图形及环境的仿真。其核心是机器人及其环境的图形构造。作为整个生产线或生产系统的一部分，构造的机器人、夹具、零件和工具的三维几何图形最好用现成的 CAD 模型从 CAD 系统获得，这样可实现 CAD 数据共享，即离线编程系统作为 CAD 系统的一部分。如离线编程系统独立于 CAD 系统，则必须有适当的接口实现与 CAD 系统的连接。

　　运动学计算　分为运动学正解和运动学逆解两方面。机器人的正、逆求解是一个复杂的数学运算过程，尤其是逆解需要解高阶矩阵方程，求解过程非常繁杂，而且每一种机器人正解、逆解的推导过程又不同。通用的求解方法如果能在机器人离线编程系统中加以解决，即在该系统中能自动生成运动学方程并求解，则系统的适应性就强，容易推广。

　　轨迹规划　用于生成机器人虚拟工作环境下虚拟机器人的运动轨迹。机器人的运动轨迹有两种：一种是 PTP 的自由运动轨迹，这样的运动只要求初始点和终止点的位姿及速度和加速度，对中间过程机器人运动参数无任何要求，离线编程系统自动选择各关节状态最佳的一条路径来实现这种运动形态；另一种是对路径形态有要求的连续路径控制，当离线编程系统实现这种轨迹时，轨迹规划器接收预定路径和速度、加速度要求，如路径为直线、圆弧等形态时，除了保证路径起点和终点的位姿及速度、加速度以外，还必须按照路径形态和误差的要求用插补的方法求出一系列路径中间点的位姿及速度、加速度。在连续路径控制中，离线编程系统还必须进行障碍物的防碰撞检测。

动力学仿真　用离线编程系统根据运动轨迹要求求出的机器人运动轨迹，理论上能满足路径的轨迹规划要求。当机器人的负载较轻或空载时，确实不会因机器人动力学特性的变化而引起较大误差；但当机器人处于高速或重载的情况时，机器人的构件或关节可能产生变形而引起轨迹位置和姿态的较大误差。这时就需要对轨迹规划进行机器人动力学仿真，对过大的轨迹误差进行修正。动力学仿真是离线编程系统实时仿真的重要功能之一，因为只有模拟机器人实际的工作环境（包括负载情况），仿真的结果才能用于实际生产。

传感器仿真　传感器信号的仿真及误差校正也是离线编程系统的重要内容之一。仿真的方法也通过几何图形仿真。例如，对于触觉信息的获取，可以将触觉阵列的几何模型分解成一些小的几何块阵列，然后通过对每一个几何块和物体间的干涉检查，并将所有和物体发生干涉的几何块用颜色编码，通过图形显示而获得接触信息。

并行操作　有些需用两台或两台以上工业机器人的场合，还可能有其他与机器人同步要求的装置，如输送带、变位机及视觉系统等，这些设备必须在同一作业环境中协调工作。这时不仅需要对单个机器人或同步装置进行仿真，还需要同一时刻对多个装置进行仿真，也即所谓的并行操作。所以离线编程系统必须提供并行操作的环境。

通信接口　一般工业机器人提供两个通信接口：一个是示教接口，用于示教编程器（示教盒）与机器人控制柜的连接，通过该接口把示教编程器的程序信息输出；另一个是程序接口，该接口与具有机器人语言环境的计算机相连，离线编程系统也通过该接口输出信息给控制机。所以通信接口是离线编程系统和机器人控制器之间信息传递的桥梁，利用通信接口可以把离线编程系统仿真生成的机器人运动程序转换成机器人控制柜能接收的信息。

误差校正　由于离线编程系统中的机器人仿真模型与实际的机器人模型之间存在误差，所以离线编程系统中误差校正的环节是必不可少的。

示教编程与离线编程的比较如表 7-1 所示。

表 7-1　示教编程与离线编程的比较

序号	对比项	示教编程	离线编程
1	工作环境	在实际工作环境下操作	在虚拟环境下操作
2	人机交互	编程时机器人停止工作	编程时不影响机器人工作
3	材料损耗	需提供场地、材料、气电	只需在电脑上虚拟仿真操作，低损耗
4	质量效果	运动轨迹取决于编程者的经验	软件规划最佳运动轨迹
5	技术要求	快速实现的直线或圆弧运动	可实现复杂运行轨迹的编程

小知识　基于视觉引导的操作臂示教编程系统

在一些应用领域中，如焊接应用中，离线编程时需要较高精度机器人和工件的三维模型及二者的相对位置关系，一旦焊件位置与初始位置出现偏差，将严重影响焊接质量。由于示教编程和离线编程方式要花费大量的时间调试和测试，在实际生产中往往会限制生产效率。为解决工业机器人应用的局限性，研究人员尝试为机器人配备更多的传感器，以获得更多的环境感知信息，使其实现机器人自主编程和运动，从而简化机器人编程调试过程。

　　目前使用最多的是视觉传感器，通过视觉传感器采集图像，利用图像处理算法提取所需信息，然后获取机器人目标路径数据，以实现机器人的自主移动。

　　其中，双目立体视觉是机器视觉的一种重要形式，与人类视觉感知过程相类似。融合双目获得的图像并计算它们之间的差别，可获得明显的深度感，建立特征间的对应关系，将同一空间物理点在不同图像中的映像点对应起来。物理上，双目立体视觉系统由左右两台性能相当、位置固定的摄像头，获取同一景物的两幅图像，通过两个相机所获取的二维图像，来计算出景物的三维信息。组建一个完整的双目立体视觉系统一般需要经过摄像机标定、图像匹配、深度计算等步骤。

　　总之，基于视觉引导的操作臂示教编程系统具有效率高、精度合适、成本低等优点，非常适合在线、非接触产品检测和质量控制，因此广泛应用在机器人导航领域，如图 7-27 所示的机器人辅助上下料搬运系统即属此类。

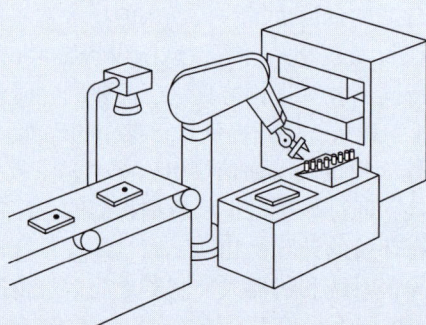

图 7-27　视觉导引下的机器人辅助上下料搬运系统

习题

7-1　在笛卡儿空间轨迹生成过程中，为什么很少用到姿态矩阵 $\boldsymbol{R}$？

7-2　机器人某旋转关节，初始时刻在静止状态，初始关节角 $\theta_0=0$，终止关节角 $\theta_f=40°$。要求在 5s 时运动到终止位置并停止，位置采用如图 7-28 所示的二次组合曲线轨迹，设定加速度为 $\ddot{\theta}=10(°)/s^2$。计算加速段时间 t_a，加速段终止时的角度 θ_a，匀速段的速度 $\dot{\theta}$，并绘制关节的速度轨迹曲线。

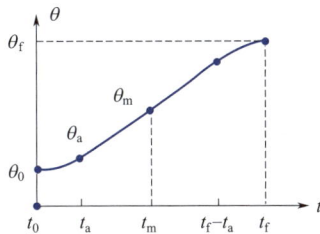

图 7-28　二次组合曲线轨迹

7-3　对于单自由度转臂机器人，初始时刻停止在关节角 $\theta=0°$ 处。期望机器人在 5s 内平滑运动到 $\theta=90°$。试求解连接初始和终止关节角的三次多项式系数，利用 MATLAB 绘制位置、速度和加速度曲线，并以 20ms 为间隔在曲线上标记插补点，保存插补值列表（包含 5 列：序号、时间、位置、速度、加速度。注意，以归一化参数形式封装三次多项式轨迹生成函数）。

7-4　对于【题 7-3】中的机器人，运动条件不变。如果使用二次组合曲线，试计算确保首尾抛物线不相交的最小加速度值 a_{min}。然后，以 $2a_{min}$ 为加速度值，求解二次组合曲线各系数，完成与【题 7-3】相同的 MATLAB 编程任务（注意，以归一化参数形式封装二次组合曲线轨迹生成函数）。

7-5　条件同【题 7-3】，如果使用组合了三次多项式的 S 形速度曲线，且要求在 1s 处达到 $4a_{min}$ 角速度值，加速过程中的 3 个阶段分别用时 0.4s、0.2s、0.4s，试确定 S 形速度曲线各系数，完成与【题 7-3】相同的 MATLAB 编程任务（注意以归一化参数形式封装 S 形速度曲线轨迹生成函数）。

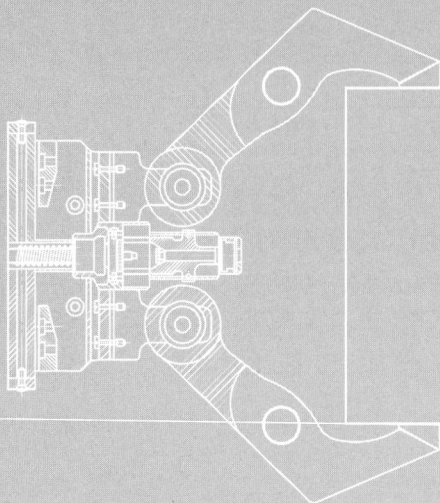

第 **8** 章
操作臂多轴
运动控制器

运动控制系统或多轴运动控制器是机器人实现位置控制、速度控制乃至力控制的软硬件系统总称。

本章主要介绍操作臂用多轴运动控制器的硬件原理和软件模块,并在第3章单轴伺服系统的基础上,深入介绍独立关节 PID 控制器工作原理及数字化思想,最后结合具体工程实例介绍多轴运动控制器的实现过程。

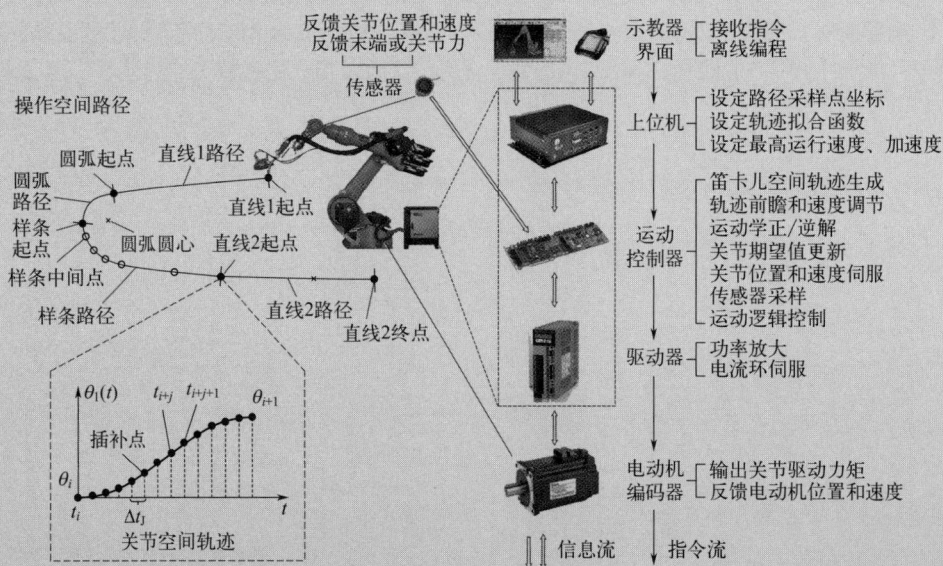

8.1　操作臂运动控制系统组成

运动控制系统（motion control system）是机器人实现位置控制、速度控制乃至力控制的软硬件系统的总称。本节将简要描述机器人运动控制系统的硬件体系和软件架构，以便于读者理解后面将要讨论的控制算法。

图 8-1 展示了一种典型的工业机器人运动控制系统，在硬件上，它由示教器、人机交互界面、上位机、运动控制器、驱动器、电机、编码器和其他传感器等部分组成。各部分的主要功能、信息流动关系和指令流顺序也在图中列出。除了电机和编码器外，其他部分的功能描述也可以认为是其内置软件的功能。图 8-1 左侧还给出了一条由"直线段—圆弧段—样条段—直线段"组成的空间路径。下面，简要描述机器人跟踪该路径的基本原理。

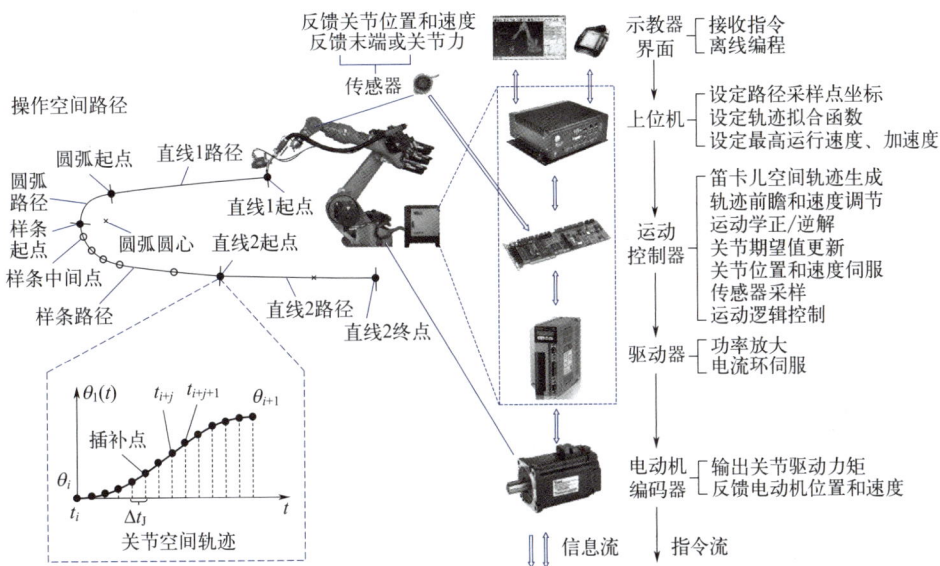

图 8-1　机器人运动控制系统组成与运行原理

首先，上位机（通常是工业 PC 机）通过示教器和界面接收用户指令或离线编程信息，设定各路径段的起点、终点、圆心点和中间点等路径采样点坐标，指定连接各采样点的路径拟合函数，确定机器人的最高运行速度和加速度，最终形成**路径指令**。

多轴运动控制器（motion controller）接收上位机的路径指令，然后完成以下操作：生成操作空间轨迹、根据系统设定的最高速度和加速度进行轨迹前瞻并调节期望速度、对每个轨迹点进行运动学逆解、生成笛卡儿空间轨迹点对应的关节轨迹、按固定周期更新关节期望值、执行关节位置和速度伺服控制、执行传感器采样、执行运动学正解估算末端位姿、执行其他运动逻辑控制等。

驱动器接收多轴运动控制器伺服环发出的控制指令，对控制信号进行功率放大，输出驱动电流，有些驱动器还会实现电流的闭环控制。

电机在驱动器输出的驱动电流作用下，输出驱动转矩，通过减速器拖动各关节运转。

电机上通常安装有编码器，可检测电机转角和速度。编码器信号可以直接反馈给运动控制器，也可以通过驱动器采集和变换，再反馈给运动控制器。

多轴运动控制器把编码器信号作为电机速度和／或位置闭环控制的反馈信号。此外，运动控制器还能接收关节位置传感器或力传感器反馈的信号，实现位置的全闭环控制或力控制。运动控制器可以把电机运行状态实时反馈给上位机，由上位机通过界面展示给用户。

在上述过程中，多轴运动控制器完成了绝大部分工作。从硬件布局上看，以多轴运动控制器为核心的机器人控制系统属于集中控制结构。对于部分高性能的多轴运动控制器，通过配置内部伺服环，在控制软件架构上既可以形成分散控制结构，实现对关节电机的分散伺服控制；也可以形成集中控制结构，实现基于机器人动力学模型的逆动力学控制。此外，高性能的多轴运动控制器既支持运动控制，也支持力／位混合控制。鉴于其强大的功能和灵活性，运动控制器已成为多数高性能工业机器人运动控制系统的核心部件。

如果机器人的运行速度和精度不高，可以用低成本的通用嵌入式控制器替代多轴运动控制器，实现除关节位置和速度伺服控制之外的大部分功能。在这样的系统中，关节电机的位置和速度伺服控制则交由独立的低成本电机伺服控制器完成。这样，就构成了一种典型的低成本分散控制系统。

8.2　多轴运动控制系统的硬件原理

（1）硬件架构的类型

机器人控制系统硬件架构和控制器类型取决于机器人任务的复杂度、快速性、精度等要求。某些机器人的控制系统相当简单，只需一个单片机即可实现，例如激光雕刻机器人。有的机器人控制系统采用层级结构，每一层采用一个独立的控制器，以匹配不同层级软件对计算性能的需求，各控制器之间用内部总线通信，传递信息，例如智能装配机器人。还有的机器人则采用完全分布式的控制器结构，甚至是云端服务器，利用互联网实现分布式计算和控制，例如某些特殊场景应用的工业机器人等。

图 8-2 是一个典型工业机器人控制系统的硬件架构图。工业机器人内置的控制器通常采用**个人电脑**（PC）的软硬件，充分利用 PC 成熟稳定的操作系统、高速运算能力、图形显示能力、良好的可扩展性和互联性，实现人机接口、网络互联、路径规划等任务。为适应工业环境中的振动、高低温等环境，机器人 PC 还会采用加固结构，即所谓的工控机。

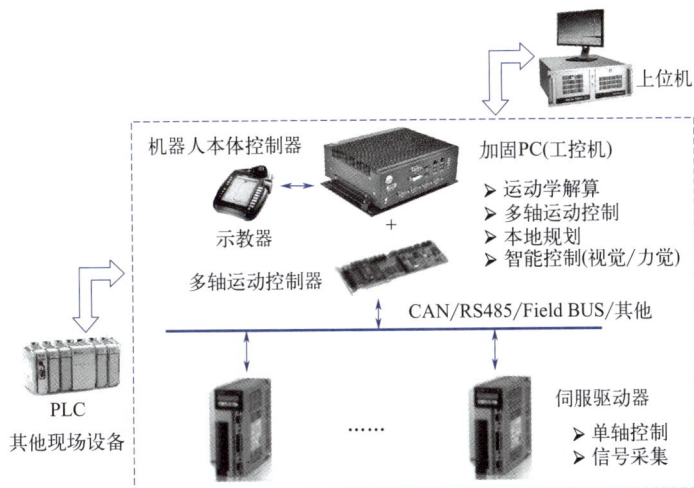

图 8-2　工业机器人控制系统的典型硬件架构

为实现高速、高精度运动控制，机器人 PC 内会配备独立的**运动控制器**。运动控制器是机器人控制器的核心组件，由它接收 PC 下发的运动指令，执行运动学解算、轨迹生成和机器人各轴的闭环运动控制，因此，也称为多轴运动控制器。现代的运动控制器多以 DSP（digital signal processor）为核心，通过扩展总线、网络等方式与 PC 通信。运动控制器向伺服驱动器发送运动控制信号，驱动关节电机运动。

由于工业机器人通常只是生产线某站点的自动设备之一，为了与生产线上的其他自动控制设备协调工作，例如 PLC，工业机器人控制器配备了丰富的外围接口 I/O 和工业现场总线，以实现现场通信。另外，工业机器人控制器也能连接互联网，与网络上的其他上位机通信，实现远程编程、多级协作等功能。

此外，现代工业机器人也可基于工业现场总线，例如**以太网**（Ethernet），在工业 PC 上实现机器人的运动控制。随着联网成本的降低，绝大多数机器人控制器都具备连接互联网的能力。这不仅使多机器人协作系统的实现成为可能，也使机器人软件的分布式布局方案得到越来越广泛的应用。越来越多的机器人借助云端服务器，实现原来在本地硬件上运行的计算任务。这使得原本只在机器人本体硬件中传递的信息，被分享至互联网中，形成分布式运动控制系统架构，如图 8-3 所示。例如，机器人的运动规划、任务规划和人机交互，完全可以在机器人本体之外的云端服务器中运行。这样，云端服务器也成了机器人控制系统的一部分。因此，当我们在讨论机器人控制器或软件架构的时候，需要突破机器人本体的局限，而更多地从分布式计算和网络信息流的视角来观察机器人控制系统。也就是说，机器人控制系统设计的核心是软件架构和布局，硬件方案的选择则更多地考虑成本和性能的平衡。

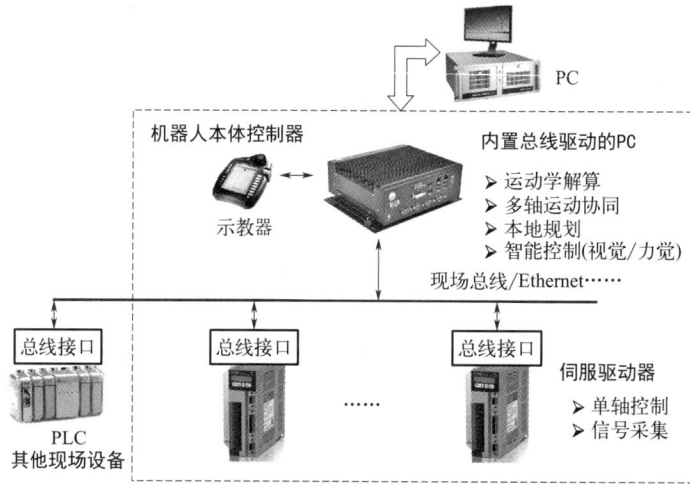

图 8-3　分布式运动控制系统架构

表 8-1 对 PLC、单片机、工控机等典型机器人控制器的性能进行了比较。

表 8-1　典型机器人控制器的性能比较

类型	特点	优点	缺点
PLC	是一种专为工业环境应用而设计的微机系统。除了具有逻辑运算等功能外，还具有数据处理、故障自诊断、PID 运算及网络等功能，从而大大地扩大了 PLC 的应用范围。目前从单机自动化到工厂自动化，从柔性制造系统、机器人到工业局部网络都可寻觅到 PLC 的踪影	可靠性高，抗干扰能力强；编程简单，多采用梯形图；具有强电信号接口，一般可以直接连接负载，简化了接口设计	成本高、体积大、不适于实现复杂的程序
单片机	包括 ARM、AVR、DSP、FPGA 等	针对性强、体积小、成本低	可靠性一般、开发周期长
工控机	是一种加固的增强型 PC 机，它可以作为一个工业控制器在工业环境中可靠运行	具有高可靠性和高实时性，环境适应能力强，综合控制能力强；具有很强的信息处理计算能力；输入输出处理强	成本较高，功耗大，安装维修相对比较复杂

（2）多轴运动控制器的功能与原理简述

如前所述，运动控制器具备同时控制多个关节电机的能力，因此，一般也被称为**多轴运动控制器**。它能够实现操作空间轨迹生成、轨迹前瞻和速度调节、运动学正 / 逆解、各关节期望值更新、各关节位置伺服 / 速度伺服、多种传感器信号采样、运动逻辑控制、后台维护等功能。部分运动控制器甚至能够实现无刷电机的交流换向和电流闭环控制。

在实际使用中，考虑到避障、动态规划等需求，轨迹生成和运动学逆解需要在线实时运行。此外，高精度的关节位置控制要求伺服更新周期尽量短。因此，运动控制器通常以 DSP 为核心处理器，来完成高速、并发任务。

为了满足不同需求，运动控制器被设计成多种形式，既可以通过 PCI 总线集成到上位机（PC）内部，也可以外置于 PC 独立运行。外置型运动控制器通常采用网络接口与 PC 通信。

为了保证实时性，运动控制器需要按照严格的时序运行各功能模块，其中，最重要的是传感器采样、伺服控制和运动控制这三种典型的实时中断任务。为此，运动控制器硬件电路对系统时钟进行分频，获得不同的中断周期。一般而言，按照中断周期由小到大，依次为传感器采样周期 T_s（数十微秒）、伺服控制周期 $T_c=nT_s$（数百微秒）和运动控制周期 $T_m=mT_s$（数毫秒）。图 8-4 给出了运动控制器主要功能模块的运行时序流程。图中，以时钟信号的下降沿为中断触发源。

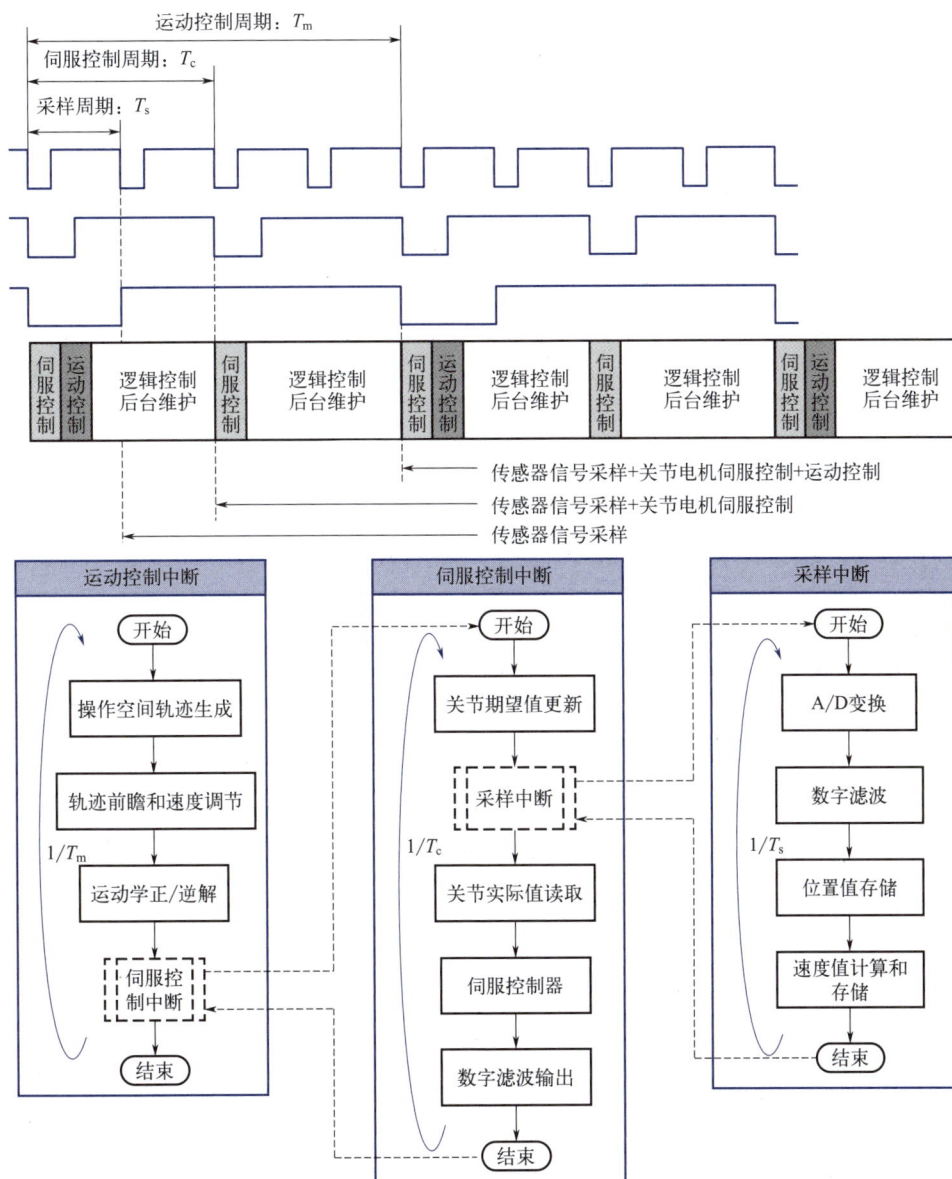

图 8-4　运动控制器内各软件模块的运行时序流程

运动控制器在每个采样中断到来时，对外围传感器信号进行采样，完成信号滤波；在伺服控制中断到来时，执行关节轨迹生成、关节期望值更新和关节电机伺服控制；在运动控制中断到来时，执行操作空间轨迹生成、轨迹前瞻和速度调节、运动学正 / 逆解。图 8-4 中也给出了三类中断服务程序的调用关系，它们各自以 $1/T_s$、$1/T_c$、$1/T_m$ 的频率重复运行。

逻辑控制和后台维护属于非实时任务，在每个中断到来时都会被打断、暂停，并在系统执行完中断任务后从断点继续执行。

上述中断机制和各功能模块的实现，要求运动控制器开发人员具备很高的软 / 硬件开发能力、伺服控制系统开发经验以及对精密多轴运动控制的深刻理解。对于机器人控制工程师而言，可以直接选购不同类型的商用运动控制器，构造所需的机器人运动控制系统，简化开发工作。在这类产品中，运动控制器的操作系统自动完成中断调用、伺服算法实现、传感器采样、用户软件编译运行、内存管理、看门狗清零、参数更新等工作，而无须用户干预。

小知识　DSP

DSP（digital signal processor）以数字信号来处理大量信息，其工作原理是接收模拟信号，转换为 0 或 1 的数字信号，再对数字信号进行处理，并在其他系统芯片中将数字数据回译成模拟数据或实际环境格式。

世界上第一片 DSP 芯片是 1978 年 AMI 公司的 S2811。1982 年美国德州仪器（TI）公司成功推出第一代 DSP 芯片 TMS32010 及其系列产品，之后不断推出新的产品系列，甚至可以用于图像处理等。

DSP 芯片多采用哈佛结构或改进的哈佛结构，其最大特点是独立的数据存储空间和程序存储空间，独立的数据总线和程序总线，允许 CPU 同时执行指令和数据操作，大幅提高了运算速度。因此，高性能、多轴运动控制器多采用 DSP 开发。

8.3 多轴运动控制系统中的软件模块

多轴运动控制器一般都附带有可在 PC 上运行的交互界面和开发软件。通过界面，控制工程师可以设定运动控制器的系统参数、整定伺服参数，例如，针对信号采样，可以指定采样通道编号、采样滤波参数等；针对关节电机伺服控制，可以设定闭环控制模型结构、指定传感器数据源和控制信号输出端口、测试并整定 PID 参数。利用开发软件，控制工程师可以编写程序，例如，针对实时任务，编程运动控制程序，以指定运动轨迹指令、设定起止点 /速度 / 加速时间、编写运动学正 / 逆解方程；针对非实时任务，可以编写逻辑控制程序，实现运动控制程序的启停、执行 I/O 控制、进行安全检测和通信等。

下面对运动控制器中几个重要的软件模块进行简要介绍。

（1）操作空间轨迹生成

操作空间轨迹生成，是指在笛卡儿空间中，用以时间为参数的指令函数表达通过所有指定路径点的路径。商用多轴运动控制器中，常用的路径指令包括：直线、圆弧、样条曲线、位置 - 速度 - 时间（PVT）等。其中，PVT 指令在满足位置、速度、时间约束的条件下，以五次多项式曲线对路径点进行平滑连接，能以更精确的方式描述复杂路径。有关直线、圆弧和五次多项式曲线的概念和实现原理见**第 7 章**。

商用多轴运动控制器已经对上述路径指令进行了封装，控制工程师只需在运动控制程序中调用它们，并指定各路径指令所需的参数即可。例如：在直线指令中，需要指定路径终点坐标、最大运行速度和加速时间；在圆弧指令中，需要指定圆弧平面、终点坐标、圆弧半径、最大运行速度和加速时间；在样条指令中，需要指定终点坐标、最大速度、运行时间等；在PVT 指令中，需要指定多个中间路径点和终点的坐标，以及到达各点的速度和时间。可见，运动控制器的路径指令既包含了空间信息，也包含了关键的时间和速度信息。这样，就可以一次性完成操作空间的路径设定和轨迹生成。

对速度进行更精细的描述，是运动控制器的重要功能。运动控制器在编译上述路径指令时，会根据路径指令及其参数，生成操作空间速度轨迹。它在所有的两个已知路径点之间，都采用与**第 7 章**中速度 S 曲线相类似的速度轨迹，生成沿路径的运行速度。如果需要，在生成速度轨迹时，运动控制器还会把前后两个路径指令进行速度混合，以保证速度的连续性。相关内容详见文献 [20]。

运动控制器在运动控制周期内完成操作空间的轨迹生成。

（2）轨迹前瞻和速度调节

用户通常希望机器人尽可能地高速运行，以提高工作效率。但是，在设定路径跟踪速度时，用户很难确保在全路径上机器人各关节速度都小于其驱动电机的速度上限，尤其当机器人位形接近奇异或跟踪大曲率路径时。因此，运动控制器需要进行轨迹前瞻和速度调节，使机器人根据实际工况自动调节末端速度，既保证在奇异附近或跟踪大曲率路径时关节速度不超限，也能够尽可能按用户的指令速度运行。轨迹前瞻和速度调节的基本原理如图 8-5 所示。

在已知路径轨迹和速度轨迹的基础上，运动控制器执行粗插补计算，获得一系列附有时间和速度信息的路径坐标，并把计算结果存储到缓存中。

轨迹前瞻软件模块从当前路径点沿运动方向逐个考察缓存中的路径点，根据逆运动学计算出各关节电机速度。如果计算发现某路径点上的关节速度高于限定值，运动控制器将根据系统的减速能力，反向回溯已探查的路径点，找到恰当的减速点，并从减速点开始降低沿路径的进给速度。反之，如果前瞻发现某路径点速度低于用户指令速度，且关节速度也低于其最高限定值，则启动加速过程。

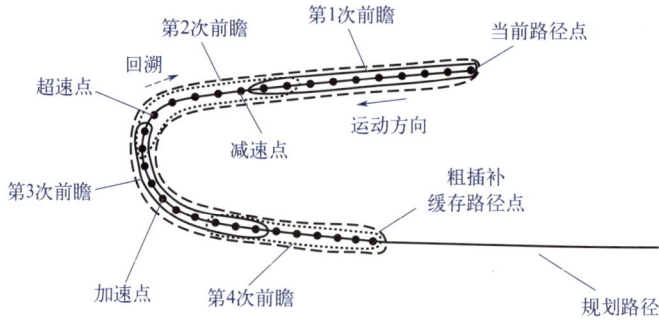

图 8-5　轨迹前瞻和速度调节的基本原理

为保证前瞻的实时性，高性能的运动控制器可以按照 5 ～ 20ms 为间隔计算粗插补点。缓存的大小，也即粗插补点个数，由机器人各关节的最大停止时间、回溯长度和粗插补周期确定。缓存的上限为运动控制器分配给前瞻的内存总量。

机器人沿指令路径运动的过程中，有可能接收到速度调整指令，例如用户下发的增减速指令、上位机检测到障碍物后发出的速度调整指令等。为了满足此要求，上述粗插补、轨迹前瞻和速度调节的过程，将随着机器人的运动，向前持续迭代运行，直到机器人运动到终止位置。

运动控制器在运动控制周期内完成轨迹前瞻与速度调节。

（3）运动学正 / 逆解与关节期望值更新

高性能的运动控制器定义了专门的标准子程序，便于工程师在其中指定机器人正 / 逆运动学方程。正运动学方程用于根据关节位置实时计算末端位姿；逆运动学方程则计算末端路径各粗插补点对应的关节位置，使伺服算法获得当前伺服控制指令，即**关节期望值**。

通常，运动控制器在每个伺服控制周期都需要调用正 / 逆运动学方程，例如，速度前瞻中就需要对每个粗插补点进行逆运动学计算，这要求系统具有较强的计算能力。为此，多数高性能运动控制器都采用了 DSP 作为核心处理器，来保证**实时性**。

在轨迹前瞻形成的粗插补点之间，运动控制器采用**第 7 章**介绍的五次多项式曲线或样条函数，在关节空间生成各关节轨迹。之后，运动控制器以每 3 ～ 5 个伺服控制周期为间隔，在关节轨迹上进行精插补，得到当前时刻的关节期望值（关节伺服控制指令），这就是关节空间的精插补过程，如图 8-6 所示。完成这一过程的软件模块也被称为**轨迹生成器**（trajectory generator）。

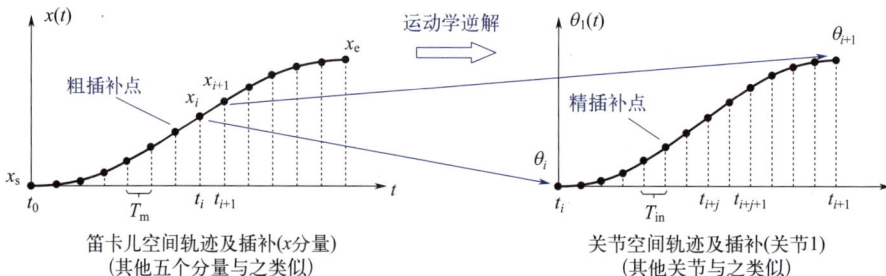

图 8-6　操作空间轨迹的粗插补与关节空间轨迹的精插补

(4) 关节位置伺服 / 速度伺服

机器人各关节由**伺服控制器**实施闭环控制，完成对关节期望值的跟踪。伺服控制器是闭环控制算法和硬件的统称，有时也特指伺服控制算法，它完成一次伺服计算并输出控制信号的时间就是**伺服周期**。关节期望值的更新周期就是伺服周期，高性能运动控制器的伺服周期可以小于 0.4ms。

为了保证伺服控制器有足够的时间完成闭环控制，使跟踪误差在指定的范围内，一个指令通常应保持 3～5 个伺服周期。这个保持周期就是精插补周期，如图 8-7 所示。

运动控制器内置有多个伺服环，每个伺服环可以控制一个关节电机。这些伺服环以经典 PID 控制算法为默认控制器。用户通过设置 PID 参数，即可实现机器人关节电机的闭环 PID 控制，其基本原理框图如图 3-30 所示。尽管单纯的位置控制系统不是必须包含电流闭环，但是，对于操作臂这一通常工作于高动态负载的位置控制系统，电流环的存在可显著提高系统的响应速度、抑制力矩扰动。

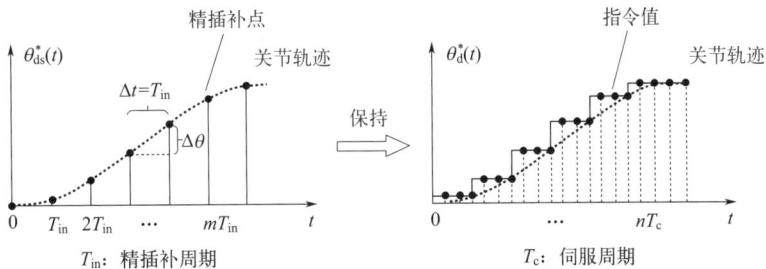

图 8-7　精插补周期与伺服周期

PID 控制算法根据指令和偏差计算得到控制量，经运动控制器输出端口输出控制信号 u_c。这种控制信号是低功率信号，例如：±10V 的毫安级电压信号或脉冲信号，不具有驱动电机运转的能力。该信号需要经过电机驱动器转换成大功率信号 u_a，才能在电机绕组中产生足够大的电枢电流 i_a，以克服负载，带动电机运转。

有些驱动器自身就包含电流闭环控制器。如果选用不含电流闭环的驱动器，则电流环可由运动控制器实现；如果驱动器内置电流闭环，则运动控制器中只需要有位置环和速度环控制器，图 3-30（b）中的虚线框表明了这一概念。电流闭环使控制量 u_c 与电机电流 / 力矩呈正比，因此，对于工作在电流闭环状态下的电机及其驱动器，称其工作在力矩模式；否则，称其工作在速度模式。

机器人关节位置反馈信号可以有两个来源：①安装在电机尾部的编码器；②安装在关节上的关节位置传感器，例如旋转变压器。当仅采用电机编码器反馈位置信号时，就构成**"半闭环运动控制器系统"**；当同时采用编码器和关节角度传感器时，就构成**"全闭环运动控制系统"**。直接运用运动控制器内置的 PID 控制算法，即可构成独立关节位置 PID 控制器。高端运动控制器也允许用户自行编写更高级的控制算法。

8.4 独立关节 PID 运动控制器

严格意义上讲，机器人控制系统是典型的非线性系统（**第 9 章**将详细介绍）。不过，从成本、可实现性和稳定性等角度考虑，工程实践中往往采用简化的线性系统控制方案，即**分散控制方案**。特别对于低速、轻载或动态性能要求不高的机器人，可以把各关节看作独立的单输入/单输出系统，从而为每个关节电机单独设计位置 PID 控制器，这种控制器被称为**独立关节 PID 运动控制器**。此时，机器人位形和速度变化导致的关节间耦合，均被视为干扰输入。系统对干扰的抑制完全交由各电机的控制器来处理。这时，独立关节 PID 运动控制既可以采用如图 3-30（a）所示的位置-速度双闭环方案，也可以采用图 3-30（b）所示的位置-速度-电流三闭环方案。前者中的电机工作于速度模式，后者中的电机则工作于力矩模式。

分散控制方案仍是当前工业机器人的主流运动控制方案。第 3 章已分别对基于速度模式的独立关节 PID 运动控制器和基于力矩模式的独立关节 PID 运动控制器进行了详细介绍。这两类控制器都是实现分散控制的有效方式。

除此之外，为提高控制的快速性和降低稳态误差，还有其他控制方案，例如速度和加速度前馈补偿控制。利用已知的期望速度和加速度对系统施加额外的补偿控制量，是位置控制系统中常用的一种前馈补偿方法。

首先考察增加速度前馈的效果。根据位置期望轨迹计算出速度期望轨迹，然后把速度期望作为前馈，加入图 3-55 速度环的输出端，得到如图 8-8 所示，引入速度前馈的位置闭环控制系统。

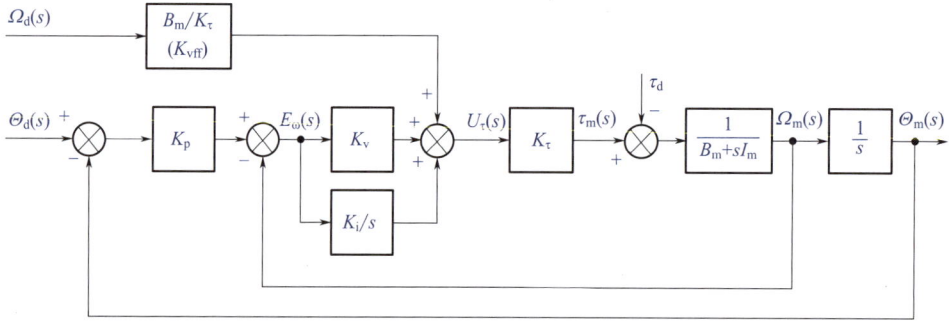

图 8-8 引入速度前馈的位置闭环控制器

图 8-8 中的速度前馈增益 K_{vff} 为

$$K_{vff} = B_m / K_\tau \tag{8-1}$$

由它产生的控制电压为

$$U_{vff} = \Omega_d(s)K_{vff} = \Omega_d(s)B_m / K_\tau \tag{8-2}$$

经过力矩增益环节后，得到与电机阻尼系数成正比的速度补偿力矩为

$$\tau_{vff} = U_{vff}K_\tau = \Omega_d(s)B_m$$

其时域表达式为

$$\tau_{\text{vff}} = \omega_{\text{d}} B_{\text{m}} \tag{8-3}$$

理论上，这个速度补偿力矩可以有效补偿阻尼力矩。可见，速度前馈增益 K_{vff} 的取值，实际上依据的是电机的动力学模型和力矩模型。

例 8-1

在【例 3-3】仿真模型的对应位置增加速度前馈，考察引入速度前馈的位置闭环 PID 控制器对位置斜坡信号的跟踪效果。

解：利用图 8-8 所示的位置闭环控制器，在 MATLAB 中建立 Simulink 模型并进行仿真，得到结果如图 8-9 所示的仿真模型和仿真结果。

可以看到，通过引入速度前馈，可以有效地消除位置跟踪滞后。

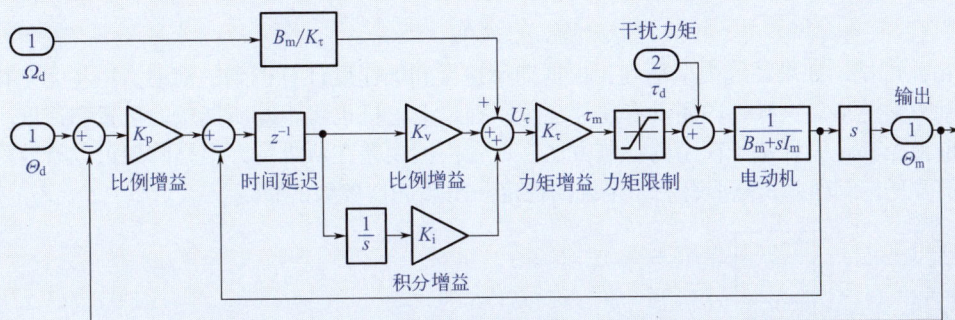

(a) 仿真模型

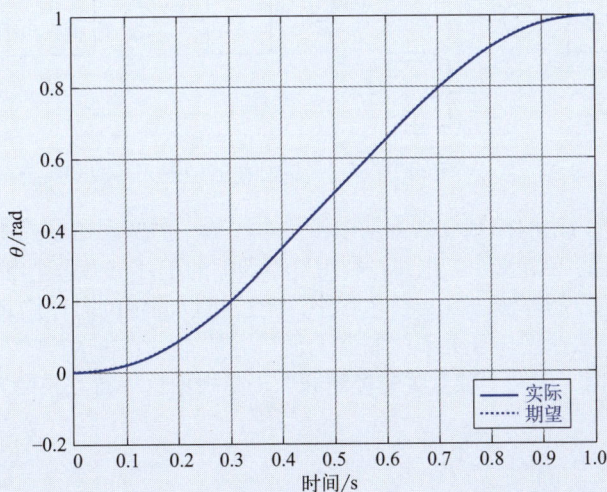

(b) 仿真结果

图 8-9　引入速度前馈的位置闭环控制器对斜坡信号跟踪效果

既然速度前馈补偿能够补偿电机动力学模型中的阻尼力矩，那么，就可以进一步考虑根据期望加速度来补偿电机的惯性力矩。由此得到如图 8-10 所示的含速度、加速度前馈补偿的位置闭环控制系统，其中，$\varepsilon_{\text{d}}(s)$ 为期望加速度，加速度前馈增益为

$$K_{\text{aff}} = I_{\text{m}} / K_{\tau} \tag{8-4}$$

由它产生的控制电压为

$$U_{aff} = \varepsilon_d(s)K_{aff} = \Omega_d(s)sI_m / K_\tau \qquad (8\text{-}5)$$

经过电流伺服驱动器力矩增益的变换，加速度前馈最终表现为与电机惯量成正比的惯性补偿力矩

$$\tau_{aff} = U_{aff}K_\tau = \Omega_d(s)I_m s \qquad (8\text{-}6)$$

其时域表达式为

$$\tau_{aff} = \varepsilon_d I_m \qquad (8\text{-}7)$$

根据图 8-10，可以把式（8-3）与式（8-7）求和，即得到由前馈产生的控制力矩，即

$$\tau_{vff} + \tau_{aff} = \Omega_d(s)(B_m + sI_m) \qquad (8\text{-}8)$$

其时域表达式为

$$\tau_{vff} + \tau_{aff} = \omega_d B_m + \varepsilon_d I_m \qquad (8\text{-}9)$$

由此可见，如果系统模型精确，根据期望速度和加速度计算得到的前馈力矩将完全符合电机动力学模型。这样，即便没有反馈环节，理论上电机也将跟踪所期望的位置和速度。因此，前馈控制是一种基于模型的控制方法。尽管模型误差在所难免，但是前馈可以有效降低系统的开环控制误差，从而有利于系统的稳定和闭环 PID 参数的整定。

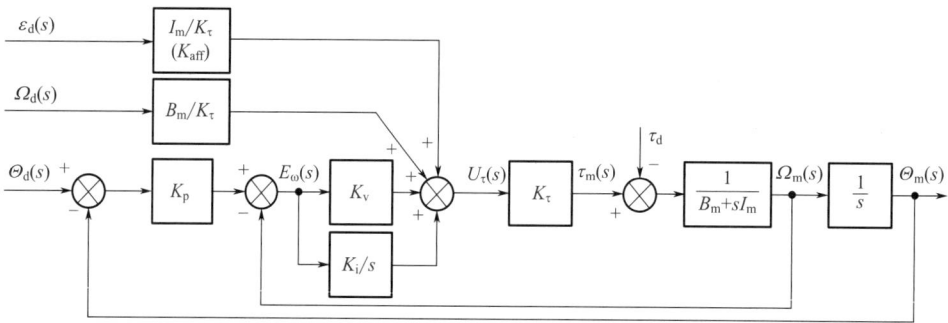

图 8-10　含速度和加速度前馈补偿的位置闭环控制系统

到目前为止，所讨论的控制算法都局限于单个关节。为实现这些控制算法，可以针对每个关节电机设计独立的控制硬件。比如，利用价格低廉的单片机为每个电机搭建闭环控制器，在其中运行前述闭环控制算法。在运行过程中，上位机以固定的时序给每个关节控制器下发期望的位置、速度和加速度。各关节控制器无须知道其他关节的运行状态，各自独立运行即可控制本关节跟踪期望轨迹。**"独立关节控制器"**正是根据这一特点来命名的。

8.5　PID 控制器的离散化

8.1 节简要介绍了工业机器人控制系统，它是以计算机为核心的数字控制系统。商用运动控制器已经内置了数字 PID 控制器，用户只需要通过理论计算和实验对 PID 参数整定即可。对于低成本控制系统，往往需要设计者自行编写 PID 控制程序，构造数字 PID 控制器。

本节将简要介绍数字伺服控制系统的工作过程以及数字 PID 控制算法的实现方法。

(1) 数字伺服控制系统简介

在机器人关节电机的数字伺服控制系统中，作为系统输入的关节轨迹以连续函数形式给出，例如**第 7 章**中的各种轨迹曲线，计算机中的数字伺服控制器在每个伺服控制周期运行一次，工作于离散状态；而作为被控对象的关节电机和部分反馈传感器则工作于连续状态。因此，数字伺服控制系统中必然会存在 A/D 和 D/A 转换环节，以实现模拟信号和数字信号之间的转换，具体如图 8-11 所示。

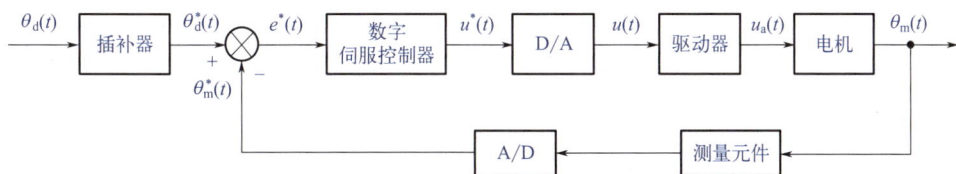

图 8-11　机器人关节的数字伺服控制系统结构图

对于系统输入，利用**第 7 章**中程序 (7-1) 所示轨迹插补方法对连续轨迹进行采样，可以获得数字输入信号。对于模拟量反馈信号，则利用 A/D 转换器把模拟信号转换成数字信号。

之后，数字伺服控制器对输入信号 $\theta_d^*(t)$ 和反馈信号 $\theta_m^*(t)$ 做差，得到控制偏差 $e^*(t)$，经数字 PID 算法计算得到数字控制信号 $u^*(t)$，并存储到控制器的输出寄存器中；再经 D/A 转换器形成连续控制信号 $u(t)$。连续控制信号 $u(t)$ 被驱动器放大为驱动信号 $u_a(t)$，驱动电机运转。

从信号处理的角度看，插补、A/D 转换都包含**采样过程**和**保持过程**，而 D/A 转换则仅包含保持过程，如图 8-12 所示。

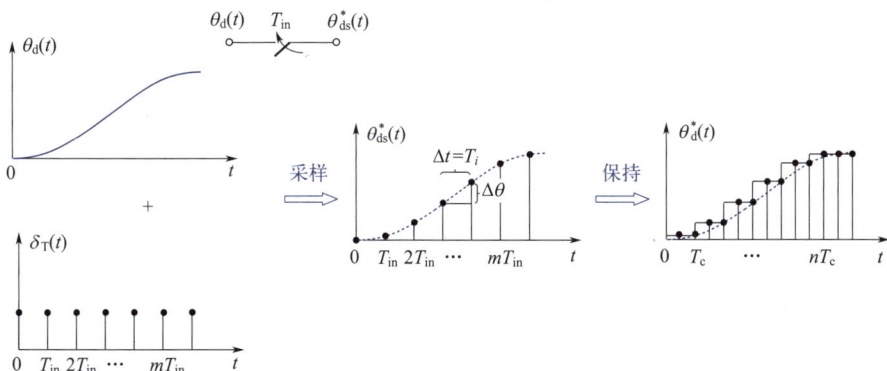

(a) 插补

图 8-12

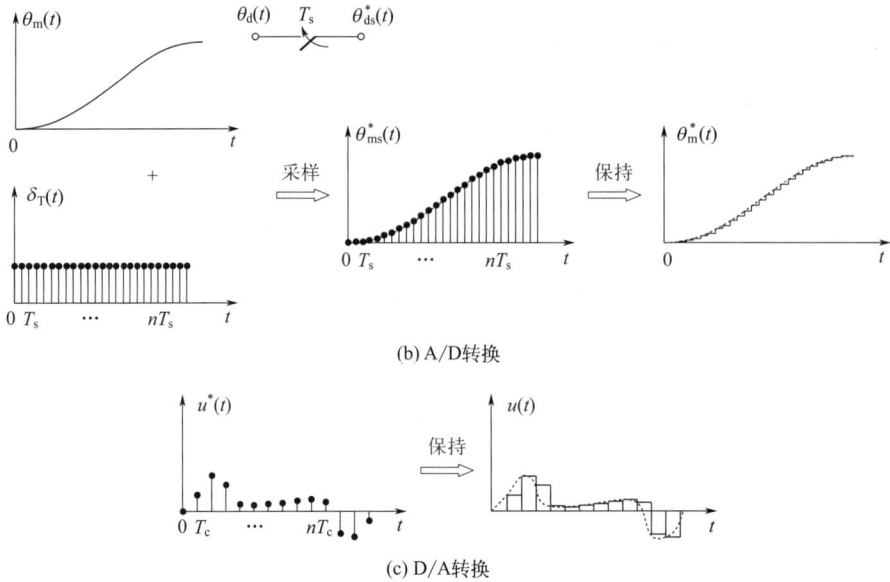

图 8-12　插补、A/D 和 D/A 转换的过程示意

让模拟信号通过一个周期性闭合的开关，即可得到采样信号。在数字伺服控制系统中，反馈信号通过高频电子开关电路实现 A/D 采样；而控制的输入信号则通过插补程序实现虚拟采样。采样后得到与采样时刻的模拟信号幅值呈正比的数字信号，并存储在数字伺服控制器的输入寄存器中。

图 8-12 中，输入信号的插补采样周期 T_{in} 大于伺服控制周期 T_c（一般相差为 2～3 倍），而 A/D 转换的采样周期 T_s 则小于伺服控制周期 T_c，这一点在 **8.2 节** 中已经有介绍（参见图 8-4）。T_s 的选取应当满足香农采样定理，即 **采样频率大于被控对象最高频率的 2 倍**。

这样，数字伺服控制器在每个伺服控制周期都会得到最新的反馈信号，而输入信号则会维持若干个伺服控制周期才更新。这种处理是为了让伺服控制器有足够的时间实现对输入信号的跟踪。需要注意的是，插补采样生成的是输入信号，因此，相对于反馈信号，它会提前把下一个插补点的信号值存储到数字伺服控制器的输入寄存器中。

D/A 转换是 A/D 转换的逆过程。在 D/A 转换过程中，数字伺服控制器输出寄存器中的数字信号被数模转换电路变换成等比例的模型信号。

寄存器在上述过程中扮演了保持器的角色，以保持采样点之间的信号值不变。这样的保持器使得每个采样区间内的信号值为常数，其导数为零，故称为 **零阶保持器**。由于零阶保持器具有低通滤波特性，因此，在有些文献中也把数字伺服控制器称为 **控制滤波器**。

（2）数字 PID 算法的实现

作为最常用的伺服控制算法，PID 控制算法也被广泛应用在数字伺服控制器中。

在连续系统中，PID 控制器的时域表达式和传递函数分别为

$$u(t) = K_p \left[e(t) + \frac{1}{T_i} \int_0^t e(t)\mathrm{d}t + T_d \frac{\mathrm{d}e(t)}{\mathrm{d}t} \right] \tag{8-10}$$

$$G_c(s) = \frac{U(s)}{E(s)} = K_p \left(1 + \frac{1}{T_i s} + T_d s \right) \tag{8-11}$$

式中，K_p 为**比例增益**；T_i 为积分时间常数；T_d 为微分时间常数。对应地，定义 $K_i = \dfrac{K_p}{T_i}$ 为**积分增益**，$K_d = K_p T_d$ 为**微分增益**。

PID 控制器各环节的作用简述如下：

① 比例环节。把系统偏差 $e(t)$ 成比例地变换成控制信号，以减少偏差。

② 积分环节。用于消除稳态误差，提高系统稳态精度。积分作用的强弱取决于积分时间常数 T_i。T_i 越大，积分作用越弱，反之则越强。

③ 微分环节。用于加快系统响应速度，减少调节时间。微分信号反映了偏差信号的变化趋势，能在偏差信号变得太大之前，在系统中引入早期修正信号。

1）绝对式数字 PID 算法

在数字控制器中，式（8-10）实际上是由伺服中断服务程序实现的，它以伺服控制周期 T_c 为间隔断续运行。为此，需要建立式（8-10）的离散化表达式。

首先，将式（8-10）中偏差项 $e(t)$ 和控制量 $u(t)$ 用离散量 $e(n)$、$u(n)$ 表示，n 表示第 n 次伺服控制，也就是迭代运算次数。

当伺服控制周期 T_c 很小时，可以用 T_c 近似代替时间微分 $\mathrm{d}t$。

对于积分，用求和近似，即

$$\int_0^t e(t)\mathrm{d}t = \sum_{i=1}^n e(i)T_c \tag{8-12}$$

对于微分，用后向差分近似，即

$$\frac{\mathrm{d}e(t)}{\mathrm{d}t} = \frac{e(n)-e(n-1)}{T_c} \tag{8-13}$$

这样，式（8-10）就离散化为以下差分方程：

$$u(n) = K_p e(n) + \frac{K_p T_c}{T_i}\sum_{i=1}^n e(i) + \frac{K_p T_d}{T_c}[e(n)-e(n-1)] + u_0 \tag{8-14}$$

式中，u_0 是偏差为零时的控制初值。

式（8-14）中第一项是比例项，即

$$u_p(n) = K_p e(n) \tag{8-15}$$

第二项是积分项，即

$$u_i(n) = \frac{K_p T_c}{T_i}\sum_{i=1}^n e(i) \tag{8-16}$$

第三项是微分项，即

$$u_d(n) = \frac{K_p T_d}{T_c}[e(n)-e(n-1)] \tag{8-17}$$

其中，比例项是基本项，它可以单独使用或与其他两项组合使用，构成如下常用控制器：

P 控制器：

$$u_c(n) = u_p(n) + u_0 \tag{8-18}$$

PI 控制器：

$$u(n) = u_{\mathrm{p}}(n) + u_{\mathrm{i}}(n) + u_0 \tag{8-19}$$

PD 控制器：

$$u(n) = u_{\mathrm{p}}(n) + u_{\mathrm{d}}(n) + u_0 \tag{8-20}$$

PID 控制器：

$$u(n) = u_{\mathrm{p}}(n) + u_{\mathrm{i}}(n) + u_{\mathrm{d}}(n) + u_0 \tag{8-21}$$

式（8-14）称为**绝对式数字 PID 算法**，因为它输出控制量的全量值。

2）增量式数字 PID 算法

为避免式（8-14）中的积分求和计算，可以利用控制量的增量

$$\Delta u(n) = u(n) - u(n-1) \tag{8-22}$$

将式（8-14）代入上式得

$$\Delta u(n) = K_{\mathrm{pc}}[e(n) - e(n-1)] + K_{\mathrm{ic}}e(n) + K_{\mathrm{dc}}[e(n) - 2e(n-1) + e(n-2)] \tag{8-23}$$

式中，$K_{\mathrm{pc}} = K_{\mathrm{p}}$ 为数字比例增益；$K_{\mathrm{ic}} = K_{\mathrm{p}}\dfrac{T_{\mathrm{c}}}{T_{\mathrm{i}}} = T_{\mathrm{c}}K_{\mathrm{i}}$ 为数字积分增益；$K_{\mathrm{dc}} = K_{\mathrm{p}}\dfrac{T_{\mathrm{d}}}{T_{\mathrm{c}}} = \dfrac{K_{\mathrm{d}}}{T_{\mathrm{c}}}$ 为数字微分增益。

式（8-23）称为**增量式数字 PID 控制算法**，因为它仅输出控制量的增量值。

根据增量式（8-23），可以得到绝对式数字 PID 算法的迭代计算式：

$$u(n) = u(n-1) + \Delta u(n) \tag{8-24}$$

3）应用数字 PID 算法的注意事项

① 绝对式与增量式　由于绝对式数字 PID 算法输出全量控制信号，具有确定的物理含义，并且包含控制量初值 u_0，故一般应采用绝对式数字 PID 算法计算控制量 $u(n)$。但在实际使用中，多采用增量式（8-23）结合式（8-24），迭代计算控制量 $u(n)$，便于编程实现。

位置随动控制要求被控对象实时跟踪时变位置信号。当被控对象具有积分特性时，例如步进电机，可以直接使用增量式数字 PID 控制器构成位置随动闭环控制器。这是因为步进电机的角度增量与其接收到的脉冲数成正比，所以，可以认为步进电机的绝对角位移是其输入控制量（脉冲数）的积分。因而，步进电机是一种具有位置积分特性的驱动器，它本身就具备一定的位置控制能力。在精度要求不高的场合，步进电机可以根据接收到的脉冲数，直接拖带负载运行到指定位置，构成开环位置控制系统。如果希望进一步提高控制精度，可以增加位置检测环节，构造增量式位置 PID 随动控制器。这里的 PID 控制器就可以直接输出增量值，即步进脉冲数，实现位置偏差校正。

对于某些自身具有位置控制能力的被控对象，也可以直接使用增量式数字 PID 的输出作为控制量，例如图 8-13 所示的全闭环增量位置控制系统。在图 8-13 中，电机通过丝杠 - 螺母机构驱动滑块移动，利用与电机同轴安装的编码器构成位置随动控制系统。由于电机编码器测量的不是末端滑块的位移，而是电机转角，所以对应的控制器称为半闭环位置 PID 控制器。如果希望消除传动误差的影响，可以在滑轨上安装直线光栅，直接测量滑块位移，并在半闭

环位置 PID 控制器之前再增加一个全闭环位置 PID 控制器。因为位于外环的全闭环位置 PID 控制器产生的仅是位置修正量 Δd，因此，它可以直接采用增量式数字 PID 控制器的计算结果作为输出，而不需要累加。

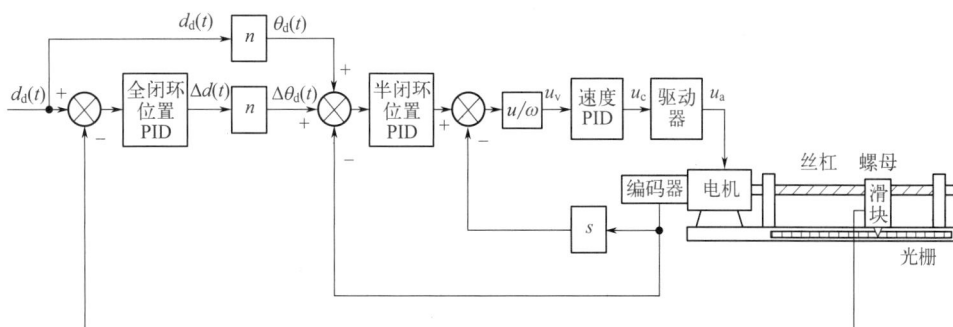

图 8-13　全闭环增量位置随动控制系统

② 控制量 $u(n)$ 的范围　控制器输出的控制量 $u(n)$ 是数字量，而后续环节要求的输入量是模拟量。对于速度模式的电机，$u(n)$ 对应着驱动器输入电压 u_c；对于力矩模式电机，$u(n)$ 对应着电流伺服驱动器输入电压 u_τ。

因此，$u(n)$ 的变化范围应根据控制器的总增益来确定。为了确定 $u(n)$ 的具体数值，必须根据 D/A 转换分辨率、驱动器放大倍数、电流伺服驱动器的跨导、电机力矩常数或感应电动势常数等计算数字 PID 控制器的增益，使控制量 $u(n)$ 具有明确的物理意义。

③ 控制量初值 u_0　控制量初值 u_0 对应着前馈补偿项，尽管式（8-24）中没有显式地表示控制量初值 u_0，但是，应当把它纳入迭代计算式中。

④ 数字增益与模拟增益　式（8-23）中的数字积分增益 K_{ic} 和数字微分增益 K_{dc} 并不等于模拟系统中的积分增益 K_i 和微分增益 K_d，它们随伺服控制周期 T_c 变化。当 T_c 变小时，K_{ic} 应变小，K_{dc} 应变大。

⑤ 伺服控制周期与采样周期　在计算机或微处理器中以采样周期 T_s 为基本计时单元设定定时中断，定义伺服控制周期 $T_c=nT_s$ 和运动控制周期 $T_m=mT_s$。在定时中断服务程序中，以 T_s、T_c 和 T_m 是否到达为中断入口标志，按照图 8-4 所示流程分别编写采样、伺服控制和运动控制程序。

在系统性能允许的前提下，伺服控制周期 T_c 应尽量小，使得它对应的伺服控制频率大于系统最高频率的 2 倍。当 T_c 足够小时，数字 PID 控制器的性能接近模拟 PID 控制器。

8.6 多轴运动控制器应用实例：精密扫描平台的运动伺服控制

（1）概述

生物芯片扫描仪是整个微阵列生物芯片制备与实验分析过程（图8-14）的有机组成部分，对于微阵列生物芯片中的大量信息往往借助于生物芯片扫描仪来解读。

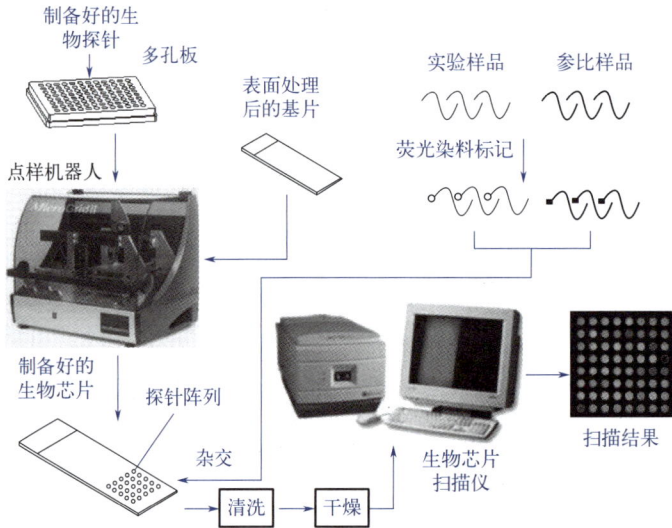

图8-14 微阵列生物芯片制备与实验分析过程简图

XY精密扫描平台是生物芯片检测仪［图8-15（a）］的重要组成部分。XY精密扫描平台（以下简称XY平台）应满足的性能指标如下：XY平台可实现单轴解耦运动，其中，X、Y轴行程均为10mm×10mm，单向位置精度为±2.5μm。

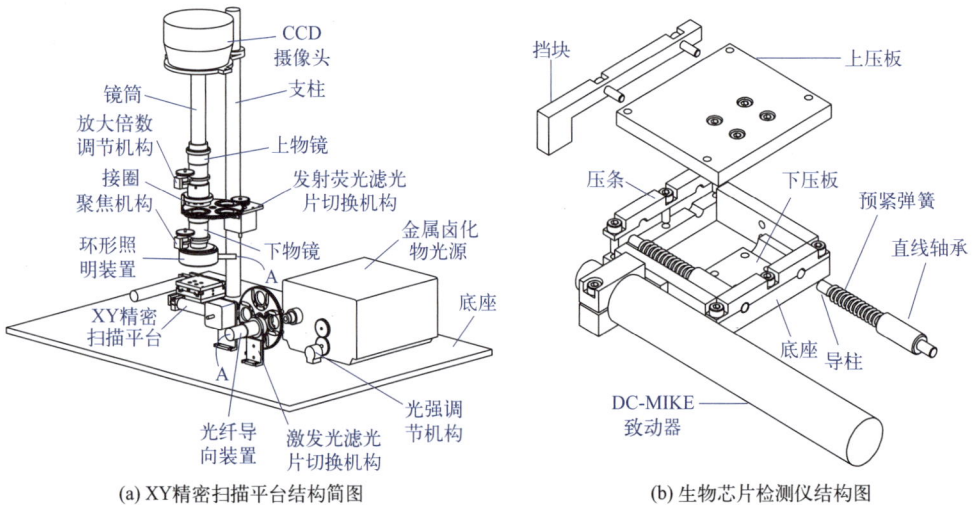

(a) XY精密扫描平台结构简图　　(b) 生物芯片检测仪结构图

图8-15 生物芯片检测仪与XY精密扫描平台

整个 XY 平台由相同的 *X* 轴直线运动单元与 *Y* 轴直线运动单元组装而成。以 *X* 轴直线运动单元为例，其内部具体结构如图 8-15（b）所示，商用的直流电机（具体为 DC-MIKE 电机）作为主驱动器。由于电机、滚珠丝杠、联轴器等都集成到该直流电机中，其相应技术指标如表 8-2 所示，使结构得以简化。其主要特点是结构紧凑、单向运动精度高。

表 8-2　商用直流电机的技术指标简表

行程 /mm	分辨率 /μm	最小运动增量 /μm	单向重复 精度 /μm	背隙 /μm	最大速度 /（mm/s）	最大推（拉）力 /N
10	0.059	0.1	0.1	5	0.7	40

最大侧向力 /N	编码器分辨率 脉冲数 /r	螺距 mm/r	齿轮减速比	额定功率 /W	电机电压 /V	质量 /kg
0.02	60	0.5	141 : 1	2	0 ～ 12	0.16

（2）控制结构

扫描平台的控制由上位 PC 机、单片机 AT89C51、专用运动控制处理器 LM629、功放单元 LMD18245 与 DC-MIKE 电机（直流电机 + 编码器）等共同构成闭环运动控制系统，如图 8-16 所示。上位机主控程序主要负责分解扫描动作，分解后的动作指令通过串口传给下位机 AT89C51，进而转发给 LM629，而后该单片机实时监控 LM629 的运行状况并根据状态即时将信息传给上位计算机。其中，PID 算法由 LM629 硬件实现，而 LMD18245 作为 DC-MIKE 电机的功放单元。

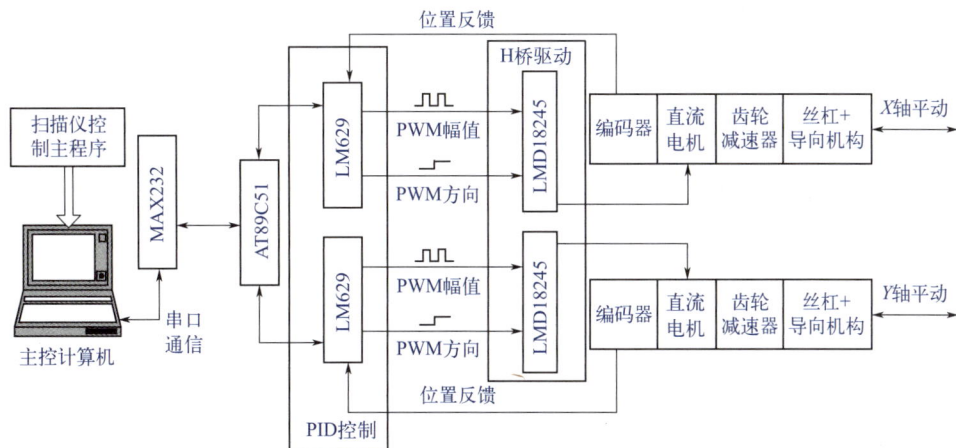

图 8-16　控制系统组成框图

LM629 采用 PWM 脉宽调制输出，对于使用 8MHz 的 LM629 伺服周期为 256μs。当工作于位置模式时，LM629 根据相应的起始和终止位置，以及加速度、最大速度等自动生成速度梯形图，并控制电机根据速度梯形图运行到终止位置。LM629 输出的控制量是两根信号线的 PWM 信号。一根信号是 PWM 幅值信号（8bit 分辨率），另一根是符号线。其 19 脚（PWM MAG）输出不同占空比的波形如图 8-17 所示。

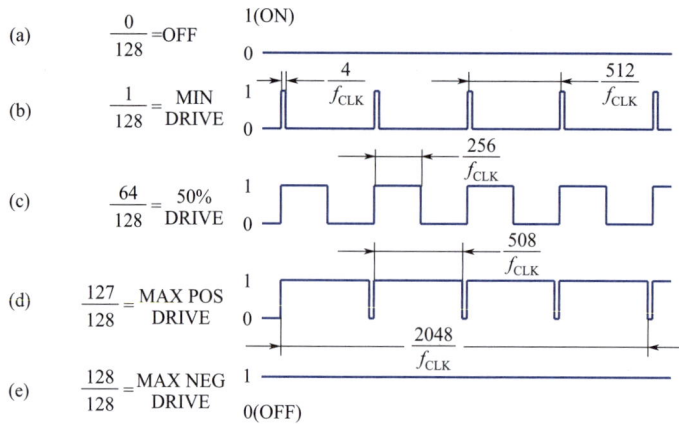

图 8-17　PWM 信号幅值图

LM629 采用带积分限的 PID 控制算法，其相应表达式为

$$u(k) = K_p e(k) + K_i \sum_{j=0}^{k} e(k) + K_d [e(k) - e(k-1)] \qquad (8\text{-}25)$$

式中，$u(k)$ 和 $e(k)$ 分别为系统在第 k 个采样时刻的控制输出量与位置偏差；K_p、K_i、K_d 分别为比例、积分和微分放大系数。

由 LM629、LMD18245 及直流电机 + 编码器等构成的子系统结构如图 8-18。电机的转速由 PWM 幅值信号的占空比控制，方向由 PWM 方向信号控制。

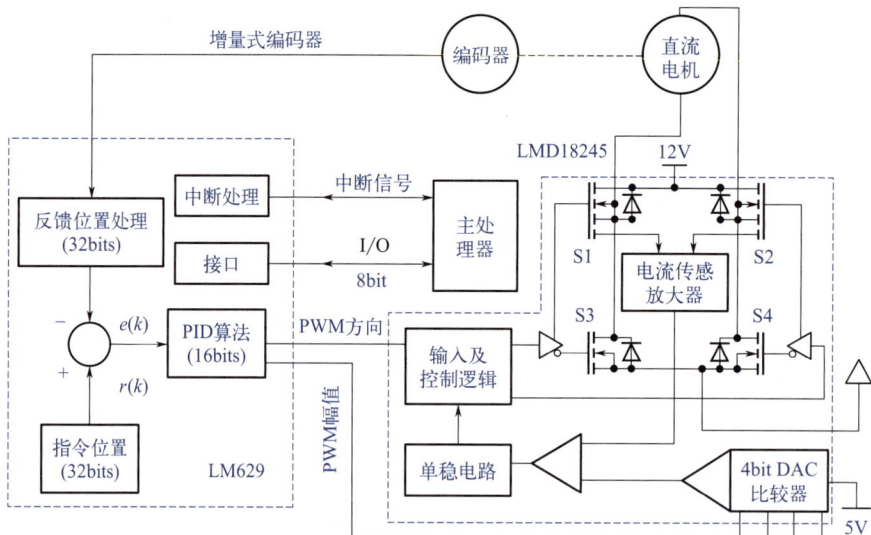

图 8-18　控制系统结构框图

（3）PID 参数整定

PID 各个参数整定原则：在保证稳态误差的基础上，尽量统一各 PID 参数，使其对各个

步长都有比较快速的响应速度。

通过自行编制的 PID 整定软件，以 5ms 为一个采样周期，测定平台驱动机构对指令脉冲的响应曲线，根据响应曲线来整定 PID 参数。其中 X 轴实验曲线如图 8-19 所示。

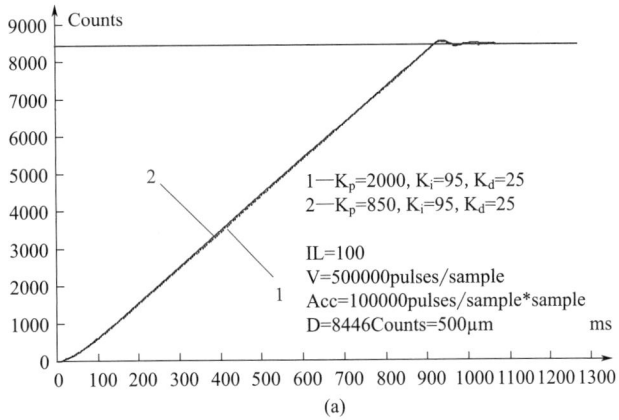

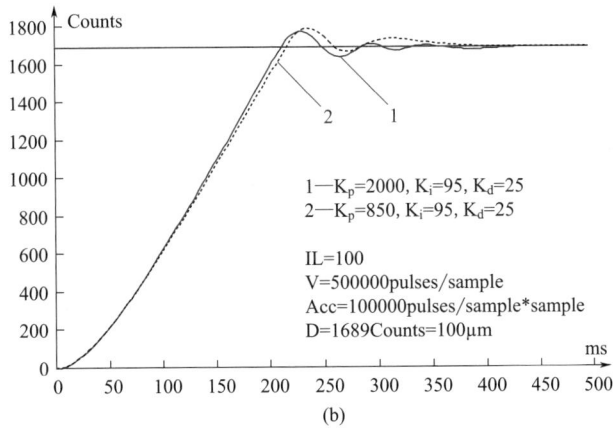

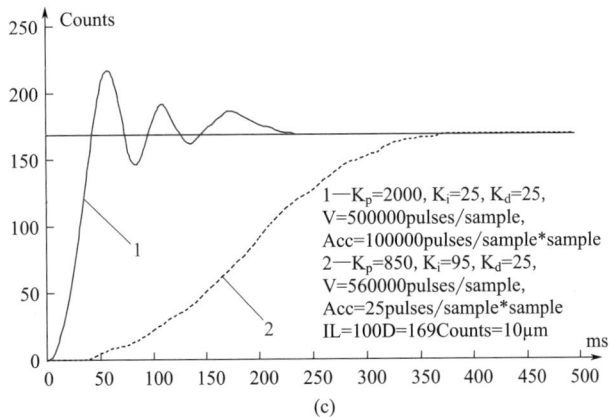

图 8-19

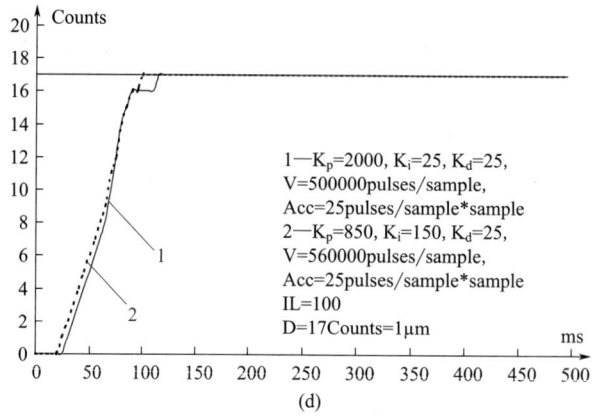

图 8-19　阶跃响应实验曲线

最佳的 PID 参数和速度、加速度参数需在保证系统对阶跃指令快速响应的前提下，具有良好的重复性。因此，有必要对上述各参数做相应的重复性实验。这里不再详述，详见文献 [30]。

习题

8-1　简述运动控制器的基本功能。

8-2　简述工业机器人运动控制系统的基本组成，它与普通控制系统相比，有哪些特点？

8-3　简述运动控制器的时序，以及三种典型实时中断任务。

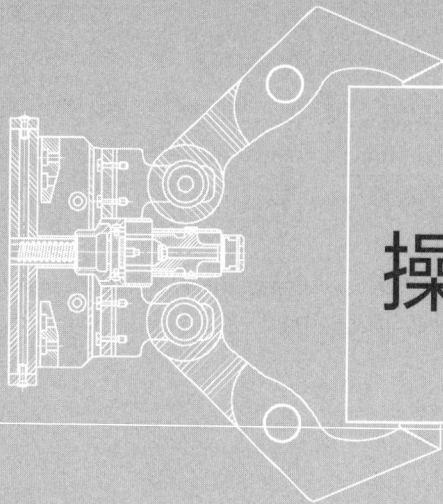

第 9 章

操作臂动力学建模

　　研究外载荷和关节驱动力作用下操作臂的真实运动规律，属于操作臂动力学的研究范畴，为此需要建立广义力与运动学参数之间的函数关系式，即建立操作臂动力学模型。

　　给定关节力／力矩、末端外界负载，求解操作臂的真实运动，对应着操作臂正动力学模型；已知操作臂的运动规律（如关节轨迹点或末端轨迹点）以及末端外界负载，求解所期望的关节力／力矩，对应着操作臂逆动力学模型。正问题主要用于机器人的动力学仿真，以实现对机器人真实或接近真实情况下的性能评价；而逆问题主要用于驱动器选型与机器人的运动控制。

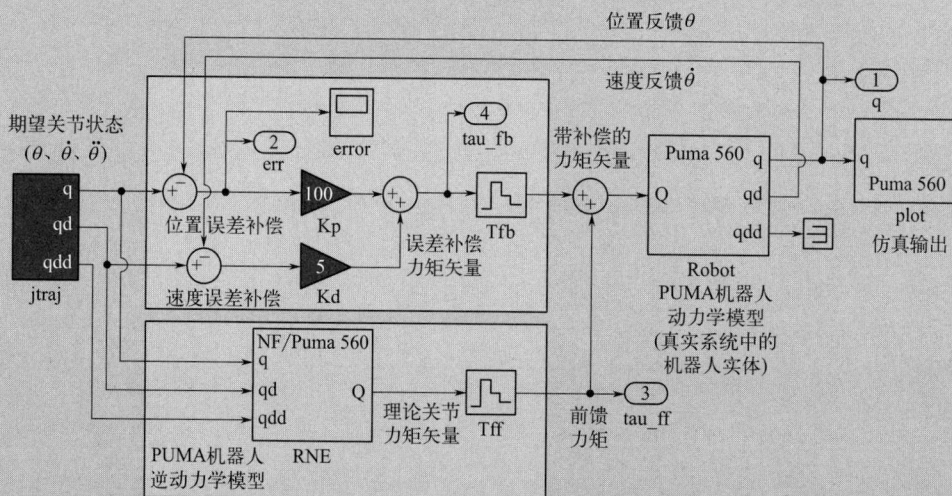

9.1　质量与惯性张量

与机器人运动学不同的是，研究机器人动力学必须考虑**惯性**（inertia）的影响。例如，一个水平移动滑块的动力学，必须考虑滑块的**质量**（mass）；一个定轴转动齿轮，要用到**惯性矩**（moment of inertia）或**转动惯量**的概念。三维运动的空间刚体动力学要复杂得多，因为其质量及惯性特性相比质点更为复杂。这时需引入惯性张量（或惯性矩阵）的概念。下面主要介绍质心、惯性张量、平行轴定理以及主惯性矩等与刚体惯性有关的基本概念。

（1）质量与质心

由理论力学知识可知，刚体可看作是由若干个刚性连接的质点组成的质点系。其中，质点 i 的质量记为 m_i，它相对于参考坐标系原点的矢径为 $\boldsymbol{r}_i = (x_i, y_i, z_i)^{\mathrm{T}}$，见图 9-1（a）。这时，刚体的质量为

$$m = \sum_i m_i \tag{9-1}$$

或者如图 9-1（b）所示，令 $V \in \boldsymbol{R}^3$ 表示刚体的体积，假定刚体由各向同性材料（质量均匀分布）组成，则其密度 ρ 是个常值（本章只涉及此类情况）。这时，刚体的质量可以表示成

$$m = \int_V \rho \mathrm{d}V \tag{9-2}$$

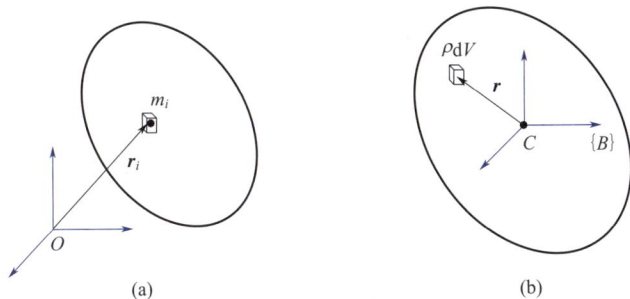

图 9-1　刚体的惯性特性：质量与质心

在刚体的**质心**（center of mass）处，应满足

$$m\overline{\boldsymbol{r}}_c = \left(\sum_i m_i \right) \overline{\boldsymbol{r}}_c = \sum_i m_i \boldsymbol{r}_i \tag{9-3}$$

可由此确定质心位置，即质心的矢径满足

$$\overline{\boldsymbol{r}}_c = \frac{1}{m} \sum_i m_i \boldsymbol{r}_i \tag{9-4}$$

当参考坐标系原点取在质心位置时，有

$$\overline{\boldsymbol{r}}_c = \sum_i m_i r_i = 0 \tag{9-5}$$

（2）转动惯量与惯性张量

假设一刚体以角速度 ω 绕定点 O 转动，这时，刚体上任一矢径为 $\boldsymbol{r}_i = (x_i, y_i, z_i)^{\mathrm{T}}$ 的质点 i

的线速度为

$$\boldsymbol{v}_i = \dot{\boldsymbol{r}}_i = \boldsymbol{\omega} \times \boldsymbol{r}_i \qquad (9\text{-}6)$$

根据质点系的**动量矩**（moment of momentum）定理知，刚体绕定点 O 转动的动量矩为

$$\boldsymbol{L}_O = \sum_i \boldsymbol{r}_i \times m_i \dot{\boldsymbol{r}}_i = \sum_i m_i [\boldsymbol{r}_i \times (\boldsymbol{\omega} \times \boldsymbol{r}_i)] = \sum_i m_i \left[\boldsymbol{\omega}(\boldsymbol{r}_i^{\mathrm{T}} \boldsymbol{r}_i) - \boldsymbol{r}_i (\boldsymbol{r}_i^{\mathrm{T}} \boldsymbol{\omega}) \right] \qquad (9\text{-}7)$$

上式进一步化简得

$$\boldsymbol{L}_O = \sum_i m_i \left[(\boldsymbol{r}_i^{\mathrm{T}} \boldsymbol{r}_i)\boldsymbol{\omega} - \boldsymbol{r}_i \boldsymbol{r}_i^{\mathrm{T}} \boldsymbol{\omega} \right] = \left\{ \sum_i m_i \left[(\boldsymbol{r}_i^{\mathrm{T}} \boldsymbol{r}_i)\boldsymbol{I}_3 - \boldsymbol{r}_i \boldsymbol{r}_i^{\mathrm{T}} \right] \right\} \boldsymbol{\omega} = {}^O\boldsymbol{I}\boldsymbol{\omega} \qquad (9\text{-}8)$$

定义 ${}^O\boldsymbol{I} = \sum_i m_i \left[(\boldsymbol{r}_i^{\mathrm{T}} \boldsymbol{r}_i)\boldsymbol{I}_3 - \boldsymbol{r}_i \boldsymbol{r}_i^{\mathrm{T}} \right]$ 为刚体相对定点 O 的**惯性张量**（inertia tensor），也称作**惯性矩阵**（inertia matrix）。根据该定义式，对各项分解展开得

$${}^O\boldsymbol{I} = \begin{pmatrix} \sum\limits_i m_i(y_i^2 + z_i^2) & -\sum\limits_i m_i x_i y_i & -\sum\limits_i m_i x_i z_i \\ -\sum\limits_i m_i x_i y_i & \sum\limits_i m_i(x_i^2 + z_i^2) & -\sum\limits_i m_i y_i z_i \\ -\sum\limits_i m_i x_i z_i & -\sum\limits_i m_i y_i z_i & \sum\limits_i m_i(x_i^2 + y_i^2) \end{pmatrix} \qquad (9\text{-}9)$$

写成通式的形式

$${}^O\boldsymbol{I} = \begin{pmatrix} I_{xx} & -I_{xy} & -I_{xz} \\ -I_{xy} & I_{yy} & -I_{yz} \\ -I_{xz} & -I_{yz} & I_{zz} \end{pmatrix} \qquad (9\text{-}10)$$

式中，I_{xx}、I_{yy}、I_{zz} 分别为刚体绕 x、y、z 轴的**惯性矩**；I_{xy}、I_{yz}、I_{xz} 分别为刚体绕轴 x、y，轴 y、z，轴 x、z 的**惯性积**（product of inertia）。可以看出，这六个量的值与所选取的参考坐标系有关。

对比式（9-9）和式（9-10）可以看出：**惯性张量为一对称阵**。

式（9-10）中的各元素也可以通过积分方程来确定，即

$$\begin{aligned} I_{xx} &= \iiint_V (y^2 + z^2)\rho\, \mathrm{d}V \\ I_{yy} &= \iiint_V (x^2 + z^2)\rho\, \mathrm{d}V \\ I_{zz} &= \iiint_V (x^2 + y^2)\rho\, \mathrm{d}V \\ I_{xy} &= \iiint_V xy\rho\, \mathrm{d}V \\ I_{xz} &= \iiint_V xz\rho\, \mathrm{d}V \\ I_{yz} &= \iiint_V yz\rho\, \mathrm{d}V \end{aligned} \qquad (9\text{-}11)$$

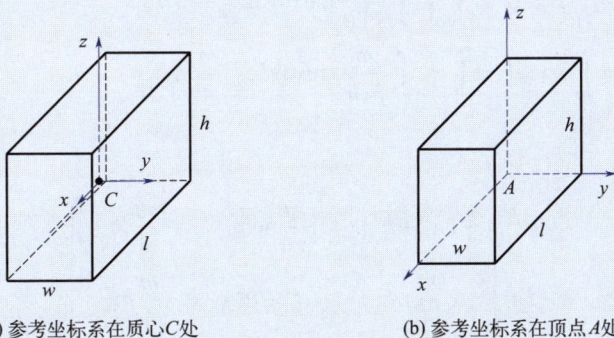

例 9-1

已知均质杆为长方体，质量为 m，长度为 l，宽度为 w，高为 h，分别在杆的质心处和某个顶点处建立参考坐标系，坐标轴沿杆的主轴方向，如图 9-2 所示。分别求质心 C 处和顶点 A 处的惯性矩阵。

(a) 参考坐标系在质心 C 处　　　　　　(b) 参考坐标系在顶点 A 处

图 9-2　长方体的广义惯性矩阵

解：首先计算参考坐标系在质心 C 处的惯性矩阵。根据定义式（9-11）可得：

$$^{C}I_{xx} = \int_V \rho(y^2 + z^2)\mathrm{d}V = \int_{-h/2}^{h/2}\int_{-w/2}^{w/2}\int_{-l/2}^{l/2} \frac{m}{lwh}(y^2 + z^2)\,\mathrm{d}x\mathrm{d}y\mathrm{d}z = \frac{m}{12}(w^2 + h^2)$$

$$^{C}I_{yy} = \int_V \rho(x^2 + z^2)\mathrm{d}V = \int_{-h/2}^{h/2}\int_{-w/2}^{w/2}\int_{-l/2}^{l/2} \frac{m}{lwh}(x^2 + z^2)\,\mathrm{d}x\mathrm{d}y\mathrm{d}z = \frac{m}{12}(l^2 + h^2)$$

$$^{C}I_{zz} = \int_V \rho(x^2 + y^2)\mathrm{d}V = \int_{-h/2}^{h/2}\int_{-w/2}^{w/2}\int_{-l/2}^{l/2} \frac{m}{lwh}(x^2 + y^2)\,\mathrm{d}x\mathrm{d}y\mathrm{d}z = \frac{m}{12}(l^2 + w^2)$$

$$^{C}I_{xy} = \int_V \rho xy\mathrm{d}V = -\int_{-h/2}^{h/2}\int_{-w/2}^{w/2}\int_{-l/2}^{l/2} \frac{m}{lwh}xy\mathrm{d}x\mathrm{d}y\mathrm{d}z = 0,\ \text{同理}\ ^{C}I_{xz} = {}^{C}I_{yz} = 0$$

因此，相应的惯性矩阵为

$$^{C}\boldsymbol{I} = \begin{pmatrix} \dfrac{m}{12}(w^2 + h^2) & 0 & 0 \\[2mm] 0 & \dfrac{m}{12}(l^2 + h^2) & 0 \\[2mm] 0 & 0 & \dfrac{m}{12}(l^2 + w^2) \end{pmatrix} \tag{9-12}$$

再计算参考坐标系在顶点 A 处的惯性矩阵。同样根据定义式（9-11）可得：

$$^{A}I_{xx} = \int_V \rho(y^2 + z^2)\mathrm{d}V = \int_0^h\int_0^w\int_0^l \frac{m}{lwh}(y^2 + z^2)\,\mathrm{d}x\mathrm{d}y\mathrm{d}z = \frac{m}{3}(w^2 + h^2)$$

$$^AI_{yy} = \int_V \rho(x^2 + z^2)\mathrm{d}V = \int_0^h\int_0^w\int_0^l \frac{m}{lwh}(x^2 + z^2)\,\mathrm{d}x\mathrm{d}y\mathrm{d}z = \frac{m}{3}(l^2 + h^2)$$

$$^AI_{zz} = \int_V \rho(x^2 + y^2)\mathrm{d}V = \int_0^h\int_0^w\int_0^l \frac{m}{lwh}(x^2 + y^2)\,\mathrm{d}x\mathrm{d}y\mathrm{d}z = \frac{m}{3}(l^2 + w^2)$$

$$^AI_{xy} = \int_V \rho xy\mathrm{d}V = \int_0^h\int_0^w\int_0^l \frac{m}{lwh} xy\mathrm{d}x\mathrm{d}y\mathrm{d}z = \frac{m}{4}lw$$

$$^AI_{yz} = \int_V \rho yz\mathrm{d}V = \int_0^h\int_0^w\int_0^l \frac{m}{lwh} yz\mathrm{d}x\mathrm{d}y\mathrm{d}z = \frac{m}{4}wh$$

$$^AI_{xz} = \int_V \rho xz\mathrm{d}V = \int_0^h\int_0^w\int_0^l \frac{m}{lwh} xz\mathrm{d}x\mathrm{d}y\mathrm{d}z = \frac{m}{4}lh$$

因此，相应的惯性矩阵为

$$^AI = \begin{pmatrix} \dfrac{m}{3}(w^2 + h^2) & -\dfrac{m}{4}wl & -\dfrac{m}{4}lh \\[3mm] -\dfrac{m}{4}wl & \dfrac{m}{3}(l^2 + h^2) & -\dfrac{m}{4}hw \\[3mm] -\dfrac{m}{4}lh & -\dfrac{m}{4}hw & \dfrac{m}{3}(l^2 + w^2) \end{pmatrix} \tag{9-13}$$

在【例 9-1】的两个参考坐标系中，各相应坐标轴相互平行，因此可以采用**平行移轴定理**简化计算，即两个参考坐标系下的惯性矩阵可以相互转换。

【**平行移轴定理**】 将参考坐标系的原点由质心 C 处平移到另一点 A 处，刚体惯性矩阵的变换关系为：

$$^AI = {}^CI + m[(r_C^{\mathrm{T}} r_C)I_3 - r_C r_C^{\mathrm{T}}] \tag{9-14}$$

式中，$r_C = (x_C, y_C, z_C)^{\mathrm{T}}$ 为刚体质心相对 $\{A\}$ 原点的位置矢量。

式（9-14）展开得

$$\begin{cases} {}^AI_{xx} = {}^CI_{xx} + m(y_C^2 + z_C^2) \\ {}^AI_{yy} = {}^CI_{yy} + m(z_C^2 + x_C^2) \\ {}^AI_{zz} = {}^CI_{zz} + m(x_C^2 + y_C^2) \\ {}^AI_{xy} = {}^CI_{xy} + mx_C y_C \\ {}^AI_{yz} = {}^CI_{yz} + my_C z_C \\ {}^AI_{zx} = {}^CI_{zx} + mz_C x_C \end{cases} \tag{9-15}$$

不妨用式（9-15）验证式（9-13）。将式（9-12）代入式（9-15），得

$$^AI_{xx} = {}^CI_{xx} + m(y_C^2 + z_C^2) = \frac{m}{12}(w^2 + h^2) + m\left(\frac{w^2}{4} + \frac{h^2}{4}\right) = \frac{m}{3}(w^2 + h^2)$$

$$^AI_{yy} = {}^CI_{yy} + m(x_C^2 + z_C^2) = \frac{m}{12}(l^2 + h^2) + m\left(\frac{l^2}{4} + \frac{h^2}{4}\right) = \frac{m}{3}(l^2 + h^2)$$

$$^AI_{zz} = {}^CI_{zz} + m(x_C^2 + y_C^2) = \frac{m}{12}(l^2 + w^2) + m\left(\frac{l^2}{4} + \frac{w^2}{4}\right) = \frac{m}{3}(l^2 + w^2)$$

$$^{A}I_{xy} = {}^{C}I_{xy} + mx_C y_C = 0 + m\left(\frac{l}{2} \cdot \frac{w}{2}\right) = \frac{m}{4}lw$$

$$^{A}I_{yz} = {}^{C}I_{yz} + my_C z_C = 0 + m\left(\frac{w}{2} \cdot \frac{h}{2}\right)) = \frac{m}{4}wh$$

$$^{A}I_{xz} = {}^{C}I_{xz} + mx_C z_C = 0 + m\left(\frac{l}{2} \cdot \frac{h}{2}\right) = \frac{m}{4}lh$$

由上面的例子可以看出，刚体惯性张量 $\boldsymbol{I}$ 与所选择的参考坐标系（原点位置和坐标轴方向）直接相关。例如，在某一特殊参考坐标系下，其惯性积可以为零。这时刚体的惯性张量 $\boldsymbol{I}$ 退化成对角阵，所选取的三个特殊坐标轴是 $\boldsymbol{I}$ 的特征向量，称为**惯性主轴**（principal axes of inertia），与 3 个惯性主轴对应的惯性矩称为**主惯性矩**（principal moments of inertia）。例如【例 9-1】中将参考坐标系原点选在质心 C 处时，就满足这种特殊情况，相应的 x、y、z 轴就是惯性主轴；$^{C}\boldsymbol{I}$ 主对角线的三个元素为该刚体的主惯性矩。

事实上，可以证明无论如何选取参考坐标系，刚体的惯性张量 $\boldsymbol{I}$ 一定是对称正定阵，因此总可以对角化。相应地，一种求取惯性主轴和主惯性矩的方法就是求 $\boldsymbol{I}$ 的特征值和特征向量，即

$$\boldsymbol{I}\boldsymbol{u}_i = \lambda_i \boldsymbol{u}_i \quad (i = 1, 2, 3) \tag{9-16}$$

$$\left| \boldsymbol{I} - \lambda_i \boldsymbol{I}_{3\times3} \right| = 0 \tag{9-17}$$

式中，对应的 3 个特征向量 $\boldsymbol{u}_i (i = 1, 2, 3)$ 为惯性主轴，它们相互正交；$\lambda_i (i = 1, 2, 3)$ 为 3 个主惯性矩。读者可通过计算式（9-13）的特征值及特征向量进行验证。

图 9-3 给出了密度均匀的常见刚体的惯性主轴，以及主惯性矩。

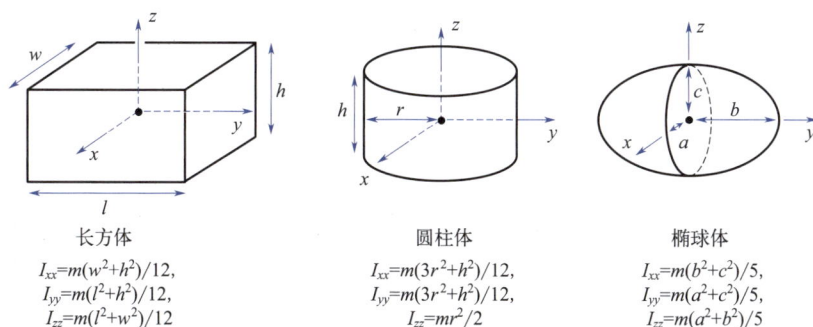

长方体
$I_{xx}=m(w^2+h^2)/12$,
$I_{yy}=m(l^2+h^2)/12$,
$I_{zz}=m(l^2+w^2)/12$

圆柱体
$I_{xx}=m(3r^2+h^2)/12$,
$I_{yy}=m(3r^2+h^2)/12$,
$I_{zz}=mr^2/2$

椭球体
$I_{xx}=m(b^2+c^2)/5$,
$I_{yy}=m(a^2+c^2)/5$,
$I_{zz}=m(a^2+b^2)/5$

图 9-3　均匀密度刚体的惯性主轴以及主惯性矩

刚体惯性张量的几个重要特性总结如下：

① 过刚体质心的坐标系轴是其主轴，对应的惯性积为零，惯性矩为主惯性矩；

② 即使选取的参考坐标系不同，但惯性矩永远为正，而惯性积正负皆有可能；

③ 任意参考坐标系下的惯性张量，其特征值为主惯性矩，对应的特征向量为惯性主轴。

实际工程中，大多数操作臂连杆的几何形状及结构组成比较复杂，难以通过公式对惯性张量进行精确求解。一般使用测量装置（如惯性摆等）来测量每个连杆的惯性矩，而不是通过计算求得。

9.2 操作臂动力学建模

拉格朗日方程是以**能量**观点来研究机械系统的真实运动规律的。理论力学中已经介绍了刚体的拉格朗日方程（第二类拉格朗日方程），这里不再赘述其推导过程，而直接给出拉格朗日方程的一般形式：

$$\frac{\mathrm{d}}{\mathrm{d}t}\left(\frac{\partial L}{\partial \dot{q}_j}\right) - \frac{\partial L}{\partial q_j} = Q_j \qquad j = 1, 2, \cdots, n \tag{9-18}$$

式中　$L = T - U$——拉氏函数，其中 T 为动能，U 为势能；

　　　q_j——广义坐标，这里一般指关节广义位移（线位移或者角位移）；

　　　Q_j——与广义坐标对应的不含势力的广义力，可通过作用在系统上的非保守力所做的虚功来确定，通常指驱动力；

　　　n——自由度数。

利用拉格朗日方程进行机械系统动力学分析，首先应确定机械系统的广义坐标，然后列出系统的动能、势能和广义力的表达式，再代入式（9-18），即可获得机械系统动力学方程。

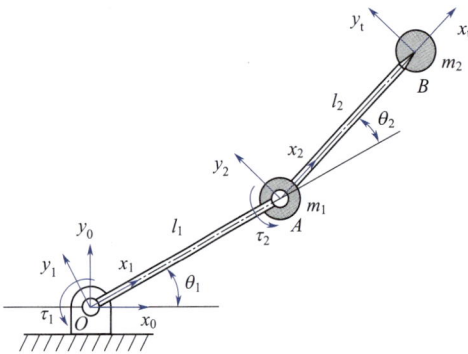

图 9-4　平面 2R 机器人

下面以图 9-4 所示自由运动（末端不受环境力作用）的平面 2R 机器人为例，介绍利用拉格朗日方程建立其动力学方程的过程。

选取 2 个关节转角，即 $\boldsymbol{\theta} = (\theta_1, \theta_2)^{\mathrm{T}}$ 为广义坐标，广义力 $\boldsymbol{\tau}_{\mathrm{f}} = (\tau_1, \tau_2)^{\mathrm{T}}$（注：下标 f 表示自由运动）则与关节力矩向量相对应。因此，该机构的拉格朗日方程可表示为如下形式：

$$\tau_{fi} = \frac{\mathrm{d}}{\mathrm{d}t}\left(\frac{\partial L}{\partial \dot{\theta}_i}\right) - \frac{\partial L}{\partial \theta_i}, \quad i = 1, 2 \tag{9-19}$$

式中，拉氏函数 $L = T - U$。

该机器人在 xy 平面内移动，重力 g 沿 y 方向。在推导该机器人的动力学方程之前，必须明晰机构中所有杆的质量及惯性特性。为简化起见，将两个杆均看作是位于**各杆末端**的集中质量（即各杆的质心在其末端）。

杆 1 质心的位置和速度

$$\begin{pmatrix} x_1 \\ y_1 \end{pmatrix} = \begin{pmatrix} l_1\,\mathrm{c}\,\theta_1 \\ l_1\,\mathrm{s}\,\theta_1 \end{pmatrix}$$

$$\begin{pmatrix} \dot{x}_1 \\ \dot{y}_1 \end{pmatrix} = \begin{pmatrix} -l_1\,\mathrm{s}\,\theta_1 \\ l_1\,\mathrm{c}\,\theta_1 \end{pmatrix} \dot{\theta}_1$$

杆 2 质心的位置和速度

$$\begin{pmatrix} x_2 \\ y_2 \end{pmatrix} = \begin{pmatrix} l_1\,\mathrm{c}\,\theta_1 + l_2\,\mathrm{c}\,\theta_{12} \\ l_1\,\mathrm{s}\,\theta_1 + l_2\,\mathrm{s}\,\theta_{12} \end{pmatrix}$$

$$\begin{pmatrix} \dot{x}_2 \\ \dot{y}_2 \end{pmatrix} = \begin{pmatrix} -l_1\,\mathrm{s}\,\theta_1 - l_2\,\mathrm{s}\,\theta_{12} & -l_2\,\mathrm{s}\,\theta_{12} \\ l_1\,\mathrm{c}\,\theta_1 + l_2\mathrm{c}\,\theta_{12} & l_2\mathrm{c}\,\theta_{12} \end{pmatrix} \begin{pmatrix} \dot{\theta}_1 \\ \dot{\theta}_2 \end{pmatrix}$$

因此，两杆的动能项分别为

$$T_1 = \frac{1}{2} m_1 (\dot{x}_1^2 + \dot{y}_1^2) = \frac{1}{2} m_1 l_1^2 \dot{\theta}_1^2$$

$$T_2 = \frac{1}{2} m_2 (\dot{x}_2^2 + \dot{y}_2^2) = \frac{1}{2} m_2 \left[(l_1^2 + 2l_1 l_2 \, \text{c}\,\theta_2 + l_2^2) \dot{\theta}_1^2 + 2(l_2^2 + 2l_1 l_2 \, \text{c}\,\theta_2) \dot{\theta}_1 \dot{\theta}_2 + l_2^2 \dot{\theta}_2^2 \right]$$

两杆的势能项分别为

$$U_1 = m_1 g y_1 = m_1 g l_1 \, \text{s}\,\theta_1$$

$$U_2 = m_2 g y_2 = m_2 g (l_1 \, \text{s}\,\theta_1 + l_2 \, \text{s}\,\theta_{12})$$

将以上各式代入式（9-19），可得

$$
\begin{aligned}
\tau_1 &= \left[m_1 l_1^2 + m_2 (l_1^2 + 2l_1 l_2 \, \text{c}\,\theta_2 + l_2^2) \right] \ddot{\theta}_1 + m_2 (l_1 l_2 \, \text{c}\,\theta_2 + l_2^2) \ddot{\theta}_2 - m_2 l_1 l_2 (2\dot{\theta}_1 \dot{\theta}_2 + \dot{\theta}_2^2) \, \text{s}\,\theta_2 \\
&\quad + (m_1 + m_2) g l_1 \, \text{c}\,\theta_1 + m_2 g l_2 \, \text{c}\,\theta_{12} \\
\tau_2 &= m_2 (l_1 l_2 \, \text{c}\,\theta_2 + l_2^2) \ddot{\theta}_1 + m_2 l_2^2 \ddot{\theta}_2 + m_2 l_1 l_2 \dot{\theta}_1^2 \, \text{s}\,\theta_2 + m_2 g l_2 \, \text{c}\,\theta_{12}
\end{aligned}
\tag{9-20}
$$

将式（9-20）写成矩阵的形式：

$$\boldsymbol{\tau}_f = \boldsymbol{M}(\boldsymbol{\theta}) \ddot{\boldsymbol{\theta}} + \boldsymbol{V}(\boldsymbol{\theta}, \dot{\boldsymbol{\theta}}) \dot{\boldsymbol{\theta}} + \boldsymbol{G}(\boldsymbol{\theta}) \tag{9-21}$$

式中，$\boldsymbol{\tau}_f = (\tau_1, \tau_2)^{\text{T}}$ 为广义力矢量；$\ddot{\boldsymbol{\theta}} = (\ddot{\theta}_1, \ddot{\theta}_2)^{\text{T}}$ 和 $\dot{\boldsymbol{\theta}} = (\dot{\theta}_1, \dot{\theta}_2)^{\text{T}}$ 均为关节向量；$\boldsymbol{M}(\boldsymbol{\theta}) = \begin{pmatrix} m_1 l_1^2 + m_2 (l_1^2 + 2l_1 l_2 \, \text{c}\,\theta_2 + l_2^2) & m_2 (l_1 l_2 \, \text{c}\,\theta_2 + l_2^2) \\ m_2 (l_1 l_2 \, \text{c}\,\theta_2 + l_2^2) & m_2 l_2^2 \end{pmatrix}$ 是广义质量矩阵；$\boldsymbol{V}(\boldsymbol{\theta}, \dot{\boldsymbol{\theta}}) = \begin{pmatrix} 0 & -m_2 l_1 l_2 (2\dot{\theta}_1 + \dot{\theta}_2) \, \text{s}\,\theta_2 \\ m_2 l_1 l_2 \dot{\theta}_1 \, \text{s}\,\theta_2 & 0 \end{pmatrix}$ 是科氏力与离心力的耦合矩阵；$\boldsymbol{G}(\boldsymbol{\theta}) = \begin{pmatrix} (m_1 + m_2) g l_1 \, \text{c}\,\theta_1 + m_2 g l_2 \, \text{c}\,\theta_{12} \\ m_2 g l_2 \, \text{c}\,\theta_{12} \end{pmatrix}$ 是包含重力矩的列向量。

以上即为利用拉格朗日法求得的平面 2R 机器人动力学方程。

将上述建模思想扩展到一般情况。假设某一串联机器人动力学的拉格朗日函数：

$$L(\boldsymbol{\theta}, \dot{\boldsymbol{\theta}}) = T(\boldsymbol{\theta}, \dot{\boldsymbol{\theta}}) - U(\boldsymbol{\theta}) \tag{9-22}$$

式中，$T(\boldsymbol{\theta}, \dot{\boldsymbol{\theta}})$ 为系统的动能；$U(\boldsymbol{\theta})$ 为系统的势能；$\boldsymbol{\theta}$ 为关节位移矢量。

基于拉格朗日函数的动力学方程为

$$\frac{\text{d}}{\text{d}t} \left(\frac{\partial L}{\partial \dot{\boldsymbol{\theta}}} \right) - \frac{\partial L}{\partial \boldsymbol{\theta}} = \boldsymbol{\tau}_f \tag{9-23}$$

式中，$\boldsymbol{\tau}_f$ 为仅考虑惯量和重力的关节驱动力矢量。

$$\frac{\text{d}}{\text{d}t} \left(\frac{\partial T}{\partial \dot{\boldsymbol{\theta}}} \right) - \frac{\partial T}{\partial \boldsymbol{\theta}} + \frac{\partial U}{\partial \boldsymbol{\theta}} = \boldsymbol{\tau}_f \tag{9-24}$$

单个连杆的动能可表示成

$$T_i = \frac{1}{2} m_i \boldsymbol{v}_{ci}^{\text{T}} \boldsymbol{v}_{ci} + \frac{1}{2} {}^i \boldsymbol{\omega}_i^{\text{T}} \, {}^C_i \boldsymbol{I}_i \, {}^i \boldsymbol{\omega}_i \tag{9-25}$$

上式右边的第一项为基于连杆质心线速度的移动动能，第二项为连杆角速度的转动动能。

对**第6章**串联机器人速度雅可比公式进行分解，可得

$$v_{ci} = {}^{i}J_{v}\dot{\theta} , \quad \omega_{i} = {}^{i}J_{\omega}\dot{\theta} \tag{9-26}$$

式中，${}^{i}J_{v}$ 为构件 i 质心线速度对应的速度雅可比；${}^{i}J_{\omega}$ 为构件 i 角速度对应的速度雅可比。

将式（9-26）代入式（9-25）中，得

$$T_{i} = \frac{1}{2}m_{i}v_{ci}^{\mathrm{T}}v_{ci} + \frac{1}{2}\omega_{i}^{\mathrm{T}}\,{}^{C}I_{i}\,\omega_{i} = \frac{1}{2}\dot{\theta}^{\mathrm{T}}\left(m_{i}\,{}^{i}J_{v}^{\mathrm{T}}\,{}^{i}J_{v} + {}^{i}J_{\omega}^{\mathrm{T}}\,{}^{C}I_{i}\,{}^{i}J_{\omega}\right)\dot{\theta} = \frac{1}{2}\dot{\theta}^{\mathrm{T}}M_{i}\dot{\theta} \tag{9-27}$$

式中，M_{i} 为构件 i 的**广义质量矩阵**（generalized mass matrix）。

因此，机器人系统的总动能可以写成

$$T = \sum_{i=1}^{n}T_{i} = \sum_{i=1}^{n}\left(\frac{1}{2}\dot{\theta}^{\mathrm{T}}M_{i}\dot{\theta}\right) = \frac{1}{2}\dot{\theta}^{\mathrm{T}}M\dot{\theta} \tag{9-28}$$

式中，$M = \sum_{i=1}^{n}M_{i}$ 为系统的广义质量矩阵或**广义惯性矩阵**（generalized inertia matrix，$n\times n$ 阶），是一对称正定阵，其各元素是 θ 的函数，而系统动能 T 是 θ 和 $\dot{\theta}$ 的函数。

对比质点的动能表达式

$$T = \frac{1}{2}mv^{2} = \frac{1}{2}v^{\mathrm{T}}mv$$

可以发现，机器人这一类多刚体机械系统的动能表达式在形式上与之非常类似。

再来计算单个连杆的势能。为此需要定义一个零势能参考面（通常选基坐标系 {0} 作为零势能参考面），每个连杆的势能增量是重力做功的负值，即

$$U_{i} = -W_{G} = -m_{i}g^{\mathrm{T}}r_{ci} \tag{9-29}$$

式中，g 表示重力加速度矢量，其取值与基坐标系定义有关，例如，对图9-4所示的坐标系定义，$g = (0, -g, 0)^{\mathrm{T}}$；$r_{ci}$ 为第 i 个连杆的质心相对 {0} 原点的位置矢量，并在 {0} 中表达，它是关节位置矢量 θ 的函数。

因此，机器人系统的总势能可以写成

$$U = \sum_{i=1}^{n}U_{i} = \sum_{i=1}^{n}\left(-m_{i}g^{\mathrm{T}}r_{ci}\right) \tag{9-30}$$

将式（9-28）与式（9-30）代入式（9-24）中，可得到如下形式的动力学方程：

$$\tau_{\mathrm{f}} = M(\theta)\ddot{\theta} + V(\theta, \dot{\theta})\dot{\theta} + G(\theta) \tag{9-31}$$

- $M(\theta)\ddot{\theta}$ 为惯性力项，反映了关节加速度对关节驱动力/力矩的影响。其中，$M(\theta)$ 的对角线元素代表机器人的有效惯量，非对角元素代表耦合惯量，它们均随机器人的位形变化而变化，同时跟负载也有关，变化范围大，对机器人的控制影响很大。因此，对于控制而言，得到 $M(\theta)$ 中各元素的表达式至关重要。

- $V(\theta, \dot{\theta})\dot{\theta}$ 为科氏力项与离心力项的耦合，反映了关节线速度耦合及其角加速度对关节

驱动力 / 力矩的影响，$V(\theta, \dot{\theta})$ 为 $n \times n$ 阶矩阵。

- $G(\theta)$ 为重力项，反映了各杆重力对关节驱动力的影响，为 $n \times 1$ 阶列向量。

上式为无末端接触力的关节驱动力通式。其中，τ_f 表示为平衡机器人自身惯性力、耦合力和重力所需的关节驱动力（力矩）。

如果末端与环境有接触力 F_e（下标 e 表示环境），则可根据静力分析中的结论，计算末端接触力对应的关节负载 τ_e，即满足

$$\tau_e = J^T F_e \tag{9-32}$$

式中，J 表示速度雅可比；J^T 表示静力雅可比。

关节总的驱动力 τ 可通过下式来计算：

$$\tau = \tau_f + \tau_e \tag{9-33}$$

由此得到机器人与环境有接触力时的动力学方程：

$$\tau = M(\theta)\ddot{\theta} + V(\theta, \dot{\theta})\dot{\theta} + G(\theta) + J^T F_e \tag{9-34}$$

由于 θ 和 $\dot{\theta}$ 是在关节空间描述的，故式（9-31）或式（9-34）也称为**关节空间动力学方程**。如果将 θ 和 $\dot{\theta}$ 当成状态变量，则式（9-31）或式（9-34）又可称为**状态空间动力学方程**。

下面再小结一下**拉格朗日形式的关节空间机器人动力学方程求解过程**：

① 选取广义坐标；

② 计算系统的动能；

③ 计算系统的势能；

④ 构造第二类拉格朗日函数（只适用于完整约束系统）；

⑤ 以关节驱动力为广义力，构造拉格朗日动力学方程，求解仅考虑惯量和重力的关节驱动力矢量 τ_f；

⑥ 计算末端环境接触力 F_e 对应的关节静负载 τ_e；

⑦ 最终的关节驱动力 $\tau = \tau_f + \tau_e$。

例 9-2

已知一平面 RP 操作臂，如图 9-5 所示。假设每根杆的质心都位于杆的末端，质量分别为 m_1 和 m_2，连杆 1 的质心到转动关节 1 转轴的距离为 l_1，连杆 2 的质心到关节 1 转轴的距离为 d_2。各连杆的惯性张量为

$$^C I_i = \begin{pmatrix} I_{ixx} & 0 & 0 \\ 0 & I_{iyy} & 0 \\ 0 & 0 & I_{izz} \end{pmatrix} \quad i = 1, 2$$

试利用拉格朗日法建立该操作臂的动力学方程。

解：该操作臂做 2 自由度的空间运动。为此，选取广义坐标 $\theta = (\theta_1, d_2)^T$，广义力 $\tau_f = (\tau_1, f_2)^T$。

杆 1 质心的位置和线速度：

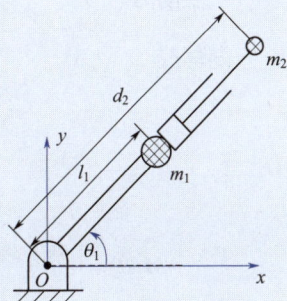

图 9-5 平面 RP 操作臂

$$\begin{pmatrix} x_1 \\ y_1 \end{pmatrix} = \begin{pmatrix} l_1 \operatorname{c} \theta_1 \\ l_1 \operatorname{s} \theta_1 \end{pmatrix} \qquad \begin{pmatrix} \dot{x}_1 \\ \dot{y}_1 \end{pmatrix} = \begin{pmatrix} -l_1 \operatorname{s} \theta_1 \\ l_1 \operatorname{c} \theta_1 \end{pmatrix} \dot{\theta}_1$$

杆 2 质心的位置和线速度：

$$\begin{pmatrix} x_2 \\ y_2 \end{pmatrix} = \begin{pmatrix} d_2 \operatorname{c} \theta_1 \\ d_2 \operatorname{s} \theta_1 \end{pmatrix} \qquad \begin{pmatrix} \dot{x}_2 \\ \dot{y}_2 \end{pmatrix} = \begin{pmatrix} -d_2 \operatorname{s} \theta_1 & \operatorname{c} \theta_1 \\ d_2 \operatorname{c} \theta_1 & \operatorname{s} \theta_1 \end{pmatrix} \begin{pmatrix} \dot{\theta}_1 \\ \dot{d}_2 \end{pmatrix}$$

因此，两杆的动能项分别为

$$T_1 = \frac{1}{2} m_1 (\dot{x}_1^2 + \dot{y}_1^2) + \frac{1}{2} I_{1zz} \dot{\theta}_1^2 = \frac{1}{2} m_1 l_1^2 \dot{\theta}_1^2 + \frac{1}{2} I_{1zz} \dot{\theta}_1^2$$

$$T_2 = \frac{1}{2} m_2 (\dot{x}_2^2 + \dot{y}_2^2) + \frac{1}{2} I_{2yy} \dot{\theta}_1^2 = \frac{1}{2} m_2 (d_2^2 \dot{\theta}_1^2 + \dot{d}_2^2) + \frac{1}{2} I_{2yy} \dot{\theta}_1^2$$

注意：连杆坐标系 {2} 的坐标轴方向与 {1} 不同。

两杆的势能项分别为

$$U_1 = m_1 g l_1 \operatorname{s} \theta_1$$
$$U_2 = m_2 g d_2 \operatorname{s} \theta_1$$

因此，系统的总动能：

$$T(\boldsymbol{\theta}, \dot{\boldsymbol{\theta}}) = \sum_{i=1}^{2} T_i = \frac{1}{2} (m_1 l_1^2 + I_{1zz} + I_{2yy} + m_2 d_2^2) \dot{\theta}_1^2 + \frac{1}{2} m_2 \dot{d}_2^2$$

系统的总势能：

$$U(\boldsymbol{\theta}) = \sum_{i=1}^{2} U_i = g(m_1 l_1 + m_2 d_2) \operatorname{s} \theta_1$$

代入式（9-24），并化简得

$$\begin{cases} \tau_1 = (m_1 l_1^2 + I_{1zz} + I_{2yy} + m_2 d_2^2) \ddot{\theta}_1 + 2 m_2 d_2 \dot{\theta}_1 \dot{d}_2 + (m_1 l_1 + m_2 d_2) g \operatorname{c} \theta_1 \\ f_2 = m_2 \ddot{d}_2 - m_2 d_2 \dot{\theta}_1^2 + m_2 g \operatorname{s} \theta_1 \end{cases}$$

写成矩阵的形式：

$$\begin{pmatrix} \tau_1 \\ f_2 \end{pmatrix} = \underbrace{\begin{pmatrix} m_1 l_1^2 + I_{1zz} + I_{2yy} + m_2 d_2^2 & 0 \\ 0 & m_2 \end{pmatrix}}_{} \begin{pmatrix} \ddot{\theta}_1 \\ \ddot{d}_2 \end{pmatrix} + \underbrace{\begin{pmatrix} 2 m_2 d_2 \dot{\theta}_1 \dot{d}_2 \\ -m_2 d_2 \dot{\theta}_1^2 \end{pmatrix}}_{} + \underbrace{\begin{pmatrix} (m_1 l_1 + m_2 d_2) g \operatorname{c} \theta_1 \\ m_2 g \operatorname{s} \theta_1 \end{pmatrix}}_{}$$

驱动力　　　　　　惯性力项　　　　　　科氏力+离心力项　　　重力项

简写成

$$\boldsymbol{\tau}_f = \boldsymbol{M}(\boldsymbol{\theta}) \ddot{\boldsymbol{\theta}} + \boldsymbol{V}(\boldsymbol{\theta}, \dot{\boldsymbol{\theta}}) \dot{\boldsymbol{\theta}} + \boldsymbol{G}(\boldsymbol{\theta})$$

式中，

$$\boldsymbol{M}(\boldsymbol{\theta}) = \begin{pmatrix} m_1 l_1^2 + I_{1zz} + I_{2yy} + m_2 d_2^2 & 0 \\ 0 & m_2 \end{pmatrix}, \quad \boldsymbol{V}(\boldsymbol{\theta}, \dot{\boldsymbol{\theta}}) = \begin{pmatrix} 0 & 2 m_2 d_2 \dot{\theta}_1 \\ -m_2 d_2 \dot{\theta}_1 & 0 \end{pmatrix},$$

$$\boldsymbol{G}(\boldsymbol{\theta}) = \begin{pmatrix} (m_1 l_1 + m_2 d_2) g \operatorname{c} \theta_1 \\ m_2 g \operatorname{s} \theta_1 \end{pmatrix} 。$$

例 9-3

已知一平面 RP 操作臂，如图 9-5 所示。假设每根杆的质量都集中于末端，且 m_1=10kg，m_2=5kg，l_1=1m，d_2 为 1 ～ 2m。关节 1 的最大角速度 $\dot{\theta}_{1\max}=1\,\mathrm{rad/s}$，最大角加速度 $\ddot{\theta}_{1\max}=1\,\mathrm{rad/s}^2$；关节 2 的最大速度 $v_{2\max}=1\,\mathrm{m/s}$，最大加速度 $a_{2\max}=2\,\mathrm{m/s}^2$。试计算以下两种情况下的关节驱动力 / 力矩。

（1）手臂伸长至最长，计算从垂直位置到水平位置，两个关节均为最大速度时，关节 1 的驱动力矩；

（2）手臂缩至最短，两个关节均以最大加速度启动，计算在垂直与水平两个位置，关节 1 和 2 的驱动力 / 力矩。

解：利用拉格朗日法建立该操作臂的动力学方程，过程同【例 9-2】。

取 $\boldsymbol{\theta}=(\theta_1, d_2)^{\mathrm{T}}$ 为广义坐标，广义力 $\boldsymbol{\tau}_{\mathrm{f}}=(\tau_1, f_2)^{\mathrm{T}}$ 则与关节力矩相对应。

考虑到各连杆质量集中在一点，各杆相对质心坐标系的惯性张量可忽略不计，即

$$^{C}\boldsymbol{I}_i = \boldsymbol{0} \quad (i = 1, 2)$$

因此，两杆的动能项（只有移动项）分别为

$$T_1 = \frac{1}{2}m_1(\dot{x}_1^2 + \dot{y}_1^2) = \frac{1}{2}m_1 l_1^2 \dot{\theta}_1^2$$

$$T_2 = \frac{1}{2}m_2(\dot{x}_2^2 + \dot{y}_2^2) = \frac{1}{2}m_2(d_2^2\dot{\theta}_1^2 + \dot{d}_2^2)$$

两杆的势能项分别为

$$U_1 = m_1 g l_1 \,\mathrm{s}\,\theta_1$$

$$U_2 = m_2 g d_2 \,\mathrm{s}\,\theta_1$$

将以上各式代入式（9-24），可得

$$\begin{cases} \tau_1 = (m_1 l_1^2 + m_2 d_2^2)\ddot{\theta}_1 + 2m_2 d_2 \dot{\theta}_1 \dot{d}_2 + (m_1 l_1 + m_2 d_2)g\,\mathrm{c}\,\theta_1 \\ f_2 = m_2 \ddot{d}_2 - m_2 d_2 \dot{\theta}_1^2 + m_2 g\,\mathrm{s}\,\theta_1 \end{cases} \tag{9-35}$$

写成矩阵的形式：

$$\boldsymbol{\tau}_{\mathrm{f}} = \boldsymbol{M}(\boldsymbol{\theta})\ddot{\boldsymbol{\theta}} + \boldsymbol{V}(\boldsymbol{\theta}, \dot{\boldsymbol{\theta}})\dot{\boldsymbol{\theta}} + \boldsymbol{G}(\boldsymbol{\theta})$$

式中，

$$\boldsymbol{M}(\boldsymbol{\theta}) = \begin{pmatrix} m_1 l_1^2 + m_2 d_2^2 & 0 \\ 0 & m_2 \end{pmatrix}, \quad \boldsymbol{V}(\boldsymbol{\theta}, \dot{\boldsymbol{\theta}}) = \begin{pmatrix} 0 & 2m_2 d_2 \dot{\theta}_1 \\ -m_2 d_2 \dot{\theta}_1 & 0 \end{pmatrix},$$

$$\boldsymbol{G}(\boldsymbol{\theta}) = \begin{pmatrix} (m_1 l_1 + m_2 d_2)g\,\mathrm{c}\,\theta_1 \\ m_2 g\,\mathrm{s}\,\theta_1 \end{pmatrix}。$$

对于情况（1），对应的各参数如下：

$$\begin{cases} \theta_1: \quad \pi/2 \to 0, \quad \dot{\theta}_1 = \dot{\theta}_{1\max} = 1, \quad \ddot{\theta}_1 = 0 \\ d_2: \quad d_2 = 2, \quad \dot{d}_2 = \dot{d}_{2\max} = 1, \quad \ddot{d}_2 = 0 \end{cases}$$

将上述及已知参数代入式（9-35），得

$$\tau_1 = 20+196\cos\theta$$

绘制关节 1 的驱动力矩变化曲线图（图 9-6）。由图可知，关节 1 从垂直位置运动到水平位置的过程中，驱动力矩发生显著变化，且逐渐增大（从初始值 20 增大到终值 216）。相比较而言，重力影响更大些（第 2 项）。

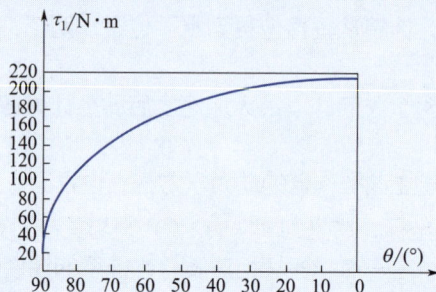

图 9-6　关节 1 的驱动力矩随角度变化的曲线图

对于情况（2），对应的各参数如下：

$$\text{垂直时，} \begin{cases} \theta_1: & \theta_1 = 90°, \quad \dot\theta_1 = 0, \quad \ddot\theta_1 = \ddot\theta_{1\max} = 1 \\ d_2: & d_2 = 1, \quad \dot d_2 = 0, \quad \ddot d_2 = \dot d_{2\max} = 2 \end{cases}$$

$$\text{水平时，} \begin{cases} \theta_1: & \theta_1 = 0°, \quad \dot\theta_1 = 0, \quad \ddot\theta_1 = \ddot\theta_{1\max} = 1 \\ d_2: & d_2 = 1, \quad \dot d_2 = 0, \quad \ddot d_2 = \ddot d_{2\max} = 2 \end{cases}$$

将上述及已知参数代入式（9-35），得

$$\begin{cases} \tau_1 = 30+147\cos\theta \\ f_2 = 10+49\sin\theta \end{cases}$$

因此，在垂直位置时，$\tau_1 = 30\text{N}\cdot\text{m}$，$f_2 = 10\text{N}$；在水平位置时，$\tau_1 = 177\text{N}\cdot\text{m}$，$f_2 = 59\text{N}$。

由以上数据可知：

① 对该 RP 操作臂而言，施加给关节 1 的驱动力矩要大于关节 2 的驱动力，主要原因在于杆 2 本质上也是杆 1 的负载。这也解释了为什么工业机器人离基座最近的关节电机（功率）一般要大于其他关节电机。

② 重力负载对关节驱动的影响变化显著，水平位置时影响最大，垂直位置时影响最小（为 0）。重力负载的这种显著影响也势必影响到机器人的控制精度。为消除这种影响，工业机器人的设计中会采用**重力补偿**，常见的方法包括：用平衡块或弹簧缸来补偿靠近基座关节（第 1 关节）的重力。

9.3　操作臂驱动空间的动力学模型

（1）摩擦与传动比的影响

在真实系统中，运动副和传动系统引入的**摩擦**（friction）往往不能忽略。因此，需要在式（9-34）的基础上增加一个摩擦项，得到包含摩擦和环境接触力的关节空间动力学方程：

$$\boldsymbol{\tau} = \boldsymbol{M}(\boldsymbol{\theta})\ddot{\boldsymbol{\theta}} + \boldsymbol{V}(\boldsymbol{\theta}, \dot{\boldsymbol{\theta}})\dot{\boldsymbol{\theta}} + \boldsymbol{F}_{\mathrm{f}}(\dot{\boldsymbol{\theta}}) + \boldsymbol{G}(\boldsymbol{\theta}) + \boldsymbol{J}^{\mathrm{T}}\boldsymbol{F}_{\mathrm{e}} \tag{9-36}$$

式中，$\boldsymbol{F}_{\mathrm{f}}(\dot{\boldsymbol{\theta}})$ 为 $n \times 1$ 阶关节摩擦力矢量。

在工程上，通常采用如图 9-7 所示的简化模型来描述单个关节的摩擦力，图中变量均为标量。当关节速度为零时，摩擦力 f_{f} 表现为静摩擦力 f_{fs}，方向与运动趋势相反；当关节克服最大静摩擦力发生运动后，摩擦力快速降低，并转换为动摩擦。此时，动摩擦力是与速度方向相反、大小与关节速度呈近似线性的**黏滞摩擦力**（viscous friction）。

描述黏滞摩擦力与速度关系的斜线通常不通过零点，而是在坐标轴有一个偏移量。该偏移量称为**库仑摩擦力**（Coulomb friction）。由于库仑摩擦力也与运动方向有关，因此，最终的摩擦力曲线关于速度坐标轴上下对称。

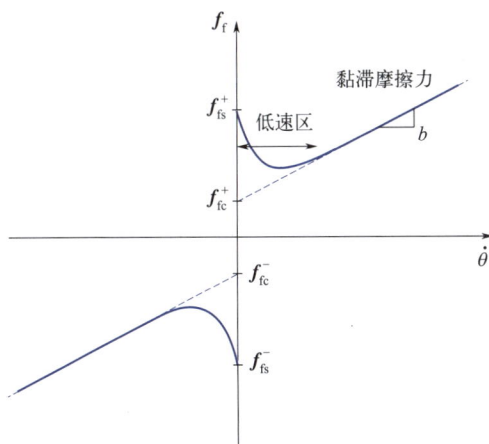

图 9-7　典型的关节摩擦力模型

对于低速段，常用线性黏滞摩擦力模型近似，即图 9-7 中的虚线部分。由此，可得关节摩擦力的数学模型为

$$\boldsymbol{F}_{\mathrm{f}}(\dot{\boldsymbol{\theta}}) = \begin{cases} \boldsymbol{\tau} - \boldsymbol{\tau}_{\mathrm{e}} - \boldsymbol{\tau}_{\mathrm{g}} & |\dot{\boldsymbol{\theta}}| = 0 \\ \boldsymbol{B}\dot{\boldsymbol{\theta}} + \boldsymbol{F}_{\mathrm{fc}} & |\dot{\boldsymbol{\theta}}| > 0 \end{cases} \qquad \boldsymbol{F}_{\mathrm{fc}} = \begin{cases} \boldsymbol{0} & |\dot{\boldsymbol{\theta}}| = 0 \\ \boldsymbol{F}_{\mathrm{fc}}^{+} & |\dot{\boldsymbol{\theta}}| > 0 \\ \boldsymbol{F}_{\mathrm{fc}}^{-} & |\dot{\boldsymbol{\theta}}| < 0 \end{cases} \tag{9-37}$$

式中，$\boldsymbol{\tau}_{\mathrm{e}}$ 和 $\boldsymbol{\tau}_{\mathrm{g}}$ 分别平衡环境接触力和重力所需的关节驱动力；$\boldsymbol{F}_{\mathrm{fc}}$ 为库仑摩擦力；$\boldsymbol{B}$ 为阻尼系数。

如果忽略库仑摩擦力的影响，则摩擦力模型可进一步简化为

$$F_f(\dot{\theta}) = \begin{cases} \tau - \tau_e - \tau_g & |\dot{\theta}| = 0 \\ B\dot{\theta} & |\dot{\theta}| > 0 \end{cases} \tag{9-38}$$

更进一步，当关节速度为零时，式（9-36）退化成静力学方程，即式（9-38）的第一项。此时，静摩擦力可根据重力、接触力和关节驱动力进行计算。如果关节速度不为零，则根据式（9-38）中的第二项计算动摩擦力。

将式（9-38）的第二项代入式（9-36），得出运动状态下考虑动摩擦力的关节空间动力学方程

$$\tau = M(\theta)\ddot{\theta} + V(\theta, \dot{\theta})\dot{\theta} + B\dot{\theta} + G(\theta) + J^T F_e \tag{9-39}$$

式中，B 为各关节阻尼系数矩阵，是一个对角阵。

机器人控制系统的直接控制对象是关节驱动器，而驱动器与关节之间通常存在传动机构。因此，有必要针对驱动器建立动力学方程，即驱动空间动力学方程。驱动器与传动机构的形式多种多样，其中电机与减速器的组合最为常用，**第 3 章**已对该主题进行了讨论，这里直接利用相关结论。

假设电机转子惯量为 I_r，负载惯量为 I_l，电机转子侧的总等效转动惯量为 I_m，从减速器的输出端考察的关节空间总等效惯量 I 满足

$$I = n^2 I_m, \quad I_m = I_r + \frac{1}{n^2} I_l \tag{9-40}$$

操作臂中常用伺服电机的转子惯量通常很小。如果忽略电机转子惯量，可以认为操作臂某关节 i 的负载惯量 I_{li} 就是操作臂广义质量矩阵 $M(\theta)$ 中的元素 m_{ii}。我们知道，m_{ii} 会随机器人位形发生变化。有时，这种变化会非常大。例如，PUMA 机器人腰关节负载惯量的最大与最小值之比可以达到 2.16。这显然不利于电机速度控制器的设计。引入了减速器后，负载惯量以原值的 $1/n^2$ 等效到电机转子上，极大地减小了电机总等效惯量的波动，提高了控制算法的适应性。

对于阻尼系数，也存在类似的等效关系：

$$B = n^2 B_m, \quad B_m = B_r + B_l / n^2 \tag{9-41}$$

式中，B_m 为电机转子侧的总等效阻尼系数；B_l 为负载端阻尼系数；B_r 为电机转子阻尼系数；B 为关节空间总等效阻尼系数。

当电机转子惯量和阻尼不可忽略时，需要根据式（9-40）和式（9-41）计算关节空间的总等效惯量和等效阻尼。

例 9-4

如图 9-4 所示的平面 2R 操作臂中，在关节 O 和 A 处分别安装有伺服电机（连同减速器），分别产生驱动力矩 τ_1、τ_2 带动操作臂运动。两个臂长分别为 $l_1 = l_2 = 1m$，两臂的自重不计，A 处的伺服电机及减速器假定为集中质量 $m_1 = 2kg$，B 处末端夹持器连同重物的质量为 $m_2 = 4kg$，且考虑在无重力环境中运动。两关节所用电机和减速器相同，且电机转子惯量相等 $I_{m1} = I_{m2} = 0.002kg \cdot m^2$，当传动比分别取 $n_1 = n_2 = 10$ 和 $n_1 = n_2 = 100$ 时，试计算关节空间广义质量矩阵 M 中各元素。

解：本节开始已给出了该操作臂的动力学模型（忽略掉重力项），重写如下：

$$\begin{pmatrix} M_{11} & M_{12} \\ M_{21} & M_{22} \end{pmatrix}\begin{pmatrix} \ddot{\theta}_1 \\ \ddot{\theta}_2 \end{pmatrix} + \begin{pmatrix} 0 & V_{12} \\ V_{21} & 0 \end{pmatrix}\begin{pmatrix} \dot{\theta}_1 \\ \dot{\theta}_2 \end{pmatrix} = \begin{pmatrix} \tau_1 \\ \tau_2 \end{pmatrix}$$

代入已知参数，可得

$$M_{11} = 10 + 8\mathrm{c}\theta_2 , \quad M_{12} = M_{21} = 4 + 4\mathrm{c}\theta_2 , \quad M_{22} = 4 , \quad V_{12} = -8\dot{\theta}_1\mathrm{s}\theta_2 - 4\dot{\theta}_2\mathrm{s}\theta_2 ,$$

$$V_{21} = 4\dot{\theta}_1\mathrm{s}\theta_2 。$$

由此得到连杆转动惯量为零时的等效质量矩阵

$$\boldsymbol{M} = \begin{pmatrix} M_{11} & M_{12} \\ M_{21} & M_{22} \end{pmatrix} = \begin{pmatrix} 10 + 8\mathrm{c}\theta_2 & 4 + 4\mathrm{c}\theta_2 \\ 4 + 4\mathrm{c}\theta_2 & 4 \end{pmatrix} \tag{9-42}$$

根据拉格朗日方程，当考虑电机转子惯量时，其动能将出现以下新增项：

$$T_{新增} = \frac{1}{2}I_{m1}\dot{\theta}_{m1}^2 + \frac{1}{2}I_{m2}\dot{\theta}_1^2 + \frac{1}{2}I_{m2}\dot{\theta}_{m2}^2 = \frac{1}{2}I_1\dot{\theta}_1^2 + \frac{1}{2}I_{m2}\dot{\theta}_1^2 + \frac{1}{2}I_2\dot{\theta}_2^2$$

式中，$\dot{\theta}_{m1}$、$\dot{\theta}_{m2}$ 为关节 1、2 的电机转子转速；I_1、I_2 为两个连杆的总等效转动惯量，且

$$I_1 = I_{m1}n^2$$
$$I_2 = I_{m2}n^2$$

根据拉格朗日方程，得到与加速度相关的两个关节转矩新增项分别为

$$\tau_{1新增} = (I_1 + I_{m2})\ddot{\theta}_1$$
$$\tau_{2新增} = I_2\ddot{\theta}_2$$

因此，式（9-42）中各元素也会出现对应的新增项，即

$$\boldsymbol{M} = \begin{pmatrix} M_{11} + I_1 + I_{m2} & M_{12} \\ M_{21} & M_{22} + I_2 \end{pmatrix} = \begin{pmatrix} 10 + 8\mathrm{c}\theta_2 + I_1 + I_{m2} & 4 + 4\mathrm{c}\theta_2 \\ 4 + 4\mathrm{c}\theta_2 & 4 + I_2 \end{pmatrix} \tag{9-43}$$

当 $n=10$ 时，

$$I_1 = I_2 = 0.2\mathrm{kg} \cdot \mathrm{m}^2$$

$$\boldsymbol{M} = \begin{pmatrix} 10.2 + 8\mathrm{c}\theta_2 & 4 + 4\mathrm{c}\theta_2 \\ 4 + 4\mathrm{c}\theta_2 & 4.2 \end{pmatrix}$$

当 $n=100$ 时，

$$I_1 = I_2 = 20\mathrm{kg} \cdot \mathrm{m}^2$$

$$\boldsymbol{M} = \begin{pmatrix} 30 + 8\mathrm{c}\theta_2 & 4 + 4\mathrm{c}\theta_2 \\ 4 + 4\mathrm{c}\theta_2 & 24 \end{pmatrix}$$

从【例 9-4】可知，当传动比变大时，某关节 i 的惯量越来越受电机转子惯量的影响，具

体表现为两个方面：①关节 i 所需力矩变得更加依赖于 $\ddot{\theta}_i$，而更少受其他关节加速度的影响，等效质量矩阵变得更加对角化，即关节间的耦合相对减小；②等效质量矩阵各元素受位形变化的影响相对减小。这也是大多数工业机器人的关节驱动电机采用大传动比减速器的原因。但是，当电机功率和额定转速一定时，大传动比会造成关节速度的降低，影响机器人的快速性。

（2）驱动空间动力学方程

在控制中，最终关注的是关节驱动器的输出负载，因此，有必要考察如何将式（9-39）转换到驱动空间。简化起见，这里仅考虑驱动电机与关节之间存在减速器的情况。如果关节与电机之间通过连杆机构传递运动，则还要建立它们之间的运动学模型。

考虑减速器的作用，关节空间与驱动空间力矩矢量、速度矢量和加速度矢量之间的映射关系如下：

$$\boldsymbol{\tau} = \boldsymbol{N}\boldsymbol{\tau}_{\mathrm{m}}, \quad \dot{\boldsymbol{\theta}} = \boldsymbol{N}^{-1}\dot{\boldsymbol{\theta}}_{\mathrm{m}}, \quad \ddot{\boldsymbol{\theta}} = \boldsymbol{N}^{-1}\ddot{\boldsymbol{\theta}}_{\mathrm{m}} \tag{9-44}$$

式中，$\boldsymbol{N}$ 为一对角阵，其对角线元素为各关节减速器的减速比。

将式（9-44）代入式（9-39），得到机器人驱动空间的动力学模型：

$$\boldsymbol{\tau}_{\mathrm{m}} = \boldsymbol{M}_{\mathrm{m}}(\boldsymbol{\theta})\ddot{\boldsymbol{\theta}}_{\mathrm{m}} + \boldsymbol{V}_{\mathrm{m}}(\boldsymbol{\theta},\dot{\boldsymbol{\theta}})\dot{\boldsymbol{\theta}}_{\mathrm{m}} + \boldsymbol{B}_{\mathrm{m}}\dot{\boldsymbol{\theta}}_{\mathrm{m}} + \boldsymbol{G}_{\mathrm{m}}(\boldsymbol{\theta}) + \boldsymbol{N}^{-1}\boldsymbol{J}^{\mathrm{T}}\boldsymbol{F}_{\mathrm{e}} \tag{9-45}$$

式中，$\boldsymbol{M}_{\mathrm{m}}(\boldsymbol{\theta}) = \boldsymbol{N}^{-1}\boldsymbol{M}(\boldsymbol{\theta})\boldsymbol{N}^{-1}$ 为驱动空间广义质量矩阵（注：假定关节广义质量矩阵中已考虑电机惯量，$\boldsymbol{\theta}$ 为关节位移，$\boldsymbol{N}$ 为各关节减速器传动比矩阵）；$\boldsymbol{V}_{\mathrm{m}}(\boldsymbol{\theta},\dot{\boldsymbol{\theta}}) = \boldsymbol{N}^{-1}\boldsymbol{V}(\boldsymbol{\theta},\dot{\boldsymbol{\theta}})\boldsymbol{N}^{-1}$ 为驱动空间科氏力和离心力耦合项矩阵；$\boldsymbol{B}_{\mathrm{m}} = \boldsymbol{N}^{-1}\boldsymbol{B}\boldsymbol{N}^{-1}$ 为驱动空间黏滞阻尼项矩阵；$\boldsymbol{G}_{\mathrm{m}}(\boldsymbol{\theta}) = \boldsymbol{N}^{-1}\boldsymbol{G}(\boldsymbol{\theta})$ 为驱动空间重力项矩阵。

为每个电机设计独立的位置闭环控制器时，可根据式（9-45）建立电机动力学模型。

◁ 例9-5

对于图 9-4 所示的平面 2R 机器人，设关节阻尼系数分别为 B_{l1}、B_{l2}，两关节由电机和减速器直接驱动，两关节电机的转子惯量分别为 I_{r1}、I_{r2}，转子阻尼系数分别为 B_{r1}、B_{r2}，减速器传动比分别为 n_1、n_2，电机和减速器的质量已包含在末端集中质量 m_1、m_2 中，并忽略电机 2 转子惯量 I_{r2} 对关节 1 的影响，列出驱动空间动力学方程。

解：由于关节由电机和减速器直接驱动，故关节空间向量与驱动空间向量之间的关系为

$$\begin{pmatrix} \ddot{\theta}_1 \\ \ddot{\theta}_2 \end{pmatrix} = \boldsymbol{N}^{-1}\begin{pmatrix} \varepsilon_{\mathrm{m}1} \\ \varepsilon_{\mathrm{m}2} \end{pmatrix}, \quad \begin{pmatrix} \dot{\theta}_1 \\ \dot{\theta}_2 \end{pmatrix} = \boldsymbol{N}^{-1}\begin{pmatrix} \omega_{\mathrm{m}1} \\ \omega_{\mathrm{m}2} \end{pmatrix}, \quad \begin{pmatrix} \tau_1 \\ \tau_2 \end{pmatrix} = \boldsymbol{N}\begin{pmatrix} \tau_{\mathrm{m}1} \\ \tau_{\mathrm{m}2} \end{pmatrix} \tag{9-46}$$

式中，$\boldsymbol{N} = \begin{pmatrix} n_1 & 0 \\ 0 & n_2 \end{pmatrix}$。

将式（9-46）代入式（9-45），同时考虑电机惯量和阻尼，忽略末端接触力，得到如下形式的驱动空间动力学方程：

$$\boldsymbol{\tau}_{\mathrm{m}} = \boldsymbol{M}_{\mathrm{m}}(\boldsymbol{\theta})\begin{pmatrix} \dot{\varepsilon}_{\mathrm{m}1} \\ \dot{\varepsilon}_{\mathrm{m}2} \end{pmatrix} + \boldsymbol{V}_{\mathrm{m}}(\boldsymbol{\theta},\dot{\boldsymbol{\theta}})\begin{pmatrix} \omega_{\mathrm{m}1} \\ \omega_{\mathrm{m}2} \end{pmatrix} + \boldsymbol{B}_{\mathrm{m}}\begin{pmatrix} \omega_{\mathrm{m}1} \\ \omega_{\mathrm{m}2} \end{pmatrix} + \boldsymbol{G}_{\mathrm{m}}(\boldsymbol{\theta}) \tag{9-47}$$

式中

$$\boldsymbol{\tau}_{\mathrm{m}} = \begin{pmatrix} \tau_{\mathrm{m}1} \\ \tau_{\mathrm{m}2} \end{pmatrix}, \quad \boldsymbol{M}_{\mathrm{m}}(\boldsymbol{\theta}) = \begin{pmatrix} \dfrac{m_1 l_1^2 + m_2(l_1^2 + 2l_1 l_2 \mathrm{c}\theta_2 + l_2^2)}{n_1^2} + I_{\mathrm{r}1} & \dfrac{m_2(l_1 l_2 \mathrm{c}\theta_2 + l_2^2)}{n_1 n_2} \\[3mm] \dfrac{m_2(l_1 l_2 \mathrm{c}\theta_2 + l_2^2)}{n_1 n_2} & \dfrac{m_2 l_2^2}{n_2^2} + I_{\mathrm{r}2} \end{pmatrix}$$

$$\boldsymbol{V}_{\mathrm{m}}(\boldsymbol{\theta}, \dot{\boldsymbol{\theta}}) = \begin{pmatrix} 0 & \dfrac{-m_2 l_1 l_2 (2\dot{\theta}_1 + \dot{\theta}_2)\mathrm{s}\theta_2}{n_1 n_2} \\[3mm] \dfrac{m_2(l_1 l_2 \dot{\theta}_1 \mathrm{s}\theta_2)}{n_1 n_2} & 0 \end{pmatrix}, \quad \boldsymbol{B}_{\mathrm{m}} = \begin{pmatrix} \dfrac{B_{\mathrm{l}1}}{n^2} + B_{\mathrm{r}1} & 0 \\[3mm] 0 & \dfrac{B_{\mathrm{l}2}}{n^2} + B_{\mathrm{r}2} \end{pmatrix}$$

$$\boldsymbol{G}_{\mathrm{m}}(\boldsymbol{\theta}) = \begin{pmatrix} \dfrac{(m_1 + m_2)g l_1 \mathrm{c}\theta_1 + m_2 g l_2 \mathrm{c}\theta_{12}}{n_1} \\[3mm] \dfrac{m_2 g l_2 \mathrm{c}\theta_{12}}{n_2} \end{pmatrix}$$

分析：$\boldsymbol{M}_{\mathrm{m}}(\boldsymbol{\theta})$ 主对角线元素包含常值电机转子惯量和随位形变化的等效负载惯量，从电机的角度看，转子惯量不受传动比影响，因此可以直接加在与该电机对应的主对角元素上；$\boldsymbol{M}_{\mathrm{m}}(\boldsymbol{\theta})$ 的非对角线元素反映了关节间的加速度耦合；$\boldsymbol{B}_{\mathrm{m}}$ 中包含了转子阻尼；$\boldsymbol{G}_{\mathrm{m}}(\boldsymbol{\theta})$ 也随机器人位形变化而变化；$\boldsymbol{V}_{\mathrm{m}}(\boldsymbol{\theta}, \dot{\boldsymbol{\theta}})$ 反映了关节间速度耦合，随机器人位形和速度变化而变化。

例 9-6

对于【例 9-5】中的平面 2R 操作臂，其中杆长 $l_1 = l_2 = 0.1\mathrm{m}$，各杆质量 $m_1 = m_2 = 0.5\mathrm{kg}$，两关节由电机和减速器直接驱动，两关节电机的转子惯量 $I_{\mathrm{r}1} = I_{\mathrm{r}2} = 1.19 \times 10^{-5}\mathrm{kg} \cdot \mathrm{m}^2$，关节阻尼系数 $B_{\mathrm{l}1}$、$B_{\mathrm{l}2}$，以及电机转子阻尼系数 $B_{\mathrm{r}1}$、$B_{\mathrm{r}2}$ 均为常数，减速器传动比为 $n_1 = n_2 = 10$，忽略电机和减速器质量，试在驱动空间进行以下分析和计算：

（1）列出操作臂驱动空间动力学方程，并指出其中的线性项和非线性项；

（2）计算在操作臂整个工作空间内重力矩的变化范围；

（3）计算操作臂整个工作空间内广义质量矩阵 $\boldsymbol{M}_{\mathrm{m}}(\boldsymbol{\theta})$ 各元素的变化范围；

（4）当两关节均以加速度 $\ddot{\theta}_1 = \ddot{\theta}_2 = \pi\,\mathrm{rad/s}^2$ 运转时，计算惯性力矩的变化范围；

（5）当两关节均以速度 $\dot{\theta}_1 = \dot{\theta}_2 = \pi/4\,\mathrm{rad/s}$ 匀速运转时，计算离心力与科氏力耦合而成力矩的变化范围。

解：（1）【例 9-5】已给出了该操作臂驱动空间的逆动力学方程，具体见式（9-47）。将具体参数代入其中可得方程中的各系数项如下：

$$\boldsymbol{M}_{\mathrm{m}}(\boldsymbol{\theta}) = \begin{pmatrix} \dfrac{ml^2}{n^2}(3 + 2\mathrm{c}\theta_2) + I_{\mathrm{r}1} & \dfrac{ml^2}{n^2}(1 + \mathrm{c}\theta_2) \\[3mm] \dfrac{ml^2}{n^2}(1 + \mathrm{c}\theta_2) & \dfrac{ml^2}{n^2} + I_{\mathrm{r}2} \end{pmatrix}, \quad \boldsymbol{V}_{\mathrm{m}}(\boldsymbol{\theta}, \dot{\boldsymbol{\theta}}) = \begin{pmatrix} 0 & -\dfrac{3ml^2 \dot{\theta}\mathrm{s}\theta_2}{n^2} \\[3mm] \dfrac{ml^2 \dot{\theta}\mathrm{s}\theta_2}{n^2} & 0 \end{pmatrix}$$

$$\boldsymbol{B}_{\mathrm{m}} = \begin{pmatrix} \dfrac{B_{l1}}{n^2} + B_{r1} & 0 \\ 0 & \dfrac{B_{l2}}{n^2} + B_{r2} \end{pmatrix}, \quad \boldsymbol{G}_{\mathrm{m}}(\boldsymbol{\theta}) = \begin{pmatrix} \dfrac{2mglc\theta_1 + mglc\theta_{12}}{n} \\ \dfrac{mglc\theta_{12}}{n} \end{pmatrix}$$

由于关节阻尼 B_{l1}、B_{l2} 和电机转子阻尼 B_{r1}、B_{r2} 均为常数，因此上述逆动力学方程中，仅阻尼力矩为线性项，其他项均为非线性项。

（2）操作臂在整个工作空间内重力矩的变化范围如下表所示：

关节序号	1	2
重力矩的取值范围 /×10⁻²N·m	−15 ～ +15	−5 ～ +5

（3）操作臂在整个工作空间内广义质量矩阵 $\boldsymbol{M}_{\mathrm{m}}(\boldsymbol{\theta})$ 各元素的变化范围如下表所示：

$\boldsymbol{M}_{\mathrm{m}}(\boldsymbol{\theta})$ 元素	M_{11}	M_{22}	$M_{12}(M_{21})$
取值范围 /×10⁻⁵N·m	6.19 ～ 26.19	6.19	0 ～ 10

（4）惯性力矩的变化范围如下表所示：

关节序号	1	2
惯性力矩的取值范围 /×10⁻²N·m	0.19 ～ 1.14	0.19 ～ 0.51

（5）离心力与科氏力耦合而成力矩的变化范围如下表所示：

关节序号	1	2
耦合力矩的取值范围 /×10⁻²N·m	−0.09 ～ +0.09	−0.03 ～ +0.03

从以上两个实例可以看出，$\boldsymbol{M}_{\mathrm{m}}(\boldsymbol{\theta})$、$\boldsymbol{V}_{\mathrm{m}}(\boldsymbol{\theta}, \dot{\boldsymbol{\theta}})$ 和 $\boldsymbol{G}_{\mathrm{m}}(\boldsymbol{\theta})$ 等，都是关节位置和（或）速度的函数，这体现了系统时变、非线性的特点。$\boldsymbol{M}_{\mathrm{m}}(\boldsymbol{\theta})$ 的对角线元素相当于关节电机的等效转动惯量，通常是一个变量。$\boldsymbol{M}_{\mathrm{m}}(\boldsymbol{\theta})$ 和 $\boldsymbol{V}_{\mathrm{m}}(\boldsymbol{\theta}, \dot{\boldsymbol{\theta}})$ 的非对角线元素会把一个关节的加速度和速度，耦合为其他关节的动态力矩，称为**耦合力矩**。

因此，机器人是一个多输入、多输出，时变且各关节之间强耦合的非线性系统。体现到关节电机上，这种非线性表现为非定常的等效转动惯量和非恒定的扰动力矩。

从成本、可实现性和稳定性等角度考虑，工程实践中往往对机器人关节电机逆动力学模型做线性化假设，再采用经典 PID 控制器实施闭环控制。

9.4 操作臂操作空间的动力学模型

在有些应用场合，控制的期望值是在末端工具坐标系中表示的位姿矢量或力矢量，例如，要求机器人实时跟踪具有不确定轨迹的运动目标、控制机器人与环境的接触力等。此时，控制的目标变量是操作空间的位姿矢量或力矢量，因此需要利用机器人的**操作空间动力学模型**，也称为**笛卡儿空间动力学模型**。

当需要在操作空间表示动力学方程时，则应在操作空间定义广义坐标和广义力。具体可以根据"虚功原理"得到操作空间广义力与关节空间力矢量之间的关系，即

$$\begin{cases} \boldsymbol{\tau} = \boldsymbol{J}^{\mathrm{T}} \boldsymbol{F}_{\mathrm{x}} \\ \boldsymbol{F}_{\mathrm{x}} = \boldsymbol{J}^{-\mathrm{T}} \boldsymbol{\tau} \end{cases} \tag{9-48}$$

式中，$\boldsymbol{\tau}$ 为关节空间中的驱动力 / 力矩矢量；$\boldsymbol{F}_{\mathrm{x}}$ 为与操作空间广义坐标对应的广义力矢量。

上节已经建立了含有简化摩擦力模型的关节空间动力学方程，重写如下：

$$\boldsymbol{\tau} = \boldsymbol{M}(\boldsymbol{\theta})\ddot{\boldsymbol{\theta}} + \boldsymbol{V}(\boldsymbol{\theta}, \dot{\boldsymbol{\theta}})\dot{\boldsymbol{\theta}} + \boldsymbol{B}\dot{\boldsymbol{\theta}} + \boldsymbol{G}(\boldsymbol{\theta}) + \boldsymbol{J}^{\mathrm{T}} \boldsymbol{F}_{\mathrm{e}} \tag{9-49}$$

方程中的各项均可视为关节空间 $\boldsymbol{\theta}$ 中的一个力矢量：

$\boldsymbol{M}(\boldsymbol{\theta})\ddot{\boldsymbol{\theta}}$ 表示关节空间惯性力矢量；

$\boldsymbol{V}(\boldsymbol{\theta}, \dot{\boldsymbol{\theta}})\dot{\boldsymbol{\theta}}$ 表示关节空间的科氏力与离心力耦合矢量；

$\boldsymbol{B}\dot{\boldsymbol{\theta}}$ 表示关节空间的摩擦力矢量；

$\boldsymbol{G}(\boldsymbol{\theta})$ 表示关节空间的重力矢量；

$\boldsymbol{\tau}$ 表示关节空间驱动力矢量；

$\boldsymbol{J}^{\mathrm{T}} \boldsymbol{F}_{\mathrm{e}}$ 表示转换到关节空间的环境接触力矢量。

注意：$\boldsymbol{F}_{\mathrm{e}}$ 和 $\boldsymbol{J}$ 既可以在末端工具坐标系中表示，也可以在基坐标系中表示，具体取决于控制问题要求。因此，操作空间也可以定义在末端工具坐标系 {T} 或基坐标系 {0} 中。

在式（9-49）两边同时乘以 $\boldsymbol{J}^{-\mathrm{T}}$，可以把这些力矢量转换到操作空间，即

$$\boldsymbol{J}^{-\mathrm{T}}\boldsymbol{\tau} = \boldsymbol{J}^{-\mathrm{T}}\boldsymbol{M}(\boldsymbol{\theta})\ddot{\boldsymbol{\theta}} + \boldsymbol{J}^{-\mathrm{T}}\boldsymbol{V}(\boldsymbol{\theta}, \dot{\boldsymbol{\theta}})\dot{\boldsymbol{\theta}} + \boldsymbol{J}^{-\mathrm{T}}\boldsymbol{B}\dot{\boldsymbol{\theta}} + \boldsymbol{J}^{-\mathrm{T}}\boldsymbol{G}(\boldsymbol{\theta}) + \boldsymbol{F}_{\mathrm{e}} \tag{9-50}$$

可以根据式（9-50）得到关于末端位姿矢量 $\boldsymbol{X}$ 的动力学方程，以此来考察末端执行器的运动规律。

由于

$$\dot{\boldsymbol{x}} = \boldsymbol{J}\dot{\boldsymbol{\theta}}$$

对上式求导得

$$\ddot{\boldsymbol{x}} = \dot{\boldsymbol{J}}\dot{\boldsymbol{\theta}} + \boldsymbol{J}\ddot{\boldsymbol{\theta}} \tag{9-51}$$

由此可以得到

$$\dot{\boldsymbol{\theta}} = \boldsymbol{J}^{-1}\dot{\boldsymbol{x}} \tag{9-52}$$

$$\ddot{\boldsymbol{\theta}} = \boldsymbol{J}^{-1}\ddot{\boldsymbol{x}} - \boldsymbol{J}^{-1}\dot{\boldsymbol{J}}\dot{\boldsymbol{\theta}} = \boldsymbol{J}^{-1}\ddot{\boldsymbol{x}} - \boldsymbol{J}^{-1}\dot{\boldsymbol{J}}\boldsymbol{J}^{-1}\dot{\boldsymbol{x}} \tag{9-53}$$

将式（9-52）和式（9-53）代入式（9-50），得到机器人的**操作空间动力学方程**：

$$\boldsymbol{F}_x = \boldsymbol{M}_x(\boldsymbol{\theta})\ddot{\boldsymbol{x}} + \boldsymbol{N}_x(\boldsymbol{\theta},\dot{\boldsymbol{\theta}})\dot{\boldsymbol{x}} + \boldsymbol{G}_x(\boldsymbol{\theta}) + \boldsymbol{F}_e \tag{9-54}$$

式中　$\boldsymbol{F}_x = \boldsymbol{J}^{-T}\boldsymbol{\tau}$ 表示等效到操作空间的虚拟广义驱动力；

$\boldsymbol{M}_x(\boldsymbol{\theta}) = \boldsymbol{J}^{-T}\boldsymbol{M}(\boldsymbol{\theta})\boldsymbol{J}^{-1}$ 表示等效到操作空间的机器人广义质量矩阵；

$\boldsymbol{N}_x(\boldsymbol{\theta},\dot{\boldsymbol{\theta}}) = \boldsymbol{V}_x(\boldsymbol{\theta},\dot{\boldsymbol{\theta}}) + \boldsymbol{B}_x = \boldsymbol{J}^{-T}[\boldsymbol{V}(\boldsymbol{\theta},\dot{\boldsymbol{\theta}}) - \boldsymbol{M}\boldsymbol{J}^{-1}\dot{\boldsymbol{J}}]\boldsymbol{J}^{-1} + \boldsymbol{J}^{-T}\boldsymbol{B}\boldsymbol{J}^{-1}$ 表示等效到操作空间与速度有关的耦合力和阻力列向量；

$\boldsymbol{G}_x(\boldsymbol{\theta}) = \boldsymbol{J}^{-T}\boldsymbol{G}(\boldsymbol{\theta})$ 表示等效到操作空间的重力矢量；

$\boldsymbol{F}_e$ 表示环境接触力矢量。

注意：上述矩阵参数、力矢量和状态矢量需定义在末端工具坐标系 $\{T\}$ 或基坐标系 $\{0\}$ 中，为简洁，省略了表示该坐标系的左上标。

直观上，可以把式（9-54）表示的操作空间动力学模型理解为：存在一个与机器人末端执行器共用坐标系的等效质量块，该质量块的广义质量为 $\boldsymbol{M}_x$，在等效广义驱动力 $\boldsymbol{F}_x$、环境接触力 $\boldsymbol{F}_e$、等效重力 $\boldsymbol{G}_x$、等效速度阻力 $\boldsymbol{V}_x$ 的作用下，具有加速度 $\ddot{\boldsymbol{x}}$，如图 9-8 所示。

可见，式（9-54）与式（9-50）一样，都完整地描述了机器人系统的动力学特性，只不过把关注的状态变量从关节向量转换成了末端位姿向量。

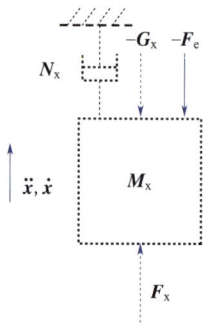

图 9-8　操作空间动力学模型示意

例 9-7

对于【例 9-5】中的平面 2R 机器人，忽略摩擦力和环境接触力，末端工具坐标系为 $O_3X_3Y_3$，求操作空间动力学方程。

解：把 **9.2 节**开头求得的关节空间动力学方程式和【例 6-7】中的静力雅可比矩阵式重写如下：

$$\underbrace{\begin{pmatrix} \tau_1 \\ \tau_2 \end{pmatrix}}_{\boldsymbol{\tau}_f} = \underbrace{\begin{pmatrix} m_1 l_1^2 + m_2 l_2^2 + m_2 l_1^2 + 2m_2 l_1 l_2 c\theta_2 & m_2 l_2^2 + m_2 l_1 l_2 c\theta_2 \\ m_2 l_2^2 + m_2 l_1 l_2 c_2 & m_2 l_2^2 \end{pmatrix}}_{\boldsymbol{M}(\boldsymbol{\theta})} \begin{pmatrix} \ddot{\theta}_1 \\ \ddot{\theta}_2 \end{pmatrix} +$$

$$\underbrace{\begin{pmatrix} 0 & -m_2 l_1 l_2 s\theta_2(2\dot{\theta}_1 + \dot{\theta}_2) \\ m_2 l_1 l_2 s\theta_2 \dot{\theta}_1 & 0 \end{pmatrix}}_{\boldsymbol{V}(\boldsymbol{\theta},\dot{\boldsymbol{\theta}})} \begin{pmatrix} \dot{\theta}_1 \\ \dot{\theta}_2 \end{pmatrix} + \underbrace{\begin{pmatrix} m_1 g l_1 c\theta_1 + m_2 g l_2 c\theta_{12} + m_2 g l_1 c\theta_1 \\ m_2 l_2 g c\theta_{12} \end{pmatrix}}_{\boldsymbol{G}(\boldsymbol{\theta})} \tag{9-55}$$

$${}^3\boldsymbol{J}_F = {}^3\boldsymbol{J}^T = \begin{pmatrix} l_1 s\theta_2 & l_2 + l_1 c\theta_2 \\ 0 & l_2 \end{pmatrix}$$

静力雅可比矩阵的逆为

$${}^3\boldsymbol{J}_F^{-1} = {}^3\boldsymbol{J}^{-T} = \frac{1}{l_1 l_2 s\theta_2} \begin{pmatrix} l_2 & -l_2 - l_1 c\theta_2 \\ 0 & l_1 s\theta_2 \end{pmatrix}$$

速度雅可比矩阵为

$$^3\boldsymbol{J} = \begin{pmatrix} l_1 s\theta_2 & 0 \\ l_2 + l_1 c\theta_2 & l_2 \end{pmatrix} \tag{9-56}$$

速度雅可比矩阵的逆为

$$^3\boldsymbol{J}^{-1} = \frac{1}{l_1 l_2 s\theta_2} \begin{pmatrix} l_2 & 0 \\ -l_2 - l_1 c\theta_2 & l_1 s\theta_2 \end{pmatrix}$$

对式（9-56）求导，得

$$^3\dot{\boldsymbol{J}} = \begin{pmatrix} l_1 c\theta_2 \dot\theta_2 & 0 \\ -l_1 s\theta_2 \dot\theta_2 & 0 \end{pmatrix}$$

把上述各式代入式（9-54）得

$$\boldsymbol{F}_{x} = \boldsymbol{M}_{x}(\boldsymbol{\theta})\ddot{\boldsymbol{x}} + \boldsymbol{V}_{x}(\boldsymbol{\theta},\dot{\boldsymbol{\theta}})\dot{\boldsymbol{x}} + \boldsymbol{G}_{x}(\boldsymbol{\theta}) \tag{9-57}$$

式中

$$\boldsymbol{M}_{x}(\boldsymbol{\theta}) = \begin{pmatrix} m_2 + \dfrac{m_1}{s\theta_2^2} & 0 \\ 0 & m_2 \end{pmatrix}$$

$$\boldsymbol{V}_{x}(\boldsymbol{\theta},\dot{\boldsymbol{\theta}}) = \begin{pmatrix} \dfrac{m_2 l_2 + m_2 l_1 c\theta_2}{l_1 s\theta_2}\dot\theta_1 + \dfrac{m_2 l_1 l_2 s\theta_2^2 - m_1 l_2^2 c\theta_2}{l_1^2 s\theta_2^3}\dot\theta_2 & -m_2(2\dot\theta_1 + \dot\theta_2) \\ m_2(\dot\theta_1 + \dot\theta_2) & 0 \end{pmatrix}$$

$$\boldsymbol{G}_{x}(\boldsymbol{\theta}) = \begin{pmatrix} m_1 g \dfrac{c_1}{s_2} + m_2 g\, s\theta_{12} \\ m_2 g\, c\theta_{12} \end{pmatrix}$$

可见，操作空间动力学模型各参数矩阵也是关节变量的函数。

习题

9-1 关节空间动力学模型、驱动空间动力学模型和操作空间动力学模型有何不同？分别用于什么场合？

9-2 求一均质、截面为圆（半径为 r）、长度为 l 的圆柱体的广义质量矩阵（相对其质心）。

9-3 有人用拉格朗日法推导的 2 自由度 RP 机器人动力学方程如下：

$$\begin{cases} \tau_1 = m_1(l_1^2 + r)\ddot{\theta} + m_2 r^2 \ddot{\theta} + 2m_2 \dot{r}\dot{\theta} + [m_1(l_1 + r\dot{\theta}) + m_2(r + \dot{r})]g\cos\theta \\ f_2 = m_1 \dot{r}\ddot{\theta} + m_2\ddot{r} - m_1 l_1 \dot{r} - m_2 r\dot{\theta}^2 + m_2(r+1)g\sin\theta \end{cases}$$

其中有些项显然是错误的，请指出。

9-4 试利用拉格朗日法求解【例 5-4】所示平面 3R 机器人的关节空间动力学方程，假设各杆的质量集中在杆的末端。

9-5 试利用拉格朗日法推导如图 9-9 所示的空间 **2R 操作臂**的动力学方程，假设每个杆的质量均集中在杆的末端，分别为 m_1 和 m_2，连杆长度分别为 l_1 和 l_2（不考虑摩擦和阻尼的影响）。

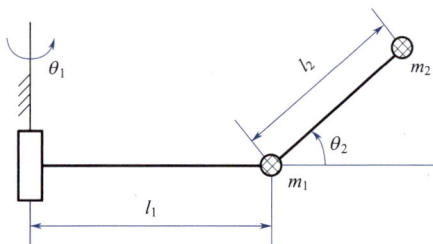

图 9-9　空间 2R 操作臂

9-6 直角坐标机器人的一个水平移动关节，采用电机带动丝杠螺母机构驱动负载运动。设负载质量为 M_1，丝杠导程为 P，丝杠转动惯量为 I_s，电机转子惯量为 I_m，试写出电机端的总等效转动惯量表达式。

9-7 对于如图 9-5 所示的 RP 操作臂，假设每个杆的质量均集中在杆的质心处，分别为 m_1 和 m_2。若关节 1 用电机 + 减速器驱动，电机惯量为 I_{m1}，减速器传动比为 n_1，关节 2 安装电机和丝杠螺母机构，电机惯量为 I_{m2}，丝杠导程为 P_2，不计摩擦阻尼，试写出该操作臂的驱动空间动力学方程。

9-8 求解如图 9-5 所示 RP 操作臂的操作空间动力学方程。

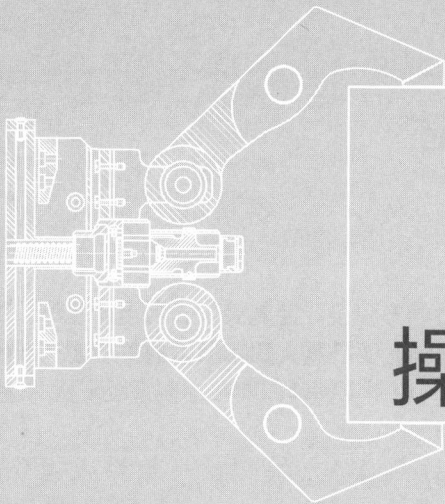

第 **10** 章

基于动力学的
操作臂运动控制

本章主要介绍基于操作臂逆动力学模型的运动控制。为此给出关节空间逆动力学的位置跟随控制器，进而讨论操作空间逆动力学位置跟随和位置保持控制器，最后简单介绍基于操作空间逆动力学模型的运动控制问题。

通过本章学习，希望读者能够：

（1）了解误差动力学方程和逆动力学控制方法的基本概念；

（2）了解如何基于逆动力学模型建立关节空间和操作空间的集中控制器。

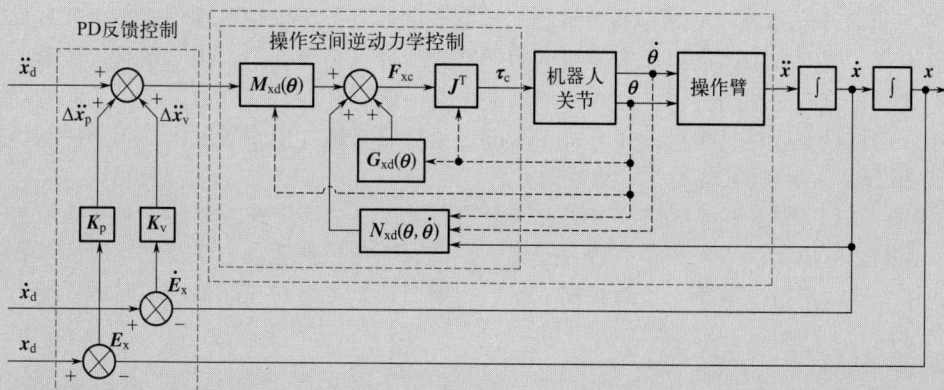

10.1 机器人控制问题概述

虽然第 3、7 和 8 章已有对机器人控制问题的描述，但本章开始还有必要对机器人控制这一宏大的主题进行概述性的介绍。

总体来说，**机器人控制就是根据机器人动力学方程设计控制算法，利用计算机、功率放大器和传感器等硬件，对机器人关节实施闭环控制，使机器人跟踪期望的关节或末端位姿轨迹或 / 和末端力**。可见，要实现对机器人的控制，控制工程师需要在控制系统硬件的基础上，根据控制任务设计控制算法。

根据机器人与环境的相互作用关系，可以把控制任务分为两类。一类是与环境不发生接触的**自由空间运动**，具体应用场景包括：焊接、喷漆、涂胶等。另一类是与环境发生接触并有力作用的**约束空间运动**，具体应用场景包括：装配、人机协作等。自由空间运动的控制问题只需考虑机器人自身的动力学特性，是单纯的运动控制问题；而约束空间运动还需考虑环境接触力的影响，涉及**力控制**问题。后者不在本书讨论之列。

自由空间运动控制通常采用图 10-1 所示的关节空间控制方案，其基础是**关节空间动力学模型**（详见**第 9 章**）。工业机器人通常采用电机和驱动器的组合来驱动关节，因此，图中以此来表示关节驱动器。在后续内容中，也将默认机器人的关节驱动器为电机及其驱动器。

关节空间控制（joint space control）方案针对各关节变量进行闭环控制，关节位置变化由机器人各关节位置传感器检测。关节空间控制方案无须外部传感器，也不需要在**伺服环**内部进行逆运动学运算，在实现上较为简单。由于机器人的期望位姿 x_d 通常在**操作空间**（笛卡儿空间）指定，因此，关节空间控制方案需要在伺服环之外进行逆运动学运算，将操作空间的期望位姿转换为期望的关节变量 θ_d。由于求逆解过程在伺服环之外进行，因此降低了对控制器实时计算能力的要求。

根据关节的位置伺服环是否运行在一个集中式控制器上，可以将控制方案分为**分散控制**（decentralized control）和**集中控制**（centralized control）两类。

图 10-1（a）所示的分散控制方案中，各关节有独立的位置控制器，各关节控制算法不需要其他关节的当前状态，因此，各控制器之间无须相互通信。根据是否考虑动力学前馈补偿，分散控制方案又可分为**独立关节控制**和**集中前馈补偿控制**两类。

独立关节控制方案在生成电机控制量的时候，不考虑与机器人位姿和速度相关的重力和动力学耦合，而把它们视为干扰，对各关节实施完全独立的运动控制。这种控制方案适用于采用大减速比电机，工作于低速、低动态、低耦合状态的机器人系统。**第 3 章**和**第 8 章**对此已有详细介绍。

集中前馈补偿控制方案则是在关节独立控制器的基础上，上位机在伺服环之外根据期望的关节位置、速度和加速度以及机器人动力学方程，计算关节补偿力矩，然后发送给各关节控制器进行关节力矩前馈补偿。这种控制方案可在一定程度上克服重力以及关节间的动态耦合力矩，并且容易实施，是当前工业机器人的主流控制方案。由于各电机的闭环控制仍然是分散独立进行的，因此它也属于分散控制方法。

图 10-1（b）所示为集中控制方案，该方案需要在一个集中式控制器上对各关节位置进行统一控制。它以机器人动力学方程为基础，在伺服环内根据逆动力学模型实时计算各关节所需控制力矩，对各关节统一进行控制。显然，集中控制方案对控制器的实时运算能力有较高的要求。

(a) 分散控制方案

(b) 集中控制方案

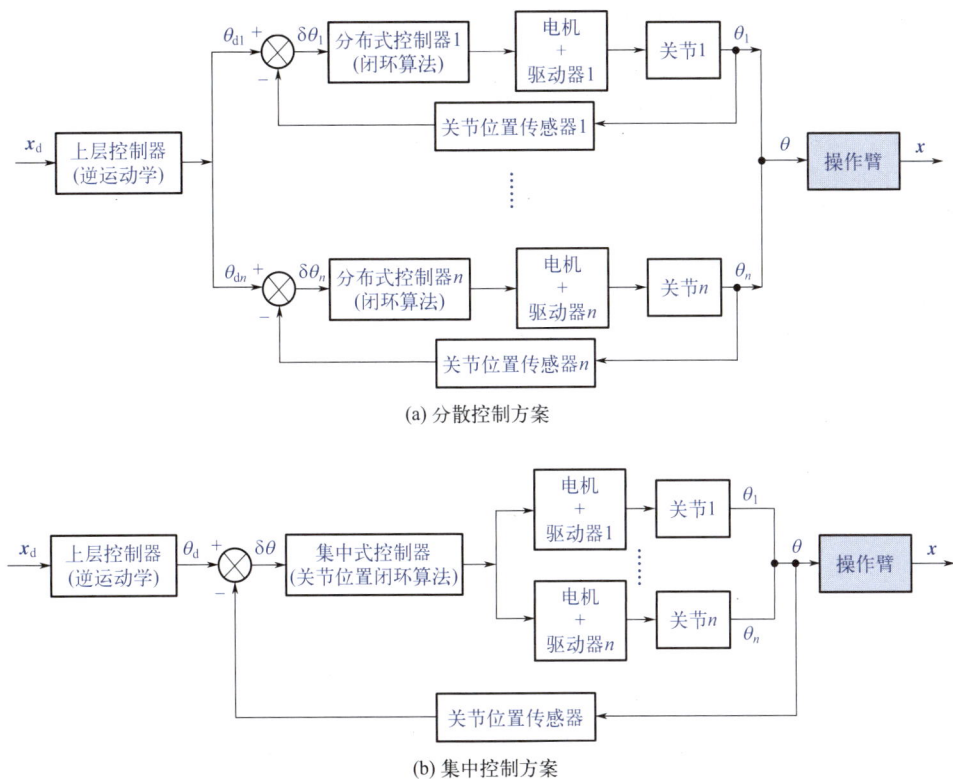

图 10-1　关节空间控制方案示意图

如果关注的被控对象是操作空间的末端位姿，关节空间控制方案将变得明显不足：由于仅对关节进行闭环控制，因此，由结构参数误差、减速器齿轮间隙、结构弹性等因素造成的末端位姿偏差无法被纠正。

这时，一种可行的解决方案是在操作空间直接对机器人末端执行器位姿进行测量，并针对末端位姿进行闭环控制，实时校正末端位姿偏差，这就是**操作空间控制**（operation space control）方案，如图 10-2 所示，它以操作空间动力学模型为基础，直接对末端位姿进行闭环控制，并在伺服环内完成关节控制力的运算，这就要求驱动器及其控制器具有力矩控制能力。

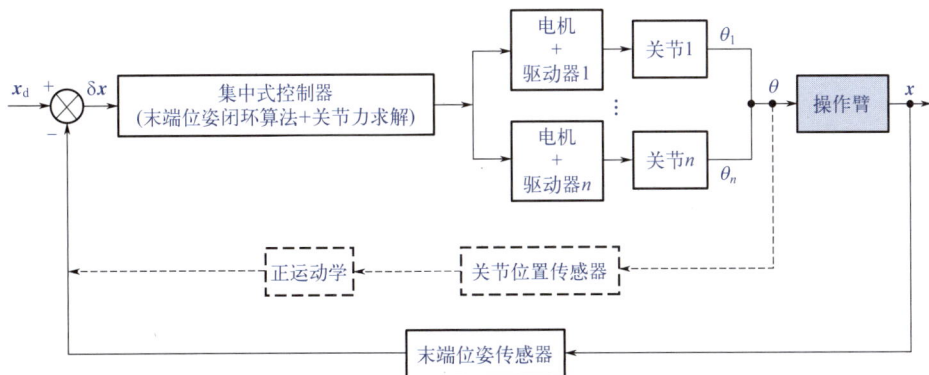

图 10-2　操作空间集中控制方案示意图

然而，操作空间控制的潜在优势在实践中却面临困难，其原因在于：首先，机器人末端执行器位姿的在线测量并不容易实现，现有测量手段在实时性和精度上都难以与关节位置测量相比，因此，在工程实践中，通常会根据关节测量值通过正运动学计算末端位姿，并将其作为反馈，如图 10-2 中虚线所示；其次，操作空间控制方案在伺服环中内嵌了逆运动学和逆动力学运算，这对伺服控制系统的计算能力提出了很高的要求。

由于工业机器人在出厂前都会经过严格的**标定**（calibration）和补偿，在很大程度上减小了机器人系统误差的影响，因此，对于作业对象位置固定等结构化应用场景，工业机器人即便采用关节空间控制方案，也足以应对。不过，对于操作复杂多变、位置不固定等非结构化作业环境的场合，例如，机器人抓取传送带上的物品时，就需要考虑采用操作空间控制方案。通常，操作空间控制器由用户自行设计，然后再调用机器人厂家提供的关节控制软件模块，来实现操作空间的闭环控制。

图 10-3 给出了机器人控制问题与控制算法，及其依据的动力学模型之间的逻辑关系。10.5 节将深入讨论操作空间运动控制问题。

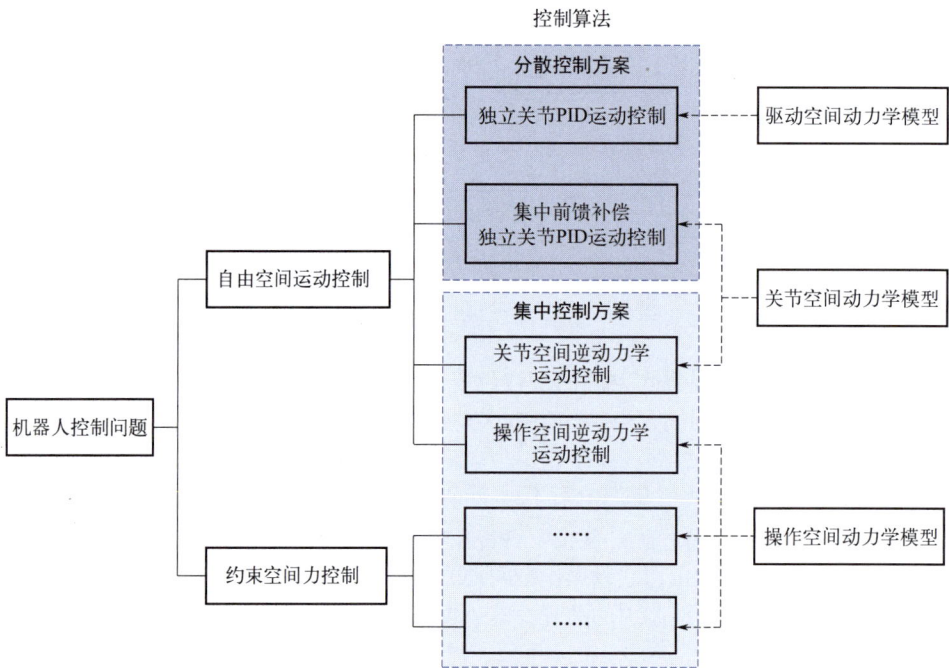

图 10-3 机器人控制问题的简单分类

10.2 分散运动控制

由图 10-3 可知，独立关节 PID 控制是分散运动控制中的重要组成部分。**第 3 章**和**第 8 章**已有对驱动空间单关节 PID 控制这部分内容的详细介绍。下面重点再补充介绍包括集中前馈补偿独立关节 PID 控制方面的内容。

(1) 操作臂驱动空间动力学模型分解

当以各关节电机为控制对象时，就需要考察操作臂驱动空间的动力学模型。回顾**第 9 章**内容，得到不考虑末端接触力的电机驱动空间动力学模型：

$$\boldsymbol{\tau}_{\mathrm{m}} = \boldsymbol{M}_{\mathrm{m}}(\boldsymbol{\theta})\boldsymbol{\varepsilon}_{\mathrm{m}} + \boldsymbol{V}_{\mathrm{m}}(\boldsymbol{\theta},\dot{\boldsymbol{\theta}})\boldsymbol{\omega}_{\mathrm{m}} + \boldsymbol{B}_{\mathrm{m}}\boldsymbol{\omega}_{\mathrm{m}} + \boldsymbol{G}_{\mathrm{m}}(\boldsymbol{\theta}) \tag{10-1}$$

式中　$\boldsymbol{M}_{\mathrm{m}}(\boldsymbol{\theta}) = \boldsymbol{N}^{-1}\boldsymbol{M}(\boldsymbol{\theta})\boldsymbol{N}^{-1}$ 为驱动空间广义质量矩阵（注：假定关节广义质量矩阵中已考虑电机惯量，$\boldsymbol{\theta}$ 为关节位移，$\boldsymbol{N}$ 为各关节减速器传动比矩阵）；

$\boldsymbol{V}_{\mathrm{m}}(\boldsymbol{\theta},\dot{\boldsymbol{\theta}}) = \boldsymbol{N}^{-1}\boldsymbol{V}(\boldsymbol{\theta},\dot{\boldsymbol{\theta}})\boldsymbol{N}^{-1}$ 为驱动空间科氏力和离心力耦合项矩阵；

$\boldsymbol{B}_{\mathrm{m}} = \boldsymbol{N}^{-1}\boldsymbol{B}\boldsymbol{N}^{-1}$ 为驱动空间黏滞阻尼项矩阵；

$\boldsymbol{G}_{\mathrm{m}}(\boldsymbol{\theta}) = \boldsymbol{N}^{-1}\boldsymbol{G}(\boldsymbol{\theta})$ 为驱动空间重力项列向量。

将驱动空间广义质量矩阵拆分成两个部分：

$$\boldsymbol{M}_{\mathrm{m}}(\boldsymbol{\theta}) = \overline{\boldsymbol{M}}_{\mathrm{m}} + \Delta\boldsymbol{M}_{\mathrm{m}}(\boldsymbol{\theta}) \tag{10-2}$$

式中，$\overline{\boldsymbol{M}}_{\mathrm{m}}$ 为一对角阵，其参数为常数，代表各电机的**平均总等效惯量**，某个电机的惯量 I_{m} 就是 $\overline{\boldsymbol{M}}_{\mathrm{m}}$ 中对应列上的元素；$\Delta\boldsymbol{M}_{\mathrm{m}}(\boldsymbol{\theta})$ 为耦合惯量矩阵，代表与关节间耦合惯性力对应的电机端等效耦合惯量，其参数的取值随机器人位形变化而变化。

据此，可以将式（10-1）分解为

$$\boldsymbol{\tau}_{\mathrm{m}} = \overline{\boldsymbol{M}}_{\mathrm{m}}\boldsymbol{\varepsilon}_{\mathrm{m}} + \boldsymbol{B}_{\mathrm{m}}\boldsymbol{\omega}_{\mathrm{m}} + \boldsymbol{\tau}_{\mathrm{md}} \tag{10-3}$$

式中：

$$\boldsymbol{\tau}_{\mathrm{md}} = \Delta\boldsymbol{M}_{\mathrm{m}}(\boldsymbol{\theta})\boldsymbol{\varepsilon}_{\mathrm{m}} + \boldsymbol{V}_{\mathrm{m}}(\boldsymbol{\theta},\dot{\boldsymbol{\theta}})\boldsymbol{\omega}_{\mathrm{m}} + \boldsymbol{G}_{\mathrm{m}}(\boldsymbol{\theta}) \tag{10-4}$$

$\boldsymbol{\tau}_{\mathrm{md}}$ 表示由于惯性力波动和耦合、科氏力、离心力和重力引起的非线性干扰力矩。可见，式（10-4）就是前面所述干扰力矩 $\boldsymbol{\tau}_{\mathrm{md}}$ 的理论表达式。

如果在控制系统的指令输入端不考虑 $\boldsymbol{\tau}_{\mathrm{md}}$，而把它归为干扰力矩，则电机控制力矩可以根据下式来计算：

$$\boldsymbol{\tau}_{\mathrm{m}} = \overline{\boldsymbol{M}}_{\mathrm{m}}(\boldsymbol{\theta})\dot{\boldsymbol{\omega}}_{\mathrm{m}} + \boldsymbol{B}_{\mathrm{m}}\boldsymbol{\omega}_{\mathrm{m}} \tag{10-5}$$

式（10-5）中的每一行，都对应一个关节电机的线性简化模型。根据此模型，可以利用经典控制理论设计电机的位置 PID 控制器，以及速度和加速度前馈补偿项。式（10-4）的每一行，则对应着每个关节电机所受的非线性干扰力矩 $\boldsymbol{\tau}_{\mathrm{md}}$，据此可以设计非线性力矩集中前馈补偿项。

针对【例9-5】中的平面2R操作臂，对两个关节电机的逆动力学方程进行分解，得到线性化的电机模型。

解：由式（9-47）可知，关节电机1逆动力学方程中只有阻尼力矩$B_{m1}\omega_{m1}$是线性项。

离心科氏耦合力矩$V_{11}\omega_{m1}+V_{12}\omega_{m2}$和重力矩$\tau_{mg1}$都是非线性项，可以把它们视为干扰力矩。惯性力矩中的耦合力矩$M_{12}\varepsilon_{m2}$反映的是关节间的耦合干扰，也应视为干扰力矩。

由广义质量矩阵中对角线元素引起的惯性力矩$M_{11}\varepsilon_{m1}$随机器人位形波动，也是非线性项。但是，可以考虑把它拆分为平均值与波动值的叠加。

根据M_{11}的表达式

$$M_{11}=\frac{ml^2}{n^2}(3+2c\theta_2)+I_r$$

可以把M_{11}分解为两个部分：

$$M_{11}=\overline{M}_{11}+\Delta M_{11}=\left(\frac{3ml^2}{n^2}+I_r\right)+\frac{2ml^2}{n^2}c\theta_2$$

其中，$\overline{M}_{11}$是平均等效转动惯量；ΔM_{11}是等效转动惯量的波动量。

由此，可以把关节电机1的$M_{11}\varepsilon_{m1}$分解为

$$M_{11}\varepsilon_{m1}=\overline{M}_{11}\varepsilon_{m1}+\Delta M_{11}\varepsilon_{m1}$$

式中，$\overline{M}_{11}\varepsilon_{m1}$为线性惯性力矩；$\Delta M_{11}\varepsilon_{m1}$为波动惯性力矩。

因此，关节电机1的逆动力学方程可分解为

$$\tau_{m1}=\overline{M}_{11}\varepsilon_{m1}+B_{m1}\omega_{m1}+\Delta M_{11}\varepsilon_{m1}+M_{12}\varepsilon_{m2}+V_{11}\omega_{m1}+V_{12}\omega_{m2}+\tau_{mg1}$$

合并所有的非线性力矩，并令$I_{m1}=\overline{M}_{11}$，得关节电机1的等效逆动力学模型

$$\tau_{m1}=I_{m1}\varepsilon_{m1}+B_{m1}\omega_{m1}+\tau_{ddm1}$$

式中，$I_{m1}\varepsilon_{m1}+B_{m1}\omega_{m1}$是线性简化模型；$\tau_{ddm1}$为干扰力矩，$\tau_{ddm1}=\Delta M_{11}\varepsilon_{m1}+M_{12}\varepsilon_{m2}+V_{11}\omega_{m1}+V_{12}\omega_{m21}+\tau_{mg1}$。

同样地，关节电机2的等效逆动力学模型为

$$\tau_{m2}=I_{m2}\varepsilon_{m2}+B_{m2}\omega_{m2}+\tau_{ddm2}$$

式中，$I_{m2}\varepsilon_{m2}+B_{m2}\omega_{m2}$是线性简化模型，且$I_{m2}=\overline{M}_{22}=\frac{ml^2}{n^2}+I_r$；$\tau_{ddm2}$为干扰力矩，且$\tau_{ddm2}=\Delta M_{22}\varepsilon_{m2}+M_{21}\varepsilon_{m1}+V_{21}\omega_{m1}+V_{22}\omega_{m2}+\tau_{mg2}$，$\Delta M_2=0$。

将上式合并，写成矩阵的形式，得

$$\boldsymbol{\tau}_m=\overline{\boldsymbol{M}}_m\boldsymbol{\varepsilon}_m+\boldsymbol{B}_m\boldsymbol{\omega}_m+\boldsymbol{\tau}_{ddm}$$

$$\boldsymbol{\tau}_{md} = \Delta \boldsymbol{M}_m(\boldsymbol{\theta})\varepsilon_m + \boldsymbol{V}_m(\boldsymbol{\theta}, \dot{\boldsymbol{\theta}})\omega_m + \boldsymbol{G}_m(\boldsymbol{\theta})$$

式中，$\overline{\boldsymbol{M}}_m = \begin{pmatrix} \overline{M}_{11} & 0 \\ 0 & \overline{M}_{22} \end{pmatrix}$ 称为主惯性矩阵；$\Delta \boldsymbol{M}_m = \begin{pmatrix} \Delta M_{11} & M_{12} \\ M_{21} & \Delta M_{22} \end{pmatrix}$ 称为非线性惯性矩阵。

（2）具有集中前馈补偿的位置 PID 控制器设计

根据式（10-5）设计前馈补偿项时，仅考虑了克服电机平均总等效惯量和阻尼所需的控制力矩，而把 $\boldsymbol{\tau}_{md}$ 所代表的干扰力矩与模型误差一起看作误差源，由反馈增益来补偿。

在模型精确且初始误差为零的情况下，由式（10-4）可以计算出 $\boldsymbol{\tau}_{md}$。如果把 $\boldsymbol{\tau}_{md}$ 也作为一个前馈补偿项施加到系统中，在理论上应该能够消除干扰力矩 $\boldsymbol{\tau}_{md}$ 的影响，其原理如图 10-4 所示。图中虚线表示代入参数，而不是乘法运算。当采用通用电机模型时，$K_{\tau ff} = K_d / K_m$；当采用力矩模式电机模型时，$K_{\tau ff} = 1/K_\tau$ 为非线性力矩补偿增益。

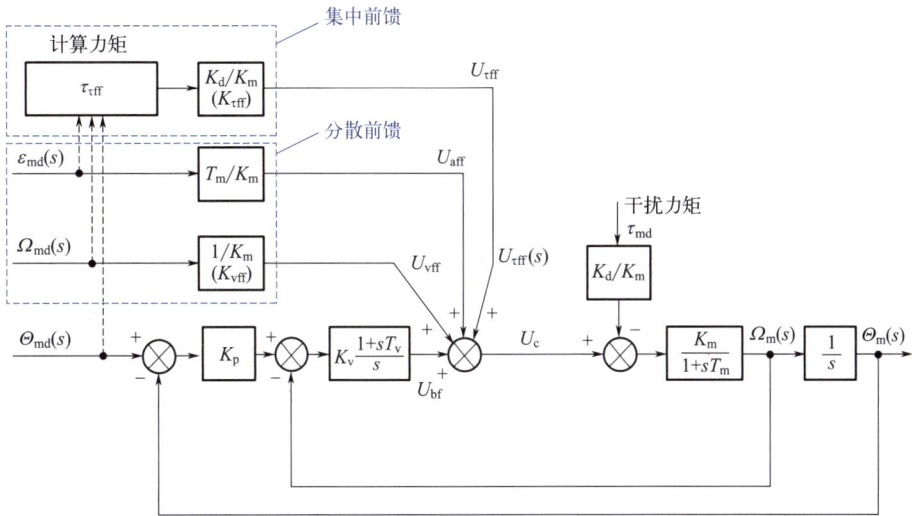

(a) 通用电机模型

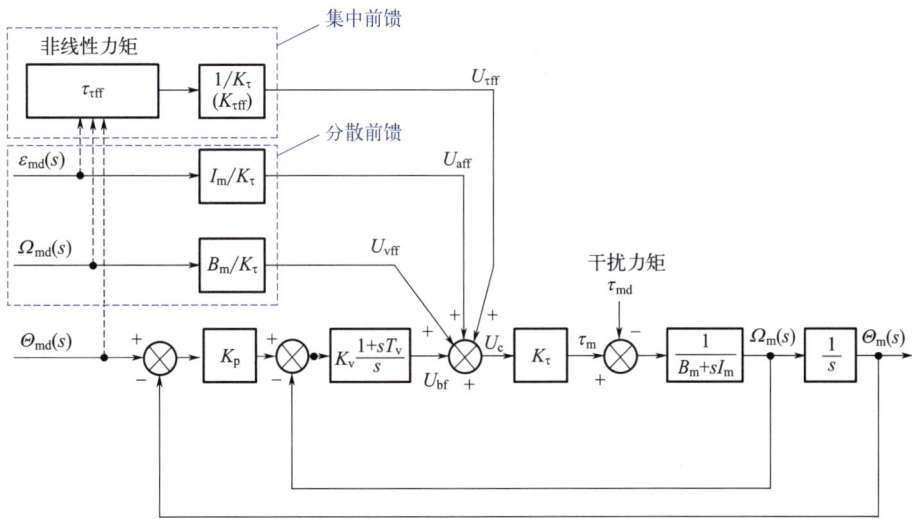

(b) 力矩电机模型

图 10-4　集中前馈补偿分散位置闭环控制系统

非线性力矩公式中包含各关节的位置、速度，这就要求在一个集中控制器中完成非线性力矩的计算，因此，非线性力矩前馈被称为**集中前馈**。与之相对，各关节的速度和加速度前馈项可以由各关节控制器独立完成，因此，它们被称为**分散前馈**。

注意，图 10-4 仍然以单个电机为考察对象，其中的计算力矩 τ_{tff} 为标量，是驱动空间理论干扰力矩矢量 $\boldsymbol{\tau}_{\mathrm{tff}}$ 中的一个元素，可根据式（9-45）中的一行计算得到。尽管如此，式（9-45）中的每一行都包含了所有相关关节的位置、速度和加速度信息。若将这些信息汇总到一个控制器中，加之复杂的非线性力矩计算过程，需要利用高性能的集中控制器才能实现。正因为如此，非线性力矩前馈又被称为**集中前馈**。又因为非线性力矩前馈的目的是补偿扰动，因此，这种控制器又被称为**按扰动设计的前馈校正控制器**。

图 10-4 中，无论电机工作在速度模式还是力矩模式，电机模型之前的控制电压 $U_{\mathrm{c}}(s)$，都可以分解为四个部分

$$U_{\mathrm{c}}(s) = U_{\mathrm{vff}}(s) + U_{\mathrm{aff}}(s) + U_{\mathrm{tff}}(s) + U_{\mathrm{bf}}(s) \qquad （10\text{-}6）$$

式中　$U_{\mathrm{vff}}(s)$ 为速度前馈控制器输出的控制信号，它生成线性速度前馈控制力矩

$$\tau_{\mathrm{vff}} = B_{\mathrm{m}}\omega_{\mathrm{d}}$$

$U_{\mathrm{aff}}(s)$ 为加速度前馈控制器输出的控制信号，它生成线性加速度前馈力矩

$$\tau_{\mathrm{aff}} = I_{\mathrm{m}}\varepsilon_{\mathrm{d}}$$

$U_{\mathrm{tff}}(s)$ 为非线性力矩前馈控制器输出的控制信号，它生成非线性补偿控制力矩

$$\tau_{\mathrm{tff}} = [\boldsymbol{\tau}_{\mathrm{tff}}]_i = [\Delta \boldsymbol{M}_{\mathrm{m}}(\boldsymbol{\theta})\varepsilon_{\mathrm{m}} + \boldsymbol{V}_{\mathrm{m}}(\boldsymbol{\theta},\boldsymbol{\omega})\omega_{\mathrm{m}} + \boldsymbol{G}_{\mathrm{m}}(\boldsymbol{\theta})]_{i,n}$$

式中，$[\boldsymbol{\tau}_{\mathrm{tff}}]_i$ 是 $\boldsymbol{\tau}_{\mathrm{tff}}$ 的第 i 行，用于补偿作用于关节电机 i 上的非线性力矩。

$U_{\mathrm{bf}}(s)$ 为反馈控制器输出的控制信号，它生成反馈控制力矩

$$\tau_{\mathrm{bf}} = K_{\tau}U_{\mathrm{bf}}$$

用以补偿因模型的不精确和其他未知干扰引起的误差。

因此，作用于电机的综合控制力矩为

$$\tau_{\mathrm{m}} = \tau_{\mathrm{vff}} + \tau_{\mathrm{aff}} + \tau_{\mathrm{tff}} + \tau_{\mathrm{bf}} \qquad （10\text{-}7）$$

对比图 3-48，可以看到在图 3-48 所示的纯反馈控制系统中，控制力矩 τ_{m} 只包含与位置和速度跟踪误差有关的反馈项 τ_{bf}；而在图 10-4 所示的集中前馈补偿控制系统中，则增加了三个前馈补偿力矩项。如果电机模型和机器人动力学模型完全准确，这三个前馈项的和将完全符合机器人逆动力学模型，它们生成的驱动力将驱动机器人严格跟踪期望轨迹，且跟踪误差和反馈项都将为 0。尽管这在真实系统中不可能做到，但是前馈的引入仍然能大幅减小反馈误差，从而允许控制系统采用较小的反馈增益，有利于提高系统的稳定性。

集中前馈补偿是一种基于模型的控制方法，它严格根据机器人动力学模型计算得到的各关节控制力矩，而各关节的闭环 PID 控制器仅需克服因模型偏差和其他干扰引起的控制误差。对于仅工作于自由空间的工业机器人，集中前馈补偿控制方案已能够满足要求。实际上，在多数工业机器人的运动控制算法中，出于降低计算复杂度和控制成本的考虑，非线性力矩补偿项中仅包含重力项，也即仅补偿了重力的影响。但是，这并不影响工业机器人实现较高的位置保持和跟踪精度。这归功于关节减速器的大减速比（通常减速比 $n>30$），把耦合项

$\Delta M_{\mathrm{m}}(\theta)$ 和 $V_{\mathrm{m}}(\theta, \dot{\theta})$ 等非线性项对电机的影响降低到了原值的 $1/n^2$。从被控对象惯量的角度看，使得电机转子惯量占据了主导地位，从而实现了各关节的近似解耦，**第 9 章**的【例 9-4】对此进行了分析。

图 10-4 中各前馈补偿项的计算过程发生在伺服环之外。非线性项可以根据所有关节的期望位置、速度和加速度来计算，因此，可以利用一个集中控制器在启动伺服控制之前离线计算非线性前馈项。

系统在完成关节轨迹规划之后即可进行非线性项计算。计算得到的前馈项，由集中控制器按照固定的伺服周期随同位置和速度期望值一同下发给独立关节控制器。关节控制器以伺服控制频率实施关节闭环控制。

这种控制方案采用了前馈补偿力矩集中计算、各关节闭环控制分散进行的形式，从伺服控制回路的结构看，它实质上仍然是一种分散控制方案。因此，这种控制器被称为**集中前馈补偿独立关节 PID 控制器**。

由于机器人各关节跟踪误差始终存在，为提高补偿精度，可以让集中控制器在线计算式（10-4）中各系数矩阵，并令各矩阵的位形参数取机器人的实际反馈值，即

$$\Delta M_{\mathrm{m}}(\theta) = \Delta M_{\mathrm{m}}(\theta_{\mathrm{m}}), \quad V_{\mathrm{m}}(\theta, \dot{\theta}) = V_{\mathrm{m}}(\theta_{\mathrm{m}}, \dot{\theta}_{\mathrm{m}}), \quad G_{\mathrm{m}}(\theta) = G_{\mathrm{m}}(\theta_{\mathrm{m}})$$

考虑到非线性力矩计算的复杂度，可以不在每个伺服周期中都更新计算各系数矩阵 $\Delta M_{\mathrm{m}}(\theta)$、$V_{\mathrm{m}}(\theta, \dot{\theta})$、$G_{\mathrm{m}}(\theta)$，而在更长的周期内进行更新计算，例如伺服周期的 10 倍。在系数矩阵的更新周期之间，伺服算法根据当前非线性补偿力矩计算控制电压。此时，非线性项的计算频率高于轨迹规划频率，低于伺服控制频率。

无论离线或在线计算非线性项，集中控制器总是以较低频率更新前馈补偿项，而独立的关节伺服控制器则以较高频率执行闭环控制。

‹ 例 10-2

针对【例 9-5】中平面 2R 机器人，假定机器人两个连杆的质量和杆长的理论值与实际值之间均存在 5% 的负偏差，电机工作于力矩模式，跨导增益见表 3-2，两关节减速器传动比取 $n_1 = n_2 = 50$，希望两关节均跟踪【例 7-7】中的关节 S 形位置轨迹。试构建 SIMULINK 仿真系统进行控制算法仿真，在该系统中，各电机动力学模型采用力矩模型，计算各电机的线性和非线性干扰力矩，并施加到电机力矩模型上，设计集中前馈补偿控制器，先仅考虑 PID 控制器，以临界阻尼设计 PID 控制器增益，观察两关节位置、速度和加速度曲线的变化规律；然后，逐次增加速度指令、速度和加速度分散前馈和非线性力矩前馈，观察上述曲线的变化。

解： 为平面 2R 机器人的两个关节分别搭建集中前馈补偿控制器。各电机平均等效转动惯量、阻尼和非线性力矩的计算方法见【例 10-1】。电机的理论模型考虑了质量和杆长偏差，电机模型和 PID 参数的计算方法同【例 7-7】。

图 10-5 是无前馈 PID 控制器作用下的两关节位置和速度响应曲线，其位置规律与单关节机器人响应曲线类似都存在滞后。关节 1 所受非线性力矩更大，因此，速度和位置响应偏差更大。

增加了速度前馈后，位置跟踪误差就已经很小，因此，本例仅给出了具有速度、加速度和力矩前馈的关节位置和速度响应曲线，如图 10-6 所示。

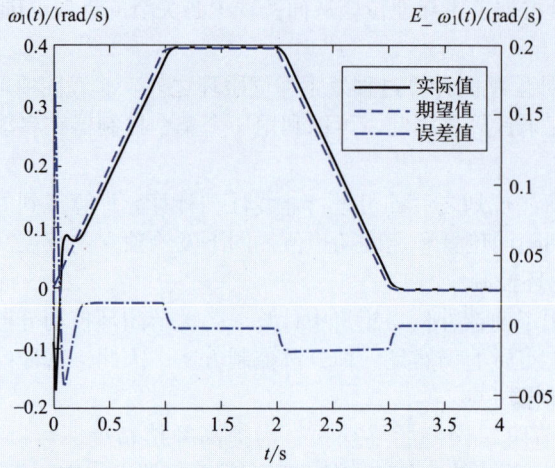

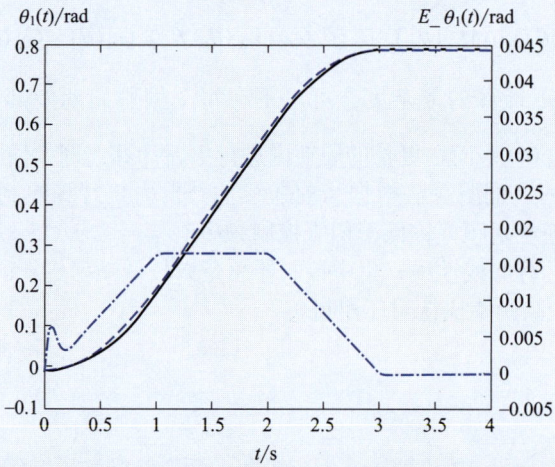

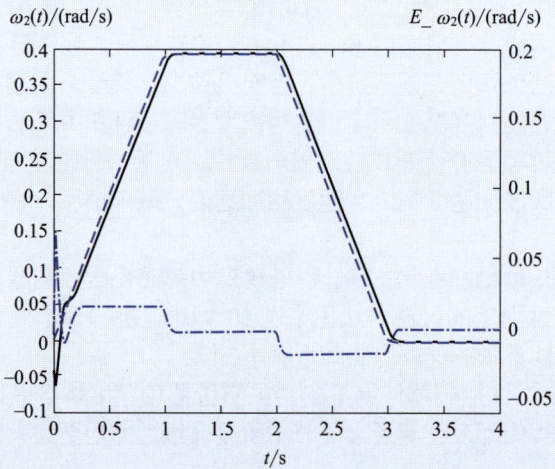

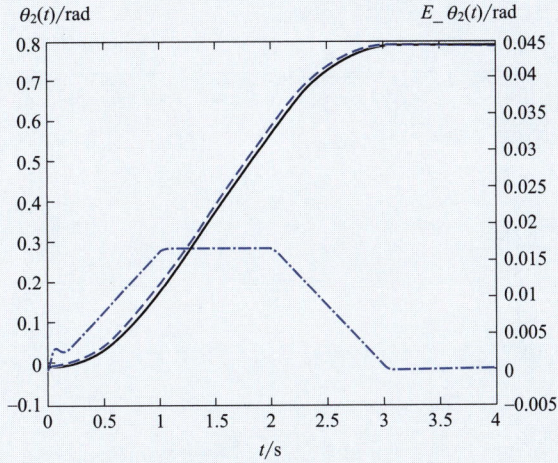

图 10-5　仅由 PID 控制器作用的两关节位置和速度响应曲线

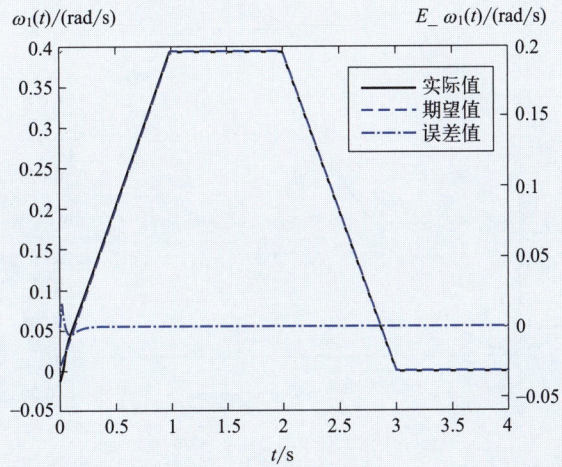

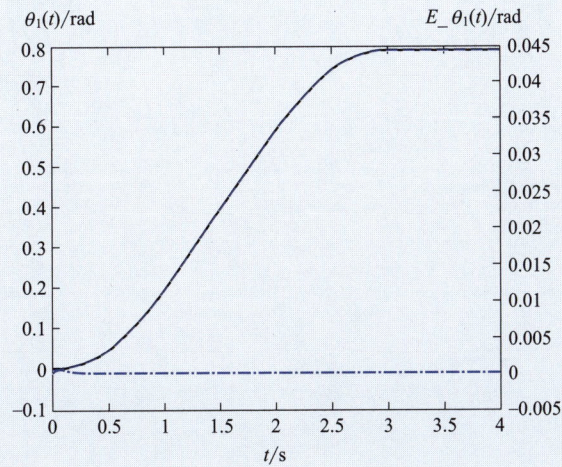

图 10-6

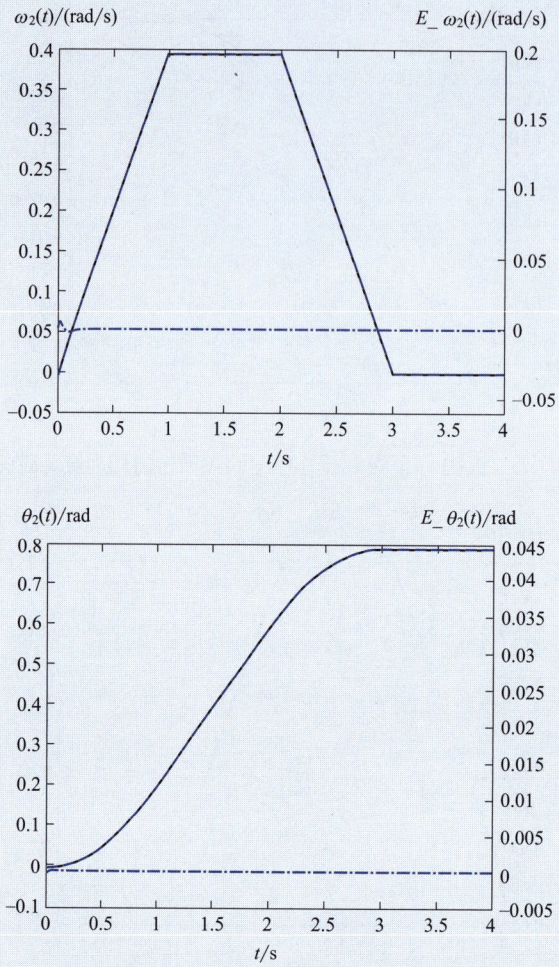

图 10-6　增加了速度、加速度和力矩前馈后的两关节位置和速度响应曲线

10.3　误差动力学方程

通过前面的讨论，我们已经了解到操作臂是典型的一类时变、非线性的被控对象，无法直接用经典控制理论对其进行控制器设计和性能分析，只有把各关节电机作为单独控制对象，并且把关节间耦合和重力等非线性项视为干扰的情况下，才能将其简化为线性定常系统。但是，这种近似只有当机器人关节采用大传动比减速器，或采用大惯量电机时才有效。虽然利用集中前馈补偿似乎可以抵消非线性项的影响，但是，更进一步的讨论会揭示出它并没有实现系统的精确线性化。为了得到此结论，需要引入**误差动力学方程**的概念。

（1）概述

下面，以简单的弹簧-质量-阻尼系统为例（图 10-7），说明误差动力学方程的构建方法。

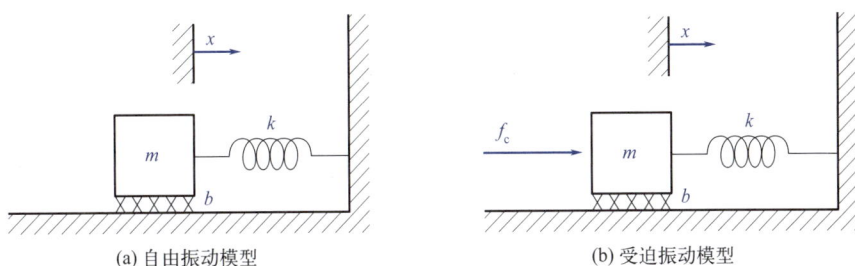

(a) 自由振动模型　　　　　　　　(b) 受迫振动模型

图 10-7　弹簧-质量-阻尼系统模型

如图 10-7（a），定义质量块的平衡位置为位置零点，对质量块施加一个初始扰动，使其偏离平衡位置，质量块的位置 x 可由如下动力学方程描述

$$m\ddot{x} + b\dot{x} + kx = 0 \tag{10-8}$$

此时，该系统是一个典型的二阶自由振动系统，它的动态特性由质量 m、阻尼 b、刚度 k 这三个固有参数决定。

为了调控系统的动态特性，假设有一个控制系统对质量块施加控制力 f_c，试图使系统按照期望的动态特性恢复到平衡位置。控制力 f_c 应满足

$$f_c = -K_p x - K_v \dot{x} \tag{10-9}$$

可以看到，控制力 f_c 是位置和速度的线性函数，它代表了一个 PD 控制器。该控制器试图使质量块以可控的状态恢复到平衡位置。为了计算该控制力，需要实时检测系统的位置和速度。由此得到图 10-8 所示的闭环控制系统。

此时，系统变成一个图 10-7（b）所示的二阶受迫振动系统，其动力学方程为

$$m\ddot{x} + b\dot{x} + kx = f_c \tag{10-10}$$

将式（10-9）代入式（10-10），得

$$m\ddot{x} + (b + K_v)\dot{x} + (k + K_p)x = 0 \tag{10-11}$$

可见，通过改变控制器的位置增益 K_p 和速度增益 K_v，可以改变上述二阶微分方程的系数，进而调整系统的动态特性。

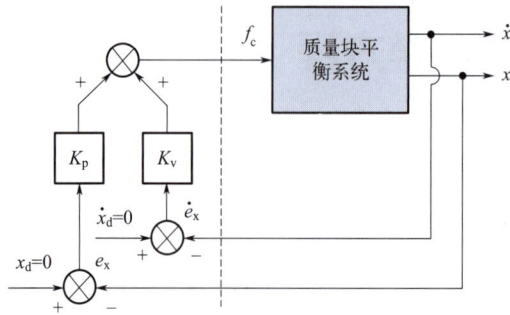

图 10-8　位置保持闭环控制系统

再从系统误差的角度考察图 10-8 所示的闭环控制系统。设系统的期望位置、速度和加速度分别为 x_d、$\dot{x}_d$ 和 $\ddot{x}_d$，相应地，系统误差可表示为

$$e_x = x_d - x, \quad \dot{e}_x = \dot{x}_d - \dot{x}, \quad \ddot{e}_x = \ddot{x}_d - \ddot{x} \tag{10-12}$$

图 10-8 所示系统的控制目标是设计一个最简控制器，使质量块停止在平衡位置，使系统的期望位置、速度和加速度均为零，即**位置保持控制**问题。

$$f_c = K_p e_x + K_v \dot{e}_x \tag{10-13}$$

将式（10-13）和式（10-12）代入式（10-11），并进行系数变换得

$$m\ddot{e}_x + b_c \dot{e}_x + k_c e_x = m\ddot{x}_d + b\dot{x}_d + kx_d \tag{10-14}$$

式中，$b_c = b + K_v$；$k_c = k + K_p$。

式（10-14）表示了当期望轨迹已知时，系统误差的变化规律。这种表示系统误差动态过程的微分方程，被称为系统的**误差动力学方程**。

对于图 10-8 描述的位置保持闭环控制系统，它的误差动力学方程是一个齐次、线性方程。可以把式（10-14）理解为一个质量为 m、阻尼为 b_c、刚度为 k_c 的虚拟弹簧-质量-阻尼系统。该虚拟系统具有与原闭环控制系统相同的动力学特征，因此，可以用误差动力学方程来指代对应的闭环控制系统。实际上，误差动力学方程与闭环系统的误差传递函数具有相同的意义，只不过它采用了微分方程的形式。

式（10-14）所示的误差动力学方程非常简洁，是一个典型的二阶微分方程，有利于分析系统动态特性，并以此指导控制器参数的整定。二阶误差动力学方程可用于分析绝大多数系统的控制性能，具有重要意义，因此，这里简单回顾一下二阶系统的特性。

首先，把式（10-14）写成更为一般的标准二阶系统形式

$$\ddot{e}_x + 2\xi\omega_n \dot{e}_x + \omega_n^2 e_x = 0 \tag{10-15}$$

式中，ξ 为阻尼比；ω_n 为自然频率。

对于式（10-14）所示的位置保持闭环控制系统

$$\xi = \frac{b_c}{2\sqrt{mk_c}} = \frac{b + K_v}{2\sqrt{m(k + K_p)}}$$

$$\omega_n = \sqrt{\frac{k_c}{m}} = \sqrt{\frac{k + K_p}{m}} \tag{10-16}$$

由微分方程知识，可知方程（10-15）的特征方程为

$$s^2 + 2\xi\omega_n s + \omega_n^2 = 0 \tag{10-17}$$

特征方程的根为

$$s_{1,2} = -\xi\omega_n \pm \omega_n \sqrt{\xi^2 - 1} \tag{10-18}$$

当且仅当 $\xi\omega_n > 0$，$\omega_n^2 > 0$ 时，二阶误差动力学方程（10-15）收敛，系统稳定且稳态误差为零。

① 过阻尼：$\xi > 1$。两个根 $s_{1,2}$ 为不相等的负实数，式（10-15）的解为

$$e_x(t) = c_1 e^{s_1 t} + c_2 e^{s_2 t} \tag{10-19}$$

系统的误差响应是两个衰减指数函数之和。对于初始条件为 $e_x(0) = 1$ 和 $\dot{e}_x(0) = 0$ 的单位阶跃输入，$c_{1,2} = -\dfrac{1}{2} \pm \dfrac{\xi}{2\sqrt{\xi^2-1}}$；时间常数分别为 $t_1 = -\dfrac{1}{s_1}$ 和 $t_2 = -\dfrac{1}{s_2}$。"较慢"的时间常数对应着绝对值较小的负根 $s_1 = -\xi\omega_n + \omega_n\sqrt{\xi^2-1}$。当 $\xi > 1$ 时，系统进入 5% 误差带的调节时间约为 $t_s = 3.3t_1$。此时误差无超调，缓慢趋近于零。

② 临界阻尼：$\xi = 1$。根 $s_{1,2} = -\omega_n$ 为两个相等的负实数，式（10-15）的解为

$$e_x(t) = (c_1 + c_2 t)e^{st} \tag{10-20}$$

系统的误差响应是一个衰减指数函数乘以一个线性函数。对于初始条件为 $e_x(0) = 1$ 和 $\dot{e}_x(0) = 0$ 的单位阶跃输入，$c_1 = 1$，$c_1 = \omega_n$；时间常数 $t = 1/\omega_n$；调节时间为 $t_s = 4.75t$。此时误差无超调，且响应速度快于欠阻尼系统。如果要求系统响应无超调，临界阻尼是一种理想情况。

③ 欠阻尼：$\xi < 1$。根 $s_{1,2} = -\xi\omega_n \pm i\omega_d$ 为一对共轭复数，其中 $\omega_d = \omega_n\sqrt{1-\xi^2}$，称为有阻尼固有频率。式（10-15）的解为

$$e_x(t) = [c_1 \cos(\omega_d t) + c_2 \sin(\omega_d t)]e^{-\xi\omega_n t} \tag{10-21}$$

系统的误差响应是一个衰减指数函数乘以一个正弦函数。对于初始条件为 $e_x(0) = 1$ 和 $\dot{e}_x(0) = 0$ 的单位阶跃输入，$c_1 = 1$，$c_1 = \omega_n$；时间常数 $t = 1/(\xi\omega_n)$；调节时间 $t_s = 3.5/(\xi\omega_n)$。阻尼系数越小，系统响应越快，但是超调会加大。因此，对于需要兼顾响应速度和超调的情况，可以取最佳阻尼比 $\xi = 0.707$。此时，系统调节时间最小，且超调量 $\sigma\% < 5\%$。

图 10-9 中给出了过阻尼、临界阻尼和欠阻尼三种情况下，特征根在复平面上的位置，以及对应的误差响应曲线 $e_x(t)$。图中还给出了特征根的变化与误差动态响应之间的关系：在实部为负数的区域，根越靠近左侧，即实部越小，调节时间越短；而距离实轴越远，即虚部绝对值越大，对应的超调和振荡也就越大。特征根位置和动态响应之间的关系，也适用于有两个以上特征根的高阶系统。

作为图 10-8 中位置保持闭环控制系统的误差动力学方程，式（10-13）中控制参数 K_p 和 K_v 的变化，将引起闭环控制系统阻尼比和自然频率的变化。通过调节 K_p 和 K_v，能够获得所需的误差动态响应。

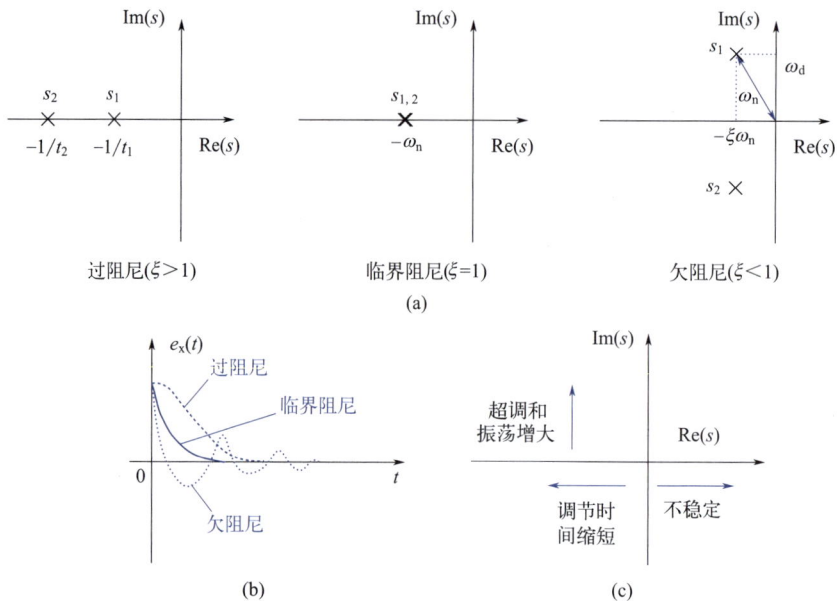

图 10-9　二阶误差动力学方程的根与时间响应之间的关系

(a) 二阶系统在过阻尼、临界阻尼和欠阻尼情况下的根所在位置示例;

(b) 二阶系统的误差响应; (c) 根位置变化与响应变化之间的关系

例 10-3

对于图 10-7(b)所示的弹簧-质量-阻尼系统,假设各参数值为: $m=1$、$b=1$、$k=1$。对其施加一个控制力 $f_c = -K_p e_x - K_v \dot{e}_x$,构成一个位置保持闭环控制系统。如果希望在闭环刚度为 16.0N/m 的条件下,获得一个临界阻尼系统,求控制器增益 K_p 和 K_v。

解: 此闭环控制系统的误差动力学方程为

$$m\ddot{e}_x + b_c \dot{e}_x + k_c e_x = 0$$

式中,阻尼为 $b_c = b + K_v$,刚度为 $k_c = k + K_p$。

它对应的标准二阶系统形式为

$$\ddot{e}_x + 2\xi\omega_n\dot{e}_x + \omega_n^2 e_x = 0$$

如果 k_c=16.0N/m,为了达到临界阻尼状态,则需要 ξ=1。考虑到原系统 m=1、b=1、k=1,代入式(10-16)可以计算得到

$$K_p = 15.0, \quad K_v = 7.0$$

(2)基于逆动力学模型的线性化方法

对于机器人这一类复杂的非线性被控对象,如果能够设计合适的控制器,使系统的误差动力学方程也呈现式(10-14)的形式,就可以利用经典控制理论的分析方法,来分析系统的稳定性、快速性等重要性质,从而简化控制器参数的整定过程。

但是，即便是图 10-7 所示的简单弹簧 - 质量 - 阻尼系统，当弹簧刚度、阻尼系数或质量中的任何一项不再是常数时，也将无法得到一个齐次的线性误差动力学方程。另外，即便原系统的参数是常数，当控制的期望值是变量时，例如，图 10-7 中的期望位置是时变量 $x_\mathrm{d}(t)$，那么，也无法得到一个线性的误差动力学方程。

接下来，介绍一种同时利用动力学模型和反馈来获得线性误差动力学方程的方法。该方法假定被控对象的动力学模型已知。这种假设具有合理性，因为机器人动力学方程的参数可以根据设计值确定。

针对在控制力 f_c 作用下的受迫振动模型［图 10-7（b）］，假设期望的位置、速度、加速度分别为 $x_\mathrm{d}(t)$、$\dot{x}_\mathrm{d}(t)$ 和 $\ddot{x}_\mathrm{d}(t)$，并希望得到如下形式的误差动力学模型：

$$\ddot{e}_\mathrm{x} + K_\mathrm{v}\dot{e}_\mathrm{x} + K_\mathrm{p}e_\mathrm{x} = 0 \tag{10-22}$$

将 $\ddot{e}_\mathrm{x} = \ddot{x}_\mathrm{d} - \ddot{x}$ 代入上式，得：

$$\ddot{x} = \ddot{x}_\mathrm{d} + K_\mathrm{v}\dot{e}_\mathrm{x} + K_\mathrm{p}e_\mathrm{x} \tag{10-23}$$

式（10-23）的物理意义是，利用位置误差增益 K_p 和速度误差增益 K_v，把位置误差 e_x 和速度误差 $\dot{e}_\mathrm{x}$ 转换成加速度补偿项，叠加到期望加速度 $\ddot{x}_\mathrm{d}$ 上，形成质量块的当前加速度 $\ddot{x}$。

假设被控对象的动力学模型已知，其理论参数分别为 m_d、b_d 和 k_d，根据逆动力学模型设计控制器，使其输出如下控制力 f_c（注意：这里是根据真实系统的反馈计算控制力）：

$$f_\mathrm{c} = m_\mathrm{d}\ddot{x} + b_\mathrm{d}\dot{x} + k_\mathrm{d}x \tag{10-24}$$

把式（10-23）代入上式，得控制力 f_c 的表达式为

$$f_\mathrm{c} = m_\mathrm{d}(\ddot{x}_\mathrm{d} + K_\mathrm{v}\dot{e}_\mathrm{x} + K_\mathrm{p}e_\mathrm{x}) + b_\mathrm{d}\dot{x} + k_\mathrm{d}x \tag{10-25}$$

式（10-25）中的控制力 f_c 综合了反馈项和逆动力学项，被称为**逆动力学 PD 控制器**，它对应的控制器原理如图 10-10，图中虚线箭头表示根据系统当前状态进行计算。

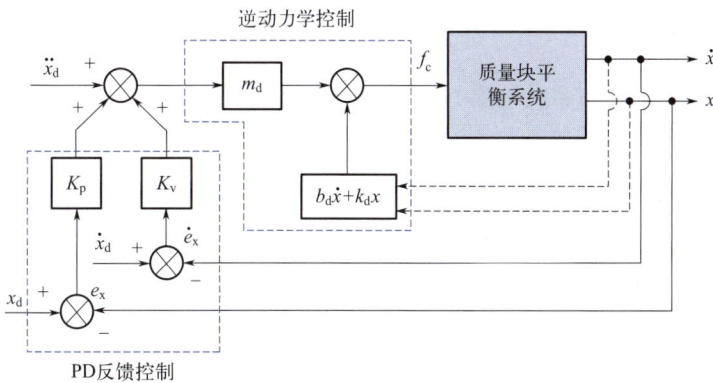

图 10-10　逆动力学 PD 控制器

当把控制力 f_c 施加到真实系统上时，系统的响应遵循动力学方程：

$$m\ddot{x} + b\dot{x} + kx = f_\mathrm{c}$$

将式（10-25）代入上式，得

$$m\ddot{x} + b\dot{x} + kx = m_d(\ddot{x}_d + K_v\dot{e}_x + K_pe_x) + b_d\dot{x} + k_dx \tag{10-26}$$

如果系统模型完全精确，$m = m_d, b = b_d, k = k_d$，则上式可化简为

$$\ddot{e}_x + K_v\dot{e}_x + K_pe_x = 0 \tag{10-27}$$

这样，就得到了**与系统动力学方程系数和期望轨迹均无关**的线性误差动力学模型。

为了进一步理解式（10-25）所示的逆动力学 PD 控制器，可以从另一个角度来总结该控制器的设计思路。

将式（10-25）改写为

$$f_c = \underbrace{(m_d\ddot{x}_d + b_d\dot{x} + k_dx)}_{\text{逆动力学项}} + \underbrace{m_d(K_v\dot{e}_x + K_pe_x)}_{\text{反馈项}} \tag{10-28}$$

与式（10-28）对应的闭环控制系统原理如图 10-11 所示。

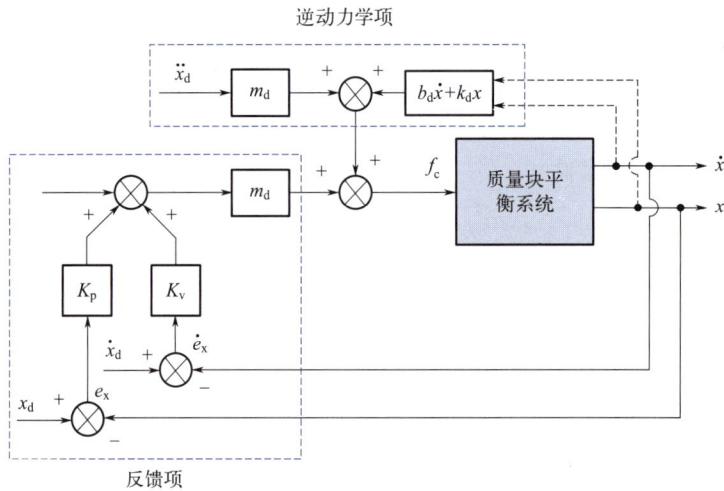

图 10-11　逆动力学 PD 闭环控制器的另一种结构

图 10-11 所示闭环控制系统是图 10-8 系统的一种变换形式。在该系统中，首先根据被控对象的当前状态和期望加速度，代入原系统的逆动力学模型，计算得到基于逆动力学模型的控制力。然后，根据状态反馈进行误差补偿，生成加速度补偿量，再乘以被控对象质量，得到基于反馈的控制力。最后，把基于模型的控制力与基于反馈的控制力求和，得到最终的控制力。显然，基于模型的部分是以加速度为前馈的开环控制；而基于反馈的部分则是补偿速度和位置误差的线性反馈控制，系统动力学方程系数的变化对它没有影响。

对于任何一个系统，都可以在伺服环内利用其逆动力学模型进行控制量计算，使闭环系统的误差动力学方程与原系统无关，即实现非线性解耦。这种利用逆动力学模型建立闭环系统线性误差动力学方程的思路具有通用性。

误差动力学方程式（10-27）所代表的闭环系统具有二阶线性微分方程的特点。如果 K_p 和 K_v 均为正，误差收敛。当系统停止时，有

$$\dot{e}_x = 0 , \quad \ddot{e}_x = 0 \tag{10-29}$$

$$K_pe_x = 0 \tag{10-30}$$

这时，系统的稳态误差：

$$e_x = 0 \tag{10-31}$$

通过调整增益 K_p 和 K_v，可以直接调节闭环系统的动态特性。给定阻尼比 $\xi > 0$ 和系统阶跃响应 5% 误差带调节时间 t_s 时，可以先根据式（10-16）计算系统的自然频率 ω_n，然后再根据下式来计算 K_p 和 K_v 的理论值。

$$K_p = \omega_n^2, \quad K_v = 2\xi\omega_n \tag{10-32}$$

对于实际系统，应当以理论值为初值，然后根据系统实际响应调整 K_p 和 K_v，来获得理想结果。

另外，注意到在式（10-27）的推导过程中，并没有对期望位置 $x_d(t)$ 做任何限定，它可以是一个时变量。这说明，逆动力学控制器对输入也不敏感，它仅仅利用 PD 反馈控制器，就能够实现轨迹跟踪控制。这是它相对于独立关节位置 PID 控制器的优点之一。

当系统模型不精确或存在外界扰动时，可以认为外界对被控对象施加了一个干扰力 f_d。为了克服干扰力，可以在闭环控制器中增加一个积分项，如图 10-12 所示。

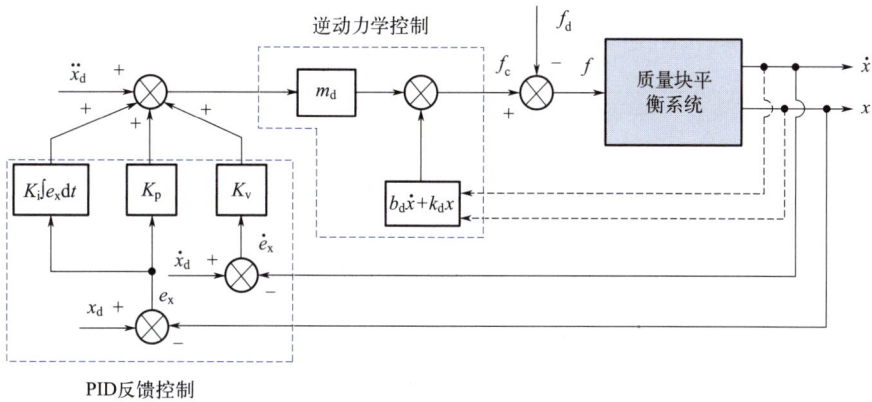

图 10-12　逆动力学 PID 闭环控制系统

此时，系统的误差动力学方程为

$$\ddot{e}_x + K_v\dot{e}_x + K_p e_x + K_i \int e_x \mathrm{d}t = f_d / m \tag{10-33}$$

对式（10-33）求微分，得

$$\dddot{e}_x + K_v\ddot{e}_x + K_p\dot{e}_x + K_i e_x = \dot{f}_d / m \tag{10-34}$$

当系统模型已知，干扰力通常由模型误差和状态检测误差引起。通过提高模型参数的标定精度和传感器精度，可以尽量减小上述误差。因此，干扰力通常是一个小扰动，可以认为是**恒定值**。因此，在稳态时：

$$\dot{f}_d = 0 \tag{10-35}$$

$$K_i e_x = 0 \tag{10-36}$$

系统的稳态误差仍然等于零：

$$e_x = 0 \tag{10-37}$$

通过增加积分项可以得到逆动力学 PID 控制器，它使系统具备克服恒定的干扰力的能力。在实际使用中，逆动力学控制器中的积分项 K_i 通常取很小值即可，以免系统失稳。

（3）从误差动力学的角度考察集中前馈补偿位置 PID 控制器

下面从误差动力学方程的角度，以机器人系统而非单个电机为研究对象，重新考察 **10.2 节** 所讨论的集中前馈补偿位置 PID 控制器。为此，把图 10-4 所示的集中前馈补偿位置 PID 控制器扩展到整个机器人，如图 10-13 所示。

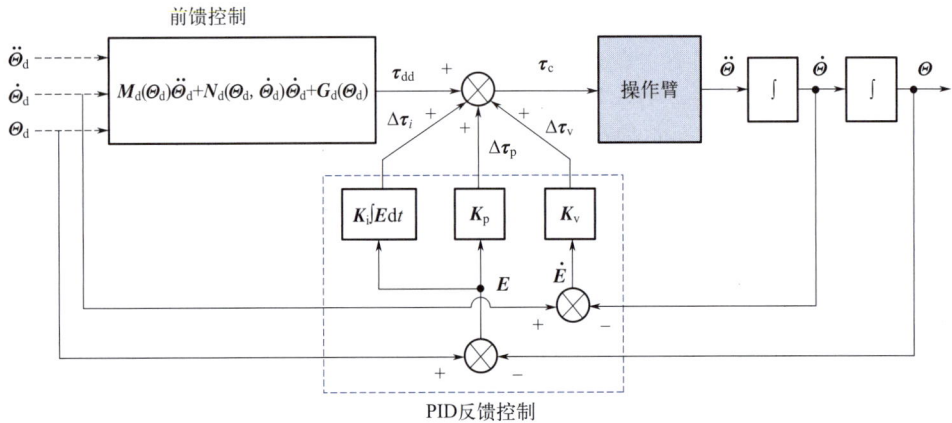

图 10-13　在关节空间表示的集中力矩前馈独立关节 PID 控制器

图 10-13 中的"操作臂"指真实机器人本体，并且电机和传动机构惯量已折算到关节空间；输出、输出变量均为关节变量，各变量和参数均为矢量或矩阵；虚线表示代入计算模型，并假定控制器中包含了电流伺服驱动器的力矩增益 K_τ 和传动比 n，从而能直接输出关节控制力矩 τ_c。此外，在时域中表示关节空间的输入 / 输出关系，因此，用微分形式表示速度和加速度，各变量和参数均为矢量或矩阵。PID 控制器也在时域表达，并按照其实际物理意义，将位置、速度和积分三个环节并列，利于分析讨论。图 10-13 中：

$E = \Theta_d - \Theta$ 为关节位置误差；

$\dot{E} = \dot{\Theta}_d - \dot{\Theta}$ 为关节速度误差；

K_p、K_v 和 K_i 分别是比例、微分和积分增益矩阵，它们都是对角阵。

图 10-13 中对关节空间动力学模型进行了简化表达，并据此计算前馈补偿力矩 τ_{dd}：

$$\tau_{dd} = M_d(\Theta_d)\ddot{\Theta}_d + N_d(\Theta_d, \dot{\Theta}_d)\dot{\Theta}_d + G_d(\Theta_d) \tag{10-38}$$

式中，$N_d(\Theta_d, \dot{\Theta}_d) = V_d(\Theta_d, \dot{\Theta}_d) + B_d$，下标 d 表示理想模型。可以证明，式（10-38）包含了速度、加速度和非线性前馈，与图 10-4 所示控制系统的前馈项等效。

图 10-13 所示控制系统可以理解为，前馈控制根据关节期望值估算理想的控制力矩 τ_{dd}，然后，再根据位置和速度跟踪误差计算反馈控制力矩的调整量 $\Delta\tau_p$、$\Delta\tau_v$ 和 $\Delta\tau_i$，最后与理想控制力矩 τ_{dd} 合并，得到输出给关节的实际控制力矩 τ_c，即

$$\begin{aligned} \tau_c &= \tau_{dd} + \Delta\tau_p + \Delta\tau_v + \Delta\tau_i \\ &= M_d(\Theta_d)\ddot{\Theta}_d + N_d(\Theta_d, \dot{\Theta}_d)\dot{\Theta}_d + G_d(\Theta_d) + K_p E + K_v \dot{E} + K_i \int E \mathrm{d}t \end{aligned} \tag{10-39}$$

当控制力矩 τ_c 作用在机器人上后，机器人的响应遵循动力学模型：

$$M(\Theta)\ddot{\Theta} + N(\Theta,\dot{\Theta})\dot{\Theta} + G(\Theta) = \tau_c \tag{10-40}$$

合并式（10-39）与式（10-40），得

$$M(\Theta)\ddot{\Theta} + N(\Theta,\dot{\Theta})\dot{\Theta} + G(\Theta) = M_d(\Theta_d)\ddot{\Theta}_d + N_d(\Theta_d,\dot{\Theta}_d)\dot{\Theta}_d$$
$$+ G_d(\Theta) + K_p E + K_v \dot{E} + K_i \int E \mathrm{d}t \tag{10-41}$$

在一定的模型精度和控制误差范围内，假定 $M_d(\Theta_d) \cong M(\Theta)$、$N_d(\Theta_d,\dot{\Theta}_d) \cong N(\Theta,\dot{\Theta})$、$G_d(\Theta_d) \cong G(\Theta)$、$\Theta_d \cong \Theta$、$\dot{\Theta}_d \cong \dot{\Theta}$，可得机器人的位置闭环控制系统**误差动力学方程**：

$$\ddot{E} + M^{-1}(\Theta)K_v\ddot{E} + M^{-1}(\Theta)K_p\dot{E} + M^{-1}(\Theta)K_i E = 0 \tag{10-42}$$

（注：由于机器人关节位置和速度可以精确测量，式（10-42）中的期望位置 Θ_d 和速度 $\dot{\Theta}_d$ 实际上可以用测量值 Θ、$\dot{\Theta}$ 代替，因此，假定 $\Theta_d \cong \Theta$、$\dot{\Theta}_d \cong \dot{\Theta}$ 是合理的，而加速度则不能做这种假设。）

显然，由于 $M^{-1}(\Theta)$ 随机器人位形变化，式（10-42）所示的误差模型是一个**非线性三阶系统**。可以预见到，当机器人运动时，式（10-42）的特征根（也即系统极点）将在复平面上移动。在机器人的某些位形处，对于选定的正定控制增益 K_p、K_v 和 K_i，不能保证 $M^{-1}(\Theta)K_p$、$M^{-1}(\Theta)K_v$ 和 $M^{-1}(\Theta)K_i$ 仍然正定，关节可能工作于欠阻尼状态，甚至使特征根位于虚轴右侧，从而导致误差发散的情况发生。

为了保证系统稳定，即误差收敛，可以采用两种方法：一种是设计鲁棒控制器，使选定的增益能够保证系统极点在稳定区间；另一种方法是，通过实验为机器人设定若干组不同的增益，以适应不同的位形。

式（10-42）说明，在伺服环之外进行非线性补偿，不能使机器人系统完全解耦为线性系统，这对于高速、大负载机器人的动态控制问题，并不是一个最佳选择。如果能够找到一种方法，使闭环控制器的控制对象呈线性，即误差动力学方程的系数为常数，无疑会简化问题。

10.4 基于逆动力学模型的运动控制

(1) 基于逆动力学模型的位置跟随 PD 控制器

把逆动力学控制器的设计方法扩展到具有非线性特性的机器人系统。假定操作臂各关节的期望加速度 $\ddot{\boldsymbol{\Theta}}_d$ 已知，操作臂的逆动力学模型精确，并且控制系统能够准确测量各关节的实际位置和速度值，此时，就可以将期望加速度 $\ddot{\boldsymbol{\Theta}}_d$ 作为前馈输入，根据操作臂的真实位置 $\boldsymbol{\Theta}$、速度 $\dot{\boldsymbol{\Theta}}$ 和操作臂的逆动力学模型，准确计算所需的关节控制力矩 $\boldsymbol{\tau}_c$，见图 10-14。

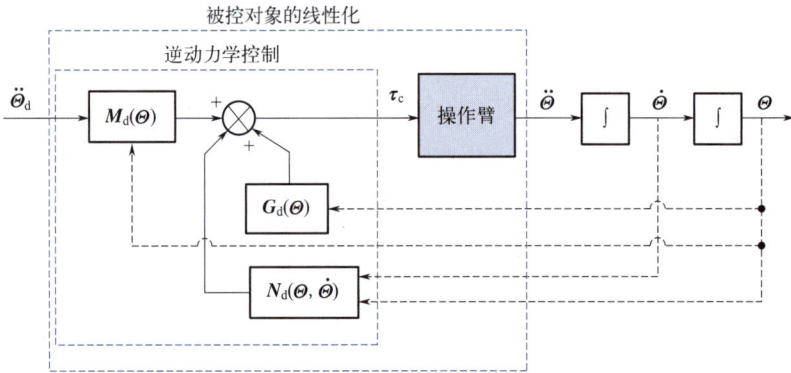

图 10-14 基于逆动力学模型的线性化开环控制器

图 10-14 中，关节控制力矩 $\boldsymbol{\tau}_c$ 为

$$\boldsymbol{\tau}_c = \boldsymbol{M}_d(\boldsymbol{\Theta})\ddot{\boldsymbol{\Theta}}_d + \boldsymbol{N}_d(\boldsymbol{\Theta}, \dot{\boldsymbol{\Theta}})\dot{\boldsymbol{\Theta}} + \boldsymbol{G}_d(\boldsymbol{\Theta}) \tag{10-43}$$

图 10-14 所示控制器有三个特点：①控制系统根据操作臂的逆动力学模型、实际位置、实际速度和期望加速度实时计算控制力矩；②如果模型和测量值完全精确，则操作臂的输出 $\ddot{\boldsymbol{\Theta}}$ 将完全跟踪控制器输入 $\ddot{\boldsymbol{\Theta}}_d$，从指令 $\ddot{\boldsymbol{\Theta}}_d$ 的角度看，被控制对象是一个"单位"线性系统；③该系统没有对操作臂的位置和速度进行反馈控制，因此是一个开环控制器。

显然，由于结构误差、未建模干扰、模型简化、关节力矩控制误差等原因，操作臂的实际响应不可能与期望值完全一致，位置和速度误差在所难免。为了消除跟踪误差，可在图 10-14 的基础上增加位置和速度反馈控制器，得到操作臂的逆动力学 PD 位置跟随控制器，如图 10-15 所示。

逆动力学 PD 控制器输出的控制力矩为

$$\boldsymbol{\tau}_c = \boldsymbol{M}_d(\boldsymbol{\Theta})(\ddot{\boldsymbol{\Theta}}_d + \boldsymbol{K}_p\boldsymbol{E} + \boldsymbol{K}_v\dot{\boldsymbol{E}}) + \boldsymbol{N}_d(\boldsymbol{\Theta}, \dot{\boldsymbol{\Theta}})\dot{\boldsymbol{\Theta}} + \boldsymbol{G}_d(\boldsymbol{\Theta}) \tag{10-44}$$

当把该控制力矩施加到真实机器人上时，该操作臂的响应遵循动力学模型

$$\boldsymbol{M}(\boldsymbol{\Theta})\ddot{\boldsymbol{\Theta}} + \boldsymbol{N}(\boldsymbol{\Theta}, \dot{\boldsymbol{\Theta}})\dot{\boldsymbol{\Theta}} + \boldsymbol{G}(\boldsymbol{\Theta}) = \boldsymbol{\tau}_c \tag{10-45}$$

合并式（10-44）和式（10-45），得

$$\boldsymbol{M}(\boldsymbol{\Theta})\ddot{\boldsymbol{\Theta}} + \boldsymbol{N}(\boldsymbol{\Theta}, \dot{\boldsymbol{\Theta}})\dot{\boldsymbol{\Theta}} + \boldsymbol{G}(\boldsymbol{\Theta}) = \boldsymbol{M}_d(\boldsymbol{\Theta})(\ddot{\boldsymbol{\Theta}}_d + \boldsymbol{K}_p\boldsymbol{E} + \boldsymbol{K}_v\dot{\boldsymbol{E}}) + \boldsymbol{N}_d(\boldsymbol{\Theta}, \dot{\boldsymbol{\Theta}})\dot{\boldsymbol{\Theta}} + \boldsymbol{G}_d(\boldsymbol{\Theta}) \tag{10-46}$$

在一定的模型误差内，假定 $\boldsymbol{M}_d(\boldsymbol{\Theta}) \cong \boldsymbol{M}(\boldsymbol{\Theta})$，$\boldsymbol{N}_d(\boldsymbol{\Theta}, \dot{\boldsymbol{\Theta}}) \cong \boldsymbol{N}(\boldsymbol{\Theta}, \dot{\boldsymbol{\Theta}})$，$\boldsymbol{G}_d(\boldsymbol{\Theta}) \cong \boldsymbol{G}(\boldsymbol{\Theta})$，

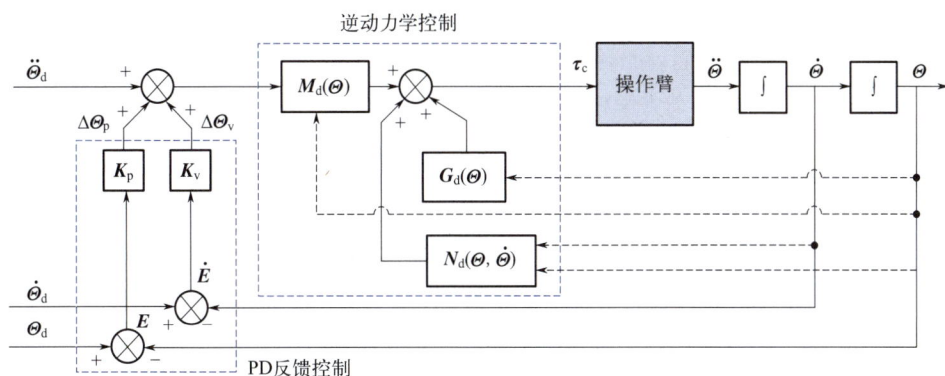

图 10-15 基于操作臂逆动力学的 PD 位置跟随控制器

可得控制系统误差方程：

$$\ddot{E} + K_v \dot{E} + K_p E = 0 \qquad (10\text{-}47)$$

式中，$\ddot{E} = \ddot{\Theta}_d - \ddot{\Theta}$ 为加速度误差矢量。

式（10-47）是一个标准的**二阶常系数齐次线性误差动力学模型**，描述了一个具有"单位质量"的多自由度虚拟弹簧-阻尼自由振动系统，而该虚拟系统的状态变量就是真实机器人的关节角度误差。在关节期望值已知的条件下，式（10-47）实际上描述了操作臂关节的运动规律和控制特性。

由位置增益 K_p 和速度增益 K_v 构成的控制器是一个典型的 PD 控制器：位置增益 K_p 可类比为弹簧刚度，起到使误差趋于零的作用；速度增益 K_v 可类比为阻尼系数，起到抑制振荡的作用。

根据标准二阶系统微分方程解的特点，只要式（10-47）中的位置增益 K_p 和速度增益 K_v 是正定矩阵，就可以保证误差收敛，并且，所选增益将能够对操作臂的任意位形和速度都有效。

对比图 10-15 所示的逆动力学控制器与图 10-4 所示的集中前馈控制器，可以发现它们的共同点是都利用了逆动力学模型来计算部分控制力矩，而不同点则表现在：

① 逆动力学控制器的反馈项通过调整指令加速度，再乘以质量矩阵来生成控制力矩，由于控制力矩中包含了质量矩阵，从而确保获得常系数的误差动力学方程，使得系统动态响应不随操作臂的位形和速度变动，成功地实现了被控对象的线性化；集中前馈补偿控制器的反馈项则直接生成控制力矩，没有考虑系统质量，导致误差动力学方程的系数中出现质量项，没有实现系统的线性化。

② 逆动力学控制器的反馈项和逆动力学项都需要集中计算，且计算过程均在伺服环内部进行，考虑到逆动力学计算的复杂性，为保证较高的伺服控制频率，要求控制器硬件具有很高的计算能力或通信速率；集中前馈补偿控制器可以在伺服环外离线执行逆动力学计算，降低了对控制器硬件性能的要求。

（2）基于逆动力学模型的 PID 运动控制器

式（10-47）的推导过程中假定计算模型与真实机器人系统完全一致，然而，这在实际中不可能做到，主要有两个原因：

首先，由于动力学模型计算量大，在实用中经常采取简化和降采样的方法，来降低控制系统的计算负担。所谓简化，就是忽略速度项 $N_d(\Theta, \dot{\Theta})$。这样，逆动力学计算只与操作臂位形参数有关，而与速度无关。降采样就是以低于伺服控制的频率进行逆动力学模型的更新。例如，伺服频率为 250Hz，而逆动力学模型更新的频率则为 60Hz。显然，这种简化处理将使计算模型偏离操作臂的真实状态。

其次，精确的操作臂逆动力学模型原本就难以获得。对于某些参数尤其如此，例如摩擦阻尼系数。对动力学模型至关重要的广义质量矩阵和重力项，也难以准确获得。实际的操作臂总是要抓持各种工件和工具。在机器人出厂时，不能预知末端工具或工件的质量和惯量分布。虽然能够根据被抓持物体的设计模型估算其质量和惯量，但是，对于稍微复杂一些的物体，就难以获得其准确的质量分布。因此，要保证动力学模型的精确性是很困难的。

从上述分析可知，在真实情况下，$M_d(\Theta) \neq M(\Theta)$，$N_d(\Theta, \dot{\Theta}) \neq N(\Theta, \dot{\Theta})$，$G_d(\Theta) \neq G(\Theta)$，这时，系统误差动力学方程变为

$$\ddot{E} + K_v \dot{E} + K_p E = M_d^{-1}[(M - M_d)\ddot{\Theta} + (N - N_d)\dot{\Theta} + (G - G_d)] \tag{10-48}$$

式中，为简明起见，没有写出各系数矩阵中的变量。

可见，当理论模型与真实系统不一致时，如果系统是稳定的，系统的稳态误差也不再是零，而变成

$$E = K_p^{-1} M_d^{-1}(G - G_d) \tag{10-49}$$

不仅如此，由于式（10-48）的右侧与操作臂的真实加速度、速度和位形都有关，当模型误差、系统加速度或速度过大时，甚至可能导致失稳。

当然，可以把未建模部分视为干扰，通过在控制器中增加积分环节来消除稳态误差，即在控制力矩计算式（10-44）的右侧增加积分项，使其变成一个 PID 控制器。逆动力学 PID 控制器输出的控制力矩由下式给定：

$$\tau_c = M_d(\Theta)(\ddot{\Theta}_d + K_v \dot{E} + K_p E + K_i \int E dt) + N_d(\Theta, \dot{\Theta})\dot{\Theta} + G_d(\Theta) \tag{10-50}$$

该控制器对应的系统框图如图 10-16 所示。

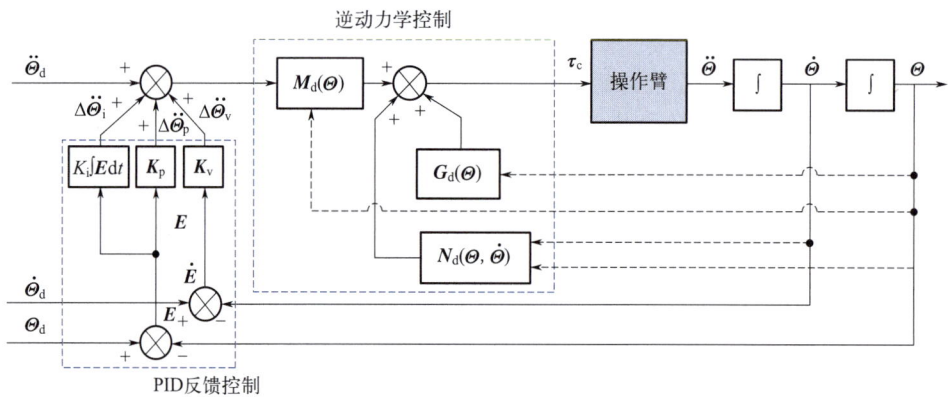

图 10-16　基于操作臂逆动力学的 PD 位置跟随控制器

对于恒定干扰力矩 τ_d，上式对应的误差动力学方程为

$$\ddot{E} + K_v \dot{E} + K_p E + K_i \int E dt = \tau_d \tag{10-51}$$

对上式求微分，得

$$\dddot{E} + K_v \ddot{E} + K_p \dot{E} + K_i E = \dot{\tau}_d = 0 \tag{10-52}$$

稳态时，由于误差的各阶微分都等于零，因此稳态误差为零。

但是在实践中，基于逆动力学模型的集中控制方法较少使用积分项，主要原因有三点：

① 由于模型误差引入的干扰力矩通常不是常数，积分项并不能保证稳态误差为零。

② 由于广义质量矩阵 $M_d(\Theta)$ 中非对角元素的耦合作用，针对某个关节误差的控制作用也会引起其他关节控制力矩的变化。因此，在集中控制器中引入积分项可能会导致关节之间的耦合振荡，而对于一个实际系统，在多数情况下，稳定性比稳态精度更重要。

③ 当机器人与环境发生接触时，在接触方向的位置误差积分可能使接触力持续增大，导致机器人或环境损坏。

鉴于此，PD 控制器仍然是机器人逆动力学控制器的主要方案。

◁ 例 10-4

针对【例 10-2】中平面 2R 机器人，电机工作于力矩模式，两关节减速器传动比取 $n_1=n_2=50$（或 10），希望两关节跟踪与【例 7-7】相同的关节位置 S 轨迹，试完成下述任务：

（1）设计关节空间逆动力学位置跟随 PD 控制器，使两个关节处于临界阻尼状态，调节时间为 $t_s=0.1$s；

（2）假设两关节杆长和质量的实际值存在 5% 的负偏差，设计 PID 控制器，并进行仿真验证。

解：（1）在逆动力学位置跟踪 PD 控制器作用下，系统误差动力学方程为

$$\ddot{E} + K_v \dot{E} + K_p E = 0$$

对于临界阻尼状态，有

$$\xi = 1$$

根据临界阻尼状态的自然频率简化计算公式，有

$$\omega_n = 4.75/t_s = 47.5 \text{ rad/s}$$

由式（10-32）得

$$k_{p1} = k_{p2} = \omega_n^2 = 2256$$

$$k_{v1} = k_{v2} = 2\xi\omega_n = 95$$

由此，得系统 PD 控制器增益矩阵

$$K_p = \begin{pmatrix} 2256 & 0 \\ 0 & 2256 \end{pmatrix}, \quad K_v = \begin{pmatrix} 95 & 0 \\ 0 & 95 \end{pmatrix}$$

（2）参考图 10-16 搭建 SIMULINK 仿真系统或编写仿真程序。为克服模型偏差，积分增益矩阵取值如下

$$K_i = \begin{pmatrix} 10 & 0 \\ 0 & 10 \end{pmatrix}$$

运行仿真系统，得到如图 10-17、图 10-18 所示结果。

当 $n=50$ 时，在存在模型偏差的情况下，系统仍然能够准确跟踪位置轨迹。对比【例 10-2】中力矩前馈 PID 控制器的响应曲线，可以看到逆动力学 PID 控制器的加速度曲线更平滑，误差更小。更进一步，即便在 $n=10$ 的小传动比情况下，逆动力学 PID 控制器仍然能保持稳定，仅由于模型偏差，存在很小的稳态误差。

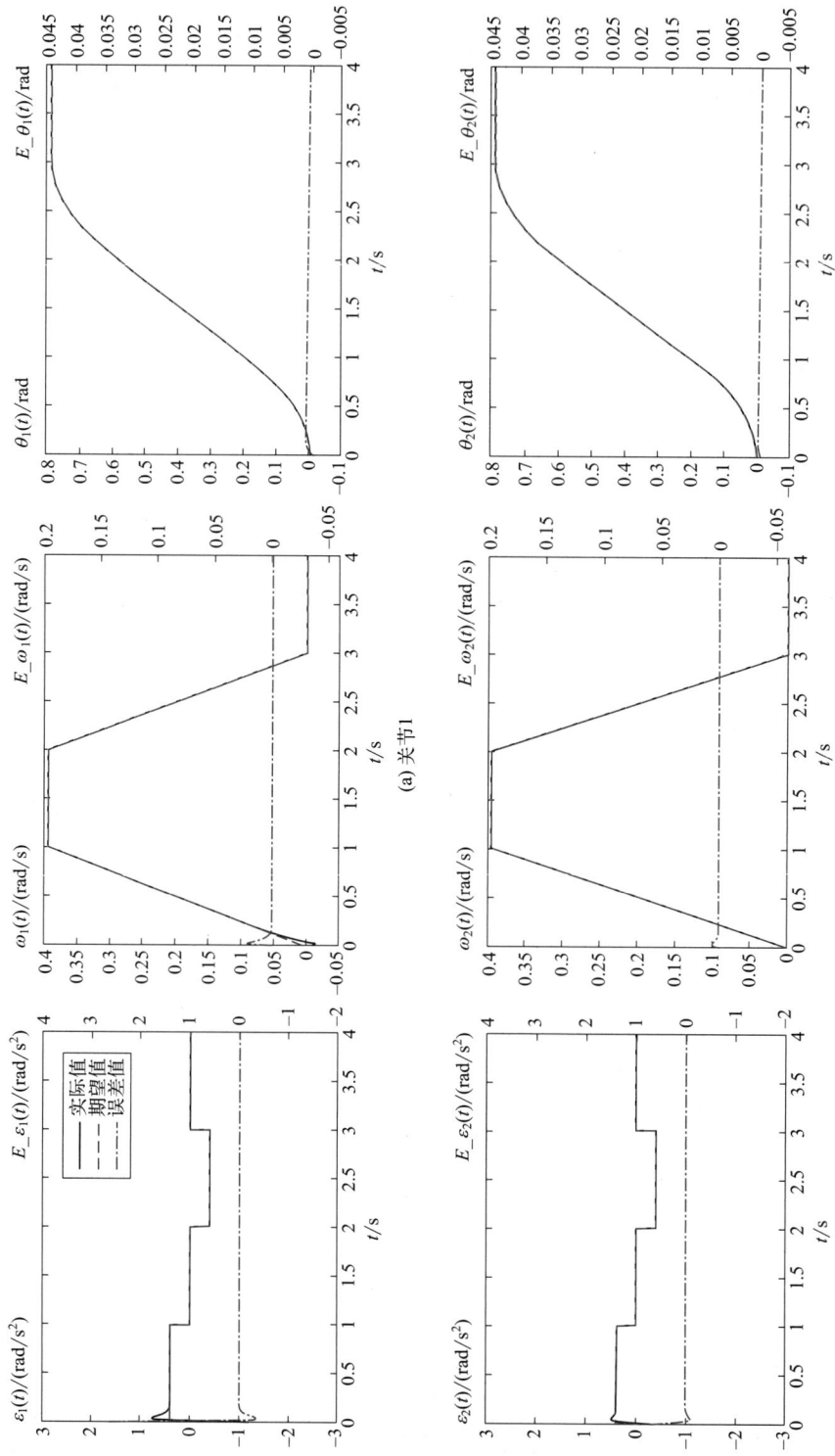

(a) 关节1

(b) 关节2

图 10-17 $n=50$ 时的响应曲线

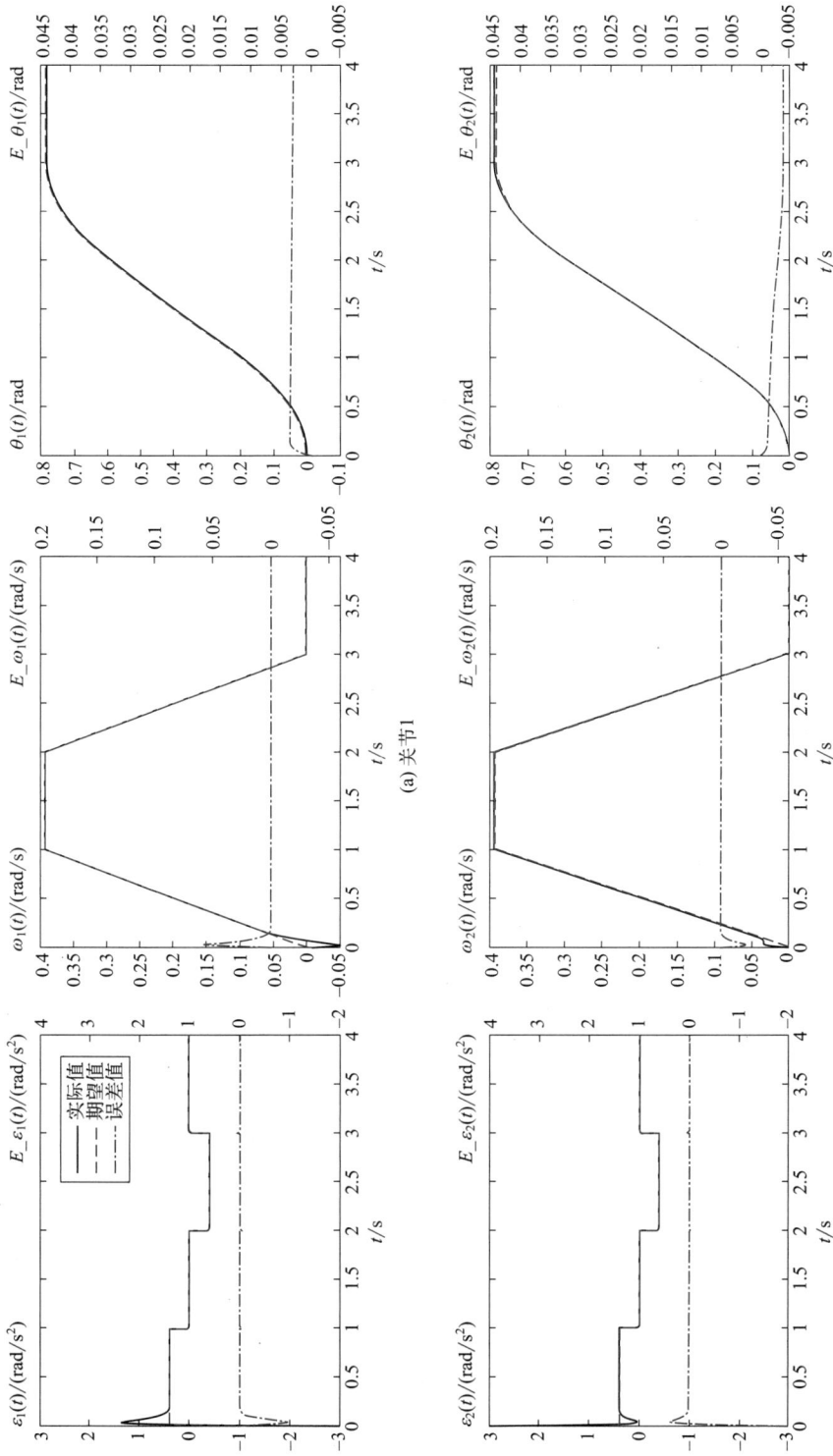

(a) 关节1

(b) 关节2

图 10-18　$n=10$ 时的响应曲线

10.5 基于操作空间动力学模型的运动控制简介

操作空间通常用与基座或操作臂末端固连的笛卡儿坐标系来表示，它用于描述操作臂末端执行器的位姿（或力）。操作空间运动控制问题可分为两类，一类是操作对象不固定，控制系统需要实时观测操作对象和末端执行器的位姿变化，并在操作空间完成末端执行器的位置闭环控制，例如机器人抓取传送带上的物品。因此，操作空间控制问题主要关注的是操作臂末端工具在操作空间的位姿，要求根据操作空间的状态反馈实施闭环控制。另一类是操作臂与环境有接触力，需要同时兼顾力与位置控制，例如完成某种复杂的装配作业。

同样，为了获得线性化的操作空间误差动力学模型，可以利用**9.4节**的操作空间动力学方程设计逆动力学控制器；并在此基础上，针对第一类问题设计操作空间位置跟随控制器，针对第二类问题设计接触力控制器或者力位混合控制器。

本节仅讨论第一类问题，即自由空间中的运动控制，不涉及与环境的接触力。此时，接触力 $F_e = 0$，操作空间动力学方程式（9-54）变为

$$F_x = M_x(\theta)\ddot{x} + N_x(\theta, \dot{\theta})\dot{x} + G_x(\theta) \tag{10-53}$$

（1）基本原理

如果获得了操作臂末端执行器的位姿反馈，即可将其与期望位姿对比获得位姿误差 δx，然后针对位姿误差设计控制器，把位姿误差 δx 转换为关节控制力矩 τ_c，驱动机器人运动以消除误差。有两种思路可完成这一控制过程，分别是**逆雅可比控制器**和**转置雅可比控制器**。

逆雅可比控制器适用于系统初始误差为零，并且过程误差很小的场合。此时，可以把位姿误差 δx 通过逆雅可比矩阵转换为关节误差 $\delta\theta$，然后经控制器把 $\delta\theta$ 转换为使误差减小的关节控制力矩 τ_c。图 10-19 示意了逆雅可比控制器的基本原理。其中，为简明起见，没有表示速度反馈，并把电机驱动器、电机和减速器合并到关节中，虚线表示末端实际位姿也可以根据关节位置计算得到。逆雅可比控制器涉及复杂的矩阵求逆运算。

与逆雅可比控制器不同，转置雅可比控制器直接把位姿误差 δx 变换为操作空间的虚拟修正力 F_x，然后将 F_x 乘以转置雅可比，获得对应的关节控制力矩 τ_c，驱动机器人运动消除位姿误差。图 10-20 示意了转置雅可比控制器的基本原理。可见，转置雅可比控制器是在操作空间进行控制器的设计，而矩阵的转置运算显然比逆运算简单。如果上述两种方案中的控制器都是简单的位置比例控制器，由于机器人非线性耦合特性，因此无法获得固定的闭环控制极点，也就难以判定它们的稳定性。虽然通过选择合适的增益，简单的位置比例控制器也能稳定工作，但是并不能在整个工作空间都保证良好的控制性能。

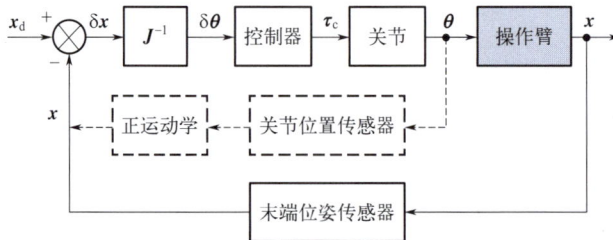

图 10-19　操作空间中的逆雅可比控制方案

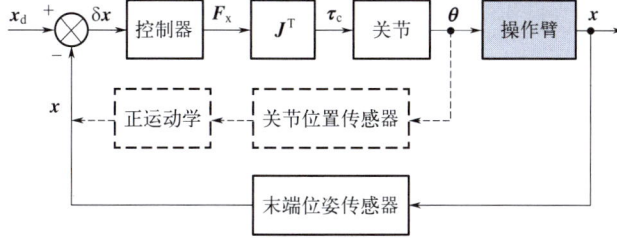

图 10-20 操作空间中的转置雅可比控制方案

为了实现被控对象的线性化，也可以采用逆动力学控制的思路设计操作空间控制器。下面仅基于转置雅可比控制方案，讨论基于操作空间逆动力学模型的运动控制器设计思路。

（2）操作空间逆动力学控制

利用操作臂的操作空间动力学模型式（10-53）进行逆动力学补偿，可以在操作空间实现被控对象的线性化，如图 10-21 所示。可以看到，其中的逆动力学模型根据已知期望加速度 $\ddot{x}_d$，生成了期望的控制量——操作空间广义控制力 F_{xc} 和对应的关节控制力矩 τ_c 如下：

$$F_{xc} = M_{xd}(\theta)\ddot{x}_d + N_{xd}(\theta,\dot{\theta})\dot{x} + G_{xd}(\theta) \tag{10-54}$$

$$\tau_c = J^T F_{xc} \tag{10-55}$$

式中，F_{xc} 为操作空间的广义等效控制力；$M_{xd}(\theta)$、$N_{xd}(\theta,\dot{\theta})$ 和 $G_{xd}(\theta)$ 表示操作空间的理想模型。

控制力 F_{xc} 通过转置雅可比转换为关节控制力矩 τ_c。当系统模型精确时，τ_c 将驱动操作臂末端加速度 $\ddot{x}$ 精确跟踪指令加速度 $\ddot{x}_d$。这样，就建立了从期望加速度 $\ddot{x}_d$ 到实际加速度 $\ddot{x}$ 的线性映射，从而实现了操作空间中被控对象的线性化。

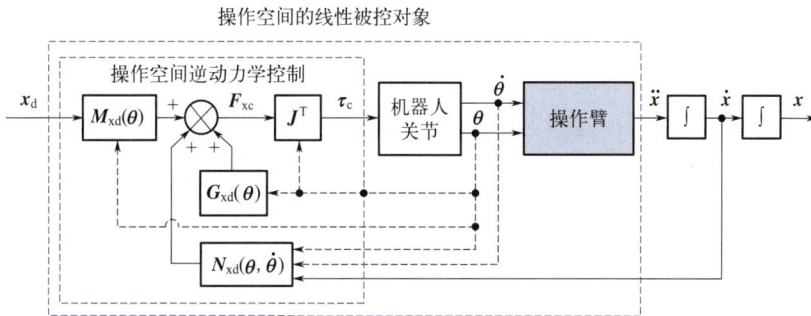

图 10-21 基于操作空间逆动力学模型的线性化开环控制器

当末端存在位姿误差和速度误差时，基于上述线性化被控对象，针对末端的位姿和速度误差，设计操作空间的位置跟随控制器，如图 10-22 所示。该控制器采用比例微分（PD）控制器，把末端位姿和速度误差转换成加速度补偿量，使末端执行器跟踪期望位姿轨迹。该控制器输出的操作空间广义控制力 F_{xc} 和关节控制力矩 τ_c 为

$$F_{xc} = M_{xd}(\theta)(\ddot{x}_d + K_p E_x + K_v \dot{E}_x) + N_{xd}(\theta,\dot{\theta})\ddot{x} + G_{xd}(\theta) \tag{10-56}$$

$$\tau_c = J^T F_{xc} \tag{10-57}$$

式中，$E_x = x_d - x$ 为操作空间位姿跟踪误差。

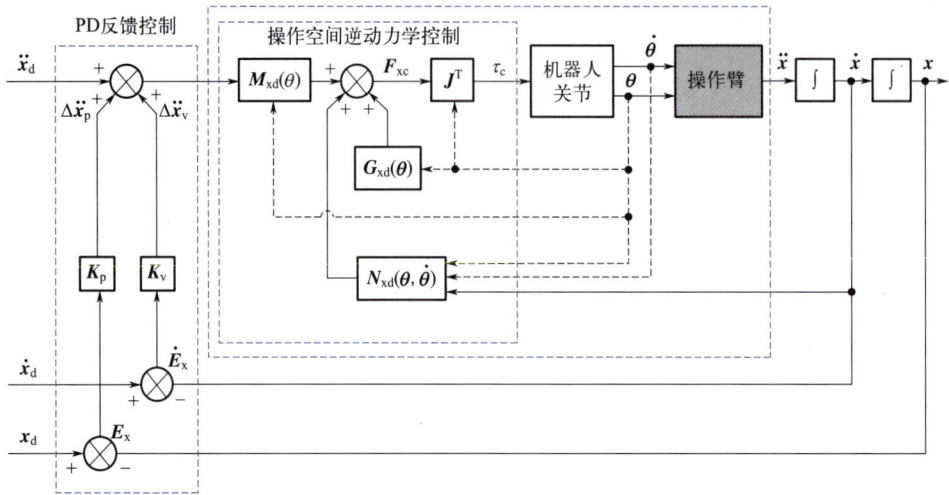

图 10-22　操作空间逆动力学 PD 位置跟随控制器

在广义控制力 F_{xc} 作用下，操作臂的运动规律将遵循操作空间动力学方程，把式（10-56）代入式（10-53），并假设系统模型精确，可以得到闭环系统误差动力学方程，即

$$\ddot{E}_x + K_v \dot{E}_x + K_p E_x = 0 \qquad (10-58)$$

可见，操作空间逆动力学控制器实现了系统的非线性解耦。

例 10-5

仍然考察【例 10-2】中平面 2R 机器人，假设杆质量和杆长存在 5% 的负偏差，要求驱动机器人末端跟踪如图 10-23 所示一条水平直线，其中 $\{o_b x_b y_b\}$ 为基坐标系，$\{o_t x_t y_t\}$ 为末端坐标系，在 3s 内从基坐标起点坐标（0.1m，0m）运动到终点坐标（0.15m，0m），机器人末端的轨迹曲线的时间规律为位置 S 轨迹，加速、减速和匀速段时长均为 1s，指令轨迹曲线如图 10-24 所示。设计操作空间逆动力学 PID 控制器完成此任务，并仿真，要求调节时间均为 0.1s，系统处于临界阻尼状态。

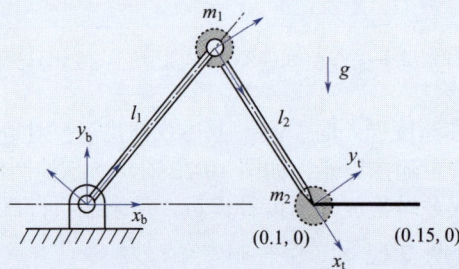

图 10-23　平面 2R 机器人末端跟踪水平直线

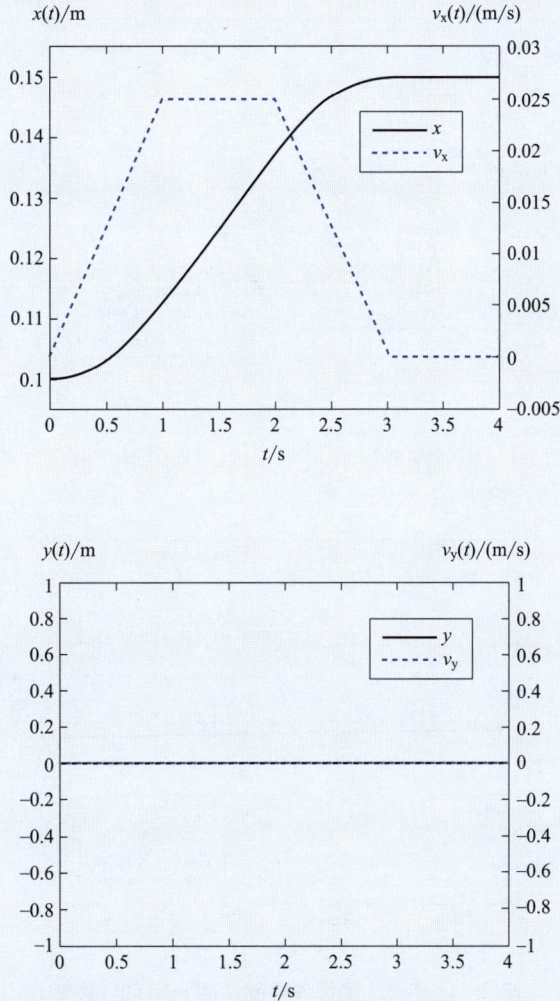

图 10-24　平面 2R 机器人末端沿直线运行时的
指令轨迹曲线

　　解：参考图 10-24，并在控制器中增加积分项，搭建 SIMULINK 仿真系统或编写仿真程序。由于逆动力学控制方法中 PID 控制器增益的取值与对象本身的特性无关，所以 $\boldsymbol{K}_p$、$\boldsymbol{K}_v$ 和 $\boldsymbol{K}_i$ 仍然沿用【例 10-4】中的值。

$$\boldsymbol{K}_p = \begin{pmatrix} 2256 & 0 \\ 0 & 2256 \end{pmatrix}, \quad \boldsymbol{K}_v = \begin{pmatrix} 95 & 0 \\ 0 & 95 \end{pmatrix}, \quad \boldsymbol{K}_i = \begin{pmatrix} 10 & 0 \\ 0 & 10 \end{pmatrix}$$

仿真得到如图 10-25 所示的系统响应曲线。
　　可以看到，在存在模型偏差的情况下，系统仍然能够准确跟踪末端位置轨迹。

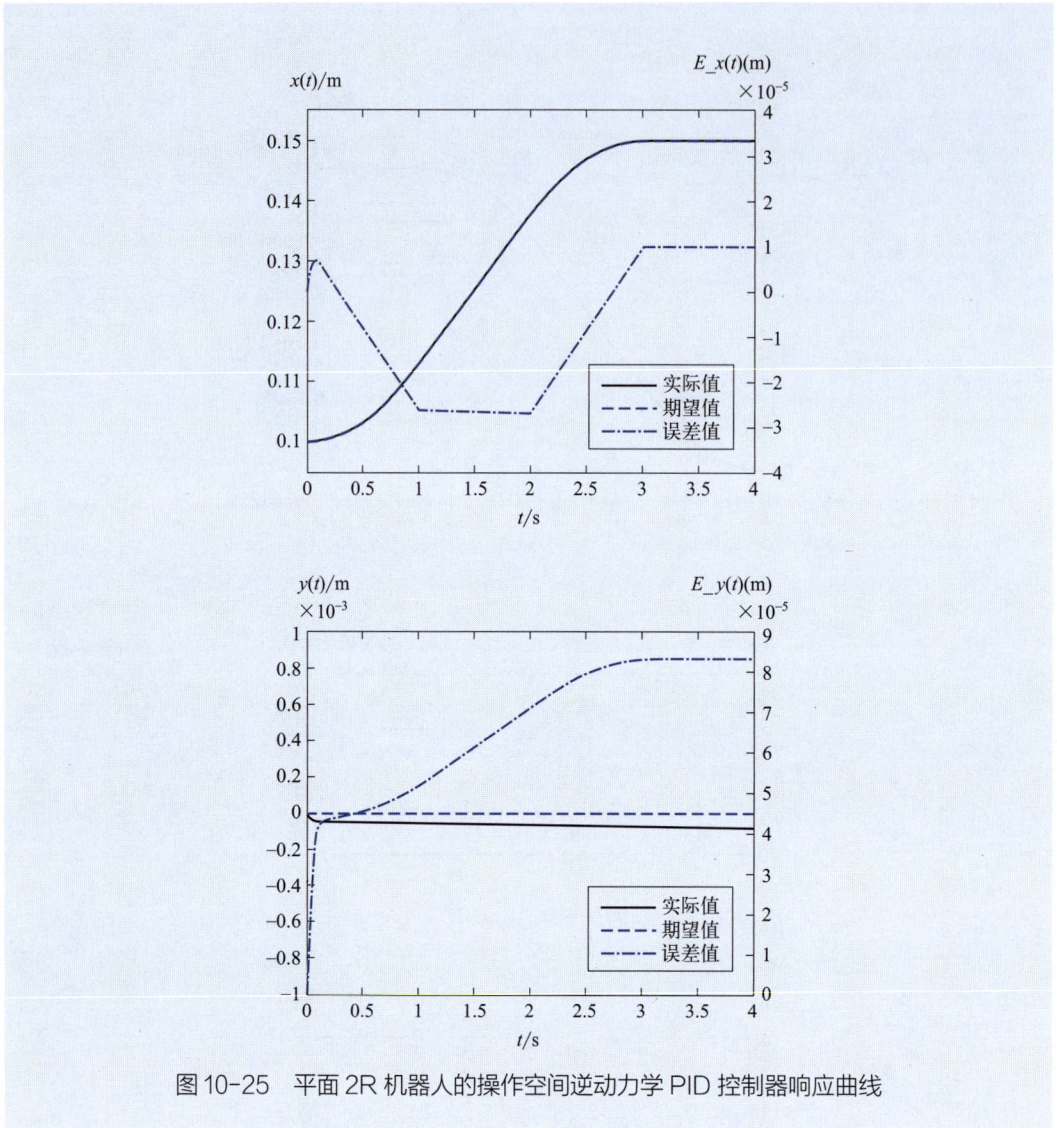

图 10-25　平面 2R 机器人的操作空间逆动力学 PID 控制器响应曲线

10-1　什么是误差动力学模型？简述得到误差动力学模型的方法。

10-2　关节空间的逆动力学控制方法与集中前馈控制方法的共同点和主要区别。

10-3　简述利用逆动力学模型实现非线性系统的线性化闭环反馈控制的思路。

10-4　某系统动力学模型为 $(2\sqrt{\theta}+1)\ddot{\theta}+3\dot{\theta}^2-\sin\theta=\tau$，其中 θ 为系统变量，τ 为驱动力，试设计该系统的逆动力学 PD 控制器，绘制闭环系统原理图。当系统控制刚度 K_p=10 时，确定增益 K_v，使系统始终工作在临界阻尼状态下。

10-5　图 10-26 所示为一单自由度转臂系统，关节上作用驱动力矩 τ。假定质量 m 集中在连杆末端，关节上作用有黏滞摩擦力，阻尼系数为 B，考虑重力作用。试写出该系统的动力学模型并建立逆动力学 PD 控制器。设定 θ=90° 为平衡位置，若 m=1kg，B=1N·m·s/rad，l=1m，在系统初始偏移角为 85°、初始速度为 0rad/s 时对其施加控制力矩，希望系统以临界阻尼恢复到平衡位置，调节时间 t_s=1s，试确定闭环控制系统的控制增益。当质量 m 的真实值为 0.9kg 时，计算 PD 控制器的稳态误差。

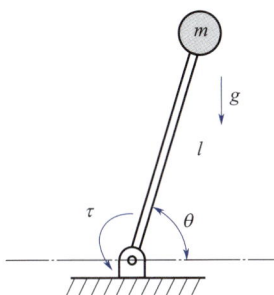

图 10-26　倒立摆或单自由度转臂系统模型

10-6　在【例 10-5】已知条件和计算结果的基础上，设各关节的关节空间总等效阻尼系数为 B=0.1N·m·s/rad，针对平面 2R 机器人，考虑重力，设计基于逆动力学模型的关节空间 PD 运动控制器，使机械臂两个关节在整个工作空间内的刚度为 10N/m，并处于临界阻尼状态。

10-7　在【题 10-6】和【例 10-5】条件和计算结果的基础上，针对平面 2R 机器人，考虑重力，设计以末端坐标系 $\{o_t\,x_t\,y_t\}$ 为参考的操作空间逆动力学 PD 控制器，使机械臂在 X、Y 两个方向的刚度都为 5N/m，并处于临界阻尼状态，设末端坐标系相对于关节 2 的偏移量即为杆长 l_2。

参考文献

［1］Robotics C P. Vision and Control：Fundamental Algorithm in MATLAB［M］. Springer Berlin Heidelberg，2011.

［2］Craig J. Introduction to Robotics：Mechanics and Control［M］. 4th ed. Upper Saddle River：Prentice-Hall，2018.

［3］Hartenberg R S，Denavit J. Kinematic Synthesis of Linkages［M］. New York：McGraw-Hill，1964.

［4］Lynch K M，Park F C. Modern Robotics：Mechanics，Planning，and Control［M］. Cambridge University Press，2017.

［5］Siciliano B，Khatib O. Handbook of Robotics［M］. Second Edition. Springer，2016.

［6］Siciliano B，Sciavicco L，Villani L，et al. Robotics：Modelling，Planning and Control［M］. Springer，2009.

［7］Tsai L W. Robot Analysis：the Mechanics of Serial and Parallel Manipulators［M］. Wiley，1999.

［8］蔡自兴，谢斌. 机器人学基础［M］. 3版. 北京：机械工业出版社，2021.

［9］黄真，刘婧芳，李艳文. 论机构自由度——寻找了150年的自由度通用公式［M］. 北京：科学出版社，2011.

［10］蒋志宏. 机器人学基础［M］. 北京：北京理工大学出版社，2018.

［11］兰虎，王冬云. 工业机器人基础［M］. 北京：机械工业出版社，2020.

［12］Corke P. 机器人学、机器视觉与控制——MATLAB算法基础［M］. 刘荣，等译. 北京：电子工业出版社，2018.

［13］刘辛军，于靖军，孔宪文. 机器人机构学［M］. 北京：机械工业出版社，2021.

［14］刘辛军，谢福贵，汪劲松. 并联机器人机构学基础［M］. 北京：高等教育出版社，2018.

［15］王巍，蔡月日，史震云，等. 机器人控制技术基础［M］. 武汉：华中科技大学出版社，2023.

［16］吴伟国. 工业机器人系统设计：上册［M］. 北京：化学工业出版社，2019.

［17］熊有伦，丁汉，刘恩沧. 机器人学［M］. 北京：机械工业出版社，1993.

［18］熊有伦，李文龙，陈文斌，等. 机器人学：建模、控制与视觉［M］. 武汉：华中科技大学出版社，2018.

［19］杨耕，罗应立. 电机与运动控制基础［M］. 2版. 北京：清华大学出版社，2022.

［20］杨叔子，杨克冲，吴波，等. 机械工程控制基础［M］. 7版. 武汉：华中科技大学出版社，2020.

［21］于靖军，王巍. 机器人学基础［M］. 北京：机械工业出版社，2024.

［22］于靖军，赵宏哲. 机械原理［M］. 2版. 北京：机械工业出版社，2023.

［23］于靖军，刘辛军. 机器人机构学基础［M］. 北京：机械工业出版社，2022.

［24］Khatib O. Springer机器人手册（第2版）第1卷：机器人基础［M］. 于靖军，译. 北京：机械工业出版社，2022.

［25］Lynch K M. 现代机器人学：机构、规划与控制［M］. 于靖军，贾振中，译. 北京：机械工业出版社，2019.

［26］Craig J J. 机器人学导论［M］. 4版. 负超，王伟，译. 北京：机械工业出版社，2018.

［27］战强. 机器人学：机构、运动学、动力学及运动规划［M］. 北京：清华大学出版社，2019.

［28］Siciliano B. 机器人学：建模、规划与控制［M］. 张国良，曾静，陈励华，敬斌，译. 西安：西安交通大学出版社，2015.

［29］张启先. 空间机构的分析与综合：上［M］. 北京：机械工业出版社，1984.

［30］周强. 微阵列生物芯片制备与检测技术相关问题研究［M］. 北京：北京航空航天大学，2004.

［31］日本机器人学会. 机器人技术手册［M］. 2版. 宗光华，译. 北京：科学出版社，2006.